# DEUTSCHE ENTOMOLOGISCHE ZEITSCHRIFT

HERAUSGEGEBEN VOM

**Zoologischen Museum**

**MUSEUM FÜR NATURKUNDE**
**DER HUMBOLDT-UNIVERSITÄT**
**ZU BERLIN**

Chefredakteur:
Prof. Dr. H.-J. Hannemann

Neue Folge Band 35
1988
Heft 4—5

Ausgegeben am 15. September 1988

**AKADEMIE-VERLAG · BERLIN**

ISSN 0012-0073 Dtsch. ent. Z., Berlin 35 (1988) 4—5, 221—436

## Instructions for Authors

1. Papers should be type-written in German, English or French. They must be sent in a final form ready for publication.
2. Manuscripts should be typed with double spacing, on one side of the paper, quarto size, leaving a top and left hand 4 cm margin.
3. A brief abstract in English must precede the text of all articles.
4. Bibliographical references should be listed in alphabetical order at the end of the paper followed by the full address of the author.
5. Figures (line drawings with black India ink on strong or transparent paper) should be numbered consecutively with Arabic numerals.
6. Legends of figures must be type-written on a separate sheet.
7. The author receives 60 reprints free of charge.
8. Manuscripts should be addressed to the Editor-in-Chief, Prof. Dr. H.-J. Hannemann, Zoologisches Museum der Humboldt-Universität, Invalidenstr. 43, DDR-1040 Berlin.


Bestellungen sind zu richten

– **in der DDR**
an das Zeitungsvertriebsamt der Deutschen Post, Abt. Zentralvertrieb Berlin, Straße der Pariser Kommune 3–4, DDR-1004 Berlin,
oder an den AKADEMIE-VERLAG BERLIN, Leipziger Str. 3–4, DDR-1086 Berlin;

– **im sozialistischen Ausland**
an eine Buchhandlung für fremdsprachige Literatur oder an den zuständigen Postzeitungsvertrieb;

– **in der BRD und Berlin(West)**
an eine Buchhandlung oder an die Auslieferungsstelle KUNST UND WISSEN, Erich Bieber oHG, Postfach 102844 D-7000 Stuttgart 10;

– **in den übrigen westeuropäischen Ländern**
an eine Buchhandlung oder an die Auslieferungsstelle KUNST UND WISSEN, Erich Bieber GmbH, General Wille-Str. 4, CH-8002 Zürich;

– **im übrigen Ausland**
an den internationalen Buch- und Zeitschriftenhandel; den BUCHEXPORT, Volkseigener Außenhandelsbetrieb der Deutschen Demokratischen Republik, Postfach 160, DDR-7010 Leipzig;
oder an den AKADEMIE-VERLAG BERLIN, Leipziger Str. 3–4, DDR-1086 Berlin.

DEUTSCHE ENTOMOLOGISCHE ZEITSCHRIFT

Herausgeber: Zoologisches Museum – Museum für Naturkunde der Humboldt-Universität zu Berlin.

Verlag: Akademie-Verlag Berlin, Leipziger Str. 3–4, DDR-1086 Berlin; Fernruf: 2236221 oder 2236229; Telex-Nr.: 114420; Bank: Staatsbank der DDR, Berlin, Kto.-Nr.: 6836-26-20712.:

Chefredakteur: Prof. Dr. Hans-Joachim Hannemann.

Anschrift der Redaktion: Zoologisches Museum der Humboldt-Universität zu Berlin, Invalidenstr. 43, DDR-1040 Berlin.

Veröffentlicht unter der Lizenznummer 1325 des Presseamtes beim Vorsitzenden des Ministerrates der DDR.

Gesamtherstellung: VEB Druckerei „Thomas Müntzer", DDR-5820 Bad Langensalza.

Erscheinungsweise:
Die Deutsche Entomologische Zeitschrift erscheint jährlich in einem Band mit 5 Heften. Bezugspreis je Band 125,– DM zuzüglich Versandspesen. Preis je Heft 25,– DM.

Der gültige Jahresbezugspreis für die DDR ist der Postzeitungsliste zu entnehmen.

Bestellnummer dieses Heftes: 1032/35/4–5.





AN (EDV) 55217 · AN (ZV) 1118001139
01400

# DEUTSCHE ENTOMOLOGISCHE ZEITSCHRIFT

HERAUSGEGEBEN VOM

**Zoologischen Museum**

**MUSEUM FÜR NATURKUNDE
AN DER HUMBOLDT-UNIVERSITÄT
ZU BERLIN**

Chefredakteur:
Prof. Dr. H. J. Hannemann

Neue Folge Band 35

Jahrgang 1988

AKADEMIE-VERLAG · BERLIN

Bestellungen sind zu richten

— **in der DDR** an das Zeitungsvertriebsamt der Deutschen Post, Abt. Zentralvertrieb Berlin, Straße der Pariser Kommune 3—4, DDR-1017 Berlin oder an den AKADEMIE-VERLAG BERLIN, Leipziger Str. 3—4, DDR-1086 Berlin;
— **im sozialistischen Ausland** an eine Buchhandlung für fremdsprachige Literatur oder an den zuständigen Postzeitungsvertrieb;
— **in der BRD und Berlin (West)** an eine Buchhandlung oder an die Auslieferungsstelle KUNST UND WISSEN, Erich Bieber oHG, Postfach 102844, D-7000 Stuttgart 10;
— **in den übrigen westeuropäischen Ländern** an eine Buchhandlung oder an die Auslieferungsstelle KUNST UND WISSEN, Erich Bieber GmbH, General Wille-Str. 4, CH-8002 Zürich;
— **im übrigen Ausland** an den internationalen Buch- und Zeitschriftenhandel; den BUCHEXPORT, Volkseigener Außenhandelsbetrieb der Deutschen Demokratischen Republik, Postfach 160, DDR-7010 Leipzig; oder an den AKADEMIE-VERLAG BERLIN, Leipziger Str. 3—4, DDR-1086 Berlin.

DEUTSCHE ENTOMOLOGISCHE ZEITSCHRIFT
Herausgeber: Zoologisches Museum — Museum für Naturkunde der Humboldt-Universität zu Berlin
Verlag: Akademie-Verlag Berlin, Leipziger Str. 3—4, DDR-1086 Berlin; Fernruf: 2236221 oder 2236229; Telex-Nr.: 114420; Bank: Staatsbank der DDR, Berlin, Kto.-Nr. 6836-26-20712.
Chefredakteur: Prof. Dr. Hans-Joachim Hannemann.
Anschrift der Redaktion: Zoologisches Museum der Humboldt-Universität zu Berlin, Invalidenstr. 43, DDR-1040 Berlin.
Veröffentlicht unter der Lizenznummer 1325 des Presseamtes beim Vorsitzenden des Ministerrates der DDR.
Gesamtherstellung: VEB Druckerei „Thomas Müntzer", DDR-5820 Bad Langensalza
Erscheinungsweise:
Die Deutsche Entomologische Zeitschrift erscheint jährlich in einem Band mit 5 Heften. Bezugspreis je Band 125,— DM zuzüglich Versandspesen. Preis je Heft 25,— DM.
Der gültige Jahresbezugspreis für die DDR ist der Postzeitungsliste zu entnehmen.
Bestellnummer dieses Heftes: 1032/35.

AN (EDV) 55217 · AN (ZV) 1118001139
00700

## Inhaltsverzeichnis vom Band 35

(Es erschienen Heft 1—3: 15. März 1988, Heft 4—5: 15. Sept. 1988)

### Arachnida



### Coleoptera



### Diptera



### Heteroptera



### Homoptera



### Hymenoptera



### Lepidoptera

**Odonata**



**Thysanoptera**



**Trichoptera**



**Allgemeines**



**In Band 35 (1988) erschienene Neubeschreibungen**

DEUTSCHE ENTOMOLOGISCHE ZEITSCHRIFT

N. F. Band 35 | Heft 4—5 | 15. September 1988

Dtsch. ent. Z., N. F. **35** (1988) 4—5, 221—247

# Bionomische Beobachtungen und taxonomische Untersuchungen an Anisoptera von Cuba und dem östlichen Mexico

(Insecta: Odonata)*

Von

GÜNTHER PETERS

Mit 2 Abbildungen im Text, 11 Tabellen und 5 Tafeln

## Abstract

During the drier and cooler months in Cuba and eastern Mexico more than 50% of the local dragonfly species are on wing. Tab. 1 gives the record of species observed and the numbers of specimens collected during field work near Vera Cruz and Tampico as well as in the western and eastern parts of Cuba from October to the end of February in 1967/68. Two of the species mentioned (*Anax concolor*, *Macrothermis inequiunguis*) are new to the Cuban odonatofauna. The influence of storm on migrating dragonflies and the crepuscular flight of large swarms have been studied in some detail. The own material and the collections in the Berlin Zool. Museum are used for a study of the infraspecific variability of several aeshnid and libellulid species. The results indicate clear evidence of phenetic separation, different from species to species, of Cuban *Erythrothemis umbrata*, *Lepthemis vesiculosa* and *Orthemis ferruginea* whereas equivalent signs of insular isolation are lacking in *Anax junius* and *Pantala flavescens*. The West Indian population of *Anax concolor* likewise expresses a few metrical and morphological differences compared with South American specimens. The degree of detectable phenetic peculiarity of Cuban or Antillean dragonfly populations seems to be correlated with the maesure of vagility of the species concerned.

## Inhalt



---

*) Wissenschaftliche Resultate der Kubanisch-Deutschen ALEXANDER-VON-HUMBOLDT-Expedition 1967/68, Nr. **40**

## Vorbemerkung

Die hier mitzuteilenden Ergebnisse taxonomischer Vergleichsuntersuchungen an mittelamerikanischen Anisopteren basieren auf Sammlungen, die ich 1967/68 als Expeditionsmitglied auf Cuba sowie bei Vera Cruz und Tampico in Mexico machen konnte. Kleine Ergänzungen zur eigenen Materialbasis und zu dem bereits in den zoologischen Sammlungen des Museums für Naturkunde vorhandenen tropisch-amerikanischen Anisopterenmaterial steuerten Dr. D. KÜHLMANN und Dr. W. ZESSIN bei, die 1964 bzw. 1986 auf Cuba weilten. Ihnen, vor allem aber auch dem zuständigen Kustos unseres Hauses, Dr. K. K. GÜNTHER, sei für ihre kollegiale Hilfe und Unterstützung herzlich gedankt. Den Kollegen Dr. R. A. CANNINGS (Victoria/Canada) und Dr. S. W. DUNKLE (Gainesville/USA) verdanke ich einige wertvolle, im Tausch für die hiesige Sammlung erworbene Vergleichsexemplare.

Da in den letzten zwei Jahrzehnten kaum über die Libellenfauna Cubas und Mexicos publiziert wurde — eine Ausnahme ist die Mitteilung von CARFI (1975 — haben auch phänologische und ökologische Beobachtungen, die ich während der Expedition notierte, ihren Mitteilungswert behalten. Manche von ihnen beleuchten nur schlaglichtartig bestimmte Situationen im Leben der Libellen in den bereisten Landstrichen, sind jedoch trotzdem von Bedeutung, da über die Bionomie der karibischen Anisopterenfauna generell wenig bekannt ist.

Alle gefangenen Libellen wurden nach 12—24 Stunden, d. h. mit leerem Darmtrakt gewogen und vermessen (Gesamtlänge, Abdomenlänge ohne Appendices). Die Determination erfolgte im wesentlichen nach NEEDHAM & WESTFALL (1955). Das gesamte Material wird in der Orthopterenabteilung des Zoologischen Museums Berlin aufbewahrt.

## 1. Feldbeobachtungen

In der kühleren und niederschlagsärmeren Zeit des Jahres fliegen in den nördlichen Teilen der mitteleuropäischen Tropen — der Wendekreis des Krebses verläuft 40 km nördlich von La Habana und ca. 130 km nördlich von Tampico; Vera Cruz als südlichster Beobachtungsort liegt bei 19° N — beträchtlich weniger Anisopteren als während des tropischen Sommers. Die Liste der an den verschiedenen Plätzen registrierten und besammelten Arten umfaßt nur 37 Species (Tab. 1). An der Ostküste Mexicos um diese Jahreszeit sicher mehr Arten vor als ich beobachtete, da nur wenige Biotope aufgesucht werden konnten. Auf Cuba jedoch wurden immerhin 34 Arten festgestellt; das ist die reichliche Hälfte der von PASTOR ALAYO (1968) für die Insel aufgeführten Anisopterenspecies. Unter ihnen befinden sich 2 Erstnachweise für Cuba: *Anax concolor* und *Macrothemis inequiunguis*. In der Liste nicht aufgeführt ist *Tauriphila australis*; von ihr wurden jedoch in Oriente 2 Exuvien gefunden.

Tabelle 1
Die Anısopteren-Ausbeute aus Mexıco und Cuba (Imagınes) – zugleich eıne Übersıcht über die dort in der kühleren Jahreszeit flugaktıven Großlibellen

| | Mexıco | | Cuba | | | ınsgesamt[y]) |
|---|---|---|---|---|---|---|
| | (1)[x]) | (2) | (3) | (4) | (5) | |
| Aeshnıdae | | | | | | |
| *Aeshna psilus* | | | 66 | | 3 | 69 |
| *Anax amazili* | 1 | 1 | 1 | | | 3 |
| *Anax concolor* | | | | | 2 | 2 |
| *Anax junius* | 9 | 21 | 12 | 1 | | 43 |
| *Coryphaeschna secreta* | | | 1 | | | 1 |
| *Gynacantha ereagris* | | | 16 | | | 16 |
| *Gynacantha nervosa* | | | 24 | 2 | | 26 |
| *Triacanthagyna septima* | | | 15 | | | 15 |
| *Triacanthagyna trifida* | | | 21 | | | 21 |
| Lıbellulıdae | | | | | | |
| *Brachymesia furcata* | | 1 | | 8 | | 9 |
| *Cannacria herbida* | 1 | 1 | 11 | 2 | | 15 |
| *Dythemis rufinervis* | | | 3 | 2 | | 5 |
| *Erythemis plebeja* | | | 5 | 1 | | 6 |
| *Erythemis simplicicollis* | | | 1 | | | 1 |
| *Erythrodiplax fervida* | | | 7 | | | 7 |
| *Erythrodiplax justiniana* | 1 | | 9 | 3 | | 13 |
| *Erythrodiplax umbrata* | 27 | | 13 | | 6 | 46 |
| *Idiataphe cubensis* | | | 2 | | | 2 |
| *Lepthemis vesiculosa* | | 7 | 4 | | 6 | 17 |
| *Macrothemis celeno* | | | 7 | 1 | 4 | 12 |
| *Macrothemis inequiunguis* | | | 1 | | | 1 |
| *Miathyria marcella* | 1 | | 5 | 1 | | 7 |
| *Micrathyria aequalis* | 4 | 2 | | | | 5 |
| *Micrathyria debilis* | 1 | | 3 | 1 | | 5 |
| *Micrathyria didyma* | | 1 | 1 | | | 2 |
| *Micrathyria hageni* | 3 | 2 | 7 | 1 | 1 | 15 |
| *Orthemis ferruginea* | 2 | 7 | 45 | | 4 | 58 |
| *Pachydiplax longipennis* | | 1 | 1 | | | 2 |
| *Pantala flavescens* | 4 | | 7 | 1 | | 12 |
| *Perithemis metella* | 1 | | 4 | 1 | | 5 |
| *Scapanea frontalis* | | | 6 | 1 | 9 | 16 |
| *Tarnetrum corruptum* | | 1 | | | | 1 |
| *Tholymis citrina* | | | 8 | | | 8 |
| *Tramea abdominalis* | | | 3 | | 3 | 6 |
| *Tramea binotata* | 1 | | 5 | 1 | | 7 |
| *Tramea carolina* | 1 | 5 | | | | 6 |
| *Tramea lacerata* | | 1 | | | | 1 |
| Summen | 57 | 51 | 322 | 18 | 38 | 486 |

[x]) Numerierung der Fundorte. (**1**) Vera Cruz Hafen u. Dünen nordwestlıch der Stadt (21 Okt –3 Nov 67), (**2**) Tampico Schwemmland des Rıo Panuco u. „Playa de Tampıco" (5 –9 Nov 67), (**3**) Prov Pinar del Rıo Halbınsel Guanahacabıbes (21 Nov –15. Dez. 67), Guane u. Umgebung (16 –18. Dez. 67), div Punkte ın den Sıerras de los Organos u. del Rosarıo (Jan. 64, Dez. 67), (**4**) mehrere Punkte ın Zentral-Cuba (Prov La Habana, Matanzas u. Santa Clara) (Nov 67, Feb. 68, Dez/Jan. 86/87, (**5**) Prov Orıente Cupeyal ın der Sıerra de Magueq (9 Jan.–4. Feb. 67), Yunque de Baracoa (12/13 Feb. 68) u. Santıago de Cuba (2/3 Jan. 87).

[y]) Das Hauptaugenmerk des Sammlers galt den Aeshniden. Aus den Summen der pro Art vorhandenen

Die im Vergleich mit Nordamerika auf Cuba durch 2 Arten sehr dürftig vertretenen Gomphiden fehlen in meiner Ausbeute, von den Aeshniden 3 der 4 *Coryphaeschna*-Species, und von den Gruppierungen der Libelluliden (Macromiiden und Corduliiden gibt es auf Cuba nicht) sind die der „Tribus Sympetrini" sensu NEEDHAM & WESTFALL (l. c.) zugerechneten Formen mit 25 von 26 Arten im „Winter" am stärksten repräsentiert (Libellulini: 1 von 3, Celithemini: 3 von 8, Trameini: 4 von 10 Arten). Insgesamt enthalten mindestens 16 der 23 auf Cuba vorkommenden Libellulidengenera, darunter alle dort relativ artenreichen (*Erythrodiplax*, *Micrathyria*, *Tramea* und *Erythemis*) eine oder mehrere Species, die als Adulti auch in der kühleren Jahreszeit aktiv sind. Nicht gesehen wurden einige Arten (*Libellula needhami*, *Celithemis eponina*, *Sympetrum illotum*, *Pachydiplax longipennis*), deren nächste Verwandte vornehmlich in der nördlichen gemäßigten Zone leben. Da wohl anzunehmen ist, daß sie besser als Angehörige rein tropischer Gruppierungen im kubanischen „Winter" zurechtkommen sollten, sind sie von mir vermutlich übersehen worden. Sowohl *C. eponina* als auch *P. longipennis* wurden von PASTOR ALAYO (l. c.) im November rsp. Oktober aufgefunden, nachdem sie einer der berüchtigten „Norder" vom nordamerikanischen Kontinent herübergetrieben hatte. *L. needhami* und *S. illotum* jedoch leben auf Cuba in permanenten Populationen. Zu den Arten, von denen Individuen relativ häufig im Gefolge der herbstlichen Nordstürme nach Cuba gelangen, auf der Insel aber bisher nicht seßhaft geworden sind, gehört nach PASTOR ALAYO auch *Tramea lacerata*.

## 1.1. Libellen in der Umgebung von Vera Cruz und Tampico

Zwischen dem 21. Okt. und 3. Nov. 1967 bestand Gelegenheit, Libellen an der mexikanischen Ostküste zu beobachten. Die ersten Anisopteren amerikanischer Provenienz konnten jedoch bereits bei der Annäherung an den Kontinent auf hoher See registriert werden:

15. Okt., ca. 200 sm südl. Bermuda-Inseln (29° 03'—28° 47' N, 64° 56'—65° 42' W). Ab Mittag bis gegen $17^{00}$ Ortszeit eine rotleibige Libellulide (? *B. furcata*) an Bord des Schiffes. Windstärke 1, $t_L$ um $15^{00}$ 28.5 °C. In der voraufgegangenen Nacht Durchzug eines Zyklons in Richtung NE (von den Bahamas zu den Bermudas). Nächster Landpunkt — die Caicos-Inseln in Richtung SW — in rund 1000 km Entfernung.

16. Okt., ca. 370 sm östl. Abaco (27° 21' N, 71° 09' W). Gegen $14^{00}$ erscheint eine *P. flavescens* an Bord und fliegt, aufgescheucht, über dem Kielwasser davon. Windstärke 4 aus SW; $t_L$ 28,5 °C; Entfernung bis Abaco knapp 600 km. Diese Beobachtungen lassen vermuten, daß Libellen durch starke Winde von den Antillen rsp. Bahamas entführt und über dem Ozean zu erstaunlichen Flugleistungen gezwungen werden können, wobei die Tiere augenscheinlich bestrebt sind, wie die Zugvögel vorbeikommende Schiffe anzufliegen, um auszuruhen. Von der erstgenannten Libelle muß angenommen werden, daß sie sich mindestens 20 h über der See befunden hatte. Da auf der Schiffsroute keine Gegenpassage registriert wurde, ist zu folgern, daß das Tier zumindest den größten Teil der Zeit geflogen war (Nachttemperatur 25 °C). Einige weitere Libellen besuchten das Schiff während der Passage der Florida-Straße im Verlaufe des 18. Oktober.

Im Hafen von Vera Cruz wurden vom 21. bis 29. Okt. bei sehr warmem und ruhigem Wetter immer wieder in N-S-Richtung fliegende Libellen und Tagfalter beobachtet (vereinzelt auch Laubheuschrecken). Bei den Odonaten handelte es sich neben Zygopteren vor allem um *P. flavescens* und *C. herbida*. Ein Teil der Zygopteren (Lestiden und *Ischnura*-Species)

---

Exemplare kann daher nicht auf deren relative Häufigkeiten geschlossen werden. Die angegebenen Werte beziehen sich auf die jetzt in der Sammlung vorhandenen Individuen. Infolge der naßwarmen Witterung gingen während der Reise von Vera Cruz via Tampico nach La Habana 81 Exemplare der Vera Cruz-Ausbeute durch Schimmelbildung und Fäulnis verloren, darunter fast das gesamte *Pantala*-Material (57 Individuen).

übernachtete gelegentlich auf dem Schiff. Ein „durchziehendes“ Männchen von *T. carolina* ruhte nachts an der beleuchteten Wand eines Hafengebäudes.

Am 30. Okt. kam gegen Mittag starker Nordwind auf (Dünensand wurde in die Stadt geblasen!), begleitet von allmählich einsetzendem Regen, der die ganze Nacht über anhielt, und einem schnellen t-Abfall von 28—32° auf 15—20 °C — ein typischer, entlang des Felsengebirges von Nordamerika her hereinbrechender „Norder“. Im Verlaufe des Nachmittags erstarb alle Aktivität der Libellen in den Dünen nördlich der Stadt, und am nächsten Morgen ($t_L$ um $9^{30}$ erst 21 °C) waren Schiffe, Hafengebiet und die angrenzenden Stadtteile mit Tausenden verklammter und zu einem Drittel bereits toter Libellen übersät. Die massenhaft verunglückten Anisopteren rekrutierten sich überwiegend aus „juvenilen“ und „halbreifen“ *P. flavescens*; vereinzelt waren auch *T. carolina*, *E. umbrata* und *M. hageni* unter den Opfern, dazu eine *T. binotata*.

In der letzten Oktoberdekade hatte an den Dünenpfützen und -tümpeln entlang der mexikanischen Ostküste ein Massenschlupf von *P. flavescens* stattgefunden. Es ist anzunehmen, daß südwärts (?) wandernde Schwärme dieser Art vom Sturm erfaßt wurden, denn in der Lokalfauna nördlich der Stadt war sie vor dem Zyklon keineswegs häufiger als die soeben erwähnten Arten, *T. binotata* ausgenommen, von der nur relativ wenige Individuen zu Schaden kamen.

Bei den mehrfach aufgesuchten Kleingewässern nordwestlich von Vera Cruz und östlich von Tampico handelte es sich sowohl um ephemere, von Gras durchwachsene, als auch um beständige, von einer simsenähnlichen Vegetation durchsetzte Tümpel zwischen Dünenwällen. An ihnen herrschte reiches Libellenleben, vor allem an jenen, die inmitten der 10—15 m hohen Kasuarinenpflanzungen (*Casuarina equisetifolia*) lagen, mit denen die Dünen partiell bestanden waren. Bei Vera Cruz dominierten *E. umbrata*, *P. flavescens*, *M. aequalis* und *hageni*, *O. ferruginea*, *T. carolina* und *A. junius*. Vor Tampico („Playa de Tampico“) gab es in den Tagen vom 5. bis 8. Nov. trotz regnerischen Wetters einen Massenschlupf von *E. umbrata*; auch die grüne, aeshnengestaltige *L. vesiculosa* schlüpfte gerade in zahlreichen Exemplaren. Häufig waren auch dort *O. ferruginea*, *P. flavescens* sowie *T. carolina* und *A. junius*.

*A. junius*, ethologisch wie ökologisch das neuweltliche Gegenstück zur afroeuropäischen *A. imperator*, flog in den Dünen bei Vera Cruz nur in Gestalt voll ausgereifter Individuen. Die dort an Wasserlöchern gefundenen 7 Exuvien gehörten denn auch zu *A. amazili*. Die *junius*-Weibchen legten ihre Eier gelegentlich allein, meistens aber in Tandemposition ab. Die an den Wasserstellen patroullierenden Männchen ließen kleinere Libelluliden (*Erythrodiplax*, *Micrathyria*) unbeachtet, verfolgten und vertrieben jedoch energisch *Tramea*, *Pantala* und *Orthemis*. An der „Playa de Tampico“ gab es neben zahlreichen reifen in Anzahl auch soeben geschlüpfte *A. junius*. Auch dort schien die lokale *amazili*-Population erst am Anfang ihrer Flugzeit zu stehen.

## 1.2. Libellen im Westzipfel von Cuba

Die abendlichen Schwarmjagden der Libellen auf der Lichtung der Akademiestation im Urwald auf der Halbinsel Guanahacabibes, der westlichsten Landnase Cubas, gehören zu meinen nachhaltigsten Erinnerungen an die Zeit der Expeditionsarbeit. Die Station „El Beral“ liegt, nur 300 m von der karibischen Küste entfernt, unter 21° 57′ N und 84° 33′ W. Hinter den Strandwällen gibt es auf der gesamten Halbinsel ausgesüßte und schwach brakkige Lagunen, z. T. versumpft und von Mangroven und Palmen umsäumt, im Wald selbst, der auf pleistozänem Korallenkalk („dientes de perro“) mit geringer Humusauflage stockt, zahlreiche kleine Karsttümpel und weitläufige Sümpfe mit „süßem“ Wasser. An einem solchen Karsttümpel neben der Station waren Ende Nov/Anf. Dez. 67 *O. ferruginea*, *M. hageni*, *B. furcata*, *E. fervida*, *justiniana* und *umbrata*, *T. abdominalis* und *C. herbida* häufig, ebenso *Ae. psilus*, während von *A. junius* immer nur einzelne Exemplare anwesend waren (Taf. 2).

Der wahre Reichtum der Gegend an Aeshniden zeigte sich erst abends, denn die Schwärme der bei Sonnenuntergang jagenden Libellen konstituierten sich zum allergrößten Teil aus Arten dieser Gruppe. Da das Schauspiel der Dämmerungsjagd über 4 Wochen lang an vielen Abenden beobachtet wurde, soll es hier auch genauer beschrieben werden. Vorausgeschickt sei noch, daß auch tagsüber gelegentlich große Schwärme jagender Libellen zu sehen waren, die über Tümpeln, Sümpfen und Lichtungen an windgeschützten Stellen in 5—20 m Höhe durcheinanderflogen. Bei ihnen handelte es sich jedoch allein um Libelluliden. Um El Beral herum dominierte in diesen Schwärmen *P. flavescens*, weiter östlich bei Guane waren es am 17./18. Dez. fast ausschließlich *M. marcella* und *E. umbrata*, untermischt mit *P. flavescens* und *T. binotata*.

Im Unterschied zu den auch aus dem gemäßigten Europa bekannten Dämmerungsjagden sind auf Cuba an ihnen mehrere Arten beteiligt, die nicht nur habituell, sondern auch in ihrer Lebensweise sehr voneinander abweichen. Während *Ae. psilus* und die Individuen der *Anax*-Species *junius* und *amazili* auch tagsüber als Einzeljäger über Lichtungen, Schneisen und Gewässern anzutreffen waren, wurden die unscheinbar gelb-bis graubraunen Libellen der 4 Gynacanthini-Species kaum einmal bei vollem Tageslicht gesehen: Ein Exemplar der großen *nervosa* wurde zufällig im Innern eines dichten Busches aufgestöbert, und es verschwand augenblicklich im tiefen Urwaldschatten. Nur einmal wurde ein Männchen von *T. trifida* zu Mittag auf einer Küstenlichtung jagend angetroffen.

Im Verlaufe der Abendjagd halten sich die beteiligten Arten an unterschiedliche Jagdzeiten und -strategien. *Ae. psilus* ist ein „Hochjäger“: in schnellem und wendigem Fluge bleibt sie in 5—30 m Höhe (lediglich Weibchen jagen manchmal tiefer), und sie erscheint in rasch zunehmender Individuenzahl als erste bereits eine knappe Stunde vor Sonnenuntergang, sich unter die noch aktiven *P. flavescens* mengend. Ähnlich verhalten sich die *Anax*-Arten, wobei allerdings deren Weibchen nach Sonnenuntergang auch als „Bodenjäger“ in Erscheinung treten, also eine Jagdweise ausüben, wie sie für *Gynacantha* und *Triacanthagyna* charakteristisch ist. Letztere jagen laut Tagebuch „bei einsetzender Dämmerung über offenen Flächen dicht über dem Kraut, entlang der Zelt- und Hauswände und haben einen eckigen und auffällig wippend-schwirrenden Flug“. Genauere Beobachtungen an einem Abend mit besonders üppigem Aeshnidenflug ergaben allerdings, daß dieses Bild bezüglich der Gynacanthini zu differenzieren ist: die Männchen von *T. trifida* und *G. ereagris* jagen gelegentlich auch in 1,5 bis 10 m Höhe, sobald die Sonne verschwunden ist; ihre Weibchen jedoch wie *T. septima* und *G. nervosa* generell sind tatsächlich ausschließliche „Bodenjäger“, und sie erscheinen immer erst nach Sonnenuntergang.

Die Beteiligung der einzelnen Arten an der Dämmerungsjagd ist ebenso wie deren Intensität und Dauer von der Temperatur abhängig. An warmen Abenden, d. h. wenn bei Sonnenuntergang, der in der Beobachtungsperiode vom 21. Nov. bis 18. Dez. zwischen $17^{57}$ und $17^{50}$ Uhr stattfand, eine Lufttemperatur von 25 °C und darüber registriert wurde, dauerte die Schwarmjagd der Aeshniden von etwa $17^{30}$ bis gegen $18^{30}$ Uhr ($t_L$ um diese Zeit 21—23 °C). An kühleren Abenden erschienen die „Bodenjäger“ überhaupt nicht, *Ae. psilus* und *A. junius* in beträchtlich geringerer Anzahl. So jagten am 27. und 28. Nov., da sich die Luft mittags nicht über 30° erwärmt hatte, bis kurz nach Sonnenuntergang nur einige *Ae. psilus*. Am 29. Nov. ging die Sonne um $17^{56}$ Uhr bei einer $t_L$ von 23,9 °C unter. Bis $17^{50}$ Uhr jagten einige *Ae. psilus* innerhalb eines Pantala-Schwarms über der Lichtung; nach Sonnenuntergang blieben erstere (10—20 Expl.) allein übrig — lediglich ein Weibchen von *A. amazili* gesellte sich zu ihnen. Für knapp 10 min erschienen gegen $18^{15}$ Uhr (23 °C) einige *Gynacantha* und *Triacanthagyna*, und um $18^{22}$ Uhr verschwanden die letzten *Ae. psilus*.

Es war sehr schwierig festzustellen, wann die Gynacanthini-Species ihre Abendjagd beendeten. Da an 2 Abenden bei völliger Dunkelheit (sie währte von $18^{40}$ bis $6^{00}$ Uhr) über zwei kleinen Wasserlöchern in einem Farnsumpf jagende *G. nervosa* nur deshalb bemerkt wurden, weil die Tiere die Lichtbahn des Mondes auf dem Wasser durchschnitten, ist wohl anzunehmen, daß diese Aeshniden an warmen Abenden bis tief in die Nacht hinein aktiv sind (WILLIAMSON 1923). Auf die gleiche Weise — diesmal allerdings über einem Rinnsal — fand ich *G. nervosa* in Zentral-Cuba in der Sierra von Trinidad am 18. Feb.

Über den Palmsümpfen in der Umgebung von Guane am Südausgang der Sierra de los Organos (22° 03′ N, 84° 13′ W) gab es an den Abenden vom 16. bis 19. Dez. wegen des relativ kühlen und windigen Wetters (Tagesmaxima nicht über 23—25 °C) keine Dämmerungsjagd der Aeshniden. Bei Sonnenuntergang flogen nur wenige „Hochjäger" (*Ae. psilus*, *Anax*), hier ergänzt durch einzelne *Coryphaeschna*, den größten Aeshniden auf Cuba. Diese Insekten wurden jedoch — ebenso vereinzelt — auch bei Tage angetroffen.

Zum Thema Dämmerungsjagd ist noch nachzutragen, daß sich an ihr allabendlich bis kurz nach Sonnenuntergang auch einige Exemplare der düsteren *T. citrina* beteiligten. Bei ihr handelt es sich um eine überaus gewandt, schnell und unberechenbar fliegende Libelle, der WILLIAMSON (1923) noch vor *T. septima* „the palm for abrupt and erratic and perfectly controlled flight among all dragonflies" zuerkannte. Diese Libellulide betätigt sich vornehmlich als „Bodenjäger". In der gleichen Manier trat auch die ebenfalls unscheinbar gefärbte *C. herbida* in Erscheinung.

Im Wald von Guanahacabibes erfuhr ich, daß Libellenlarven auch in den wassergefüllten Bromelientrichtern aufwachsen können, worüber bereits PICADO (1913) und WESENBERG-LUND (1943) berichtet hatten. Unsere Botaniker-Kollegen Prof. SCHUBERT (Halle) und Dr. HANELT (Gatersleben) fanden in den Blatttrichtern der Gattung *Hohenbergia* einige Libellulidenlarven, die ich Sr. PASTOR ALAYO übergab. Er hatte solche Larven schon früher aus W-Cuba erhalten und an WESTFALL jr. zur Determination übersandt. Die Auskunft: vermutlich *Erythrodiplax naeva*. Wahrscheinlich „überwintern" die Larven in ihren Phytotelmen, denn als Imago sah ich diese Species nicht. Im Karsttümpel bei El Beral gab es Exuvien von *O. ferruginea*, *E. justiniana* und *I. cubensis*. Obwohl neben geschlechtsreifen auch immer wieder frischgeschlüpfte und unausgefärbte *A. junius* beobachtet wurden, konnten an besagtem Tümpel, an dem Männchen dieser Art und auch welche von *Ae. psilus* tagtäglich patroullierten und kopulierten (*psilus*-Weibchen stachen dort ihre Eier in naßmorsches Holz ein), keine Aeshniden-Exuvien gefunden werden.

### 1.3. Libellen im Bergland von Oriente

Während die Tagestemperaturen im Westen Cubas im Nov./Dez. häufig auf 27—30 °C — manchmal sogar noch höher — anstiegen und niemals unter 23° (als Mittagsmaximum) fielen, gab es in den Bergen von Oriente im Jan./Feb. 68 eine im ganzen deutlich kühlere Witterung zu registrieren. Tage mit Mittagstemperaturen um 17—20 °C wurden geradezu als „kalt" empfunden. Immerhin befand sich der Expeditionsstützpunkt Cupeyal (8. Jan bis 5. Feb. 68) auf einem Plateau in ca. 660 m über NN (Sierra de Magueg, auch Cuchillas de Sta. Catalina; 20° 27′ 48″ N, 75° 03′ 45″ W). In den Tälern und an der Küste war es durchweg wärmer. Abgesehen von der beträchtlichen Höhenlage und dem damit verbundenen kühleren Wetter gab es im Bergland nur kleine Bäche und einzelne, wenige m$^2$ große Quellsümpfe und Tümpel als Lebensräume für Libellen, so daß die Odonatenfauna im Vergleich mit dem tiefländischen W-Cuba viel bescheidener ausfallen mußte.

Die Nische der Gomphiden wird auf Cuba — zumindest in der gemäßigten Jahreszeit — von 2 Libelluliden ausgefüllt: *M. celeno* und *S. frontalis*. Beide waren an den Bächen um Cupeyal herum zwar nicht häufig, aber immer anwesend, und beide wurden zuvor auch schon an den Bergbächen in der Provinz Matanzas (NSG Cubal de Espina bei Canasi) sowie in den Sierren de los Organos und del Rosario beobachtet und gefangen, so im bekannten „Pica-pica-Valley" bei Sumidero und am Rio San Juan bei Soroa. Die kleinere Art (*M. celeno*) fiel durch ihre blauen Augen, hellblauen Flecken sowie durch die Gewohnheit auf, sich mit angedrückten Flügeln auf Steinen zu sonnen. Die größere „Bachlibelle“ (*S. frontalis*), ebenfalls blauäugig, aber mit blauer Bereifung am Thorax, bestach durch ihre im Fluge somatolytisch wirkenden irisierenden bläulich-weißen Flügelspiegel.

Auf den Waldpfaden in den engen Tälern sowie an einem von Typha domingensis umstandenen Tümpel, seltener auf dem baumlosen Plateau flog, gegen Ende Januar häufiger werdend und dann vorwiegend in adulten Exemplaren, die durch ihre grasgrünen Pterostigmen und ihre Aeshna-Gestalt bemerkenswerte *L. vesiculosa*. An den gleichen Orten waren vereinzelt jagende *Ae. psilus*, *E. umbrata* und *O. ferruginea* anzutreffen. Dr. R. PIECHOCKI (Halle) fand ein unversehrtes, doch bereits totes adultes Weibchen von *Ae. psilus* in einem Radspinnennetz.

Die interessantesten Ergebnisse der odonatologischen Arbeit in Oriente erbrachten zwei Tagesausflüge zu einem Karsttümpel am Westhang des seit GUNDLACH bekannten Tafelberges Yunque de Baracoa, in etwa 150—180 m über NN und ca. 1 km südlich von Tabajo (der Ort liegt etwa 15 km westl. Baracoa) zwischen Waldresten und verwilderten Plantagen gelegen. Das nierenförmige, etwa 40 m lange, damals zur „Trockenzeit“ noch eben knietiefe Gewässer (zur „Regenzeit“ steht das Wasser 1 m höher) war mit dichten Schwaden einer Acanthacee durchzogen. Es grenzte ostseitig an Blockschüttungen aus nacktem Kalkgestein, während das westliche Ufer bis 2 m ins Wasser hinein mit schütteren Beständen eines reichlich 2 m hohen Korbblütlers überzogen war, an deren trockenen Stengeln zahlreiche Exuvien hingen (Taf. 3). Die Übersichtlichkeit des Biotops erlaubte es, alle am Gewässer fliegenden Libellenarten festzustellen, und die dürren Pflanzenstengel ermöglichten eine annähernde Totalaufsammlung der Anisopterenexuvien.

Es flogen neben den häufigen *Lestes spumarius* und *scalaris* und 4 weiteren, nur vereinzelt bemerkten Zygopteren-Species in einiger Anzahl (10—20 Expl. in 5 Std.) *O. ferruginea* und *T. abdominalis*, ferner einzelne Männchen von *L. vesiculosa*, einige *M. hageni* und *E. umbrata*, einmal *S. frontalis* und je 3—4 Männchen von *Ae. psilus* und *A. concolor*.

Eine Übersicht über die an beiden Tagen (12/13. Feb.) aufgelesenen Exuvien gibt Tab. 2. An den Exuvien der Libelluliden ließ sich das Geschlecht anhand des Klappenpaares am Vorderrand des 2. Abdominalsternits bestimmen. In der Determination von *E. justiniana* bin ich mir aus Mangel an Vergleichsmaterial nicht sicher. Bemerkenswert sind das im Vergleich zu *T. abdominalis* geringe Material von *O. ferruginea* sowie der Umstand, daß in diesem Gewässer — zumindest in jener Jahreszeit — anstelle von *A. junius* (die in Oriente auch sonst nirgendwo gesehen wurde) *A. concolor* anwesend war. Das Geschlechterverhältnis weicht in keinem Falle nachweislich von der zu erwartenden 1:1-Relation ab.

Zwei Drittel der gefundenen Exuvien entfielen auf Libelluliden. Die geringe Anzahl der anhand ihrer Larvenhäute festgestellten Arten dürfte nicht allein mit den Auswirkungen der Jahreszeit (niedriger Wasserstand, kühlere Temperaturen) zu erklären sein, sondern auch mit der geringen Habitatdifferenzierung im Tümpel.

Tabelle 2
Anisopterenexuvien von einem Tümpel am „Yunque de Baracoa“ (Oriente)

| Species | ♂♂ | ♀♀ | sex indet. | Summe | %-Anteil ♂♂ |
|---|---|---|---|---|---|
| *T. abdominalis* | 89 | 116 | 3 | 208 | 43 ± 3,5 |
| *E. umbrata* | 17 | 17 | — | 34 | 50 ± 8,6 |
| *E. ? justiniana* | 5 | 14 | 1 | 20 | 26 ± 10,1 |
| *O. ferruginea* | 4 | 4 | — | 8 | 50 |
| *T. australis* | — | 2 | — | 2 | — |
| *Ae. psilus* | 49 | 49 | — | 98 | 50 ± 5,0 |
| *A. concolor* | 20 | 12 | — | 32 | 62 ± 8,6 |

### 1.4. Generelle Bemerkungen

In den kühleren und niederschlagsärmeren Monaten haben sowohl an der mexikanischen Ostküste wie auch auf Cuba relativ wenige Arten individuenstarke Imaginalpopulationen. An den beiden Beobachtungsplätzen in Mexico gehören zu dieser Gruppe *A. junius*, *O. ferruginea*, *M. hageni* und *aequalis*, *E. umbrata*, *L. vesiculosa* (nur bei Tampico), *T. carolina* und vor allem *P. flavescens*. Alle diese Arten wurden auch auf Cuba angetroffen — außer *M. aequalis* und *T. carolina*, von denen erstere nach PASTOR ALAYO (l. c.) immerhin die häufigste ihrer Gattung auf der Insel sein soll, während letztere auf Cuba nicht vorkommt. Dort, zumindest im Westteil der „Perle der Karibik", waren ferner *Ae. psilus*, die 4 Gynacanthini-Species (s. Tab. 1), *E. fervida* und *justiniana*, *B. furcata*, *C. herbida*, *T. abdominalis*, *T. citrina* und die beiden „Bachlibellen" *M. celeno* und *S. frontalis* regelmäßig bis häufig zu sehen. Daß ein Teil dieser Arten in Oriente nicht bemerkt wurde, mag daran liegen, daß dort kaum tiefländische Landstriche nach Libellen abgesucht wurden. Andererseits konnten *G. ereagris*, *E. justiniana*, *M. celeno* und *S. frontalis* in Mexico nicht erwartet werden, da es sich bei ihnen um Endemismen der Antillen handelt, zu denen im übrigen auch *C. secreta* und *D. rufinervis* gehören (letztere jedoch auch in Florida).

Vergleicht man diese vagen Häufigkeitsangaben mit den ebenso ungefähren Hinweisen von PASTOR ALAYO (l. c.), so ergibt sich immerhin, daß in der winterlichen Odonatenfauna Cubas einige Arten fehlen oder selten bemerkt wurden, die mein Gewährsmann als „abundante" und sogar als „muy abundante" einstufte, so u. a. *Aphylla caraiba*, *Coryphaeschna adnexa*, *Miathyria simplex*, *M. aequalis* und *dissocians*, *Cannaphila insularis* und *E. naeva*. Dies kann nur bedeuten, daß es Arten gibt, deren Flugzeit ganz oder doch hauptsächlich auf die tropischen Sommermonate beschränkt ist. Ob andererseits auch Arten existieren, die für ihr Dasein in der imaginalen Phase die kühlere Jahreszeit bevorzugen, ist unbekannt. Immerhin wäre hierzu anzumerken, daß die auf Guanahacabibes sehr häufige und auch in Oriente regelmäßig festgestellte *Ae. psilus* vom exkursionserfahrenen PASTOR ALAYO als „una forma rara en esta Isla" angesehen wurde, während ich andererseits *C. adnexa*, die „häufigste Art der Familie Aeschnidae auf Cuba", nicht gesehen habe (von den wenigen überhaupt beobachteten *Coryphaeschna* wurde ein Exemplar bei Guane gefangen und als ein Weibchen von *C. secreta* identifiziert).

Die beiden einleitend aus dem vorliegenden Material als „neu für Cuba" genannten Arten *Macrothemis inequiunguis* CALVERT und *Anax concolor* BRAUER sind leider nur in einem rsp. zwei Exemplaren vorhanden. Das Weibchen von *M. inequiunguis* (Taf. 2) fing mein Museumskollege Dr. D. KÜHLMANN am 19. Nov. 1964 zusammen mit einigen *M. celeno* am kleineren von zwei winzigen Seen, die unmittelbar südlich der Carretera Central etwa auf halbem Wege zwischen Candelaria und Artemisa liegen (ca. 50 km SW La Habana). Nach NEEDHAM & WESTFALL (l. c.) war diese Species bislang ausschließlich vom festländischen Süd- und Mittelamerika („Mexico, also south to Chile") bekannt.

*Anax concolor* galt über viele Jahrzehnte als Subspecies von *A. longipes*. Erst 1968 konnte GEIJSKES auf der Basis eines soliden Materials an Imagines und Larven sowie einer sorgfältigen Untersuchung der Typen nachweisen, daß es sich bei beiden um distinkte Arten handelt. *A. concolor* ist aus Süd- und Mittelamerika nordwärts bis nach Vera Cruz hinauf bekannt und ferner von den Kleinen Antillen (Guadeloupe), von Hispaniola und den Bahamas (San Salvador), *A. longipes* aus dem südöstlichen Nordamerika, aus Zentral-Mexico und ebenfalls von den Bahamas. PASTOR ALAYO (l. c.) erwähnt auch Jamaica als Fundort sowie ein in La Habana gefangenes Männchen aus der GUNDLACH-Kollektion, das der Sammler als *A. amazili* bestimmt hatte. Von dieser im männlichen Geschlecht mit einem auffallend einfarbig braunroten Abdomen gekennzeichneten Art erwiesen sich die beiden von mir am Yunque de Baracoa erbeuteten Tiere als völlig verschieden (Taf. 4). Sie und auch die am besagten Tümpel aufgelesenen Exuvien entsprachen dagegen in allen Punkten der *concolor*-Beschreibung von GEIJSKES. Es ist also anzunehmen, daß sich die Areale dieser beiden, im phylogenetischen Sinne als Schwesterarten zu bezeichnenden Species nicht nur im tropischen Mexico und auf den Bahamas, sondern auch auf Cuba überlagern. *A. concolor* ist auf dieser Antilleninsel „bodenständig"; der entsprechende Nachweis für *A. longipes* steht noch aus.

## 2. Erhebungen über die infraspezifische Variabilität einiger Arten

Fauna und Flora der Antillen insgesamt sowie auch der einzelnen Inseln dieses Archipels sind durch einen hohen Anteil an Endemismen gekennzeichnet. Dieses bekannte Phänomen bezieht sich natürlich vor allem auf Lebewesen, die nicht oder kaum in der Lage sind, marine Räume zu überwinden. Zu ihnen gehören u. a. die terrestrischen Mollusken, die Froschlurche und Echsen (Peters 1970, 1974). Unter den gut fliegenden Tieren, zu denen auch viele Libellen zu rechnen sind, ist für die Antillen und speziell für Cuba ein weitaus geringerer Endemismus zu erwarten. Einige Beispiele wurden soeben (s. 1. 4.) genannt.

Immerhin: die Existenz endemischer Anisopterenspecies auf den karibischen Inseln bezeugt ebenso wie die Abwesenheit von Arten, die an den Küstenstrichen des umliegenden Festlandes vorkommen, daß eine dauerhafte Etablierung und Ausbreitung von Populationen im Gefolge transmariner Flüge und Verdriftungen trotz der relativen Häufigkeit solcher Vorkommnisse ein seltenes Ereignis darstellen. Unter diesem Aspekt schien es nützlich, sich jene Arten, von denen Material sowohl aus Cuba als auch vom Festland zu Gebote stand, genauer anzusehen. Zwei Fragen sollten durch vergleichende Analysen von Maßen, Proportionen und morphologischen Eigenheiten geprüft werden: Gibt es signifikante Differenzierungen zwischen insularen und festländischen Populationsverbänden? Gibt es — in Parallele zu anderen Tiergruppen — auch unter den Anisopteren Anzeichen für insularen Riesen- rsp. Zwergwuchs? Angesichts des begrenzten Materialumfangs durfte von vornherein nicht mit erschöpfenden Antworten gerechnet werden. Bestimmte Indizien und Trends jedoch zeichneten sich ab, deren Darstellung und Interpretation mitteilenswert sind.

Einige weitere Arten können nachfolgend lediglich bezüglich der Variabilität bestimmter Merkmale genauer charakterisiert werden, da es noch an Vergleichsmaterial aus anderen Gegenden oder von verwandten Arten fehlt. Die über sie angestellten Erhebungen sind als Datenbasis im Sinne eines Angebotes für weitere Untersuchungen gedacht.

### 2.1. Aeshna psilus Calvert (Taf. 4)

Von dieser in ihrer Größe der paläarktischen *Ae. mixta* entsprechenden Species wurden auf Cuba 69 Exemplare erbeutet (die meisten auf der Halbinsel Guanahacabibes, nur 3 bei Cupeyal). Habituell ist die Art durch ihren relativ schwächlichen Körperbau gekennzeichnet (schmaler Thorax, dünnes Abdomen), so daß der Kopf wegen der stark gewölbten Augen auffallend groß erscheint. Die Männchen haben deutliche, auch bei dämmriger Beleuchtung gut erkennbare Abzeichen: ein hellblaues Gesicht, ein Muster blauer Flecken lateral und ventral auf Abdominalsegment 2 sowie einen großen blauen Fleck auf dem 9. und 10. Sternit. Die Weibchen zeigen intensiv goldbraun gefärbte Flügelbasen; oft sind ihre Flügel insgesamt goldbraun getönt, und die Appendices sind sehr lang (7—8 mm).

Die Daten in Tab. 3 lassen erkennen, daß *Ae. psilus* deutlich anders proportioniert ist als *Ae. mixta*.

Bei ungefähr gleicher Körpergröße und relativer Abdomenlänge (Abb. 1) ist *Ae. psilus* in beiden Geschlechtern absolut und relativ deutlich leichter als *Ae. mixta*. Sie ist also — an *Caliaeschna microstigma* erinnernd (Peters & Hackethal, 1986) — eine grazil und schlank gebaute Aeshnide. Dies bedeutet, daß die fliegenden Tiere in windbewegter Luft gegenüber robusteren Arten im Nachteil sind.

Tabelle 3
Maße und Proportionen von *Ae. psilus* (Cuba) im Vergleich zu *Ae. mixta* (Mitteleuropa)
(l = Gesamtlänge in mm; g = Gewicht reifer Exemplare in g; rel. $l_{Abd}$ = Länge des Abdomens ohne Appendices in % von l; rel. g = durchschnittliches Gewicht in g pro 1 mm Körperlänge; n = Anzahl der Exemplare; v = beobachtete Variationsbreite; x̄ = statistischer Mittelwert)

| | | *Ae. psilus* | | *Ae. mixta* | |
|---|---|---|---|---|---|
| | | ♂♂ | ♀♀ | ♂♂ | ♀♀ |
| l | n | 47 | 18 | 197 | 57 |
| | v | 58,3—63,0 | 60,0—65,9 | 58,3—67,8 | 58,2—64,2 |
| | x̄ | 68,8 ± 0,19 | 63,3 ± 0,41 | 64,0 ± 0,11 | 62,1 ± 0,18 |
| rel. $l_{Abd}$ | n | 48 | 18 | 193 | 56 |
| | v | 66,2—68,0 | 65,7—67,8 | 65,5—70,0 | 65,4—67,9 |
| | x̄ | 67,1 ± 0,06 | 66,4 ± 0,11 | 67,5 ± 0,04 | 66,8 ± 0,07 |
| g | n | 46 | 16 | 173 | 47 |
| | v | 0,20—0,35 | 0,26—0,52 | 0,37—0,61 | 0,42—0,74 |
| | x̄ | 0,31 ± 0,004 | 0,41 ± 0,018 | 0,49 ± 0,004 | 0,57 ± 0,011 |
| rel. g | | 0,0050 | 0,0064 | 0,0076 | 0,0092 |

## 2.2. Anax concolor BRAUER (Taf. 4)

Unter Verarbeitung des von GEIJSKES (1968) mitgeteilten Datenmaterials können zu dieser von ihm in ihrem Status rehabilitierten Species zwei wesentliche Aussagen gemacht werden:

1) Anhand divergierender Trends in der Ausstattung des Flügelgeäders lassen sich *A. longipes* und *concolor* als distinkte Species bestätigen.

2) Die *concolor*-Population der Gr. Antillen ist auf ungefähr subspezifischem Niveau von denen des südamerikanischen Festlandes (inclusive Guadeloupe) verschieden. Die Unterschiede sind so beschaffen, daß sich *A. concolor* im Grenz- rsp. Überlagerungsgebiet der *longipes-concolor*-Areale deutlicher von *A. longipes* unterscheidet als die Angehörigen der südamerikanischen Populationen.

Abgesehen von den vielen durch GEIJSKES herausgearbeiteten morphologischen Detaildifferenzen zwischen beiden Arten (über den Bau des männlichen Kopulationsapparates ließen sich weitere hinzufügen) unterschieden sich *concolor* und *longipes* auf den ersten Blick in Größe und Färbung rsp. Zeichnung voneinander. Männchen wie Weibchen von *A. longipes* sind durchschnittlich um 1 cm länger als *concolor*-Individuen (GEIJSKES, Tab. 1 u. 2). Diese Größendifferenz entspricht jedoch nicht einer gleichsinnigen (isometrischen) Differenz in den Flügellängen: nach den Daten von GEIJSKES hat *A. concolor* offensichtlich relativ längere Flügel. Die Länge der Vorderflügel der Männchen beläuft sich auf 66,5 ± 0,32% der Körperlänge, bei den *longipes*-♂♂ aber nur auf 65,1% (t = 2,5). Größeres Material dürfte diesen Unterschied signifikant machen.

Entsprechend seiner absolut längeren Flügel hat *A. longipes* in aller Regel in den einzelnen Flügelteilen mehr Queradern rsp. Zellen als *concolor*. Jedoch gibt es auch hier bemerkenswerte Ausnahmen, die einen arteigenen Entwicklungstrend andeuten. In Tab. 4 sind die diesbezüglichen Daten aus den Zahlen von GEIJSKES und dem mir verfügbaren Material verarbeitet.

Sexualdifferenzen ließen sich in den geprüften Merkmalen nicht nachweisen, obwohl sie vor allem für die Anzahl der Pnq im Hfl zu erwarten sind, denn beide Serien enthielten nur wenige Weibchen (4 von *longipes*, 2 von *concolor*).

Immerhin: die 4 Hfl der *concolor*-Weibchen ergaben einen Pnq-Wert von 11,8, die der Männchen dieser Art einen von 10,5 (t = 2,5). Im Falle von *A. longipes* ist ein Unterschied

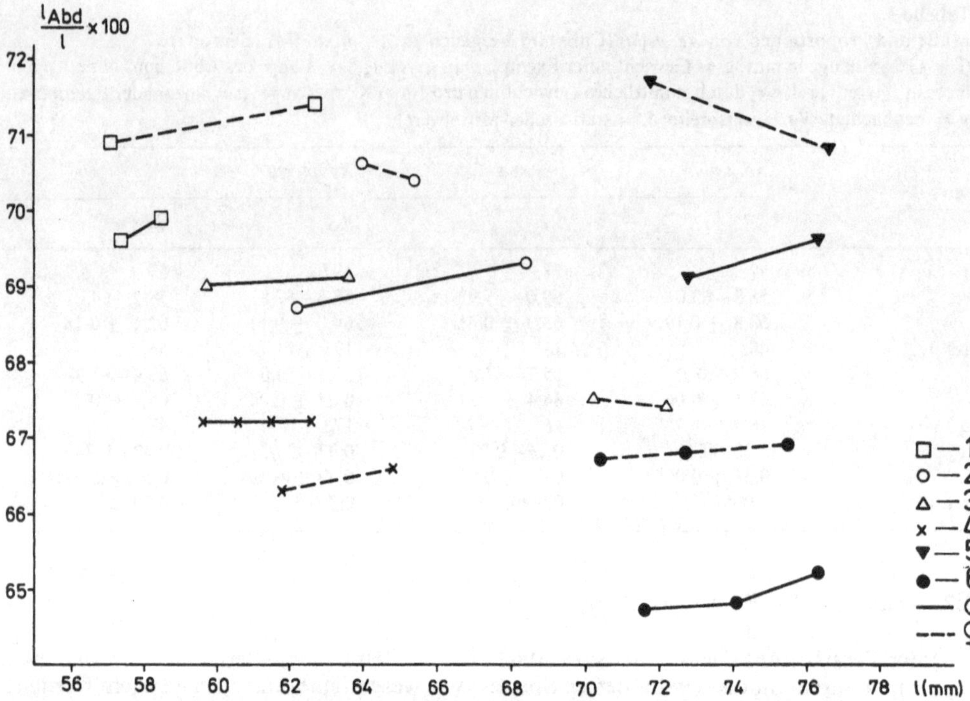

Abb. 1
Beziehungen zwischen relativer Abdomenlänge und Körperlänge bei einigen der auf Cuba vorkommenden Aeshnidenspecies. 1: *Triacanthagyna septima*, 2: *Gynacantha ereagris*, 3: *Triacanthagyna trifida*, 4: *Aeshna psilus*, 5: *Gynacantha nervosa*, 6: *Anax junius*. Im Falle von *Ae. psilus* und *T. trifida* haben die Männchen ein relativ längeres Abdomen, bei den übrigen Arten die Weibchen. Auffällig die Größendifferenz zwischen den Geschlechtern bei *T. trifida*, und besonders bemerkenswert die mit zunehmender Gesamtlänge abnehmende relative Abdomenlänge bei den Weibchen von *G. nervosa*!

Tabelle 4
Geäderdifferenzen zwischen *A. longipes* und *A. concolor* (Anq = Antenodalqueradern, Pnq = Postnodalqueradern, Scq = Subcostalqueradern, $Cu_1/Cu_2$ = Anzahl der Zellen zwischen 1. u. 2. Cubitalader im Hfl, Anschl = Anzahl der Zellen in der Analschleife, Vfl = Vorderflügel, Hfl = Hinterflügel, n = Anzahl der Flügel, $\bar{x}$ = Mittelwert, t = Wert des t-Tests nach STUDENT)

| | *A. longipes* (n = 38) | *A. concolor* (n = 48) | t |
|---|---|---|---|
| Anq/Vfl | 18,2 ± 0,16 | 17,5 ± 0,19 | 2,8 |
| Anq/Hfl | 12,7 ± 0,20 | 12,0 ± 0,18 | 2,6 |
| Pnq/Vfl | 8,3 ± 0,12 | 8,8 ± 0,13 | 2,8 |
| Pnq/Hfl | 10,6 ± 0,13 | 10,6 ± 0,16 | 0,0 |
| Scq/Vfl | 14,0 ± 0,16 | 13,0 ± 0,16 | 4,3 |
| Scq/Hfl | 10,5 ± 0,09 | 9,6 ± 0,11 | 6,4 |
| $Cu_1/Cu_2$ | 20,2 ± 0,36 | 18,1 ± 0,25 | 4,8 |
| Anschl | 12,1 ± 0,19 | 10,9 ± 0,14 | 5,0 |

nicht einmal angedeutet. Doch ganz abgesehen von dieser möglicherweise auch zufälligen Differenz läßt das Zahlenmaterial in Tab. 4 vor allem erkennen, daß im Falle der Pnq im Vfl bei *A. concolor* entgegen dem generellen Bild kein geringerer, sondern ein höherer Wert zu verzeichnen ist als bei *longipes*. Und schließlich: obwohl *A. concolor*, wie soeben ausgeführt, relativ längere Flügel hat und zugleich etwas weniger Anq (Tab. 4) aufweist, stehen die Anq auf ihrem Vorderflügel wahrscheinlich enger beieinander als bei *longipes*. Auf den Vfl von je 2 diesbezüglich geprüften *concolor*- und *longipes*-Individuen haben die Anq einen mittleren Abstand von 0,65 und 0,68 mm rsp. 0,75 und 0,78 mm. Diese Indizien mögen genügen, um unterschiedliche Trends in der Evolution des Geäders beider Species anzudeuten. Hinzuzufügen wäre noch, daß die *longipes*-♂♂ ein fast fleckenloses rotbraunes bis ziegelrotes Abdomen tragen, wohingegen die *concolor*-Männchen das Fleckenmuster der Aeshniden in ausgeprägter Form und grün- bis graublauer Ausfärbung beibehalten haben.

Der eingangs erwähnte Befund über deutliche Unterschiede zwischen festländisch-südamerikanischen *A. concolor* und der auf den Gr. Antillen beheimateten Populationen wurde an den in Tab. 4 aufgeführten Geädermerkmalen erhoben. Trotz des relativ kleinen Materials ließen sich für 2 unabhängig voneinander variierende Merkmale deutliche bis hochsignifikante Unterschiede ausmachen: Die mittlere Anzahl der Anq im Vfl beläuft sich bei festländischen Individuen auf 17,8 $\pm$ 0,18, bei den Antillen-Exemplaren jedoch nur auf 16,0 $\pm$ 0,38 ($t = 4{,}3$); in der Analschleife befinden sich im Mittel 11,6 $\pm$ 0,11 rsp. nur 9,9 $\pm$ 0,58 ($t = 2{,}9$). Auch in den übrigen geprüften Geäderstrukturen zeigten sich Tendenzen zur Verringerung in der Anzahl der Elemente; die Differenzen bleiben jedoch weit unterhalb der Signifikanzschwelle. Wie bereits bemerkt, unterscheidet sich damit die *concolor*-Population von den Gr. Antillen deutlicher von *A. longipes* als die südamerikanischen Populationen. Es wäre jedoch voreilig, diese Beobachtung als ein Beispiel für divergente Evolution nahverwandter Arten im Überlappungsbereich ihrer Areale auszugeben. Auch für die taxonomische Fixierung des Befundes (*A. longipes* von den Gr. Antillen als distinkte Subspecies) wäre mehr Material erforderlich.

### 2.3. **Anax junius** (Drury)

Von der über große Teile beider Amerika verbreiteten, auch auf Hawaii und lokal im östlichen China vorkommenden Art standen mir 58 Exemplare zur Verfügung. 30 von ihnen fing ich in Mexico und 12 weitere auf Cuba (ein 13. cubanisches stammt von Dr. Kühlmann). Auf dieser Ausbeute beruhen die mitzuteilenden Daten über Maße und Gewichte. Zum Studium des Flügelgeäders waren 6 weitere Stücke aus Mexico und Texas, je 4 aus dem Nordosten der USA und von Hawaii sowie eines aus China verfügbar. Angesichts dieses dürftigen Materials und des riesigen Areals der Art können an den Informationswert der Befunde keine großen Erwartungen gestellt werden.

Ein Vergleich der cubanisch-ostmexikanischen *A. junius* mit mitteleuropäischen *A. imperator* (letztere erscheint als das habituelle und ökologische Ebenbild ersterer) belehrt zunächst darüber, daß die amerikanische Art zwar deutlich kleiner ist als die altweltliche (relativ kürzeres Abdomen, vor allem bei den Männchen!), jedoch schwerer als diese (Tab. 5). Die Durchschnittswerte über das „relative Gewicht" bringen diese Differenzen gut zum Ausdruck (südeuropäische *A. imperator* sind zwar noch größer, aber nicht schwerer als mitteleuropäische Artgenossen: Peters & Hackethal 1986). Ähnlich *A. parthenope* erweist sich *A. junius* damit gegenüber *A. imperator* als die vorteilhafter konstruierte Flugmaschine. Zur Vertiefung dieser Aussage wären Messungen über Maße und Proportionen der Flügel erforderlich, die sich jedoch wegen der sehr variablen Schrumpfungsvorgänge am Körper getrockneter Individuen nur unter großem Aufwand gewinnen lassen. Das Maß der Hinterflügellänge wurde benutzt, um Vorstellungen über Größendifferenzen zwischen den aus verschiedenen Arealteilen stammenden Individuen zu gewinnen. Die in Tab. 5 aufgeführten Stücke haben mittl. Hfl-Längen von 47,6 $\pm$ 0,28 (Männchen) rsp. 48,9 $\pm$ 0,37 mm (Weibchen). Ungefähr gleiche Maße lieferten die 4 aus dem Nordosten der USA stammenden Exemplare. Deutlich größer aber scheinen die Individuen von Hawaii (4 Weibchen mit Hfl-Längen zwischen 48,5 u. 54,2 mm, im Mittel 50,4 $\pm$ 2,36 mm) und in China zu sein (1 Männ-

Tabelle 5
Maße und Proportionen von *Anax junius* aus Cuba und E-Mexico im Vergleich zu *A. imperator* aus Mitteleuropa (Symbole wie in Tab. 3)

| | | *A. junius* | | *A. imperator* | |
|---|---|---|---|---|---|
| | | ♂♂ | ♀♀ | ♂♂ | ♀♀ |
| l | n | 23 | | 65 | 33 |
| | v | 69,9—78,0 | 68,5—78,0 | 74,8—82,3 | 70,8—77,8 |
| | x̄ | 74,1 ± 0,42 | 73,4 ± 0,53 | 78,5 ± 0,20 | 75,2 ± 0,30 |
| | n | 23 | 19 | 65 | 33 |
| | v | 63,8—66,2 | 63,8—68,0 | 66,3—69,9 | 65,8—68,4 |
| | x̄ | 64,8 ± 0,15 | 66,7 ± 0,22 | 68,1 ± 0,10 | 67,5 ± 0,11 |
| g | n | 18 | | 65 | 33 |
| | v | 0,78—0,95 | 0,78—1,48 | 0,60—0,96 | 0,90—1,35 |
| | x̄ | 0,86 ± 0,055 | 1,00 ± 0,216 | 0,82 ± 0,013 | 1,12 ± 0,019 |
| rel. g | | 0,0115 | 0,0136 | 0,0104 | 0,0149 |

chen, Hfl-Länge 49,6 mm). Eine nähere Untersuchung der Populationen in beiden Exklaven wäre angebracht, denn auch in einigen Geädermerkmalen deuten sich Unterschiede zwischen der Hawaii-Population und den amerikanischen *A. junius* an.

Im Flügelgeäder wurde die Variabilität der Merkmale Anq/Vfl, Anq/Hfl, Pnq/Vfl, Pnq/Hfl (♂♂), Pnq/Hfl (♀♀), Anzahl der Zellen zwischen $M_3$ und $M_4$ distal der Schrägader sowie zwischen $Cu_1$ und $Cu_2$ im Hfl (nur Weibchen) und schließlich die Anzahl der Zellen im Flügelfeld zwischen R und $M_3$ im Hfl geprüft. Die Anzahl der Pnq und der Zellen in der Cubitalreihe variiert geschlechtsabhängig (mit höheren Zahlen bei den Weibchen). Das Ausgangsmaterial ließ sich zwangslos in die Serien Cuba, Mexico/Texas, NE-USA und Hawaii unterteilen. Wie bereits im Falle von *A. concolor* gibt es bei den insularcubanischen *junius* durchgehend geringere Mittelwerte im Vergleich zu den festländischen, deutlich höhere dagegen bei den Hawaii-Tieren. Statistisch signifikante Differenzen ließen sich jedoch nur in wenigen Fällen nachweisen.

Die mexikanisch-texanischen *A. junius*-Weibchen unterscheiden sich sowohl von den NE-USA- als auch von den Cuba-Exemplaren a) durch einen signifikant höheren Mittelwert in der Zellenzahl der Cu-Reihe (25,8 ± 0,68 gegenüber 22,0 ± 0,71 und 23,2 ± 0,66) und b) durch ebenfalls signifikant höheren Mittelwert in der Anzahl der Zellen zwischen R und $M_3$ (40,0 ± 0,24 gegenüber 37,5 ± 0,93 und 37,8 ± 0,34). Die 4 Exemplare von Hawaii reichten bereits aus, um in 2 Merkmalen drastische Differenzen gegenüber allen nordamerikanisch-karibischen *A. junius* deutlich werden zu lassen. Die Anzahl der Anq im Vfl liegt

Tabelle 6
Maße und Proportionen der 4 Gynacanthini-Species von Cuba (rel. $l_{Hfl}$ = Länge des Hinterflügels in % der

| | *Gynacantha ereagris* | | | *Gynacantha nervosa* | | |
|---|---|---|---|---|---|---|
| | ♂♂ (n = 5) | ♀♀ (n = 11) | t | ♂♂ (n = 12) | ♀♀ (n = 14) | t |
| l | 65,4 ± 0,84 | 64,7 ± 0,80 | 6,2 | 74,5 ± 0,82 | 74,2 ± 0,98 | |
| g | 0,33 ± 0,019 | 0,44 ± 0,019 | 4,1 | 0,48 ± 0,026 | 0,58 ± 0,0,49 | |
| rel. g | 0,0050 | 0,0068 | | 0,0064 | 0,0078 | |
| rel. $l_{Abd}$ | 69,2 ± 0,09 | 70,5 ± 0,09 | 10,0 | 69,4 ± 0,18 | 71,4 ± 0,32 | 5,0 |
| rel. $l_{Hfl}$ | 64,7 ± 0,81 | 65,4 ± 1,33 | | 66,9 ± 0,39 | 68,1 ± 0,66 | |

mit 17,0 ± 0,42 nahezu signifikant über den x̄-Werten der übrigen Serien (15,7; 15,8; 15,9), und Gleiches gilt für die Anzahl der Zellen zwischen $M_3$ und $M_4$ (distal der Schrägader): 10,2 ± 0,68 (ansonsten 7,8; 8,1 und 8,3). Nach den Zahlenwerten seiner Geädermerkmale ist das einzig vorliegende Exemplar aus China nicht von den Hawaii-Stücken unterscheidbar. Diese Indizien seien deshalb erwähnt, weil sie die Möglichkeit anzeigen, durch vergleichende Geäderuntersuchungen den Invasionsweg zu rekonstruieren, den *A. junius* bei der Kolonisierung Hawaiis und E-Chinas genommen hat.

## 2.4. **Coryphaeschna secreta** CALVERT (Taf. 4)

Bei dem von mir nahe Guane in W-Cuba am 16. Dezember 1967 gefangenen Exemplar handelt es sich um das zweite überhaupt bekanntgewordene Weibchen seiner Art; das erste beschrieb PASTOR ALAYO 1968. Im Unterschied zum ersten Weibchen sind seine Flügel im ganzen zart bernsteingelb getönt. Das lebende Tier hatte blaugrüne Augen mit braunen Schatten und einigen mattschwarzen Flecken. Kopf und Körper waren grün gefärbt, die Abdomenzeichnung in brauner Farbe gehalten, die Pterostigmata dunkelbraun getönt. Da beim Fang der Kopf abbrach, mußte das Tier mit vollem Magen gewogen werden (1,39 g; Gewicht des gefüllten Magens 0,20 g). Seine Gesamtlänge beläuft sich auf 79,3 mm, die des Abdomens auf 59,0 mm und die des Hinterflügels auf 55,8 mm; rel. Abdomenlänge 74,4%, relative Hfl-Länge 70,4% (!), relatives Gewicht etwa 0,0151 g/mm. Der auffallend hohe Anteil der Abdomenlänge an der Gesamtlänge ergibt sich hauptsächlich aus dem praktisch auf 0 reduzierten Längenanteil der bis auf eben wahrnehmbare Stummel rückgebildeten Appendices. Gattungscharakter haben die relativ sehr langen Flügel.

## 2.5. **Gynacanthini** (Taf. 5)

Die amerikanischen Species dieser circumtropisch verbreiteten artenreichen Aeshnidengruppe wurden 1923 von WILLIAMSON monographisch abgehandelt. Vier von ihnen kommen auf Cuba vor, und alle sind dämmerungs- und z. T. auch nachtaktiv. Sie sind durchweg leicht und schlank gebaut, haben extrem große Augen, und es fehlen ihnen die auffallend bunten Abzeichen der tagsüber munteren Verwandten. Das charakteristische Zeichnungselement der Aeshniden, helle, mehr oder minder breite Thoraxschrägstreifen, haben sich auf Cuba nur die Männchen von *Triacanthagyna trifida* bewahrt, einschließlich einer grünen Färbung ihrer Brustsegmente. Das einzige endemische Element dieser Artengruppe auf den Antillen (einschließlich der Bahamas) ist *Gynacantha ereagris*.

Körperlänge; übrige Symbole wie in Tab. 3)

| *Triacanthagyna septima* | | | *Triacanthagyna trifida* | | |
|---|---|---|---|---|---|
| ♂♂ (n = 8) | ♀♀ (n = 7) | t | ♂♂ (n = 13) | ♀♀ (n = 8) | t |
| 57,9 ± 0,20 | 61,8 ± 0,90 | 4,2 | 62,0 ± 0,57 | 69,7 ± 1,76 | 4,2 |
| 0,26 ± 0,012 | 0,38 ± 0,012 | 7.1 | 0,30 ± 0,022 | 0,35 ± 0,019 | |
| 0,0045 | 0,0061 | | 0,0048 | 0,0050 | |
| 69,7 ± 0,37 | 71,3 ± 0,19 | 3,8 | 69,0 ± 0,10 | 67j2 ± 0,34 | 5,1 |
| 62,9 ± 0,26 | 62,3 ± 0,37 | | 63,7 ± 0,29 | 61,2 ± 0,84 | 2,8 |

Tab. 6 enthält die metrischen Daten aus den Erhebungen an den kleinen Serien der 4 Arten, um sie miteinander und mit anderen Aeshniden vergleichen zu können.

Das Zahlenmaterial dieser Tabelle macht einige Anmerkungen notwendig. Die Durchschnittswerte über das relative Gewicht kennzeichnen diese Dämmerungsflieger als leicht gebaute Aeshniden, vergleichbar mit *Ae. psilus* (Tab. 3). Nur die große *G. nervosa* ist schwerer, jedoch auch nur reichlich halb so schwer wie *Anax junius*, mit der sie in der Körperlänge ungefähr übereinstimmt (Tab. 5). Für alle 4 Arten sind auffallend lange Appendices charakteristisch. Bei *G. nervosa* sind die Appendices superiores bei den Männchen länger als bei den Weibchen; bei den *Tryacanthagyna*-Species übertreffen die Abdominalanhänge der Weibchen an Länge die der Männchen sehr beträchtlich (Tr. trifida: ♂♂ 5,7—6,2 mm, ♀♀ 9,0 bis 9,7 mm). Dieser Umstand ist der Grund dafür, daß die *Triacanthagyna*-Weibchen in Umkehrung des sonst bei Aeshniden üblichen länger sind als ihre Männchen und relativ kürzere Flügel haben (Abb. 1). Der relativ hohe Anteil der Appendixlänge an der Gesamtlänge bewirkt vor allem bei den Weibchen von Tr. trifida die im Vergleich zu denen ihrer Männchen stark herabgesetzten Indexwerte der relativen Abdomenlänge und des relativen Gewichtes (Abb. 1). Es ist kaum vorstellbar, daß die überlangen und sehr zarten Appendices der Gynacanthini-Weibchen eine funktionelle Bedeutung haben sollten; sie sind sehr brüchig und gehen leicht verloren. Als Steuer- oder Balancehilfsmittel kommen sie nicht in Frage. Im Vergleich zu den Flügeln ist ihre Oberfläche verschwindend klein, und sie sind zu weich, um der strömenden Luft einen Widerstand zu bieten. Messungen an größeren Serien werden wahrscheinlich ergeben, daß der Geschlechtsunterschied im Index „relative Hinterflügellänge“ bei den gynacanthinen Aeshniden geringer ist als in den Genera *Anax* und *Aeshna*. In Hinblick auf das geringe Gewicht und den recht schwachen Thorax der Tiere sind ihre Flügel auffallend groß. Um bei einer solchen Konstitution gut fliegen und manövrieren zu können, muß es windstill sein.

### 2.6. **Erythrodiplax umbrata (L.)** (Taf. 6)

Ihre breiten braun- bis schwarzvioletten Flügelbänder machen diese mittelgroße Libellulide zu einer auffälligen Erscheinung unter den tropisch-amerikanischen Odonata. Sie ist fast überall häufig, an vielen Orten sogar massenhaft anzutreffen und deshalb auch in Sammlungen recht gut repräsentiert. Unter Einschluß der eigenen Ausbeute stand mir für Untersuchungen über die sog. geographische Variabilität ein Material von 198 Exemplaren zur Verfügung. Es ließ sich zwanglos in die Regionalgruppen Cuba (n = 25), Hispaniola + Puerto Rico + Jungfern-Inseln (9), Mexico + Honduras (36), Venezuela + Columbien (24), Guayana + Surinam (22), Ost-Brasilien (5), Bolivien (71) und Paraguay (6) aufteilen.

Als Referenzmaß der Körpergröße diente die Länge des Hinterflügels, denn die Flügelmaße unterliegen anders als etwa Gesamt- oder Abdomenlänge so gut wie keiner Schrumpfung. Folgende Geäderpartien wurden ausgezählt und den üblichen elementaren statistischen Verfahren unterworfen: Anzahl der Anq in den Vfl und Hfl, Anzahl der Zellen in der „radial planate“ der Vfl und Hfl (das ist eine bei manchen Genera markant umgrenzte Zellgruppe zwischen dem Radialsektor Rs und dem Radialsupplementärsektor Rspl), Anzahl der Zellen zwischen $M_3$ und $M_4$ in den Hfl, Anzahl der Zellen in der Analschleife der Hfl sowie Anzahl der Flügelrandzellen zwischen Radius (R) und $M_3$ in den Hfl. Für jedes Merkmal wurde innerhalb jeder Regionalgruppe geprüft, ob seine Variabilität geschlechtsabhängig determiniert sein könnte. Es kommt vor, daß derartige Sexualdifferenzen von Gruppe zu Gruppe unterschiedlich deutlich markiert sind, machmal auch fehlen bzw. wegen Geringfügigkeit statistisch nicht nachweisbar sind.

Ein deutliches Beispiel für dieses Phänomen liefert der Vergleich der Hfl-Längen zwischen den Regionalgruppen: insbesondere auf Cuba, aber auch im zentralen Südamerika (Bolivien, aus Paraguay nur Männchen) sind die Weibchen signifikant größer; in Mittel- und im nörd-

Tabelle 7
Die Mittelwerte der Hfl-Längen (mm) in den Regionalgruppen von *E. umbrata*

| | ♂♂ | ♀♀ | t |
|---|---|---|---|
| Cuba | 29,1 ± 0,56 | 31,8 ± 0,40 | 4,1 |
| Hispaniola, Puerto Rico | 29,2 ± 0,71 | 29,2 ± 2,13 | — |
| Mexico, Honduras | 31,1 ± 0,30 | 32,0 ± 0,58 | 1,4 |
| nördl. Südamerika | 29,7 ± 0,31 | 30,3 ± 0,44 | 0,9 |
| Bolivien | 29,5 ± 0,28 | 30,6 ± 0,23 | 3,1 |
| Paraguay | 28,4 ± 0,48 | — | |

lichen Südamerika (Venezuela bis Ost-Brasilien) ist der Geschlechtsunterschied deutlich geringer und trotz der Seriengrößen von n = 36 und 51 nicht signifikant (Tab. 7).

Die kleinwüchsigsten *E. umbrata* fliegen am Südrand des Areals, die großwüchsigsten in Mittelamerika. Auf den Antillen, mit Sicherheit auf Cuba, sind nur die Weibchen groß, die Männchen der Art jedoch auffallend klein.

Die Variabilität in der Anzahl der Anq im Vfl ist mit der der homologen Elemente im Hfl gekoppelt: Regionalgruppen mit höheren Anq/Vfl-Werten haben zugleich höhere Anq/Hfl-Zahlen und umgekehrt. Der bescheidene Materialumfang erlaubte nur in einem Falle den Nachweis geschlechtsabhängiger Mittelwertgrößen: in Bolivien tragen die Männchen im Mittel 11,4 ± 0,08 Anq im Hfl, die Weibchen 11,7 ± 0,06 (t = 3,0). In Südamerika liegen die Mittelwerte der Anq-Zahl im Vfl zwischen 11,2 (E-Brasilien) und 11,6 (Bolivien), die der Anq im Hfl zwischen 8,9 (Columbien, Venezuela) und 9,2 (Guayana, Surinam). Da für keines der beiden Merkmale auch nur eine Andeutung von Signifikanz der Mittelwertdifferenzen zwischen den südamerikanischen Regionalgruppen zu erkennen war, wurden für alle aus Südamerika vorliegenden *E. umbrata* die gemeinschaftlichen Mittelwerte von 11,5 ± 0,04 (Anq/Vfl) und 9,1 ± 0,04 (Anq/Hfl) berechnet. Die mittelamerikanischen Populationsgruppen (Mexico, Honduras, Cuba, östliche Antillen) zeigen, gleichfalls untereinander übereinstimmend, in beiden Parametern geringere Werte: 10,8 ± 0,05 Anq im Vfl und 8,7 ± 0,05 Anq im Hfl. Wegen der schmalen Streuungsamplituden (10—13 im Vfl, 8—11 im Hfl) sind die numerischen Differenzen zwischen den Mittel- und Südamerika-Serien zwar in beiden Merkmalen gering, statistisch jedoch hochsignifikant (10,5 bzw. 6,8 gemäß t-Test nach STUDENT).

Besonders anzumerken ist die Tatsache, daß die Anzahl der Antenodalqueradern wider Erwarten nicht mit der Flügellänge korreliert ist: die generell größeren mittelamerikanischen umbrata haben in beiden Flügelpaaren weniger Anq als die im ganzen kleineren südamerikanischen Artgenossen. Aus dieser Aussage könnte nun statt einer non-Korrelation eine negative Korrelation herausgelesen werden. Doch auch eine derartige Umkehrung scheint nicht vorzuliegen. Die unter den „generell größeren" mittelamerikanischen Individuen auffallend kleinen Männchen von Cuba haben keine den ebenso kleinen südamerikanischen Männchen entsprechenden Anq-Werte, sondern solche, die von denen der viel größeren mexikanisch-honduranischen nicht unterscheidbar sind (11,0 gegenüber 10,9 im Vfl und 8,8 gegenüber 8,7 im Hfl.).

Da die angegebenen Anq-Mittelwerte wegen der schiefen Häufigkeitsverteilungen der Ausgangsdaten hinsichtlich ihres Gewichtes für Vergleiche zwischen den Regionalgruppen nur orientierende Bedeutung haben können, sei am Beispiel der Anq/Vfl-Zahlen noch ein prozentuales Vergleichsmaß eingeführt: Die Mehrzahl aller Individuen trägt in jedem Vfl 11 Anq. Der Anteil der Flügel mit nur 10 Anq ist unter den mittelamerikanischen *umbrata* (Mexico, Honduras, Antillen) relativ hoch (25 ± 3,7%), unter der Gesamtheit der südamerikanischen mit nur 7 ± 2,4% deutlich und signifikant (t = 4,1) geringer. Umgekehrte Relationen ergeben sich für die Prozentanteile der Flügel mit 12—13 Anq, nämlich nur 12 ± 2,8 in Mittel-, jedoch 44 ± 4,7% in Südamerika (t = 4,1). Diese Zahlen bestätigen, daß sich die südamerikanischen Populationsgruppen hinsichtlich der Mittelwerte ihrer Anq-Zahlen deutlich von den mittelamerikanischen unterscheiden.

Das gleichfalls in beiden Flügelpaaren ausgezählte Merkmal „Anzahl der Zellen zwischen Rs und Rspl“ (Rpl-Zellen in der „radial planate“) zeigte im Vergleichsbild der Mittelwerte der Regionalgruppen ein von dem der Anq-Zahlen deutlich abweichendes Bild. Zunächst sind in allen größeren Serien geschlechtsabhängige Differenzen angedeutet: die Mittelwerte für die Männchen liegen etwas über denen der Weibchen, ohne jedoch — von einer Ausnahme abgesehen — die erforderliche Signifikanzschwelle zu überschreiten. Ferner: läßt man die Daten über die Cuba-Serie beiseite (!), so ergibt sich, daß die Anzahl der Rpl-Zellen mit der Flügelgröße positiv korreliert zu sein scheint. Die großen mexikanisch-honduranischen *umbrata* haben sowohl im Vfl als auch im Hfl mehr Rpl-Zellen (15,1 ± 0,20 und 14,8 ± 0,20) als die mittelgroßen Tiere im nördlichen Südamerika (14,8 ± 0,17 und 14,0 ± 0,10); und die geringsten Werte zeigen die Angehörigen der kleinwüchsigen Paraguay-Population (13,9 ± 0,75 und 13,6 ± 0,29). Die Mittelwertdifferenzen sind nur in einem Falle signifikant. doch der Trend ist deutlich. Unter Einbeziehung der cubanischen, ja überhaupt aller Antillen-Exemplare aber findet sich dieser Trend nur für die Männchen bestätigt. Da sie nicht größer sind als die südamerikanischen, haben sie ungefähr gleichhohe Rpl-Werte (14,3 ± 0,24 im Vfl und 14,2 ± 0,32 im Hfl). Die Weibchen aus diesen Populationen aber passen nicht in das Schema. Ihre Mittelwerte (13,5 ± 0,26 und 13,0 ± 0,24) liegen unter denen aller anderen Regionalgruppen, von denen die Weibchen der Boliviengruppen trendgerecht mit 14,1 ± 0,15 und 13,8 ± 0,13 die geringsten Werte zeigen. Diese Diskrepanzen zwischen den Mittelwerten der Geschlechter auf den Antillen bewirken, daß nur dort hinlängliche bis sichere Signifikanz zwischen den Mittelwerten der Geschlechter nachweisbar ist (trotz der relativ kleinen Serie). Das Phänomen der niedrigen Rpl-Zahlen im weiblichen Geschlecht ist ein auffälliges Attribut der Antillen-Populationen von *E. umbrata*.

Diese Besonderheit hat ihre Parallelen in den quantitativen Parametern der 3 weiteren untersuchten Geädermerkmale, die nur an den Hinterflügeln ausgezählt wurden. Alle drei (Anzahl der Zellen zwischen $M_3$ und $M_4$, innerhalb der Analschleife sowie längs des Flügelrandes von R bis $M_3$) zeigen in ihrer Variabilität keine sicher erkennbaren Abhängigkeiten vom Geschlecht der Individuen, obwohl vor allem in der Analschleife bei den Weibchen etwas mehr Zellen zu erwarten wären als bei den Männchen (nur in der großen Probe aus Bolivien ist der Geschlechtsunterschied mit t = 2,8 bei 1% Irrtumswahrscheinlichkeit signifikant; 20,7 ± 0,15 gegenüber 21,4 ± 0,18 Zellen). Das wesentliche Datenmaterial ist in Tab. 8 zusammengestellt.

Tabelle 8
Übersicht über die Mittelwerte der Merkmale „Anzahl der Zellen zwischen $M_3$ und $M_4$“, „Zellenzahl in der Analschleife“ und „Anzahl der Randzellen von R bis $M_3$“ (jeweils im Hfl) in den verschiedenen Regionalgruppen von *Erythrodiplax umbrata*

| | $M_3/M_4$-Zellen | Analschleife | Randzellen |
|---|---|---|---|
| Cuba | 18,2 ± 0,18 | 19,9 ± 0,18 | 47,5 ± 0,53 |
| Haiti, Puerto Rico | 18,5 ± 0,26 | 21,3 ± 0,45 | 46,4 ± 1,35 |
| Mexico, Honduras | 19,5 ± 0,16 | 21,1 ± 0,17 | 50,8 ± 0,39 |
| Venezuela, Columbien | 19,8 ± 0,15 | 21,5 ± 0,24 | 50,9 ± 0,51 |
| Guayana, Surinam | 19,7 ± 0,19 | 21,6 ± 0,25 | 51,1 ± 0,55 |
| Ost-Brasilien | 19,0 ± 0,26 | 20,6 ± 0,56 | 51,3 ± 0,78 |
| Bolivien | 19,5 ± 0,26 | 21,0 ± 0,12 | 51,1 ± 0,28 |
| Paraguay | 19,1 ± 0,31 | 19,3 ± 0,38 | 48,8 ± 1,08 |

Die Gruppe der kleinwüchsigen Paraguay-Exemplare bleibt in den Mittelwerten aller 3 Merkmale anscheinend hinter denen der übrigen kontinentalen Gruppen zurück. Letztere aber unterscheiden sich überhaupt nicht voneinander, so daß sich für die Gesamtheit dieser Gruppen generalisierte Mittelwerte bilden ließen: 19,6 ± 0,07 $M_3/M_4$-Zellen, 21,2 ± 0,09 Analschleifenzellen und 51,1 ± 0,19 Randzellen. Von diesen Mittelwerten mit ihrer weitaus solideren Datenbasis unterscheiden sich die der Paraguay-Gruppe aber nur in einem Falle signifikant (Zellenzahl in der Analschleife; t = 4,9), so daß die beiden anderen statistischen Differenzen auch auf Zufall beruhen können. Um so sicherer aber kann die Feststellung getroffen werden, daß die hochsignifikanten Mittelwertdifferenzen zwischen den Antillen-Populationen (zumindest zwischen den cubanischen Populationen) mit ihren ebenfalls deutlich geringeren Werten einerseits und den festländisch-amerikanischen Gruppen andererseits nicht einem Zufall zuzuschreiben sind.

Falls die Höhe der Mittelwerte in diesen 3 Merkmalen positiv mit der Flügellänge korreliert sein sollte (die Paraguay-Werte legen eine derartige Vermutung nahe), könnte angenommen werden, daß die im Vergleich zu ihren Weibchen kleinen Männchen der Cuba-Serie die Mittelwerte in ihrer Gruppe „gedrückt" hätten. Dies ist jedoch nicht so: Bezüglich der $M_3/M_4$- und Analschleifenzellen-Zahlen bestehen nicht einmal andeutungsweise Differenzen zwischen den Geschlechtern. In der Anzahl der Flügelrandzellen bringen es die Weibchen zwar auf 48,4 ± 0,83 (gegenüber 46,8 ± 0,57 der Männchen); doch auch dieser Mittelwert der Weibchen ist trotz seines hohen Fehlers mit einer t-Zahl von 3,7 immer noch signifikant geringer als der analoge Mittelwert für die gleichgroßen festländisch-südamerikanischen umbrata. Demnach kann davon ausgegangen werden, daß die drei niedrigen Zellzahlenwerte der kubanischen Population (evtl. aller Populationen auf den Großen Antillen) unabhängig von der geringen Größe der Männchen zu ihren Besonderheiten gehören.

In summa läßt sich über die Befunde zur regionalen Variabilität der Größe und einiger Geädermerkmale von *E. umbrata* folgendes anmerken:

(1) Aus dem Gradienten des Gefälles der Hfl-Länge von Nord nach Süd fallen die cubanischen Männchen heraus, da sie deutlich kleiner sind als ihre Weibchen.

(2) Bezüglich der mittleren Anzahl der Anq in den Vfl und Hfl unterscheiden sich die Angehörigen der Antillen-Populationen gemeinsam mit den festländisch-mittelamerikanischen von der Gesamtheit aller südamerikanischen durch geringere Mittelwerte.

(3) In den Populationen der Antillen wird die ansonsten positive Korrelation zwischen Hfl-Länge und Anzahl der Rpl-Zellen von den Weibchen durchbrochen.

(4) In allen 3 in Tab. 8 behandelten Merkmalsparametern sind die cubanischen, vermutlich sogar alle Populationen der Gr. Antillen, durch herabgesetzte Mittelwerte ausgezeichnet.

Diese Besonderheiten lassen sich offensichtlich nur als Ausdruck eines bestimmten Grades an genetischer Isolation der Populationen auf den Gr. Antillen interpretieren. Mit hinreichender Sicherheit kann diese Hypothese für die Cuba-Population in Anspruch genommen werden. Die unter den Punkten (1) und (3) aufgeführten Befunde weisen auf geschlechtsspezifisch fixierte genetische Eigenheiten hin. Damit aber ist gesagt, daß sich die insularen Populationen in evolutionsbiologischer Hinsicht **qualitativ** von den kontinentalen unterscheiden. Da *E. umbrata* auch noch im Süden der USA weit verbreitet ist, lassen sich die besonderen Merkmalsparameter der Antillenpopulationen trotz numerischer Ähnlichkeiten mit denen der Paraguay-Population nicht als eine Widerspiegelung der spezifischen ökologischen und genetischen Situation deuten, in der sich eine Arealrandbevölkerung befindet.

## 2.7. Lepthemis vesiculosa (FABRICIUS) (Taf. 6)

Bei dieser Art handelt es sich um eine schlanke, nicht besonders flugfreudige, jedoch gewandte und scheue Libellulide, die in Gestalt und Größe an eine Aeshnide erinnert. Ihre grasgrüne Färbung und das violettbraune Fleckenmuster auf dem Hinterleib fördern solche Mißdeutung. Ich beobachtete sie in den Dünen bei Vera Cruz, fing bei Tampico 7 Exemplare, danach auf Cuba 4 bei El Beral und 6 bei Cupeyal in Oriente. Weitere 20 Exemplare von diversen Fundorten zwischen Mexico und Paraguay waren bereits in der Berliner Sammlung vorhanden. Eine Bearbeitung dieses Materials nach dem für *E. umbrata* praktizierten Schema erschien wegen seines geringen Volumens wenig aussichtsreich, wurde aber trotzdem versucht.

Es ergaben sich die Grüppchen Cuba (n = 11), Puerto Rico + Jungfern-Inseln (3), Mexico (8), Surinam + Venezuela (4) und Bolivien + Paraguay (11). Zunächst interessierte die Frage nach Unterschieden zwischen cubanischen und den ihnen benachbarten ostmexikanischen *vesiculosa* in Größe und Proportionen. Erstaunlicherweise stellte sich heraus, daß die cubanischen Libellen kleiner sind als die bei Tampico gefangenen, und es ist auch möglich, daß Größendifferenzen zwischen den west- und ostcubanischen Populationen existieren. Nur 2 von 10 cubanischen *vesiculosa* übertrafen an Körperlänge das kleinste mexikanische Exemplar (Tab. 9). Die mittleren Längendifferenzen zwischen den Populationen sind größer als die geringen Unterschiede zwischen den Männchen und ihren etwas längeren Weibchen.

Tabelle 9
Größenvergleich (Gesamtlänge in mm) zwischen cubanischen und ostmexikanischen *L. vesiculosa*

| | beobachtete Amplitude | Mittelwert (♂♂ + ♀♀) | t |
|---|---|---|---|
| El Beral (W-Cuba) | 53,7—56,1 | 55,0 ± 0,71 | 3,0 |
| Cupeyal (E-Cuba) | 56,0—61,7 | 58,5 ± 0,92 | |
| Cuba insgesamt | 53,7—61,7 | 57,1 ± 0,83 | 5,5 |
| Mexico (Tampico) | 60,1—64,6 | 62,8 ± 0,63 | |

Unter Verwendung des Maßes der Hfl-Länge erwies sich, daß zwischen den Individuen aus Mexico und Surinam/Venezuela keine signifikanten Größenunterschiede bestehen (40,8 ± 0,64 und 39,8 ± 0,61 mm), während die Tiere aus Bolivien/Paraguay erkennbar kleiner sind (38,3 ± 0,33 mm). Erheblich und in signifikantem Ausmaß kleiner als alle kontinentalen *L. vesiculosa* aber sind, beurteilt nach der Hfl-Länge, die cubanischen Libellen ($\bar{x}$ = 36,5 ± 0,41 mm, assistiert von 3 Puerto Rico/St. Thomas-Exemplaren mit Maßen von nur 36,7 und 36,8 mm (♂♂) sowie 38,2 mm (♀) (größtes Cuba-♀ mit 39,2 mm). Somit sprechen alle Daten für einen insularen Zwergwuchs in den Antillen-Populationen.

Mitteilungswürdig ist auch der Vergleich der Werte über die relative Abdomenlänge, gewonnen am frischen Material der eigenen Ausbeute. Die Weibchen haben in allen 3 Populationen einen um mehrere %-Punkte längeren Hinterleib. Die Mittelwerte der relativen Abdomenlänge nehmen in beiden Geschlechtern von W nach E (Tampico — El Beral — Cupeyal) zu, die diesbezüglichen Sexualdifferenzen zwischen den Geschlechtern jedoch ab (Tab. 10).

Tabelle 10
Vergleich der Prozentsätze der relativen Abdomenlänge zwischen 3 Populationen von *E. vesiculosa*

| | Tampico (Mexico) | t | El Beral (W-Cuba) | t | Cupeyal (E-Cuba) | Cuba (insgesamt) |
|---|---|---|---|---|---|---|
| ♂♂ | 66,4 ± 0,12 | 2,9 | 67,4 ± 0,32 | 3,5 | 68,7 ± 0,19 | 68,3 ± 0,30 |
| ♀♀ | 68,9 ± 0,18 | — | 69,8 ± 0,31 | — | 70,0 ± 0,92 | 69,9 ± 0,34 |
| t♂♀ | 11,4 | | 5,4 | | 1,4 | 3,6 |

Ob dieser Trend den Abstufungen in der Körperlänge entspricht (s. Tab. 9), läßt sich weder verifizieren noch in Abrede stellen. Mit Sicherheit kann lediglich festgehalten werden, daß die Unterschiede zwischen Männchen und Weibchen in der relativen Abdomenlänge in Ost-Mexico deutlich größer sind als auf Cuba (für die Tampico-Werte liegt die Irrtumswahrscheinlichkeit gemäß des t-Wertes von 11,4 weit unter 0,3 %; der t-Wert von 3,6 für das cubanische Material bedeutet ein Irrtumsrisiko von etwa 1 %).

Der geringe Umfang der „Grüppchen" ist die Ursache dafür, daß sich aus den Erhebungen über die quantitativen Charakteristika des Flügelgeäders von *L. vesiculosa* nur wenige verwertbare Daten ergaben. Lediglich zwei Befunde sind erwähnenswert:

(1) Nach der mittleren rsp. durchschnittlichen Anzahl der Anq im Vfl und im Hfl, der Anzahl der Zellen zwischen $M_3$ und $M_4$ sowie der Anzahl der Zellen in der Analschleife, also in 4 von 7 Parametern, lieferte die Cuba-Serie jeweils die numerisch höchsten Werte, während umgekehrt die wenigen Individuen von Puerto Rico und den benachbarten Jungfern-Inseln in allen 7 Parametern, also auch im Falle der Rpl-Zellen-Zahlen im Vfl und im Hfl und der Anzahl der Randzellen zwischen R und $M_3$, die geringsten Werte aufweisen. Zur Veranschaulichung sei als auffälligstes Beispiel das relativ variable Merkmal „Anzahl der Zellen in der Analschleife" ausgewählt. Während sich die Mittelwerte der 3 kontinentalen „Grüppchen" Mexico, Surinam und Bolivien auf 25,9, 24,5 und 25,1 beliefen, steht er für die Cuba-Gruppe bei 27,5 und für Puerto Rico bei nur 23,3. Obwohl kaum signifikante Unterschiede nachweisbar waren — auch nicht in den Mittelwertdifferenzen zwischen der Cuba- und Puerto Rico-Gruppe —, darf doch angenommen werden, daß durch umfänglicheres Material erhebliche Differenzen zwischen den Inselpopulationen der Gr. Antillen statistisch verifiziert werden könnten.

(2) Von der Gesamtheit der untersuchten kontinental-amerikanischen *L. vesiculosa* unterscheiden sich die cubanischen Tiere hinsichtlich der Mittelwertdifferenzen signifikant in den Merkmalen „Anzahl der Analschleifen-Zellen" ($25{,}3 \pm 0{,}32$ gegenüber $27{,}5 \pm 0{,}43$; $t = 4{,}0$) und „Anzahl der Anq/Hfl" ($9{,}9 \pm 0{,}11$ gegenüber $10{,}4 \pm 0{,}13$; $t = 2{,}9$).

Resümierend wäre zu den erörterten Daten festzustellen, daß die cubanischen *L. vesiculosa* abweichend von den kontinental-mittel- und südamerikanischen Artangehörigen durch ein dichteres Geädernetz ausgezeichnet sind, denn sie bleiben nicht nur erheblich kleiner als diese, sondern zeigen auch in der Mehrzahl der getesteten Querader- und Zellbereiche absolut höhere Werte an. Das Flügelgeäder der puertoricanischen *vesiculosa* hingegen scheint ein relativ gröberes Maschenwerk darzustellen.

## 2.8. Orthemis ferruginea (Fabricius) (Taf. 6)

Obwohl in ihren Maßen (Gesamtlänge, Flügellänge etc.) hinter *L. vesiculosa* zurückbleibend, handelt es sich bei dieser Art um die robusteste aller karibischen Libelluliden. Sie fehlt kaum einmal an einem Tümpel, Sumpf oder Karstgewässer, und ihre karminroten, blaubereiften Männchen fallen sofort ins Auge, wenn sie sich an deren Ufern als Anwarte- und Stoßjäger betätigen.

Mit *E. umbrata* und *L. vesiculosa* teilt *Orthemis* das Merkmal der auffallend großen Pterostigmata. Ihre in Relation zur Körperlänge langen Flügel aber machen sie mit den *Tramea-* und *Pantala*-Species vergleichbar. Allerdings sind diese im Unterschied zu ihr durch basal stark verbreiterte Hinterflügel und damit als exzellente Freiluftsegler und -schweber gekennzeichnet. *O. ferruginea* ist vor allem auf kurzen Strecken ein schneller und gewandter Flieger. Die starken Thoraxmuskeln und die straffen Flügel lassen Kraft und Wendigkeit vermuten. Als quantitativer Ausdruck und Beleg für diese Anmerkungen über Körpergestalt und Flugleistungen seien in Tab. 11 vergleichsweise die Werte einiger Indices aufgeführt, errechnet aus den Meßdaten ausgereifter Individuen von 5 Arten aus den erwähnten Gattungen, die in Mexico und Cuba gefangen wurden.

Tabelle 11
Mittelwerte rsp. Durchschnittswerte der Parameter Gesamtlänge, relative Abdomenlänge, relative Hfl-Länge und relatives Gewicht einiger großwüchsiger Libelluliden auf Cuba und in E-Mexico

| | l | $\frac{l_{Abd.}}{l} \times 100$ | $\frac{l_{Hfl}}{l} \times 100$ | $\frac{g}{l} \times 10^{-4}$ |
|---|---|---|---|---|
| a) Männchen | | | | |
| *E. umbrata*, Cuba | 40,8 | 64,7 ± 1,09 | — | — |
| *E. umbrata*, Mexico | 44,3 ± 0,57 | 61,8 ± 0,17 | 70,3 ± 0,62 | 46 ± 1,5 |
| *L. vesiculosa*, Cuba | 56,8 | 68,3 ± 0,30 | 63,6 | 54 |
| *L. vesiculosa*, Mexico | 61,6 | 66,4 ± 0,12 | 66,4 | — |
| *O. ferruginea*, Cuba | 50,5 ± 0,34 | 62,5 ± 0,12 | 76,5 ± 0,42 | 68 ± 1,2 |
| *O. ferruginea*, Mexico | 52,5 ± 0,45 | 61,6 ± 0,34 | 75,4 | 84 ± 1,6 |
| *P. flavescens*, Cuba + Mexico | 49,2 ± 0,53 | 59,4 ± 0,17 | 81,6 ± 0,50 | 57 |
| *T. abdominalis*, Cuba | 47,0 | 58,8 | 82,7 | 61 |
| b) Weibchen | | | | |
| *E. umbrata*, Cuba | 41,9 | 66,4 ± 0,39 | 75,8 | 48 |
| *E. umbrata*, Mexico | 43,2 ± 0,71 | 65,1 ± 0,21 | 76,0 ± 0,47 | 51 |
| *L. vesiculosa*, Cuba | 60,1 | 69,9 ± 0,34 | 64,9 | 63 |
| *L. vesiculosa*, Mexico | 63,3 | 68,9 ± 0,18 | 65,7 | — |
| *O. ferruginea*, Cuba | 49,1 ± 1,12 | 64,6 ± 0,18 | 81,9 | 82 |
| *O. ferruginea*, Mexico | 51,2 | 64,8 | 80,8 | — |
| *P. flavescens*, Cuba + Mexico | 51,5 ± 0,43 | 60,5 ± 0,23 | 79,5 ± 1,53 | 79 |

Aus Tab. 11 ergeben sich zwei wesentliche Aussagen:

(1) Die zu den besten Fliegern unter den Odonata zählenden Formen der Genera *Pantala* und *Tramea* sind durch relativ kurze Hinterleiber und relativ lange Flügel ausgezeichnet. Die zu den Libellulinae gerechnete *O. ferruginea* nimmt nach diesen Kriterien eine mittlere Position zwischen ihnen und *L. vesiculosa* nebst *E. umbrata* ein. Bezüglich des relativen Gewichtes gilt diese Reihenfolge nicht: *Orthemis* ist eine auffallend schwere Libelle. Zum Verständnis der Unterschiede mag ein Vergleich mit dem wohlbekannten, zwar kleineren, aber ähnlich proportionierten Vierfleck (*Libellula quadrimaculata*) angebracht sein. Die in Zentraleuropa nahezu gleich großen Geschlechter sind im Mittel 47,8 und 47,0 mm lang, haben relative Abdomenlängen von 57,9 und 58,8 % und relative Gewichte von 0,0069 rsp. 0,0094 g/mm. In Fortentwicklung der Konstitution von *Orthemis* hat also der Vierfleck sein Abdomen noch weiter verkürzt, dabei sein relatives Gewicht nicht — wie etwa in der *Tramea*-Linie — verringert, sondern eher noch erhöht.

(2) Was schon im Falle von *L. vesiculosa* und *E. umbrata* festgestellt wurde (Tab. 7 u. 9), gilt auch für *Orthemis*: die Individuen der cubanischen Populationen sind im Mittel deutlich kleiner und relativ leichter als die mexikanischen, da sie ein relativ längeres Abdomen haben (dies trifft zumindest für die Männchen zu). Ob *P. flavescens* in dieser Hinsicht eine Ausnahme macht, ließ sich nicht sicher entscheiden. Die Meßdaten von 19 mexikanischen und 6 cubanischen Individuen ergaben zwar signifikante Größendifferenzen zwischen den Geschlechtern, jedoch keine regionalen Unterschiede zwischen den Mittelwerten der Indices. In der graphischen Darstellung der Relationen (Abb. 2) zeigen die Männchen dieser Art unabhängig von der Populationszugehörigkeit bei Vergrößerung der Gesamtlänge einen linearen Anstieg der relativen Abdomenlänge. Anders die Männchen von *E. umbrata*: bei ihnen scheint die relative Abdomenlänge negativ mit der Körperlänge korreliert zu sein. Und wiederum anders liegen die Verhältnisse bei den *Orthemis*-Männchen: positive Korrelation der Parameter, doch jede der beiden Populationen mit einer eigenen Regressionsgeraden! In den wechselseitigen Abhängigkeiten und Beziehungen zwischen Maßen und Pro-

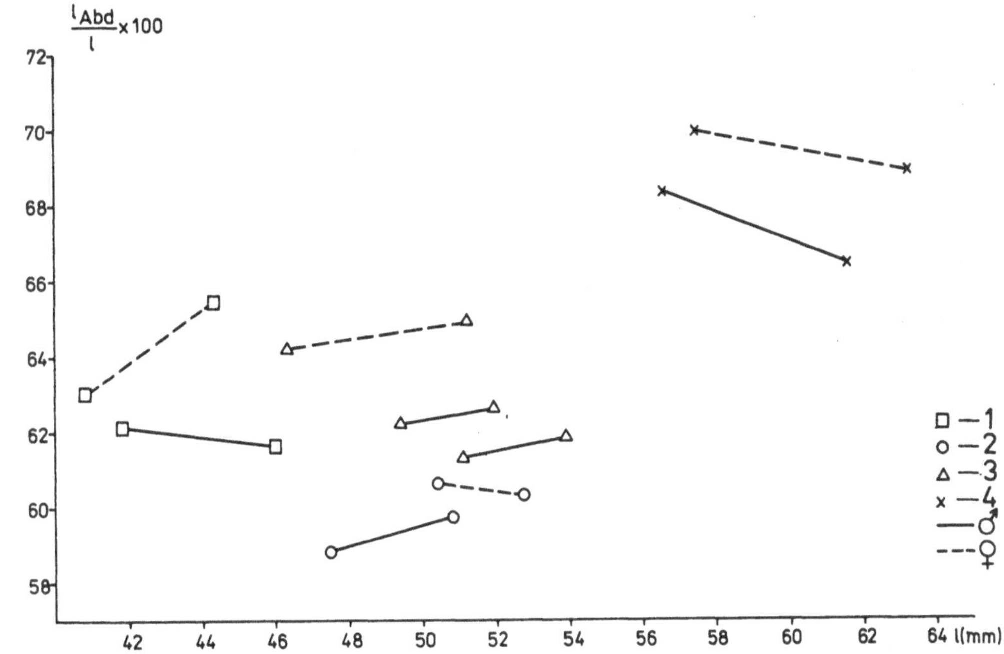


Abb. 2
Die Veränderungen im Index „relative Abdomenlänge" in Abhängigkeit von der Körperlänge bei 4 Libellulidenspecies. 1: *Erythrodiplax umbrata* (Mexico), 2: *Pantala flavescens* (Cuba/Mexico), 3: *Orthemis ferruginea* (Cuba/Mexico), 4: *Lepthemis vesiculosa* (Cuba/Mexico). Die Männchen haben in allen Fällen geringere Indexwerte als die Weibchen ihrer Art. Die Männchen von *O. ferruginea* aus Cuba unterscheiden sich durch deutlich höhere Werte (über 62%) von den Männchen aus Mexico (unter 62%)

portionen dürfte eine beträchtliche Anzahl populations-, art- und möglicherweise auch gruppenspezifischer Charakteristika versteckt sein **(Merkmale der 2. und höherer Abstraktionsebenen)**, deren Aussagewert für diagnostische Analysen und phylogenetische Untersuchungen noch zu erschließen ist.

Auch im Falle von *O. ferruginea* wurde das Maß der Hfl-Länge eingesetzt, um unter Verwendung des „trockenen" Sammlungsmaterials Daten über mögliche Größendifferenzen zwischen Populationsgruppen aus verschiedenen Teilen des Artareals zu gewinnen. Außer den Regionalgruppen Cuba (n = 52) und Mexico (n = 16) ließen sich die Sammlungsstücke auf die Gruppierungen „nördliches Südamerika" (Venezuela, Columbien, Guayana; n = 18) und „S-Brasilien/Paraguay" (n = 11) verteilen. Von Puerto Rico lag nur 1 Weibchen vor.

Obwohl in der Gesamtlänge etwas hinter den Männchen zurückbleibend, haben die Weibchen überall — wegen ihres absolut und relativ höheren Gewichtes — absolut und relativ längere Flügel. Aus den Hfl-Längenmaßen ergaben sich keine Hinweise auf nennenswerte Größenunterschiede zwischen den kontinentalen Gruppen (Mittelwerte bei den Männchen 39,0 bis 39,6, bei den Weibchen 40,7 bis 42,0 mm). Die Mittelwerte der Cuba-Serie (♂♂ 38,3 ± 0,13 mm, ♀♀ 40,2 ± 0,37 mm) liegen etwas, jedoch nicht signifikant niedriger, und auch das Weibchen von Puerto Rico ist klein (40,2 mm).

Die Gruppendifferenzen in den quantitativen Parametern des Flügelgeäders zwischen den einzelnen festländischen Regionalgruppen sind geringfügig, die zwischen ihnen und der cubanischen Serie bestehenden nur in 3 Fällen bemerkenswert: (1) Die cubanischen *Orthemis* haben gegenüber den kontinentalen signifikant weniger Rpl-Zellen im Vfl (20,4 ± 0,20 gegen 21,4 ± 0,16). (2) Bei ihnen sind keine Geschlechtsunterschiede hinsichtlich der Anzahl der Anq im Hfl nachweisbar (13,0 ± 0,08; kontinentale ♂♂ 13,4 ± 0,10, ♀♀ 12,6 ± 0,25, t = 3,0).

(3) Auch bezüglich der Anzahl der Randzellen zwischen R und $M_3$ im Hfl unterscheiden sich ihre Geschlechter nicht voneinander (43,6 ± 0,20), während die festländischen Männchen in diesem Flügelbereich merkwürdigerweise mehr Zellen zu haben scheinen als ihre Weibchen (44,6 ± 0,43 gegenüber 42,3 ± 0,65; t = 2,95). Im zuletzt genannten Merkmal unterscheidet sich aber auch die mexikanische Gruppe durch signifikant niedrigere Zellenzahlen (42,0 ± 0,64) sowohl von den cubanischen als auch von der ihr benachbarten Regionalgruppe „nördliches Südamerika" (45,5 ± 0,49).

Aus diesen Notizen zu den Gruppendifferenzen in den Parametern des Geäders ergibt sich, daß die Regionalgruppen von *Orthemis* geringfügiger voneinander verschieden sind als die von *E. umbrata*. Das Gesamtmaterial ist jedoch zu dürftig, um aus diesem Umstand irgendeine Schlußfolgerung zu ziehen (naheliegend wäre z. B. die Erklärung, *Orthemis* sei ein besserer Flieger als *Erythrodiplax*).

Zum Thema der Bewertung der Größen- und Geäderunterschiede zwischen den verschiedenen regionalen Populationsgruppen einer Art muß noch ein bisher nicht erwähntes Moment erörtert werden, das eine direkte Beziehung zur genetischen Sonderung rsp. Durchmischung der Populationen und Populationsverbände hat. Die soeben für die Regionalgruppe Cuba von *Orthemis* angeführten Mittelwerte einiger meristischer Geädermerkmale basieren zwar auf Zählungen an Individuen aus verschiedenen Populationen, doch stammen 45 der 52 Libellen dieser Serie aus der Lokalpopulation El Beral im Westzipfel Cubas. Abgesehen von 3 Exemplaren mit dem Fundort „Cuba" (2 von ihnen stammen von J. GUNDLACH) hatte ich noch 4 Stücke aus E-Cuba vorliegen (2 aus Cupeyal, je eines aus Santiago und vom Yunque de Baracoa). Diese 4 Tiere, gemeinschaftlich als „Oriente-Grüppchen" behandelt, unterscheiden sich von der Serie aus El Beral durch einen geringeren Mittelwert in der Anzahl der Rpl-Zellen im Vfl (nur 19,1 ± 0,30). Die Differenz ist mit einem t-Wert von 3,8 als statistisch signifikant anzusehen. Sie muß als ein Indiz dafür bewertet werden, daß es selbst zwischen nicht weit voneinander entfernt lebenden Lokalbevölkerungen gut fliegender Libellen populationsgenetische Differenzen geben kann. Weitere Beispiele für dieses Phänomen lieferte bereits die Analyse der Maßzahlen von *L. vesiculosa* (Tab. 9 und 10), und auch die Cuba-Serie von *E. umbrata* bestand zum größten Teil aus Tieren, die bei El Beral gefangen wurden.

Falls auf der Grundlage einer Serie, die vornehmlich aus Angehörigen einer einzigen Population besteht, Schlußfolgerungen über den Grad der phänetischen und sogar der genetischen Besonderheiten einer ganzen „Regionalgruppe" von Populationen gezogen werden, so muß zuvor nachgeprüft worden sein, ob und in welchem Grade die primär populationsgebundenen Eigenheiten tatsächlich für alle Populationen in der betreffenden Region charakteristisch sein könnten. Im Falle der hier behandelten 3 Libellulidenspecies war es möglich, die zunächst auf der Basis der El-Beral-Populationen ermittelten Daten als Besonderheiten der Regionalgruppe Cuba auszugeben. Wenn aber neben der Serie aus einer bestimmten Population kein weiteres Material aus Nachbarpopulationen vorhanden ist, wäre es voreilig, die eben nur über eine Lokalbevölkerung ermittelten Werte als Kennziffern für alle Populationen in den umliegenden Landstrichen gelten zu lassen.

## 3. Interpretation und Kommentierung

Die im voraufgegangenen Abschnitt vorgeführten Resultate über die Analyse der infraspezifischen Variabilität in Merkmalen der Körpergröße und -proportionen sowie in bestimmten Bereichen des Flügelgeäders einiger Anisopterenspecies bedürfen einer zusammenfassenden Sichtung und Bewertung. Es muß vor allem versucht werden, eine Antwort auf die am Anfang jenes Kapitels gestellte Frage nach eventueller populationsgenetischer Sonderung der auf Cuba lebenden Bevölkerungen dieser Arten zu finden. Die zugleich aufgeworfene Frage nach Indizien für insularen Riesen- oder Zwergwuchs ist, in strikter Begrenzung auf den Artrahmen gesehen, ein Teilaspekt dieser Fragestellung. Auf die kürzeste Form gebracht, ließe sich antworten: Alle diesbezüglich untersuchten Arten zeigen auf Cuba mehr oder minder deutliche phänetische Besonderheiten, die auf unterschiedliche Grade einer genetischen Eigenentwicklung schließen lassen. Eindeutige Anzeichen für Tendenzen zum Riesen- oder Zwergwuchs waren nicht zu finden.

Aus dieser von allen Details abstrahierenden Verallgemeinerung kann selbstverständlich nicht geschlossen werden, daß phänetische oder sogar genetische Sonderung für die Populationsverbände aller auf Cuba vorkommenden Großlibellenarten zuträfe, und sie enthält wegen der Vergröberung der Befunde auch keine Aussage darüber, ob die Unterschiede zwischen cubanischen und kontinentalen Populationen qualitativ von den Differenzen zwischen direkt benachbarten Regionalgruppen auf dem Festland verschieden seien. Eine vergleichende Bewertung der Detailergebnisse ist daher erforderlich.

Hinsichtlich Größe und einiger Körperproportionen konnten *Anax junius*, *Erythrodiplax umbrata*, *Lepthemis vesiculosa*, *Orthemis ferruginea* und *Pantala flavescens* untersucht werden. Die Imagines von *L. vesiculosa* und *O. ferruginea* übertreffen in Mexico rsp. in Mexico und Südamerika die cubanischen Artgenossen in den Körpermaßen. Im Falle des „guten Fliegers" *O. ferruginea* sind die Differenzen klein, bei der ortsgebundenen *L. vesiculosa* deutlich. Wenn tatsächlich eine negative Korrelation zwischen Flugvermögen (Vagilität) und regionalen Größendifferenzen bestehen sollte, kann es nicht überraschen, daß bei *A. junius* und *P. flavescens* keine Unterschiede zwischen cubanischem und mexikanischem Material zu finden waren.

Der Umstand, daß die Männchen von *E. umbrata* auf Cuba (und wahrscheinlich auch auf den benachbarten Inseln Westindiens) um etwa 10% kürzer sind als in den westlich und südlich gelegenen Landstrichen des karibischen Festlandes, wäre an sich nicht besonders hervorzuheben, da die Männchen dieser Art am Südrand ihres Areals (Paraguay) offensichtlich noch kleiner bleiben (Tab. 7). Bemerkenswert ist vielmehr die Tatsache, daß die *umbrata*-Weibchen auf Cuba „normalwüchsig" sind, woraus für die Populationen dieser Insel eine auffallende Größendifferenz zwischen den Geschlechtern resultiert. Ob dieser variationsstatistischen Qualität auch eine populationsgenetische entspricht, läßt sich nach den Meßdaten nicht entscheiden. Aus Paraguay fehlen die dazu erforderlichen weiblichen Individuen, und die große Serie aus Bolivien offerierte einen zwar metrisch geringen, biometrisch immerhin signifikanten Größenunterschied zwischen den Geschlechtern. Möglich wäre also auch, daß das Phänomen der „geographischen Variabilität" in den Längendifferenzen zwischen Männchen und Weibchen auf Cuba lediglich extreme Werte erreicht.

Am Beispiel von *L. vesiculosa* (Tab. 9 und 10) konnte gezeigt werden, daß auf einer so langgestreckten Insel wie Cuba Größen- und Proportionsunterschiede zwischen Populationen existieren können, die in ihrem numerischen Ausdruck fast das Niveau der Differenzen zwischen der insularen und den benachbarten festländischen Bevölkerungen erreichen. Offensichtlich sind gute Serien aus möglichst vielen Gegenden des Areals einer Art erforderlich, um anhand von Differenzen in morphometrischen Parametern mit hinreichender Verläßlichkeit eine Hypothese über phänetisch-genetische Sonderung dieses oder jenes Populationsverbandes begründen zu können. Bei Erörterungen zu diesem Thema darf nicht vergessen werden, daß den Merkmalen nicht nur eine genetische, sondern auch eine ökologische Komponente zugrunde liegt. Unterschiedliche Wachstumsbedingungen in verschiedenen Gewässertypen oder in ein und demselben Gewässer zu unterschiedlichen Zeiten können verschieden große, also in den Mittelwerten ihrer Maße durchaus signifikant voneinander differierende Imaginalpopulationen zur Folge haben. Die genetische Veranlagung bestimmt die Grenzbereiche der morphometrischen Parameter, die konkrete ökologische Situation die Position ihrer Mittelwerte.

Von den meristischen Merkmalen des Flügelgeäders muß zunächst angenommen werden, daß Streuungsbereich und Mittelwerte innerhalb der vom Artgenom gesetzten Grenzen direkt oder indirekt mit der Flügelgröße (Länge rsp. Länge und Breite) korreliert sind. Die Bewahrung der Stabilität und Elastizität des Flugorgans machen es erforderlich, daß eine Vergrößerung des Flügels neben einer Verstärkung der Längsadern und Schaltsektoren mit einer Vermehrung der Flügelmaschen, d. h. der Zellen und der sie abgrenzenden Queradern einhergeht. Vor diesem Hintergrund lassen sich dann Disproportionen zwischen Flügelgröße und Geäderstruktur entweder als Effekte einer gegenläufigen Auslese oder aber — in bestimmten Grenzen — als Ausdruck selektionsneutraler Trends deuten. Jede der beiden Interpretationsmöglichkeiten impliziert die Hypothese einer besonderen genetischen Situation in den betroffenen Populationen.

Am Beispiel des *Anax*-Artenpaares *longipes-concolor* ließ sich belegen, daß größere Flügel tatsächlich durch eine größere Anzahl von Zellen und Queradern (mit Ausnahme der Pnq) verfestigt werden (Tab. 4). Der infraspezifische Vergleich zwischen südamerikanischen und westindischen *concolor* ergab dann jedoch für letztere herabgesetzte Mittelwerte in einigen meristischen Geädermerkmalen, die nicht von einer Tendenz zur Größenabnahme begleitet werden. Analoge Unterschiede — bei gleichfalls fehlenden Größendifferenzen — waren für *Anax junius* zwischen mexikanischen Individuen einerseits und cubanischen sowie ost-nordamerikanischen andererseits zu registrieren.

Sehr deutlich ließen sich die Disproportionen zwischen Flügelgröße und den Mittelwerten der Querader- und Zellelemente der Flügel im Falle der cubanischen *E. umbrata* vorführen. Auch für diese Art gilt generell die Regel, daß in größeren Flügeln mehr Queradern rsp. Zellen vorhanden sind (Tab. 7 und 8). Doch die „normalgroßen“ cubanischen Weibchen machen eine Ausnahme; denn die Mittelwerte ihrer zählbaren Geäderstrukturelemente liegen auf dem gleichen herabgesetzten Niveau, das erwartungsgemäß die überdurchschnittlich kleinen Männchen der Antillenpopulationen kennzeichnet. Die Populationen von *L. vesiculosa* auf Puerto Rico und den anliegenden Jungfern-Inseln verhalten sich vermutlich trendgerecht, während sich die gleichermaßen auffallend kleinen Cuba-Individuen dieser Art in der Mehrzahl der ausgewerteten Geädermerkmale durch Höchstwerte auszeichnen. Schließlich: die körperlich kleineren cubanischen *O. ferruginea* haben im Vergleich zu den größeren mexikanischen Artgenossen nicht etwa weniger, sondern wahrscheinlich mehr $R/M_3$-Randzellen im Hfl, während sie sich nach Anzahl der Zellen zwischen den Radius-Ästen regelrecht in den Artrahmen einfügen.

Wenn man der Versuchung widersteht, jeder statistisch signifikanten Mittelwertdifferenz populationsgenetische Relevanz beizumessen (die ohnehin nicht zu belegen ist), so muß das eingangs formulierte Resumé von den „mehr oder minder deutlichen phänetischen Besonderheiten“ der cubanischen Populationen einiger Anisopterenspecies, „die auf unterschiedliche Grade einer genetischen Eigenentwicklung schließen lassen“, etwa wie folgt präzisiert werden: Das verfügbare morphometrische Datenmaterial liefert im besten Falle (Größendiskrepanz zwischen den ♂♂ und ♀♀ von *E. umbrata*) Indizien für eine derartige Aussage. Zu belegen ist sie nur auf der Grundlage der Befunde über die meristischen Parameter des Flügelgeäders. Entsprechende Belege für phänetische Eigenständigkeit ließen sich für die cubanischen Populationen von *E. umbrata* und *L. vesiculosa* beibringen. Es fanden sich außerdem Indizien dafür, daß in den Populationen dieser Arten auf den östlichen Antillen von denen der cubanischen abweichende Variabilitätsmuster wirken. Es ist ferner möglich, d. h. durchaus noch nicht als erwiesen zu betrachten, daß auch *A. junius* und *concolor* sowie *O. ferruginea* auf den Antillen — kaum jedoch auf Cuba allein — von den festländischen Populationen ihrer Arten in phänetischer Hinsicht qualitativ verschieden sind. Ob die registrierten Besonderheiten auch Ausdruck einer gewissen genetischen Isolierung sind, kann nur vermutet werden.

In allen Fällen, wo sich die statistisch belegten Merkmalszustände der cubanischen rsp. westindischen Populationen so deutlich von denen der kontinentalen Populationen unterscheiden, daß man ihnen eine besondere Qualität zuschreiben möchte (motiviert durch das Argument der insularen Isolierung), muß berücksichtigt werden, daß kein Material von den Bahamas und aus Florida sowie von den Kleinen Antillen und der Halbinsel Yucatan zur Verfügung stand. Mehr und bessere Serien wären vonnöten um abzuschätzen, in welchem Maße sich die Muster der klinalen und kategorialen Variation (THORPE 1987) in den Arealen der besprochenen tropisch-amerikanischen Anisopterenspecies überlagern und durchdringen. Im Falle der in meinem Dateninventar am besten repräsentierten Art *E. umbrata* war zu sehen, daß ihre spatiale Variabilität von beiden Mustern beeinflußt ist. Die morphometrischen Unterschiede zwischen den untersuchten Populationen von *L. vesiculosa* scheinen sich entlang einer west-östlich gerichteten Cline zu orientieren; in der Variabilität der Merkmale des Flügelgeäders kann kategoriale und sogar „mikrographische" Variation (THORPE l. c.) im Spiele sein.

Trotz des substanzbedingten provisorischen Charakters der angestellten Erhebungen wird aus ihren Resultaten ersichtlich, daß es auf dem angezeigten Wege möglich ist, die Muster der „geographischen" Variabilität von Anisopterenarten aufzuklären und den Grad der phänetischen Isolation von chorologisch exponierten Populationen (Insel- und Arealrandbevölkerungen) zu bestimmen. Die historische Dimension der infraspezifischen Variabilität bei Großlibellen (Ursprungsgebiete und Ausbreitungsrichtungen der Species) kann erst dann sinnvoll erkundet werden, nachdem durch Untersuchungen über die phylogenetischen Beziehungen nahverwandter Taxa das erforderliche Instrumentarium für eine Bewertung der Merkmalszustände gemäß dem Alternativschema „relativ usprünglich — relativ abgeleitet" erarbeitet worden ist. Mit der Beschreibung von Unterarten (Subspecies) sollte zumindest solange gewartet werden, bis hinreichende Kenntnis über den Charakter und das Gefüge der infraspezifischen Variabilität der interessierenden Arten zur Verfügung steht.

## Literatur


CARFI, S. (1975): Libellulas colectadas en Cuba y en Cayo Avalos durante la „Expedicion cientifica mares 1967". — Redia **56**: 13—18.

GEIJSKES, D. C. (1968): *Anax longipes* versus *Anax concolor*. Notes on Odonata of Suriname X. — Studies Fauna Suriname/Guyanas **10**: 67—100.

NEEDHAM, J. G. & M. J. WESTFALL Jr. (1955): Dragonflies of North America. — Berkeley and Los Angeles.

PASTOR ALAYO, D. (1968): Las libellulas de Cuba. — Torreia N. Ser. Nr. 2: 1—102, N. Ser. Nr. 3: 1—54.

PETERS, G. (1970): Zur Taxionomie und Zoogeographie der kubanischen anolinen Eidechsen (Reptilia, Iguanidae). — Mitt. Zool. Mus. Berlin **46**: 197—234.

— (1974): Notizen über die Batrachofauna der Insel Kuba. — Mitt. Zool. Mus. Berlin **50**: 299—322.

— & H. HACKETHAL (1986): Notizen über die Libellen (Odonata) in Mazedonien. — Acta Mus. maced. sci. nat. **18**: 125—158.

PICADO, C. (1913): Lés Broméliacées épiphytes considérées comme Milieu biologique. — Bull. Sci. France Belgique **47** (nicht eingesehen).

THORPE, R. S. (1987): Geographic variation: a synthesis of cause, data, pattern and congruence in relation to subspecies, multivariate analysis and phylogenesis. — Boll. Zool. **54**: 3—11.

WESENBERG-LUND, C. (1943): Biologie der Süßwasserinsekten. — Kopenhagen, Berlin, Wien; pp. 598—601.

WILLIAMS, F. X. (1937): Notes on the biology of Gynacantha nervosa RAMBUR (Aeshninae), a crepuscular dragonfly in Guatemala. — Pan-Pacif. Ent. **13**: 1—8.

WILLIAMSON, E. B. (1923): Notes on American Species of *Triacanthagyna* and *Gynacantha*. — Univ. Michigan Mus. Zool. Misc. Publ. Nr. 9: 1—80.



Anschrift des Verfassers:
Prof. Dr. sc. GÜNTHER PETERS,
Museum für Naturkunde der
Humboldt-Universität zu Berlin,
Invalidenstr. 43,
DDR — 1040 Berlin

# Buchbesprechungen

WOLSCH, J. (1988): **Zeitbombe Umweltverschmutzung durch Schadstoffe und Radioaktivität** Eine Einführung in die Umweltproblematik mit Diagrammen und Cartoons. — Berlin + Hamburg (PAREY-Verl.); 139 S.; brosch. 19.80 DM.

Diese im Rahmen von „PAREYS Studientexten" erschienene Broschüre besteht nur aus schematischen Zeichnungen (sogenannten Cartoons), die aber relativ umfassend und instruktiv ein recht informatives Stichwortmaterial (und viele Zahlenangaben) vermitteln. Deshalb ist die Broschüre ohne Zweifel gut geeignet zum Nachschlagen und Überdenken. Besonders anzuerkennen ist, daß auch der „Pseudo-Krupp" ausführlich behandelt ist. Auch die Radioaktivität ist sehr ausführlich besprochen. Ob allerdings wirklich die auf S. 5 angegebene Zielsetzung („Das Buch wendet sich an den naturwissenschaftlich interessierten und umweltengagierten Leser, der sich — ohne viel Literatur zu wälzen — dennoch fundiert informieren will") erreicht wird? Rezensent möchte das bezweifeln, wobei ihn auch die handschriftliche Darstellung stört, weil schwer zu lesen. Rezensent hat sich zwar sagen lassen, das sei pädagogisch modern (siehe Comics!), was ihn aber nicht überzeugt.

WD. EICHLER (Berlin)

ALFORD, D. V.: **Farbatlas der Obstschädlinge.** (Übersetzt von Dr. H. STEINER). 320 S., 771 Abbild., davon 480 farbig. 19,5 × 26 cm, gebunden. DM 78.— 1987. FERDINAND ENKE Verlag Stuttgart. ISBN 3 432 95751 3.

Für das Erkennen und die Bekämpfung der Obst- und Hopfenschädlinge auf den Britischen Inseln verfaßte D. V. ALFORD diesen Farbatlas. Er soll das bisher über viele Jahre maßgebliche Standardwerk von A. M. MASSEE ersetzen, das vor allem hinsichtlich der Bekämpfungsmaßnahmen veraltet ist. Da im deutschen Sprachgebiet solch ein reich illustriertes Handbuch mit fast 500 Farbfotos nicht vorhanden ist, bot sich die Übersetzung des Werkes ins Deutsche an. Notwenige Änderungen und Ergänzungen wurden vorgenommen. So erfuhr der Abschnitt über Pflanzenschutzmittel eine Neubearbeitung entsprechend der in der BRD gültigen Rechtsgrundlage. ALFORD lieferte Beiträge zu auf dem Kontinent vorkommenden aber in Großbritannien fehlenden Arten, und der Übersetzer ergänzte die Literaturnachweise. Auf diese Weise entstand ein sehr empfehlenswertes Handbuch, das durch den ausgewogenen Text in Verbindung mit den vielen Farb- und SW-Bildern den Obstanbauern eine wichtige Hilfe bei ihrer Arbeit sein wird. Neben den Insekten sind auch Milben, Tausendfüßler, Nematoden und Schnecken erfaßt. Es wird auf Parasiten und Prädatoren eingegangen. Ein Verzeichnis der Pflanzenschutzmittel mit Hinweisen zur Anwendung sowie eine Aufstellung der amtlichen Auskunftstellen für den Pflanzenschutz in der BRD, in Österreich und in der Schweiz vervollständigen das Werk. Es gewinnt an zusätzlicher Bedeutung dadurch, daß zum Zwecke des Vergleiches neben den im Obst-, Wein- und Hopfenanbau schädlichen noch viele weitere auftretende Arten erfaßt sind. Der Preis ist angemessen, die Ausstattung vorzüglich.

HANNEMANN

Dtsch. ent. Z., N. F. 35 (1988) 4—5, 249—255

# Was ist Brachycaudus semisubterraneus Börner?

(Homoptera, Aphididae)

Von

Fritz Paul Müller und Hanna Steiner

Mit 2 Abbildungen und 2 Tabellen im Text

## Abstract

*Brachycaudus semisubterraneus* Börner is rather frequent in the territory of the GDR. It may be found in spring on plum root suckers. Two years rearing experiments have revealed that the aphid is anholocyclic and monophagous on Prunus domestica. It is compared with the likewise anholocyclic but world-wide distributed and peach inhabiting *Br. persicaecola* (Boisduval) which has been not yet found in the GDR. Obviously *Br. persicae* (Passerini) which is said to perform from peach host alternation to mainly Scrophulariaceae represents a third taxon.

## 1. Bisherige Kenntnisse und Interpretationen

*Brachycaudus semisubterraneus* Börner, 1951, fand ich, F. P. Müller, wiederholt im Frühjahr (Mai) an Wurzelschossen von kultivierten und wildwachsenden Pflaumen im Saale-Unstrut-Gebiet (Bezirk Halle) sowie im Stadtrandgebiet von Rostock. Sie wird von Börner (1952) sowie im Handbuch der Pflanzenkrankheiten (Börner & Heinze 1957) der ähnlichaussehenden und mit ähnlicher Lebensweise den Pfirsich besiedelnden *Br. persicaecola* (Boisduval 1867) gegenübergestellt. *Br. semisubterraneus* lebt demnach im Frühjahr vornehmlich an Wurzelschossen und in den übrigen Jahreszeiten einschließlich des Winters anholozyklisch an den Wurzeln der Pflaume, *persicaecola* bei gleicher Generationenfolge im Sommer an jungen Zweigen und im Winter an den Wurzeln des Pfirsichs. Obwohl Stroyan (1955) morphologische Unterschiede fand und beiden Aphiden den Rang von Species zuerkannt hat, haben Eastop & Hille Ris Lambers (1976) beide synonym gesetzt zu (*Myzus*) *persicae* Passerini 1860. Aphiden, die in Südafrika in der Gegend von Pretoria im Juli und Oktober 1956 von Pfirsich-Zweigen gesammelt worden waren, würden auf der Basis der Angaben von Börner und Stroyan als *Brachycaudus persicaecola* (Boisd.) determiniert (F. P. Müller & Schöll 1958). Millar & Dürr (1985) erwähnen beide Funde in ihrer Liste südafrikanischer Aphiden; sie setzen dabei *persicaecola* Boisd. synonym zu *persicae* Pass. Burger (1975) versteht unter *Br. persicae* (Pass.) eine wirtswechselnde Aphide mit Pfirsich und Aprikose als Primärwirte und Euphrasia, Rhinanthus, Parentucellia latifolia, Melampyrum und wohl weitere Scrophulariaceae als Sommerwirte und schreibt, daß *Brachycaudus mimeuri* Remaudiere, 1952 „only met with on Euphrasia lutea, does not show morphological differences from *Brachycaudus persicae* (Pass.) from Prunus“. Nach Mier Durante (1978) soll Agrostemma githago hinzukommen. Die Beobachtungen von Leclant (1978) über die „puceron noir du pêcher“ in Südfrankreich deuten auf die Richtigkeit der

BÖRNERschen Darstellung. LECLANT berichtet die Aphide (als *Brachycaudus persicae*) nur von Pfirsich, nicht von Pflaume. Die Aphide verbringt dort den Winter als ungeflügelte vivipare Weibchen an der Stammbasis von Pfirsichbäumen unter einem von Ameisen errichteten Schild. Anholozyklische Überwinterung findet aber gleichzeitig in den Baumkronen an Zweigspitzen statt, wobei keine Sexuales in solchen Kolonien gefunden werden konnten. Die Aphiden zeigten im Frühjahr eine ausgeprägte negative Phototaxis und wanderten an die Stammbasis.

Eine genaue Untersuchung der in unserem Gebiet vorkommenden *Br. semisubterraneus* als Beitrag zur Kenntnis des vorliegenden Aphidenkomplexes erwies sich als ratsam. Eine Gelegenheit dazu bot ein Fund von Ungeflügelten und Larven an einem Wurzelschoß eines Pflaumenwildlings am 5. Mai 1978 (leg. ILSE CLAUSER) in dem Dorf Wangen bei Nebra an der Unstrut (40 km südwestlich Halle). Die Aphiden saßen an der Triebspitze des 20 cm hohen Wurzelschosses und waren von Ameisen besucht; Nymphen und Geflügelte waren nicht vorhanden.

## 2. Ungeflügeltes vivipares Weibchen

Körper rundlich, 1,28—2,28 mm, dunkelbraun, Dorsum schwarz glänzend (kleine Larven hellbraun, große Larven braun, beide glänzend). Sklerotische dunkel pigmentierte Rückenplatte vom Metathorax bis zum VI. Abdominaltergit ausgedehnt und teilweise mit dem breiten dunklen Sklerit des Mesonotums verwachsen. Tergit des Pronotums und Kopf dunkel pigmentiert. Fast farblose und sehr flache Marginaltuberkel befinden sich am Pronotum sowie am I., II., III. und IV. Abdominalsegment. Fühler 0,78—1,61 mm, 0,54—0,85 der Körperlänge, 6gliedrig, ohne sekundäre Rhinarien. Rostrum bis zu den Coxen des III. Beinpaares ausgedehnt, deren Hinterrand manchmal erreichend. Letztes Rüsselglied 1,3—1,6 mal so lang wie das II. Glied der Hintertarsen, mit 4 proximalen Haaren. Weitere Proportionen siehe Tabelle 1.

Haare an Kopf und Fühlern sehr kurz, 7 μ, kürzer als 1/3 des Durchmessers des III. Fühlergliedes. VIII. abdominales Tergum mit 4—6 Haaren, die längsten 32—63 μ und 1/4 bis 1/2 so lang wie die Stirnbreite zwischen den Fühlerwurzeln.

## 3. Biologie

Mehrere Larven aus dem am 5. Mai 1978 gesammelten Material wurden im Freiland-Insektarium auf einen 25 cm hohen Pflaumen-Sämling überführt. Die Tiere saugten sich sofort an der verholzten Stengelbasis fest, und es entstand bald eine dichte Kolonie. Die Zucht wurde von Mai 1978 bis Frühjahr 1980 mit bestem Erfolg an Sämlingen von Prunus domestica gehalten. Die dichten Kolonien bedeckten die verholzten Stengelteile bis in eine Höhe von 7 cm. Überbesiedelung hatte kein Aufsteigen in den freien Bereich nach oben zur Folge, sondern sie verursachte Abwandern zum Boden des Käfigs. Die Aphiden zeigten damit eine positive Geotaxis. In den Kolonien entstanden während der 2jährigen Beobachtungsperiode trotz beträchtlicher Besiedelungsdichte niemals Geflügelte. Aber in der natürlichen Umgebung in Ungarn sind Geflügelte festgestellt worden (SZALAY-MARZSO 1969). Die zweimal im Freiland stattgefundene Überwinterung hatte keine übernormale Mortalität bewirkt. Sexuales sind niemals aufgetreten. Damit wurde experimentell der Nachweis erbracht, daß *Br. semisubterraneus* eine anholozyklische Aphide ist.

BÖRNER (1951) meint, *Br. semisubterraneus* besiedele auch die Schlehe (Prunus spinosa). In Töpfen wachsende kleine Pflanzen der Schlehe wurden jedoch in unseren Übertragungsversuchen eindeutig abgelehnt, ebenso solche von Pfirsich und Prunus serotina.

Tabelle 1
Biometrische Daten der Apteren von *Brachycaudus semisubterraneus*, Si = Siphonen; Cau = Cauda; III = III. Fühlerglied; P. t.: B = Längenverhältnis des Processus terminalis zur Basis des VI. Fühlergliedes; P. t. rel. = Länge des P. t. in % von III; n = Anzahl der untersuchten Tiere,

| Nr. | Benennung<br>Wirtspflanze<br>Fundgebiete | Si in mm | Si:L | Si:Cau | III:Si | P. t.:B | P. t. rel | L = Länge | n | Autor |
|---|---|---|---|---|---|---|---|---|---|---|
| 1 | *semisubterraneus*<br>Prun. domestica<br>Bezirk Halle | 0,15—0,22 | 0,08—0,14 | 1,8—2,5 | 1,11—1,50 | 3,5—4,6 | 120—170 | 1,28—2,22 | 16 | eigenes Material |
| 2 | *semisubterraneus*<br>Prun. domestica<br>Ungarn | 0,20—0,26 | 0,09—0,13 | 2,2—2,6 | 1,46—1,80 | 3,8—5,6 | 82—116 | 1,89—2,28 | 7 | eig. Mat., leg. L. SZALAY-MARZSO |
| 3 | *semisubterraneus*<br>Prun. domestica<br>Ungarn | 0,32 | 0,13 | 2,29 | 1,63 | 4,92 | 123 | 2,40 | | SZALAY-MARZSO 1969 |
| 4 | *persicaecola*<br>Prun. persica<br>Spanien | 0,23—0,26 | 0,10—0,12 | 2,0—2,67 | 1,46—2,20 | 4,7—6,0 | 93—126 | 1,94—2,36 | 6 | eigenes Material |
| 5 | *persicaecola*<br>Prun. persica<br>Südafrika | 0,21—0,24 | 0,13 | 2,50—3,28 | 1,45—1,57 | 3,78—4,57 | 85—103 | 1,67—1,78 | 2 | eigenes Material |
| 6 | *persicae* PASS.<br>Agrostemma githago<br>Spanien | 0,25—0,31 | 0,13—0,15 | 2,33—2,90 | 1,38—1,65 | 3,82—5,18 | 87—119 | 1,69—2,29 | 8 | MIER DURANTE 1978 |
| 7 | *mimeuri* REMAUD.<br>Euphrasia<br>Frankreich | 0,11—0,14 | 0,09—0,10 | 1,38—1,85 | 1,66—1,89 | 3,5—4,20 | 112—125 | 1,03—1,06 | 4 | Mat. von G. REMAUDIÈRE |

Tabelle 2
Biometrische Daten der Geflügelten von *Br. semisubterraneus*. Abkürzungen wie in Tabelle 1

| Nr. | Benennung<br>Wirtspflanze<br>Fundgebiet | Si in mm | Si:L | Si:Cau | III:Si | P. t.:B | P. t. rel. | Rhinarien an Fgl.: | | | L = Länge | n | Autor |
|---|---|---|---|---|---|---|---|---|---|---|---|---|---|
| | | | | | | | | III | IV | V | | | |
| 3 | *semisubterraneus*<br>Prun. domestica<br>Ungarn | 0,34 | 0,16 | 2,83 | 2,85 | 3,8 | 85 | 34—36 | 9—11 | 0 | 2,10 | | SZALAY-MARZSO 1969 |
| 5 | *persicaecola*<br>Prun. persica<br>Südafrika | 0,21—0,24 | 0,13 | 2,50—3,28 | 1,74—1,90 | 5,93—6,75 | 125—132 | 26—30 | 11—15 | 0—3 | 1,64—1,67 | 2 | eigenes Material |
| 6 | *persicae* PASS.<br>Agrostemma githago<br>Spanien | 0,25—0,30 | 0,13—0,15 | 2,33—2,82 | 1,59—1,84 | 4,73—6,0 | 108—147 | | | | 1,85—2,11 | 6 | MIER DURANTE 1978 |
| 7 | *persicae-niger*<br>Prun. persica<br>Argentinien | 0,22 | 0,13 | 2,78 | 2,36 | 5,9 | 113 | 36—45 | 15—20 | 2—8 | 1,60 | | BLANCHARD 1939 |

Beobachtungen über die Biologie von *Br. semisubterraneus* in Ungarn lieferte SZALAY-MARZSO (1969). Die Art lebt nur dort an Pflaume, hauptsächlich an Nebenwurzeln, an denen auch die Virgines den Winter anholozyklisch überdauern. Sie besiedelt im Mai auch die Wurzelschosse der Pflaume die Blätter rollend und Blattnester bildend, sie lebt ab Juni nur unterirdisch.

## 4. Schlußfolgerungen

Die morphologische Variabilität der Apteren ist beträchtlich. Die Variationsbreiten der in Tabelle 1 benutzten Merkmale überschneiden sich mit den Tieren von Prunus persica, Agrostemma und Euphrasia (*mimeuri* REM.). Die Tiere Nr. 1 sind zum großen Teil der Zucht an Pflaume entnommen; sie sind kleiner als die unter Nr. 2, die Herr Dr. Szalay-Marzsó freundlicherweise in Ungarn von Pflaume gesammelt und in Alkohol konserviert hatte. Auch die Behaarung des VIII. Abdominaltergits ergab im Gegensatz zu den Befunden von STROYAN (1955) keine Möglichkeit zur Formentrennung. Die Haare an Kopf und Fühlern sind bei *persicaecola* (Nr. 4 und 5 in Tabelle 1) ebenso kurz wie bei *semisubterraneus*, diejenigen am VIII. Abdominaltergit 28—48 μ und 1/6—1/3mal so lang wie die Stirnbreite zwischen den Fühlerwurzeln. Bei *mimeuri* (Nr. 7) wurden die längsten dieser Haare mit 62—80 μ gemessen, das entspricht 1/3—1/2 der Stirnbreite.

Alle von uns untersuchten Apteren und Geflügelten haben einschließlich *mimeuri* (Nr. 7) sehr flache, kaum pigmentierte Marginaltuberkel an den Abdominalsegmenten I bis IV (Abb. 1 und 2). BLANCHARD (1939) beschrieb aus Argentinien *Anuraphis persicae-niger* (SMITH) „sobre brotes y raices von Prunus persica" (und almendros — Mandelbäume)

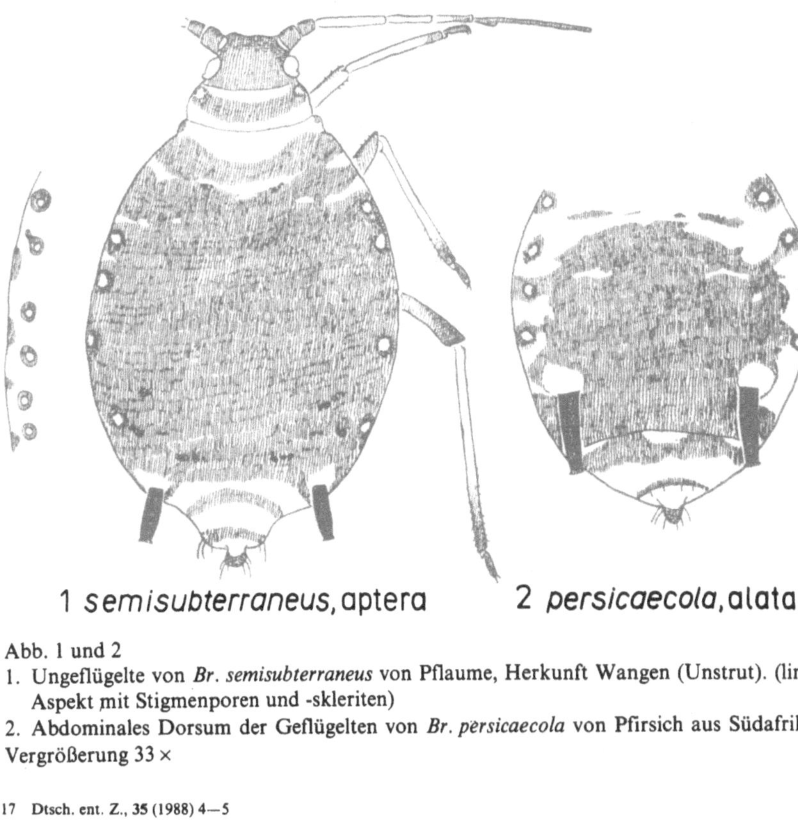


Abb. 1 und 2
1. Ungeflügelte von *Br. semisubterraneus* von Pflaume, Herkunft Wangen (Unstrut). (links: ventrolateraler Aspekt mit Stigmenporen und -skleriten)
2. Abdominales Dorsum der Geflügelten von *Br. persicaecola* von Pfirsich aus Südafrika (Pretoria).
Vergrößerung 33 ×

und erwähnt bei den Ungeflügelten die Marginaltuberkel als „representados por poros claros en las manches laterales", aber schreibt bei den Geflügelten" Tubérculos laterales faltan". Die Marginaltuberkel sind jedoch bei unseren Geflügelten von Pfirsich aus Südafrika deutlich erkennbar (Abb. 2).

BÖRNER (1951) hat angegeben, die Geflügelten der Pfirsichlaus besitzen am III. Fühlerglied mehr Rhinarien als diejenigen der Pflaumenlaus. Wir können das an Hand unseres Materials und der vorliegenden Literaturangaben nicht bestätigen (Tab. 2).

Die zur Diskussion stehenden Taxa sind durch ihre Wirtspflanzen und Generationszyklen deutlich unterschieden und reproduktiv isoliert. *Br. semisubterraneus* lebt monophag an Pflaume. SZALAY-MARZSO (1969) beschreibt eine Beobachtung von ANDRASVALY, der in Ungarn (in der Nähe des Balaton) Befall an Pflaume feststellte, während dicht dabeistehende Pfirsiche keinerlei Besiedelung aufwiesen. Der gleiche Autor hebt hervor, daß *persicaecola* in Ungarn nicht gefunden wurde und durch ihr Vorkommen in Südfrankreich, Italien, Afrika, Südamerika und Kalifornien als thermophil ausgewiesen ist.

Im Territorium der DDR ist *persicaecola* bis jetzt noch nicht festgestellt worden. BÖRNER (1951) berichtet über ein Vorkommen von *persicaecola* an Pfirsich aus der Rheinpfalz und über ein zweites an Prunus serotina bei Nürnberg. Es gelang ihm „positive Übertragung dieser Kolonie von P. serotina auf Pfirsich". Unsere Pflaumenläuse aus dem Bezirk Halle haben dagegen P. serotina in Übertragungsversuchen deutlich abgelehnt.

Nordamerikanische Autoren erwähnen *persicaecola* (als *persicae-niger* SMITH" on the leaves and roots of peach trees", aber niemals von Prunus domestica, und an Pfirsich schwere Schäden verursachend, z. B. LEONARD & BISSELL (1970), es existiert keine Erwähnung oder Beschreibung von Sexualmorphen.

## Zusammenfassung

Ungeflügelte vivpare Weibchen von *Brachycaudus semisubterraneus* wurden im Bezirk Halle von der Triebspitze eines Wurzel-Schosses von wildwachsender Pflaume gesammelt. Die Aphiden wurden über eine Periode von zwei Jahren an eingetopften Pflaumensämlingen im Freiland-Insektarium in Zucht gehalten. Es erschienen keine Sexuales, und die Kolonie vermehrte sich parthenogenetisch über Winter. Die Aphiden zeigten keine erhöhte Mortalität im Freien während des Winters. Sie lehnten in Übertragungsversuchen den Pfirsich ab, der als Kennwirt der gleichfalls anholozyklischen *Brachycaudus persicaecola* (BOISDUVAL) bekannt ist. *Br. persicaecola* ist weltweit besonders in wärmeren Ländern verbreitet und bis jetzt noch nicht im Gebiet der DDR festgestellt worden. Das ungeflügelte vivpare Weibchen von *Br. semisubterraneus* wird beschrieben. Diese Aphide lebt monophag an Prunus domestica und konnte nicht auf Pfirsich und Schlehe (Prunus spinosa) übertragen werden.

Obwohl keine morphologischen Unterschiede gefunden werden konnten, werden *semisubterraneus* und *persicaecola* unter Berücksichtigung, daß sie reproduktiv isoliert sind, als zwei getrennte Arten betrachtet. *Brachycaudus persicae* (PASSERINI), die nach Literaturangaben Wirtswechsel von Pfirsich zu hauptsächlich Scrophulariaceae durchführt, kann ein drittes Taxon darstellen.

## Summary

Apterous viviparous females of *Brachycaudus semisubterraneus* were collected from the tip of a root-sucker of wild growing plum in the district of Halle. The aphids were reared over a period of two years on potted plum seedlings in the field insectary. No sexuales appeared, and the colony propagated parthenogenetically during winter. The aphids exhibited no enhanced mortality outdoors during winter. They rejected in transfer experiments the peach which is known as the marking host of the likewise anholocyclic *Brachycaudus persicaecola*. *Br. persicaecola* is world-wide distributed and not jet recorded from the GDR territory. The apterous viviparous female of *semisubterraneus* is described. This aphid is monophagous on Prunus domestica and was not transferable to peach and sloe (Prunus spinosa).

Although no morphological differences could be found, *semisubterraneus* and *persicaecola* are regarded as two distinct species by consideration that they are reproductively isolated. *Br. persicae* (PASSERINI) which according to bibliographical data is said to perform host alternation from peach to mainly Scrophulariaceae may represent a third taxon.

## Literatur


BLANCHARD, E. E. (1939): Los Aphidoideos Argentinos. — Physis (Buenos Aires) 17, 857—1003.

BÖRNER, C. (1951): Welche Pflanzen besiedelt die Schwarzgefleckte Pfirsichlaus *Appelia schwartzi* Börner? — Nachrichtenbl. Deutsch Pflanzenschutzd. N. F. Berlin 5, 148—151.

— (1952): Europae centralis Aphides. — Mitt. Thür. Bot. Ges., Beiheft 3, Weimar.

— & HEINZE, K. (1957): Aphidina — Aphidoidea. — Handbuch der Pflanzenkrankheiten, begründet von P. SORAUER, 5. Band, 5. Aufl. Homoptera II. Teil, S. 1—402. Verlag Paul Parey, West-Berlin und Hamburg.

BURGER, H. C. (1975): Key to the European species of *Brachycaudus*, subgenus *Acaudus* (Homoptera, Aphidoidea), with redescriptions and a note on *B. persicae*. — Tijdschrift voor Entomologie, deel 118, afl. 5, 99—116.

EASTOP, V. F. & HILLE RIS LAMBERS, D. (1976): Survey of the World's Aphids. — Dr. W. JUNK Publishers, The Hague, 513 pp.

LECLANT, F. (1978): Étude bioécologique des aphides de la région méditerranéenne. — Thèse présentéà l'Université des Sciences et Techniques du Languedoc, tome deuxième, pp. 138—318. Montpellier.

LEONARD, M. D. & BISSELL, T. L. (1970): A list of the aphids of district of Columbia, Maryland and Virginia. — Maryland Agric. Exp. Stat. Contrib. no. 4390, 129 pp. College Park, Maryland.

MIER DURANTE, M. P. (1978): Estudio de la Afidofauna de la Provincia de Zamora, 226 pp. — Edita Caja de Ahorros Provincial de Zamora (Spanien).

MILLAR, I. M. & DÜRR, H. J. R. (1985): A list and host plant index of the aphids (Homoptera: Aphidoidea) of South Africa. — Entomology Mem. Dep. Agric. Wat. Supply Repub. S Afr. no 62, 67 pp., Pretoria.

MÜLLER, F. P. & SCHÖLL, S. E. (1958): Some notes on the aphid fauna of South Africa. — Journ. Ent. Soc. South Africa 21, 382—414.

REMAUDIÈRE, G. (1952): Contributions à l'étude des Aphidoidea de la faune Française. — Rev. Path. vég. Ent. agric. France 31, 232—263.

STROYAN, H. L. G. (1955): Recent additions to the British aphid fauna. — Trans. R. ent. Soc. London 106, part 7, 283—340.

SZALAY-MARSZO, L. (1969): Levéltevek a Kertészetben (Blattläuse im Gartenbau), 175 pp. — Mezögazdasági Kiado (Landwirtschaftsverlag) Budapest.



Anschrift der Verfasser:
Prof. Dr. sc. phil. F. P. MÜLLER
HANNA STEINER
WILHELM PIECK-Universität Rostock
Sektion Biologie, Phyto-Entomologie
DDR-2590 Rostock, Wismarsche Str. 8

# Buchbesprechungen

WEIDEMANN, H.-J.: **Tagfalter 1.** 288 S., 240 Farbfotos, div. Zeichn., 12 × 18 cm Kst. 1986 DM 38.— Verlag J. NEUMANN-Neudamm. ISBN 3-7888-0500-5.

Fast alle bisher im Handel erhältlichen Bestimmungsbücher legen den Schwerpunkt auf gute Abbildungen, um ein schnelles Erkennen der Tiere zu ermöglichen. Der begleitende Text aber ist im allgemeinen knapp bemessen. Im vorliegenden Werk nun wird zur Einführung ausführlich auf die Ökologie der Schmetterlinge eingegangen. In einem umfassenden „Allgemeinen Teil" erläutert der Autor am Beispiel ausgewählter Arten Begriffe wie Habitat, Vegetationsperiode, Klimazonen, Periodizität des Kleinklimas, Standorte im Biotop usw. und veranschaulicht die Ausführungen durch Farbfotos, Tabellen und Schemata. Der Autor hebt die engen Beziehungen zwischen den Tagfaltern und der Vegetation hervor, stellt „Lebensraumtypen" vor und ordnet in einer tabellarischen Übersicht die Arten bestimmten Vegetationseinheiten zu. Er verwertet viele eigene, in jahrelanger Beobachtung gewonnenen Erkenntnisse.

Der Leser erfährt, welche „Ansprüche" die Falter stellen z. B. hinsichtlich der Falternahrung, geeigneter Paarungs- und Eiablageplätze und welche feldbiologischen Untersuchungen noch offenstehen. Der Autor findet kritische Worte zum Problem des Artenschutzes und macht eindringlich darauf aufmerksam, daß wegen der unzureichenden Kenntnisse in der Bionomie und Ökologie vieler Tagfalter ein wirksamer Schutz der Tiere oft gar nicht möglich ist.

Im „Speziellen Teil" werden die Arten aus den Familien Papilionidae, Pieridae und Lycaenidae Mitteleuropas (mit Ausnahme der Alpen) dargestellt. Die Abbildungen sind hervorragend. Im Text wird auf Verbreitung, Verhalten, Habitat, Ei, Raupe und Puppe eingegangen.

Aus diesem vorzüglichen Werk spricht der engagierte Naturfreund, der angesichts der ständig mehr verarmenden Falterwelt nicht mit kritischen Hinweisen spart.

HANNEMANN

KÜPPERS, P. & KALTENBACH, TH.: **Kleinschmetterlinge.** 288 S. 240 Farbfotos, Zahlr. Zeichnungen. 12 × 18 cm Kst. 1987. DM 38.— Verlag J. NEUMANN-Neudamm. ISBN 3-7888-0510-2.

Obwohl die Kleinschmetterlinge den übrigen Faltern an Farbenpracht in keiner Weise nachstehen und viele von ihnen ebenfalls eine große wirtschaftliche Bedeutung aufweisen, haben sich bisher nur wenige Entomologen mit ihnen befaßt. Dies ist zweifellos auf die oft geringe Größe der Tiere zurückzuführen (Zwergmotten z. B. erreichen eine Flügelspannweite von nur 3—4 mm). Schon das Präparieren der Falter erfordert eine große manuelle Geschicklichkeit. So erklärt sich auch das Fehlen von ausreichender Bestimmungsliteratur.

Der vorliegende Naturführer trägt dazu bei, Natur- und Schmetterlingsfreunde, Schüler, Studenten und Lehrer mit diesen Tieren bekanntzumachen. Da es in Mitteleuropa ca. 3000 „Micros" gibt, konnte verständlicherweise nur eine Auswahl von 170 Arten erfolgen. Im „Allgemeinen Teil" werden einführend Nutzen, Schaden, Häufigkeit, geographische Verbreitung und Bedrohung der Tiere besprochen, im „Speziellen Teil" aus den jeweiligen Familien Vertreter aufgeführt. Die Literaturnachweise geben Hinweise auf weiterführende Werke. Der Verlag hat keine Mühe und Kosten gescheut, das Bestimmungsbuch durch hervorragende Farbfotos zu illustrieren. Dieses Werk erfüllt in hervorragendem Maße das gesteckte Ziel, Freunde für bisher vernachlässigte Tiergruppen zu gewinnen.

HANNEMANN

Dtsch. ent. Z., N. F. 35 (1988) 4—5, 257—263

# Beitrag zur Unterscheidung mitteleuropäischer Arten der Gattung Frankliniella KARNY, 1910

(Thysanoptera, Thripidae)

Von

GERT SCHLIEPHAKE

Mit 8 Tabellen im Text

## Abstract

The paper deals with investigations using several numerical indices for separation of Mideuropean species of *Frankliniella*.

**1.** Die Gattung *Frankliniella* ist mit etwa 150 Arten eine der vielartigen Genera, dessen moderne Synopsis noch aussteht (MOULTON 1948, JACOT-GUILLARMOD 1974). Die Gattung ist weltweit verbreitet, einige Arten sind verschleppt, die Masse der Arten ist portioniert auf bestimmte zoogeographische Bereiche.

Entsprechend bestimmter Expeditionszeiten und -räumen werden neue Arten nachgewiesen (ZUR STRASSEN 1986a und b), entsprechend eingehender Studien regionaler Arten werden andere Arten als Synonyme erkannt und somit das jeweilige Artbild präzisiert (SAKIMURA 1986). Die Bestimmung beider Sachverhalte setzt immer einen Konsens bei verschiedenen Autoren über artbegrenzende Merkmale voraus.

Eine Identifikation allein über alternative Körper- und Farbmerkmale läßt nicht einmal mehr die Unterscheidung geographisch begrenzter Arten zu. Meßreihen und ihre Relativierung in numerical indices werden immer mehr zur Differentialdiagnose herangezogen. Hier nun wird versucht, über Summenbildung (ausschließlich) mikrometrisch gewonnener Merkmale eine Artentrennung zu erreichen. Daraus resultiert, die für die sechs mitteleuropäischen (nativen) Arten aufgestellten und vom Autor als fehlerhaft erkannten Determinationstabelle und Wertetabellen (SCHLIEPHAKE & KLIMT 1979) zu korrigieren und zu präzisieren. Auch die vom Autor kreierten „setae retro(antero)marginales" (= s. rem) des Pronotum haben sich in praxi nicht bewährt und sollen hier wie anderswo mit ‚s. aa' und/oder ‚s. am' bezeichnet werden. Die daraus berechneten Quotienten (= Q) sind ‚reziprok' wiederholt und in die Wertetabellen mit aufgenommen.

Wenn hier nur die Weibchen untersucht werden, so ist das begründet in der geringen Individuenzahl der Männchen, die eine statistische verwertbare Aussage verbietet.

**2.** Für eine mikrometrisch gestützte Identifikation verschiedener Arten mit z. T. vielfach variierten Summenbildungen (= $I_i$ = numerical indices) lagen folgende methodischen Schritte zugrunde:

(1) Es wurden die Merkmale verwendet, die im Vergleich beider Arten trennende oder überlappende metrische Unterschiede aufweisen.

(2) Es wurden (nur) solche Merkmale kombiniert, die gleichsinnig größer/kleiner sind (, um den Summeneffekt zu erhöhen). Gegenläufige Werte wurden ‚umgekehrt' und so zu einem nächsthöheren Wert ergänzt (z. B. ($100 - x_1$) oder ($50 - x_1$)), um dadurch die Gleichsinnigkeit aller verwendeten Merkmale herzustellen. Die summierten Indices sind dann dimensionslos, wenn gleichermaßen µm-Werte, Stückzahlen (bei Flügelborsten) und mit 100 multiplizierte Quotienten verwendet werden.

(3) Von rechts- und linksseitigen Merkmalen mit großer Variationsweite wurden die jeweiligen Mittelwerte (= $\bar{x}$) gebildet. Das bezieht sich hier im wesentlichen auf den Quotienten (= Q) von innerer (= s.am int = s.am) zu äußerer (= s.am ext = s.aa) Borste des Vorderrandes des Pronotum.

(4) Neben der Feststellung von Minimal- und Maximalwerten wurden $\bar{x} \pm s$ berechnet. Für Vergleiche wurde die relative Variabilität angegeben $\left(V_{rel} = \frac{V}{\sqrt{n}};\ V = \frac{s}{\bar{x}}\right)$.

3. Auslöser dieses Beitrages war die Fußnote zu *Frankliniella pallida* in SCHLIEPHAKE & KLIMT (1979: 168) zur übergroßen Variationsweite von Farben und Meßwerten. Faßt man — wie dort geschehen — *Frankliniella ononidis* BAGNALL, 1934, nun nicht (!) als Synonym (MOUND 1968), sondern gibt ihr einen **stat. rev.** und separiert danach die als *Frankliniella pallida* gemeldeten determinierten Tiere (ZUR STRASSEN 1986b), dann löst sich die ‚überweite' Variation des pronotalen Borstenquotienten bei diesen beiden (guten) Arten bei den meisten Tieren von selbst auf. Grundlage zur Separierung bildeten sieben Paratypen des BMNH von *Frankliniella ononidis* mit den Fangdaten: Ononis repens, Char. Inf. St. Palais, 1. 7. 1914, Station Entom. de Paris. Aus der BRD (Unterfranken, Kalbenstein) stammen 8 Tiere aus verschiedenen Pflanzen (u. a. auch von Ononis). Sie sind alle als *Frankliniella pallida* etikettiert (Sammlung SMF).

Die zum Vergleich herangezogenen Tiere (ihre Anzahl in Klammern) von *Fr. pallida* sind gefangen in der BRD, Niedersachsen (3) und Rheinland (5) von Sedum acre, in Österreich von Helianthemum (2) (alle Tiere Sammlung SMF), in Smolenice (bei Bratislava,ČSSR) aus dem Kescher (15) und in Kursk (Sowjetunion) aus dem Kescher (15) (Sammlung des Autors).

Der ‚gestaltspsychologische' Eindruck, etwas anderes oder Neues als vorher bekannt vor sich zu haben, bringt die große Schwierigkeit mit sich, solche Einzelmerkmale herauszufinden, die für eine differentialdiagnostische Trennung von verwandten Arten geeignet sind. Das bedeutet, viele Merkmale bei möglichst vielen Individuen zu vermessen. Den Meßwerten (Tabelle 1) ist zu entnehmen, daß *Fr. ononidis* als ‚kleine' *Fr. pallida* anzusprechen ist, obwohl sich viele Meßwerte beider Arten überlappen. Leider gilt diese Aussage aber auch für die übrigen untersuchten Arten. Wegen der kräftig dunklen Färbung der Borsten gegenüber der hellen Färbung des Körpers fallen die Borsten des Pronotum und hier die unterschiedlichen Längen der langen Vorderrandborsten besonders auf. Viele Tiere beider Arten lassen sich allein über dieses Merkmal trennen. Sind die Borsten s. am int länger (d. h. hält der Eindruck der größeren Differenz zwischen äußerer und innerer Borste einer Messung nicht stand), dann ist die Trennung über voneinander unabhängiger Merkmale nicht mehr möglich.

Der Vergleich der hier untersuchten 35 Tiere von *Fr. pallida* und 16 Tiere von *Fr. ononidis* zeigt, daß eine Summenbildung aus den Längen des IV. Fühlergliedes plus der s. ml des Pronotums plus des zu 100 ergänzten Quotienten der Vorderrandborsten des Pronotum (diese mit 100 multipliziert) (vgl. Methode (2)) für eine differentialdiagnostische Kennzeichnung ausreicht (Tabelle 3). Dieser numerical index könnte über das III. plus IV. Fühlerglied, dann auch über die Fühler-pL (= III. bis VIII.) erweitert oder ergänzt werden, doch zeigen die Berechnungen an den Einzeltieren, daß sich der Trennungswert dadurch nicht erhöht.

Vergleicht man die Stichproben von *Fr. pallida*, so zeigen trotz sich überdeckender Minimal- und Maximalwerte die Tiere aus Österreich und aus der BRD (aus verschiedenen Fangjahren) in den Mittelwerten den durchschnittlich kleinsten Rang und die höchsten Variabilitätswerte, gefolgt von den Tieren aus Kursk (von 2 Fangtagen eines Ortes und eines Jahres) mit mittlerem Rang und entsprechend geringerer Variabilität und denen aus Smolenice (von einem Fangtag und -platz = geringste Variabilität) mit höchstem Rang. Wegen der spärlichen Bedingungsaussagen ist eine Deutung dieser Ergebnisse nicht möglich.

Für *Fr. ononidis* entnimmt man (der gleichen Tabelle), daß alle Summen-Ergebnisse

Tabelle 1
Minimal- und Maximalwerte ausgewählter Merkmale (Abkürzungen vgl. SCHLIEPHAKE & KLIMT 1979)

| *Frankliniella* | *nigriventris* | *intonsa* | *ononidis* | *pallida* | *tenuicornis* |
|---|---|---|---|---|---|
| Fühler pL | 190—210 | 198—238 | 195—219 | 200—230 | 243—265 |
| tL | 243—268 | 263—308 | 255—279 | 260—293 | 313—338 |
| Glieder I | 20— 23 | 23— 28 | 19— 26 | 23— 28 | 25— 28 |
| II | 33— 38 | 38— 45 | | 35— 40 | 43— 50 |
| III | 40— 45 | 48— 63 | 45— 52 | 48— 55 | 55— 63 |
| IV | 40— 45 | 43— 58 | 40— 50 | 40— 53 | 48— 58 |
| V | 35— 40 | 33— 43 | 35— 40 | 35— 43 | 45— 50 |
| VI | 45— 50 | 45— 55 | 47— 52 | 45— 55 | 58— 65 |
| VII | 10 | 10— 15 | 9— 12 | 10 | 13— 15 |
| VIII | 15— 20 | 10— 15 | 14— 19 | 15— 18 | 15— 18 |
| setae III | 33— 38 | 28— 35 | 31— 35 | 35— 45 | 28— 38 |
| D ocelli | 38 | 28— 40 | 28— 38 | 30— 35 | 48— 53 |
| s. ioc | 53— 63 | 53— 65 | 53— 68 | 50— 65 | 45— 65 |
| Pron. s. am (ext) | 63— 78 | 70— 85 | 63— 90 | 65— 88 | 68— 85 |
| s. am (int) | 40— 48 | 53— 64 | 48— 68 | 28— 45 | 38— 55 |
| D s. am (int) | 63— 73 | 75— 93 | 68— 76 | 63— 85 | 85— 93 |
| s. ml | 23— 25 | 20— 30 | 15— 21 | 20— 30 | 25— 38 |
| s. pa (ext) | 63— 73 | 70— 93 | 63— 85 | 65— 85 | 70— 88 |
| s. pa (int) | 73— 90 | 78—103 | 75— 93 | 75— 93 | 78—100 |
| s. mpm | 33— 38 | 43— 58 | 35— 53 | 45— 53 | 35— 53 |
| D s. mpm | 35— 53 | 55— 63 | 45— 61 | 43— 61 | 50— 60 |
| Abdomen | | | | | |
| VII. D. s. 1 | 48— 55 | 50— 63 | 45— 64 | 50— 60 | 88— 95 |
| IX. L | 58— 68 | 63— 75 | 53— 66 | 58— 70 | 63— 70 |
| X. L | 63— 73 | 65— 88 | 60— 71 | 58— 75 | 75— 90 |
| Flügel: Costa Borsten | (15— 16) | 21— 27 | 13— 18 | 16— 22 | 24— 29 |
| (= Stückzahl) | | | | | |
| pv Borsten | ( 7— 9) | 12— 17 | 9— 12 | 10— 15 | 13— 17 |
| numerical indices: | | | | | |
| $\frac{\text{VII. + VIII.}}{\text{VII. W}}$ = | | 3.0—3.3 | | 3.3—4.0 | 2.75—4.3 |
| III. + IV. = | 80— 90 | 90—115 | 85— 99 | 95—115 | 108—118 |
| Quotient aus Pron. s. am = (int)/(ext) | 0.59—0.68 | 0.68—0.89 | 0.54—0.73 | 0.4—0.58 | 0.5—0.66 |

(= $I_1$ bis $I_4$) kleiner als die von *Fr. pallida* sind. Aus ihnen heraus sind die Werte der Paratypen gesondert ausgewiesen. Die Individuen aus der BRD sind alle ‚kleiner' als die Paratypen, will sagen: sie zeigen noch deutlichere Unterschiede zu den Werten von *Fr. pallida.* Weitere Untersuchungen an Tieren anderer Standorte werden die ablesbaren Lücken sicherlich verringern. Von drei Individuen aus dem Iran (Teheran) (Sammlung SMF) aus offenbar einer Population lassen sich 2 Tiere zwanglos als *Fr. ononidis*, ein Tier als *Fr. pallida* determinieren. Damit wird der Verdacht erhärtet, daß die tabellarischen Werte der Populationen beider Arten dem hier vorgegebenen zoogeographischen Raum zukommen.

**4.** Die Erfahrung und die Sammlungen zeigen, daß die ‚blasse' (= *pallida*) Art häufiger in ihrer Form mit dunklem Abdomen (= *melanura*) gefangen wird. So gehören die meisten der hier untersuchten Tiere auch zu *Fr. pallida melanura.* Wegen der stark variierenden Färbung hat diese Form Ähnlichkeiten zu *Fr. nigriventris* (= Name!) einerseits und zu

*Fr. intonsa* f. adusta (= teneral specimen) andererseits. Diesen Schwierigkeiten aus dem Wege zu gehen führt zwangsläufig dazu, daß — mit Ausnahme der morphologisch, mikrometrisch, ökologisch unterscheidbaren *Frankliniella tenuicornis* — alle Arten mit allen Arten verglichen werden müssen.

Die Tabelle 2 gibt einen Überblick und nennt die für die Indices verwertbaren Merkmale der im folgenden untersuchten Arten.

Tabelle 2
Gegenseitiger Vergleich der Arten und verwendete Merkmale

| | *ononidis* | *nigriventris* | *intonsa* |
|---|---|---|---|
| *pallida* | $x_1$ = 100 — Q($\bar{x}$) · 100<br>$x_2$ = IV. Fühlerglied<br>$x_3$ = s. ml Pronotum<br>Tabelle 3 | 100 — Q($\bar{x}$) · 100<br>III. Fühlerglied<br>s. mpm Pronotum<br>Tabelle 4 | Q($\bar{x}$) · 100<br>s. am int Pronotum<br>Costa Borsten<br>Tabelle 5 |
| *ononidis* | | $x_1$ = s. am int ($\bar{x}$)<br>$x_2$ = III. Fühlerglied<br>$x_3$ = 50 — s. ml<br>Tabelle 6 | 50 — VIII. Fühlerglied<br>s. ml Pronotum<br>Costa plus pv-Borsten<br>Tabelle 7 |
| *nigriventris* | | | $x_1$ = III. plus IV. Fühlerglied<br>$x_2$ = s. am int<br>$x_3$ = D s. am int<br>$x_4$ = s. pa ext. Pronotum<br>Tabelle 8 |

Die folgenden Tabellen (Tabelle 3 bis Tabelle 8) vergleichen die für die einzelnen Arten verwertbaren Merkmale (aus Tab. 2) nach folgendem Schema:

$I_0 = x_1$
$I_1 = x_1 + x_2$
$I_2 = x_1 + x_2 + x_3$
$I_3 = x_1 + x_3$
$I_4 = x_2 + x_3$
$I_5 = x_1 + x_2 + x_3 + x_4$
$I_6 = x_1 + x_3 + x_4$
$I_7 = x_1 + x_2 + x_4$
$I_8 = x_1 + x_4$
$I_9 = x_2 + x_3 + x_4$
$I_{10} = x_3 + x_4$
$I_{11} = x_2 + x_4$

Tabelle 3
Vergleich von *Frankliniella ononidis* und *Fr. pallida*

| | (1) *Frankliniella ononidis* | | | | | | (daraus Paratypen) | | | | | |
|---|---|---|---|---|---|---|---|---|---|---|---|---|
| | Min | Max | $\bar{x}$ | ± s | n | $V_{rel}$ | Min | Max | $\bar{x}$ | ± s | n | $V_{rel}$ |
| $I_0$ | 20 | 40 | 30.25 | 6.30 | 16 | 5.21 | — | — | 35.71 | 2.98 | 7 | 3.15 |
| $I_1$ | 63 | 90 | 76.38 | 7.58 | 31 | 1.78 | — | — | 83.14 | 3.39 | 14 | 1.09 |
| $I_2$ | 83 | 108 | 95.58 | 7.90 | 31 | 1.48 | — | — | 102.57 | 3.22 | 14 | 0.83 |
| $I_3$ | 38 | 61 | 49.45 | 6.79 | 31 | 2.46 | — | — | 55.28 | 3.07 | 14 | 1.48 |
| $I_4$ | 60 | 68 | 65.41 | 2.50 | 31 | 0.68 | — | — | 66.85 | 1.02 | 14 | 0.41 |

| | (2) *Frankl. pallida* (Kursk) | | | | | | (Smolenice) | | | | | |
|---|---|---|---|---|---|---|---|---|---|---|---|---|
| | Min | Max | x̄ | ± s | n | $V_{rel}$ | Min | Max | x̄ | ± s | n | $V_{rel}$ |
| $I_0$ | 42 | 57 | 49.0 | 4.94 | 13 | 2.80 | 50 | 58 | 54.08 | 3.57 | 12 | 1.91 |
| $I_1$ | 91 | 110 | 98.24 | 5.24 | 25 | 1.06 | 97 | 108 | 103.50 | 3.09 | 24 | 0.61 |
| $I_2$ | 115 | 137 | 123.40 | 5.59 | 25 | 0.90 | 120 | 130 | 125.25 | 3.11 | 24 | 0.50 |
| $I_3$ | 65 | 85 | 74.40 | 5.27 | 25 | 1.41 | 70 | 81 | 76.62 | 3.22 | 24 | 0.86 |
| $I_4$ | 68 | 78 | 74.36 | 3.10 | 25 | 0.83 | 65 | 75 | 71.66 | 3.11 | 24 | 0.88 |

| | (BRD) | | | | | | (alle Individuen) | | | | | |
|---|---|---|---|---|---|---|---|---|---|---|---|---|
| | Min | Max | x̄ | ± s | n | $V_{rel}$ | Min | Max | x̄ | ± s | n | $V_{rel}$ |
| $I_0$ | 41 | 58 | 46.90 | 6.74 | 10 | 4.54 | 41 | 58 | 50.14 | 5.82 | 35 | 1.96 |
| $I_1$ | 94 | 111 | 100.78 | 5.81 | 19 | 1.32 | 91 | 111 | 100.57 | 5.52 | 69 | 0.60 |
| $I_2$ | 116 | 139 | 125.31 | 7.17 | 19 | 1.31 | 115 | 139 | 124.54 | 5.71 | 70 | 0.54 |
| $I_3$ | 64 | 83 | 72.10 | 6.69 | 19 | 2.12 | 64 | 85 | 74.30 | 5.70 | 69 | 0.92 |
| $I_4$ | 68 | 88 | 77.73 | 5.44 | 19 | 1.60 | 65 | 88 | 74.38 | 4.49 | 70 | 0.72 |

Tabelle 4
Vergleich von *Frankliniella nigriventris* und *Fr. pallida*

| | (1) *Frankliniella nigriventris* | | | | | | (2) *Frankliniella pallida* | | | | | |
|---|---|---|---|---|---|---|---|---|---|---|---|---|
| | Min | Max | x̄ | ± s | n | $V_{rel}$ | Min | Max | x̄ | ± s | n | $V_{rel}$ |
| $I_0$ | 35 | 41 | 39.33 | 1.80 | 9 | 1.52 | 41 | 58 | 50.44 | 6.03 | 34 | 2.05 |
| $I_1$ | 78 | 86 | 82.50 | 2.61 | 12 | 0.91 | 86 | 111 | 102.59 | 5.81 | 64 | 0.71 |
| $I_2$ | 113 | 121 | 117.16 | 2.91 | 12 | 0.72 | 124 | 173 | 145.40 | 7.06 | 64 | 0.61 |
| $I_3$ | 70 | 77 | 73.81 | 2.18 | 11 | 0.89 | 83 | 121 | 93.53 | 6.79 | 64 | 0.91 |
| $I_4$ | 73 | 80 | 78.16 | 2.58 | 12 | 0.95 | 83 | 123 | 95.11 | 5.59 | 68 | 0.76 |

Tabelle 5
Vergleich von *Frankliniella pallida* und *Fr. intonsa*

| | (1) *Frankliniella pallida* | | | | | | (2) *Frankliniella intonsa* | | | | | |
|---|---|---|---|---|---|---|---|---|---|---|---|---|
| | Min | Max | x̄ | ± s | n | $V_{rel}$ | Min | Max | x̄ | ± s | n | $V_{rel}$ |
| $I_0$ | 42 | 65 | 49.18 | 6.29 | 22 | 2.72 | 69 | 81 | 73.80 | 3.67 | 10 | 1.57 |
| $I_1$ | 71 | 105 | 86.83 | 10.79 | 43 | 1.89 | 124 | 144 | 131.83 | 6.23 | 18 | 1.11 |
| $I_2$ | 88 | 130 | 104.86 | 10.88 | 43 | 1.58 | 146 | 168 | 154.83 | 7.03 | 18 | 1.07 |
| $I_3$ | 59 | 84 | 67.30 | 6.33 | 43 | 1.43 | 94 | 105 | 96.83 | 4.31 | 18 | 1.05 |
| $I_4$ | 48 | 69 | 55.51 | 5.57 | 42 | 1.53 | 74 | 90 | 81.00 | 4.61 | 18 | 1.34 |

Tabelle 6
Vergleich von *Frankliniella ononidis* und *Fr. nigriventris*

| | (1) *Frankliniella ononidis* | | | | | | (2) *Frankliniella nigriventris* | | | | | |
|---|---|---|---|---|---|---|---|---|---|---|---|---|
| | Min | Max | x̄ | ± s | n | $V_{rel}$ | Min | Max | x̄ | ± s | n | $V_{rel}$ |
| $I_0$ | 51 | 64 | 55.60 | 3.37 | 15 | 1.56 | 41 | 46 | 42.83 | 2.22 | 6 | 2.12 |
| $I_1$ | 98 | 114 | 104.76 | 4.09 | 25 | 0.78 | 83 | 91 | 86.16 | 2.48 | 12 | 1.62 |
| $I_2$ | 129 | 144 | 133.33 | 4.38 | 27 | 0.63 | 109 | 119 | 113.75 | 3.04 | 12 | 0.77 |
| $I_3$ | 80 | 94 | 86.48 | 3.99 | 25 | 0.92 | 66 | 76 | 70.41 | 4.01 | 12 | 1.64 |
| $I_4$ | 75 | 85 | 79.59 | 2.27 | 27 | 0.55 | 68 | 73 | 70.91 | 1.83 | 12 | 0.74 |

Tabelle 7
Vergleich von *Frankliniella ononidis* und *Fr. intonsa*

| | (1) *Frankliniella ononidis* | | | | | | (2) *Frankliniella intonsa* | | | | | |
|---|---|---|---|---|---|---|---|---|---|---|---|---|
| | Min | Max | x̄ | ± s | n | $V_{rel}$ | Min | Max | x̄ | ± s | n | $V_{rel}$ |
| $I_0$ | 31 | 36 | 33.96 | 1.21 | 26 | 0.70 | 35 | 40 | 37.85 | 1.89 | 20 | 1.12 |
| $I_1$ | 48 | 55 | 53.18 | 2.03 | 27 | 0.73 | 58 | 68 | 63.55 | 2.76 | 20 | 0.97 |
| $I_2$ | 75 | 85 | 79.11 | 2.96 | 27 | 0.72 | 96 | 105 | 100.85 | 2.97 | 20 | 0.66 |
| $I_3$ | 55 | 65 | 59.88 | 2.27 | 25 | 0.76 | 71 | 80 | 75.15 | 2.64 | 20 | 0.78 |
| $I_4$ | 38 | 50 | 44.22 | 2.63 | 27 | 1.12 | 58 | 68 | 63.00 | 2.58 | 20 | 2.74 |

Tabelle 8
Vergleich von *Frankliniella nigriventris* und *Fr. intonsa*

| | (1) *Frankliniella nigriventris* | | | | | | (2) *Frankliniella intonsa* | | | | | |
|---|---|---|---|---|---|---|---|---|---|---|---|---|
| | Min | Max | x̄ | ± s | n | $V_{rel}$ | Min | Max | x̄ | ± s | n | $V_{rel}$ |
| $I_0$ | 80 | 90 | 86.02 | 3.60 | 12 | 1.20 | 98 | 115 | 99.02 | 5.75 | 18 | 1.36 |
| $I_1$ | 123 | 138 | 129.08 | 4.20 | 11 | 0.98 | 145 | 178 | 156.65 | 8.65 | 18 | 1.30 |
| $I_2$ | 193 | 205 | 196.58 | 3.58 | 11 | 0.55 | 225 | 270 | 239.58 | 11.63 | 18 | 1.14 |
| $I_3$ | 150 | 158 | 153.85 | 2.58 | 11 | 0.51 | 173 | 208 | 181.80 | 8.93 | 18 | 1.15 |
| $I_4$ | 103 | 115 | 110.23 | 3.93 | 11 | 1.07 | 130 | 155 | 140.55 | 7.50 | 18 | 1.25 |
| $I_5$ | 255 | 270 | 262.03 | 5.08 | 11 | 0.58 | 295 | 358 | 319.03 | 16.60 | 18 | 1.22 |
| $I_6$ | 213 | 228 | 219.30 | 4.60 | 11 | 0.63 | 243 | 295 | 261.53 | 13.93 | 18 | 1.25 |
| $I_7$ | 185 | 203 | 194.53 | 5.10 | 11 | 0.79 | 215 | 265 | 236.38 | 13.95 | 18 | 1.39 |
| $I_8$ | 143 | 158 | 151.85 | 2.58 | 11 | 0.51 | 160 | 203 | 178.75 | 11.05 | 18 | 1.45 |
| $I_9$ | 168 | 188 | 176.13 | 6.05 | 11 | 1.03 | 200 | 245 | 220.00 | 11.87 | 18 | 1.27 |
| $I_{10}$ | 125 | 145 | 133.18 | 5.47 | 11 | 1.24 | 148 | 183 | 162.50 | 9.42 | 18 | 1.36 |
| $I_{11}$ | 105 | 115 | 108.40 | 4.20 | 11 | 1.17 | 123 | 153 | 137.35 | 8.82 | 18 | 1.51 |

Die Schlußfolgerung zum Vergleich der Arten von *Frankliniella* ist kurz: Eine auf Meßwerten beruhende exakte Trennung der Arten dieser Gattung ist auf der Grundlage einzelner (d. h. ohne Konnex mit anderen ausgewählten Merkmalen) Charaktere nicht möglich.

Die folgende Determinationstabelle gibt die grobe Richtung an, es empfiehlt sich, ‚unsichere' (sog. intermediäre) Individuen mit allen möglichen numerical indices zu vergleichen.

**5.** Determinationstabelle der Weibchen mitteleuropäischer Arten von *Frankliniella* (Abkürzungen, Artnummer und Paginierung wie in SCHLIEPHAKE & KLIMT 1979).

1(2) Alle Werte größer als die folgenden: VI. Fühlerglied 56, Fühler-pL 240, tL 310; Abstände größer: Ozellen voneinander 45, VII. Abdominalsternit sl/sl 80; Kopfkapsel fast quadratischer Umriß, Fühler schlank und schmal; auf Wild- und Kulturgräsern.

*tenuicornis* (Nr. 76: p. 172)

2(1) Alle Werte kleiner als die vorangegangenen, Kopfkapsel breiter als lang. Fühlerglieder mehr gerundeter, in der Regel nicht auf Gramineen. Metrische Vergleiche der folgenden Arten untereinander vgl. Tabelle 2 (und folgende).

3(6) Brachypter, Tiere wie ihre ersten Fühlerglieder dunkel

4(5) Fühlerglieder III. und IV. gleichlang, 45 und kürzer, Fühlerglieder III. plus IV. 80—90; in Rosetten von Hieracium pilosella

*nigriventris* (Nr. 74; p. 167)

5(4) Fühlerglied III. (43—50) länger als IV. (38—43), III. plus IV. 81—90. Bisher sehr selten aus Moorbiotopen (Österreich und Estnische SSR)

*tristis* (Nr. 77: p. 172)

6(3) Makropter, Tiere wie ihre ersten Fühlerglieder hell oder dunkel, Fühlerglieder III. plus IV. 85 und mehr

7(8) Dunkle Tiere, auch I. Fühlerglied dunkler als III.; VII. und VIII. Fühlerglied etwa gleichlang; III. Glied paratrichomale Borsten kürzer als 35; Flügel Costa mehr als 21, pv mehr als 12 Borsten. Häufiger und euryöker Blütenthrips (= floricol)

*intonsa* (Nr. 73: p. 166)

8(7) I. Fühlerglied, auch Tiere vorwiegend hell, nie ganzer Körper dunkel; VIII. Fühlerglied länger als VII.

9(10) Auffallend langes und dunkles postokulares (s. 3) Borstenpaar (länger als 35). Eingeschleppte Art in Warmhäusern

*occidentalis* (PERGANDE, 1895)

10(9) Dieses Borstenpaar den übrigen ähnlich (bis 30), weniger auffällig in Länge und Farbe als die s.ioc; folgende Arten vorwiegend auf Trockenstandorten. Trennung von 'intermediären' Individuen über die Indices in Tab. 3!

11(12) Pronotum innere Vorderrandborste (= s.am int) kürzer 28—45; Quotient aus dieser und der äußeren, längeren Borste (= s.aa = s.am ext) 0.4—0.58; Pronotum s.ml länger als 20; I. Fühlerglied hell wie III. bis V., diese aber mehr oder weniger deutlich zweifarbig; auf Sedum acre und anderen Blütenpflanzen

*pallida* (Nr. 75: p. 168)

12(11) Pronotum innere Vorderrandborste länger, 48—68; Quotient s.am/s.aa 0.54—0.88; Pronotum s.ml bis 20; auf Ononis, anderen Fabaceen und Blütenpflanzen

*ononidis* BAGNALL, 1934

Diese Arbeit wäre ohne die dankenswerte Unterstützung von Herrn Dr. R. ZUR STRASSEN nicht möglich gewesen.

## Literatur

JACOT-GUILLARMOD, C. (1974): Thysanoptera catalogue, Ann. Cap. Prov. Mus. Vol. 7 pt. 3.

MOULTON, D. (1948): The Genus *Frankliniella* KARNY, with Keys for the Determination, Rev. Ent. Rio de Janeiro, **19**, 55—114.

MOUND, L. A. (1968): A Review of the Bagnall's Thysanoptera Collection, Bull. Brit. Mus. (Nat. Hist.), Ent. Suppl. **11**.

SAKIMURA, K. (1986): Thrips in and around coconut plantation in Jamaica, Florida Entomologist **69** (2): 348—363.

SCHLIEPHAKE, G. & KLIMT, KH. (1979): Thysanopteren in DAHL Tierwelt Deutschlands, **66**.

ZUR STRASSEN, R. (1986a): *Frankliniella occidentalis*, ein nordamerikanischer Fransenflügler als Bewohner europäischer Gewächshäuser, Nachrichtenbl. Deut. Pflanzenschutzd. (Braunschweig) **38**: 86—88.

— (1986b): Phänologie und Dominanz von Fransenflüglern im Muschelkalkgebiet des Kalbensteins bei Karlstadt/Main in Unterfranken, Abh. Naturw. Verein Würzburg, **25**: 29—71.

Anschrift des Verfassers:
Prof. Dr. habil. GERT SCHLIEPHAKE
Pädagogische Hochschule „Wolfgang Ratke“
Lohmannstr. 23, Köthen 4370, DDR

# Buchbesprechungen

BELLMANN, HEIKO: **Libellen: beobachten — bestimmen.** JNN Naturführer. NEUMANN-Neudamm, Melsungen-Berlin-Basel-Wien, 1987. 272 S., 238 Farbfotos, 154 Strichzeichnungen. Format 12 × 18 cm. Preis DM 38.— ISBN 3-7888-0522-6.

Bei dem vorliegenden Naturführer handelt es sich um ein hervorragendes Bestimmungsbuch für die Odonata Mitteleuropas, das einem ungewöhnlich breiten Interessentenkreis, vom Laien bis zum Fachwissenschaftler, empfohlen werden kann.

Der allgemeine Teil dient der Einführung in die Odonatologie und der Erklärung später verwendeter Termini und Begriffe. Dabei wird in leicht verständlicher Weise alles Wesentliche zur Morphologie und Biologie der Vollkerfe sowie der Larven und zu den wichtigsten Lebensräumen mit ihren typischen Zönosen gesagt. Einfache Strichzeichnungen und zahlreiche ausgezeichnete Farbfotografien veranschaulichen den Text bestens. Darüber hinaus macht der Autor auf die Gefährdung der Libellen und ihren notwendigen Schutz aufmerksam, gibt nützliche Hinweise für Fang, Haltung sowie Sammeln und vermittelt nicht zuletzt wertvolle Erfahrungen für das Fotografieren von Libellen.

Der spezielle Teil enthält zuverlässige Bestimmungsschlüssel für Imagines und Larven (einschließlich der Exuvien), eine Tabelle zur Verbreitung der Arten über die mitteleuropäischen Länder und kurze diagnostische Einzelbeschreibungen für alle in Mitteleuropa vertretenen Arten. In den Bestimmungsschlüsseln beschränkt sich der Autor auf wenige leicht erkennbare Merkmale, was die Arbeit mit diesen Determinationshilfen sehr erleichtert. Hervorhebenswert sind die Darstellung aller wesentlichen Merkmale in klaren Strichzeichnungen, die sehr zweckmäßig direkt neben dem entsprechenden Text in einer Längsspalte angeordnet sind, und sehr gute Farbfotos der Larven von 51 Arten. Die Beschreibungen der einzelnen Arten beinhalten eine knappe Kennzeichnung sowie Besonderheiten der Biologie, Ökologie und Verbreitung. Neben der Beschreibung sind stets ausgezeichnete Farbabbildungen, meist von beiden Geschlechtern, angefügt, so daß viele Arten allein nach diesen Bildern exakt bestimmt werden können. Im Literaturverzeichnis werden 72 gut ausgewählte, weiterführende Publikationen genannt.

Vor allem die reiche Ausstattung mit vortrefflichen Farbfotografien, nur wenige sind blau- oder rotstichig, die einfachen doch zuverlässigen Bestimmungsschlüssel und das handliche Westentaschenformat machen dieses Werk zum derzeit besten Libellenbestimmungsbuch für die Arbeit im Freiland. Es ermöglicht in den meisten Fällen Studien an Libellen, ohne diese herrlichen Insekten abtöten zu müssen, und fördert auch auf diese Weise den Naturschutz.

K. K. GÜNTHER (Berlin)

R. DALLAI (Edit.): **2nd International Seminar an Apterygota.** University of Siena, Siena, Italy, 1986, 334 S., 70.000 Lire.

Die gegenwärtigen Arbeiten über Apterygoten sind so zahlreich, daß es günstig erscheint, zwischen den großen internationalen Kongressen über Apterygoten kleinere Veranstaltungen durchzuführen, um profilierten Spezialisten Gelegenheit zum Gespräch, Gedankenaustausch und zur Darstellung der verschiedenen Aspekte der Apterygotenforschung zu geben. Das ist mit diesem 2. internationalen Apterygoten-Seminar, das vom 4.—6. September 1986 in Pontignano bei Siena, Italien stattfand, in einer freundlichen Umgebung und aufgeschlossener Atmosphäre gelungen. Der Rahmen der vorgestellten Untersuchungen umfaßt folgende Themen: Systematik und Tiergeographie, Ökologie, Verhaltensbiologie, Genetik und Evolution, Morphologie und Ultrastruktur, Phylogenese. Die vorliegenden Beiträge dokumentieren die aktuellen Forschungsschwerpunkte. Dabei sind Untersuchungen an Collembolen am häufigsten vertreten; hier gibt es auch einige Neubeschreibungen und ein neues System der höheren Taxa der Symphypleona. Zahlreiche gut reproduzierte Abbildungen ergänzen den Text. Der Inhalt der Diskussionen wird leider nicht dokumentiert.

Der Band ist für jeden Apterygotenforscher eine unentbehrliche Orientierung über den neuesten Wissensstand auf diesem Gebiet. Wenn das Buch bereits wenige Monate nach dem Symposium erscheinen konnte, so ist das auch ein Verdienst des Herausgebers. Die durch das Druckverfahren bedingte Uneinheitlichkeit der Arbeiten und einige Druckfehler sind demgegenüber von geringer Bedeutung.

A. PALISSA

Dtsch. ent. Z., N. F. 35 (1988) 4—5, 265—279

# Beobachtungen und Untersuchungen zum Vorkommen der Lonchopteriden auf dem Gebiet der DDR, mit einer Bestimmungstabelle der Arten

(Dipt., Lonchopteridae)

Von

R. BÄHRMANN und R. BELLSTEDT

Mit 26 Abbildungen und 5 Tabellen im Text


## Abstract

1. Until now 9 *Lonchoptera* species have been recorded in the GDR: *L. tristis* MEIG., *L. furcata* (FALL.), *L. lutea* Pz., *L. strobli* DE MEIJ., *L. meijerei* COLL., *L. fallax* DE MEIJ., *L. nigrociliata* DUDA, *L. scutellata* STEIN and *L. nitidifrons* STROBL.

2. Large numbers of individuals and many localities exist of the following species: *L. tristis*, *L. furcata* and *L. lutea*.

3. *L. tristis* is most abundant in August, whereas *L. furcata* and *L. lutea* have been caught especially in September and October.

4. First fully developed oocytes of *L. tristis* in an small number of females occur as early as June but in > 90% only between August and October.

5. The widely distributed *L. furcata* was found only to be parthenogenetic over the whole area which has been investigated.

6. A key of the known species in the GDR completes the ecofaunistic records.


## 1. Einleitung

Die Lonchopteriden stellen eine kleine, stenomere Dipteren-Familie dar, die nach HENNIG (1976) monophyletischen Charakter besitzt und an der Basis der Cyclorrhapha einzuordnen ist, deren phylogenetische Stellung innerhalb dieser großen Verwandtschaftsgruppe der Dipteren aber keineswegs als völlig geklärt betrachtet werden kann.

Die Imagines der Lonchopteriden sind an den langen, lanzettförmig zugespitzten Flügeln sehr leicht zu erkennen; hinzu kommt das eigentümlich angeordnete Flügelgeäder, in dem, vom Basisbereich abgesehen, Queradern fehlen (Abb. 6). Die asselähnlichen, mit langen Fortsätzen versehenen Larven leben saprophag (HENNIG, 1952). Von den nach ANDERSSON (1984) ca. 40 bekannten Arten dieser Cyclorrhaphen-Familie kommen in Europa mindestens 10 Arten vor (BAUD, 1973), die in nicht zu trockenen bis feuchten Rasenbiotopen oder im Schatten der Wälder leben. Nach eigenen Beobachtungen und den Mitteilungen RAPPS (1942) können aber einige Arten, insbesondere *Lonchoptera furcata* und *L. lutea*, z. B. auch in verhältnismäßig trockene Rasenökosysteme vordringen. Selbst auf landwirtschaftlichen Nutzflächen, wie Roggen- und Kartoffelfeldern wurden Lonchopteriden nachgewiesen (DĄBROWSKA-PROT & KARG, 1974), wo sie nach den vorliegenden Untersuchungsergebnissen 2,5% bzw. 0,5% sämtlicher Dipteren-Individuen stellen und 0,5%—0,3% der Gesamtbiomasse der Zweiflügler ausmachen. Nach HÖVEMEYER (1984) ist ihre Abundanz in Laubwäldern beträchtlich. In einem Melico-Fagetum in der Nähe von Göttingen ermittelte er Imaginalabundanzen im Frühjahr und im Spätsommer von ∅ 12 Individuen/m², wobei angenommen wird, daß sich die erbeuteten Individuen auf zwei Arten verteilen.

Trotz zeitweise recht hoher Individuendichten treten diese Fliegen aber nur gelegentlich in Erscheinung, was nach KEISER (1947) an ihrer überwiegend verborgenen Lebensweise innerhalb der Bodenvegetation liegt. Hier laufen sie bisweilen rasch und gewandt zwischen den Pflanzen, auf dem Boden oder auf Steinen umher. Offensichtlich sind sie im allgemeinen flugträge, wenngleich sich, wohl zu Zeiten ausgeprägter Dispersion, über dem Boden bzw. zwischen den krautigen Pflanzen fliegende Lonchopteriden beobachten lassen, die aber nur kurze Flugstrecken zurückzulegen scheinen. Lonchopteriden finden sich vom Flachland bis ins Hochgebirge von mehr als 3000 m Höhe (KEISER, 1947). Die Arten dieser Familie wurden bisher nur unzureichend untersucht. Faunistische Angaben gehen zumeist auf gelegentliche Sammelergebnisse zurück (CZERNY, 1934; DE MEIJERE, 1906; DUDA, 1927; RAPP, 1942; SCHINER, 1862). Nach älteren Vorstellungen gehören die mitteleuropäischen Lonchopteriden-Arten allesamt zur Gattung *Lonchoptera* (BAUD, 1973; CZERNY 1934; DE MEIJERE, 1906; DUDA, 1927). Weitere systematische Studien wären erforderlich, um die Verwandtschaftsbeziehungen innerhalb der Familie genauer aufzuklären.

Die nachfolgenden faunistischen Darstellungen sowie die ökologischen Beobachtungs- und Untersuchungsergebnisse sollen einen ersten Beitrag zur Kenntnis der Lonchopteriden, vor allem in den südlichen Gebieten der DDR liefern. Mitgeteilt werden nur solche Fundortangaben, von denen das Lonchopteriden-Material zur Identifikation vorlag. Ein Artenschlüssel ermöglicht ferner die Bestimmung der bisher in der DDR bekanntgewordenen Lonchopteriden-Arten.

## 2. Zur Verbreitung der Arten

Beobachtungsergebnisse zum Vorkommen der Lonchopteriden-Arten in der DDR wurden in der Vergangenheit hauptsächlich in Thüringen gewonnen, in geringerem Umfang aber auch in Sachsen und Sachsen-Anhalt. Hinzu kommen noch einige sporadische Sammelergebnisse aus anderen Gegenden der DDR. Die prozentuale Verteilung der bislang pro Species erbeuteten Individuen (Tab. 1) dürfte bis zu einem gewissen Grade die in den Sammelgebieten vorhandenen Individuendichten pro Art widerspiegeln. Die mit der höchsten Individuenzahl von 42 Fundorten nachgewiesene *L. tristis* stellt eine typische Waldart dar. Es handelt sich bei ihr um die größte der heimischen Lonchopteriden-Arten. Sie kann > 4 mm groß werden, ist dunkel gefärbt und in der Imaginalphase bisher zwischen dem 2. 5. und dem 10. 11. erbeutet worden. *L. tristis* ist aus mehreren europäischen Ländern bekannt, aus Ungarn durch ACZÉL (1940), England (SMITH, 1969), den Niederlanden (DE MEIJERE, 1906), der Schweiz (BAUD, 1973). In diesen Ländern scheinen jedoch die Individuendichten — zumindest nach den Sammelergebnissen — hinter denen aus unseren Beobachtungsgebieten zurückzubleiben. Auf regionale Unterschiede in den Individuendichten innerhalb Mitteleuropas macht schon DUDA (1927) aufmerksam.

In Thüringen stellt *L. tristis* am Boden nicht zu trockener Laubwälder eine häufige Art dar, die selbst bei kühlem, regnerischem Wetter aktiv sein kann, was aus eigenen Beobachtungen am 30. 7. 1980 in einem Buchenwald bei Heldburg/Südthüringen hervorgeht. *L. tristis* ist aber auch außerhalb geschlossener Waldungen, an Waldsäumen und unter Gebüsch zu finden. Dafür liegen Beobachtungen aus der Nähe von Porstendorf bei Jena/Thüringen vom 30. 6. 1983, Fretterode im Eichsfeld vom 27. 7. 1981 und Kunitz bei Jena vom 7. 7. 1969 vor. Auch bei RAPP (1942) findet sich ein Hinweis auf das Vorkommen dieser Art außerhalb geschlossener Waldgebiete.

Fundortangaben: 1. Alter Stolberg, südlicher Harzrand, 19. 7. 82, 14 ♂♂, 16 ♀♀; 2. Bad Blankenburg, Thür., 26. 8. 82, 1 ♂, 1 ♀, 25. 8. 86, 2 ♂♂; 3. Biberau bei Eisfeld, Thür., 26. 7. 84, 3 ♂♂, 5 ♀♀; 4. Bienenmühle, Erzgeb., 30. 7. 69, 1 ♂; 5. Ebenheim bei Gotha, 27. 7. 83, 2 ♂♂, 2 ♀♀; 6. Ebertswiese, Thür. Wald, 6. 6. 82, 2 ♂♂; 7. Emse, westl. Thür. Wald, 12. 7. 82, 4♀♀; 8. Fischbach, Thür. Wald, 9. 9. 80, 2 ♀♀; 9. Frauengraben bei Pappenheim, Thür. Wald, 5. 7. 85, 3 ♂♂, 3 ♀♀; 10. Fretterode, Eichsfeld, 27. 7. 81, 29 ♂♂, 25 ♀♀; 11. Gehlberg, Thür. Wald, 2. 8. 80, 1 ♀; 12. Geraberg, Thür. Wald, 1. 8. 80, 1 ♂, 1 ♀; 6. 7. 79, 3 ♂♂, 1 ♀; 13. Gotha, Umgeb., 6. 9. 82, 3 ♂♂, 3 ♀♀; 14. Gräfenroda, Thür. Wald, 24. 8. 82, 2 ♂♂; 15. Hakel, nördliches Harzvorland, 5. 6. 81, 20 ♂♂, 15 ♀♀, 7. 6. 81, 1 ♀, 2. 7. 81, 1 ♂, 1 ♀; 16. Heiligenstadt, Eichsfeld, Umgeb., 24. 7. 81, 5 ♂♂, 14 ♀♀; 17. Heldburg, Südthür., 30. 7. 80, 3 ♂♂, 2♀♀; 18. Ilmenau, Thür. Wald, 2. 7. 74, 2 ♂♂; 19. Jena, Fürstenbrunnen, 6. 7. 68, 10 ♀♀; 20. Jena, Rautal, 22. 9. 70, 10 ♀♀; 21. Klingenthal, Erzgeb., Umgeb., 9. 8. 81, 2 ♂♂; 22. Kunitz bei Jena, 7. 7. 69, 1 ♀; 23. Luisenthal, Thür. Wald, 5. 9. 80, 1 ♂, 19. 7. 82, 1 ♀, 8. 8. 82, 15 ♂♂, 19 ♀♀, 12. 8. 82, 2 ♂♂, 3 ♀♀, 13. 8. 82, 1 ♂, 2 ♀♀; 24. Lutter, Eichsfeld, 29. 7. 81, 7 ♂♂, 3 ♀♀, 12. 7. 85, 10 ♂♂, 12 ♀♀; 25. Netzkater, Harz, 24. 7. 82, 2 ♂♂, 2 ♀♀; 26. Olbernhau, Erzgeb., Bärenbachtal, 29. 8. 84, 1 ♂, 4 ♀♀; 27. Porstendorf bei Jena, 30. 6. 83, 1 ♀; 28. Questenberg, Harz, 2. 7. 81, 6 ♂♂, 4 ♀♀; 29. Römhild, Südthür., 29. 7. 80, 2 ♂♂, 7 ♀♀; 30. Rothesütte, Harz, 20. 7. 82, 1 ♀; 31. Rudolstadt, Umgeb., 21. 8. 84, 3 ♂♂, 1 ♀, 23. 8. 82, 2 ♂♂, 5 ♀♀; 32. Spitterbach, Thür. Wald, 12. 8. 85, 1 ♀, 28. 6. 86, 1 ♂, 3 ♀♀; 33. Stolberg, Harz, Ludetal, 19. 8. 80, 3 ♀♀; 34. Stubbenkammer, Rügen, 17. 7. 83, 12 ♂♂, 14 ♀♀; 35. Glasebach, Mittellauf, südliches Harzvorland, 3. 7. 81, 1 ♀; 36. Tambach, Thür. Wald, 28. 9. 68, 1 ♀, 7. 7. 85, 2 ♂♂, 3 ♀♀; 37. Tharandt bei Dresden, 30. 7. 69, 7 ♀♀; 38. Uder, Eichsfeld, 26. 7. 81, 1 ♀; 39. Vessertal, Thür. Wald, 1. 8. 80, 8 ♂♂, 4 ♀♀, 12. 8. 82, 9 ♂♂, 6 ♀♀, 2. 5.—10. 11. 83, 827 ♂♂, 3137 ♀♀ (Emergenzfänge); 40. Winterstein, Thür. Wald, 16. 6. 86, 1 ♂; 41. Worbis, Eichsfeld, 31. 7. 85, 2 ♂♂; 42. Zella-Mehlis, Thür. Wald, 8. 8. 84, 9 ♀♀.

Handelt es sich bei *L. tristis* um eine typische Lonchopteriden-Art unserer Wälder, liegt in *L. furcata* eine Art vor, die der *L. tristis* an Häufigkeit kaum nachsteht und die Lonchopteriden vor allem auf Frischwiesen repräsentiert, wo sie zu den häufigsten brachyceren Dipteren-Arten gehören kann (BÄHRMANN, 1987). Die Färbung der kaum über 2,5 mm großen *L. furcata* ist durch hohe Variabilität gekennzeichnet. Nach ANDERSSON (1970) besitzt *L. furcata* ein weites Verbreitungsgebiet, das sich zumindest über Europa, Teile Asiens und Nordafrika sowie Neuseeland und Hawaii ausdehnt. Nach STUCKENBERG (1963) gehört *L. furcata* zu denjenigen Dipteren-Arten, die ihr Verbreitungsgebiet noch weiter vergrößern. So könnte die Art bereits südlich der Sahara Fuß gefaßt haben und möglicherweise auch in Australien und Tasmanien vorhanden sein.

Die Imagines treten in Thüringen wahrscheinlich während des ganzen Jahres auf. Sie wurden jedenfalls im Leutratal bei Jena vom Februar bis zum November gekeschert. Auch BAUD (1973) fand *L. furcata* zwischen Februar und November in seinem schweizerischen Untersuchungsgebiet. *L. furcata* ist relativ euryök und wird über die vorzugsweise besiedelten Frischwiesen hinaus auch auf Feuchtwiesen und auf Halbtrockenrasen angetroffen, wenngleich sie hier nie so häufig zu sein scheint wie auf typischen Frischwiesen. Die Art hält sich weiterhin auf begrasten Waldwegen, an Waldsäumen und Gewässerrändern auf. Selbst in Rasenökosystemen, die nachhaltig durch Industrie-Immissionen beeinträchtigt werden, ist *L. furcata* zu finden. NOACK (1982) fing sie mit dem Kescher in der Nähe eines Düngemittelwerkes im Saaletal nördlich von Jena in einem einartigen Puccinellia distans-Rasen. *L. furcata* ist auch nicht ausschließlich an die Krautschicht gebunden. BAYER & KAUTZ (1977) konnten sie auf Gehölzen am Rande des Leutratalbaches bei Jena auf Clematis vitalba und Prunus spinosa mit dem Kescher erbeuten.

Von 35 Fundorten in der DDR liegen bisher Beobachtungen über *L. furcata* vor:

1. Alter Gleisberg bei Jena, 29. 5.—24. 9. 75, 119 ♀♀; Apfelstädter Ried bei Arnstadt, Thür., 23. 4.—18. 10. 85, 1770 ♀♀; 3. Brandisbachtal, Harz, 24. 7. 82, 2 ♀♀; 4. Buttlar bei Vacha, Rhön, 6. 9. 86, 3 ♀♀; 5. Ehringsdorfer Teiche bei Weimar, 18. 9. 83, 1 ♀; 6. Ellrich, Harz, 20. 7. 82, 5 ♀♀; 7. Finsterbergen, Thür. Wald, 4. 9. 82, 2 ♀♀; 8. Gehren, Mecklbg., 4.—6. 9. 79, 19 ♀♀; 9. Gülper See bei Rathenow, 1.—4. 9. 81, 10 ♀♀; 10. Hakel, nördliches Harzvorland, 12. 4. 80, 1 ♀, 10. 5. 81, 1 ♀; 11. Haßlebener Ried, Thür. Becken, 6. 8. 82, 1 ♀; 12. Herbsleben, Thür. Becken, 28. 8. 82, 1 ♀; 13. Ihlfeld, Harz, 23. 7. 82, 1 ♀; 14. Hildburghausen, 28. 7. 80, 1 ♀; 15. Jena, Ziegenhainer Tal, 28. 5.—25. 9. 75, 18 ♀♀; 16. Kleinwelsbach bei Bad Langensalza, Thür. Bek-

ken, 24. 3. 84, 1 ♀; 17. Krölpa bei Pößneck, Thür., 29. 6. 77, 3 ♀♀; 18. Leutratal bei Jena, 1971—1985, 1414 ♀♀; 19. Luisenthal, Thür. Wald, 8. 8. 82, 1 ♀; 20. Lutter, Eichsfeld, 12. 7. 85, 1 ♀; 21. Münchenlora bei Bleicherode, 25. 7. 81, 2 ♀♀; 22. Naumburg, Umgeb., 31. 7. 81, 1 ♀; 23. Neunzehnhain, Erzgeb., 27. 8. 84, 2 ♀♀; 24. Oberhof, Thür. Wald, 10. 8. 82, 1 ♀, 29. 5. 83, 1 ♀, 25. Poxdorf bei Jena, 5. 12. 85, 1 ♀; 26. Rautal bei Jena, 22. 9. 70, 10 ♀♀; 27. Römhild, Südthür., 29. 7. 80, 1 ♀; 28. Spitter, Thür. Wald, 21. 4. 75—20. 6. 77, 13 ♀♀; 29. Steudnitz bei Jena (Immissionsgebiet), 1978—1982, 214 ♀♀; 30. Taupadel bei Jena, 2. 7. 69, 3♀♀; 31. Themar, Südthür., 31. 7. 80, 4 ♀♀; 32. Uder, Eichsfeld, 26. 7. 81, 1 ♀; 33. Vessertal, Thür. Wald, 2. 5. bis 10. 11. 83, 8 ♀♀; 34. Wangenheim bei Gotha, 4. 9. 85, 1 ♀; 35. Zella-Mehlis, Thür. Wald, 8. 8. 84, 3 ♀♀.

In der Rangfolge an dritter Stelle steht die in der Färbung ebenfalls sehr variable *L. lutea*, die sich im Vergleich zu den beiden vorgenannten Arten an den Beobachtungsorten durch eine deutlich geringere Individuenzahl auszeichnet. In der Färbung ähnelt sie der *L. furcata*, ist mit 3,0—3,7 mm aber deutlich größer als diese, mit der sie stellenweise zusammen vorkommt. Die ökologischen Potenzamplituden beider Arten weichen aber offensichtlich etwas voneinander ab, worauf auch BAUD (1973) hinweist. Auffällig ist jedenfalls, daß *L. lutea* aus offenen Rasengesellschaften stärker in das Unterholz angrenzender Baumbestände einzudringen vermag als *L. furcata*. Auch ist sie überall an offenen Stellen inmitten ausgedehnter Waldungen zu finden, so z. B. in der Ufervegetation an Bachläufen innerhalb von Wäldern (Vessertal, Thür. Wald, Bärenbachtal, Erzgeb., Rautal bei Jena u. a.) oder auch auf Waldwegen. Dennoch gehört sie zu denjenigen *Lonchoptera*-Arten, die, wie *L. furcata*, typisch für offene Rasenbiotope sind und ihre Verbreitung von Feuchtwiesen bis in Halbtrockenrasen ausdehnen. Ähnlich wie *L. furcata* kommt sie auch auf industrienahen, immissionsgeschädigten Rasenflächen vor (Immissionsgebiet Steudnitz bei Jena), ist hier, wie auch auf Frischwiesen, aber nie so individuenreich wie *L. furcata*. Auf 1—2 m hohen Gehölzen wurde sie ebenfalls gekeschert (BAYER & KAUTZ, 1977), und in den vom 4. 5.—19. 6. 1978 im Rodatal bei Jena täglich kontrollierten Lichtfängen ist *L. lutea* fast doppelt so häufig wie *L. furcata* (Tab. 2). Wenn sich in den Lichtfängen unter 44 Individuen nur 11 Männchen befunden haben, kann das zufällig sein. Es wäre aber auch denkbar, daß die Weibchen stärker als die Männchen positiv phototaktisch reagieren oder eine stärkere Ausbreitungstendenz als die Männchen zeigen und dabei in größerer Anzahl in die Lichtfalle geraten. Bisher sind keine Untersuchungen über das Verhalten der beiden Geschlechter durchgeführt worden, so daß diese Frage offen bleiben muß. Zweifellos gehört *L. lutea* zu den häufigen und weit verbreiteten Lonchopteriden-Arten, was schon von DUDA (1927) und SMITH (1969) festgestellt wurde.

Die Flugzeit von *L. lutea* reicht nach den vorliegenden Sammelergebnissen in der DDR vom 10. 4. bis zum 7. 11. Sie kommt nach ACZÉL (1940) in Europa, Asien, Nordafrika und auf den Kanarischen Inseln vor.

Fundorte in der DDR: 1. Alperstedter Ried bei Erfurt, Thür. Becken, 29. 5. 81, 1 ♀; 2. Alter Stolberg, Südrand des Harzes, 19. 7. 82, 1 ♂, 1 ♀; 3. Apfelstädter Ried bei Arnstadt, Thür., 13. 5.—18. 10. 85, 19 ♂♂, 18 ♀♀; 4. Bad Tennstedt, Thür., 19. 6. 82, 1 ♂; 5. Bischofrode bei Eisleben, 6. 6. 69, 1 ♂, 1 ♀; 6. Bleicherode, Thür., 25. 7. 81, 1 ♀, 18. 5. 84, 1 ♂, 2 ♀♀; 7. Breitenhain bei Neustadt/Orla, 10. 6. 75, 1 ♂, 2 ♀♀; 8. Buttlar bei Vacha, Rhön, 6. 9. 86, 1 ♂, 1 ♀; 9. Dachwiger Stausee, Thür. Becken, 3. 7. 82, 2 ♂♂, 2 ♀♀; 4. 7. 82, 1 ♂, 1 ♀; 10. Ebertswiese, Thür. Wald, 6. 6. 82, 1 ♂, 1 ♀; 11. Ellrich, Harz, 20. 7. 82, 1 ♂; 12. Finsterbergen, Thür. Wald, 4. 9. 82, 4 ♂♂, 1 ♀, 26. 6. 83, 3 ♂♂, 2 ♀♀; 13. Fretterode, Eichsfeld, 27. 7. 81, 2 ♀♀; 14. Friemar bei Gotha, Thür. Bekken, 16. 9. 82, 1 ♀; 15. Gehren, Mecklbg., 4.—6. 9. 79, 1 ♂, 3 ♀♀; 16. Graitschen bei Jena, 25. 6. 70, 1 ♂, 1 ♀; 17. Großer Beerberg, Thür. Wald, 12. 6. 69, 1 ♂, 1 ♀; 18. Großvargula, Thür. Becken, 11. 9. 82, 1 ♂; 19. Hakel, nördliches Harzvorland, 6. 5. 81, 1 ♀; 9. 5. 81; 1 ♂, 1 ♀, 10. 5. 81, 1 ♂, 7. 6. 81, 3 ♂♂, 1 ♀; 20. Ilmenau, Thür. Wald, 2. 7. 74, 1 ♂; 21. Issersheilingen, Thür. Becken, 23. 7. 82, 1 ♂, 1 ♀, 7. 5. 83, 1 ♂, 1 ♀; 22. Jena, Rosental, 24. 5. 69, 2 ♂♂, 20. 5. 70, 1 ♀; 23. Jena, Rautal, 22. 9. 70, 2 ♂♂; 24. Laasdorf, Rodatal bei Jena, 4. 5.—19. 6. 78, 11 ♂♂, 33 ♀♀; 25. Leutratal bei Jena, 1971—1985, 117 ♂♂, 181 ♀♀, 18. 5. 85, 3 ♂♂, 2 ♀♀; 26. Luisenthal, Thür. Wald, 7. 7. 82, 3 ♂♂, 2 ♀♀, 19. 7. 82, 1 ♂, 1 ♀, 8. 8. 82, 2 ♂♂, 2 ♀♀, 12. 8. 82, 3 ♂♂, 4 ♀♀; 27. Lutter, Eichsfeld, 29. 7. 81, 1 ♂, 1 ♀, 12. 7. 85, 4 ♂♂; 28. Melborn bei Eisenach, 12. 7. 82, 1 ♀, 29. 7. 83, 1 ♂; 29. Naumburg, Umgeb., 18. 5. 78, 1 ♀; 30. Oberhof, Thür. Wald, 4. 8. 82, 1 ♂, 2 ♀♀, 13. 8. 82, 2 ♂♂, 1 ♀;

31. Ohrdruf, Thür., 12. 8. 82, 2 ♂♂, 10. 10. 83, 1 ♂; 32. Olbernhau, Erzgeb., 29. 8. 84, 3 ♂♂; 33. Pappenheim, Thür., 6. 7. 85, 3 ♂♂, 3 ♀♀; 34. Plothen bei Schleiz, Thür., 18. 6. 83, 1 ♂, 35. Pockau, Erzgeb., 29. 7. 69, 1 ♀; 36. Reuthen bei Spremberg, 13. 5. 82, 1 ♂, 1 ♀; 37. Rudolstadt, Umgeb., 28. 8. 80, 4 ♂♂, 5 ♀♀, 21. 8. 84, 1 ♂; 38. Rutha bei Jena, 4. 9. 70, 1 ♂, 1 ♀; 39. Spitterbach, Thür. Wald, 19. 5.—13. 10. 75, 7 ♂♂, 13 ♀♀; 40. Steudnitz bei Jena (Immissionsgebiet), 1978—1982, 67 Indiv., 41. Suhl, Thür. Wald, 2. 6. 83, 2 ♂♂; 42. Tharandt bei Dresden, Bahnhof, 30. 7. 69, 1 ♂, 1 ♀; 43. Themar, Thür., 31. 7. 80, 1 ♂; 44. Uder, Eichsfeld, 26. 7. 81, 1 ♀; 45. Vessertal, Thür. Wald, 1. 8. 80, 1 ♂, 1 ♀, 6. 6.—28. 10. 83, 3 ♂♂, 15 ♀♀; 46. Wangenheim, Thür., 7. 9. 83, 1 ♂, 4. 9. 85, 1 ♀; 47. Worbis, Eichsfeld, 31. 7. 85, 1 ♀; 48. Krölpa bei Pößneck, Thür., 29. 6. 77, 1 ♀.

Es folgen drei Arten, die zwar in RAPPS (1942) Zweiflüglerfauna Thüringens überhaupt nicht erwähnt werden, in den vorliegenden Sammelausbeuten auch nicht häufig auftreten, aber sicherlich nicht selten, sondern bislang wohl weitgehend übersehen worden sind. Bei diesen Arten handelt es sich um *L. strobli*, *L. meijerei* und *L. fallax*. *L. strobli* reicht an die Größe von *L. tristis* heran, während die beiden anderen Arten zu den kleineren *Lonchoptera*-Formen gehören.

*L. strobli* ähnelt bei oberflächlicher Betrachtung der *L. tristis*, kommt auch mit ihr zusammen vor. Bei einem Vergleich beider Arten fallen jedoch die helleren Flügel von *L. strobli* auf; weitere, sicherere Unterscheidungsmerkmale sind der Tabelle für die Bestimmung der heimischen *Lonchoptera*-Arten (S. 277) zu entnehmen. Nach DE MEIJERE (1906) und DUDA (1927) stellt *L. strobli* eine Gebirgsart dar; auch ACZÉL (1940) bezeichnet sie als eine hauptsächlich ans Gebirge gebundene Art, wenngleich sie auch in der ungarischen Tiefebene auftritt. Die Funde in der DDR stammen alle aus dem Hügelland bzw. aus Mittelgebirgslagen. Die bisher ermittelten Flugzeiten reichen vom 7. 7. bis zum 6. 9. Das Geschlechterverhältnis ist annähernd ausgeglichen (Tab. 1).

Tabelle 1
Übersicht über die nachgewiesenen Lonchopteriden-Arten, Gesamtfangzahlen, Geschlechteranteile, Flugzeit in den Beobachtungsgebieten und Anzahl der Fundorte in der DDR

| | n | ♂ % | ♀ | ♂:♀ | Flugzeit | Anzahl der Fundorte |
|---|---|---|---|---|---|---|
| *Lonchoptera tristis* MEIGEN, 1824 | 4396 | 26,0 | 74,0 | 0,35 | Mai—Nov. | 42 |
| *Lonchoptera furcata* (FALLÉN, 1823) | 3641 | 0 | 100 | 0 | Februar—Dez. | 35 |
| *Lonchoptera lutea* PANZER, 1809 | 479 | 57,0 | 43,0 | 1,33 | April—Nov. | 48 |
| *Lonchoptera strobli* DE MEIJERE, 1906 | 64 | 58,9 | 41,1 | 1,43 | Juli—Sept. | 9 |
| *Lonchoptera meijerei* COLLIN, 1938 | 56 | 39,3 | 60,7 | 0,65 | Mai—Okt. | 4 |
| *Lonchoptera fallax* DE MEIJERE, 1906 | 50 | 66,0 | 34,0 | 1,94 | Mai—August | 9 |
| *Lonchoptera nigrociliata* DUDA, 1927 | 24 | 50,0 | 50,0 | 1,00 | Mai—Okt. | 2 |
| *Lonchoptera scutellata* STEIN, 1890 | 3 (♂♂) | | | | Juli—Okt. | 3 |
| *Lonchoptera nitidifrons* STROBL, 1898 | 1 (♂) | | | | Mai | 1 |

Fundorte: 1. Bad Blankenburg, Thür., 25. 8. 80, 14 ♂♂, 12 ♀♀, 26. 8. 82, 3 ♂♂, 2 ♀♀; 2. Biberau, Thür. Wald, 26. 7. 84, 1 ♂; 3. Bienenmühle, Erzgeb., 30. 7. 69, 1 ♀; 4. Freiberg, Sachsen, 30. 7. 69, 7 ♀♀; 5. Geraberg, Thür. Wald, 1. 8. 80, 1 ♂; 6. Gotha, Umgeb., 6. 9. 82, 2 ♂♂; 7. Kunitz bei Jena, 7. 7. 69, 1 ♀; 8. Lutter, Eichsfeld, 12. 7. 85, 1 ♂; 9. Rudolstadt, Umgeb., 21. 8. 84, 11 ♂♂, 8 ♀♀.

Die bisherigen faunistischen Mitteilungen über das Vorkommen von *L. meijerei* sind äußerst spärlich. SMITH (1969) gibt einige englische Fundorte an. Nach BAUD (1973) soll sie außerhalb Englands in der Bretagne vorkommen. In der DDR wurde *L. meijerei* erstmals 1983 aus dem Vessertal, Thür. Wald, in Emergenzfallenfängen nachgewiesen (BÄHRMANN, 1986). Die Flugzeit liegt nach den täglichen Absammlungen in der Emergenzfalle 1983 zwischen dem 7. 5. und dem 17. 9. Fast 2/3 der dort erbeuteten Individuen sind Weibchen. Die außerdem ermittelten Fundorte liegen allesamt im Mittelgebirge:

1. Bad Blankenburg, Thür., 25. 8. 86, 1 ♂, 2 ♀♀; 2. Meiseberg bei Hettstedt, Mansfelder Land, 7. 10. 81, 2 ♂♂, 2 ♀♀; 3. Buttlar bei Vacha, Rhön, 6. 9. 86, 7 ♂♂, 6 ♀♀; 4. Vessertal, Thür. Wald, 7. 5.—17. 9. 83, 12 ♂♂, 23 ♀♀, 1. 10. 83, 1 ♀.

Obwohl Duda (1927) massenhaftes Auftreten von *L. fallax* beobachtet hat, gibt es in der Literatur doch kaum Angaben zur Verbreitung und zur Biologie dieser Lonchopteriden-Art, die nach Baud (1973) von Mai bis September anzutreffen ist, relativ hohe Ansprüche an die Bodenfeuchte stellt und damit *L. tristis* in der Verbreitung als Waldart nahekommen könnte. Auch De Meijere (1906) hat *L. fallax* nur in Wäldern gefunden. Sie ist nach Aczél (1940) aus Ungarn, Deutschland, den Niederlanden und Belgien bekannt und tritt nach Hackman (1980) auch in Finnland auf. Zudem gibt Andersson (1971) mehrere Fundorte aus Schweden an. In der DDR ist *L. fallax* bis jetzt vom 10. 5.—12. 8. an 8 verschiedenen im Mittelgebirge gelegenen Stellen erbeutet worden:

1. Großer Beerberg, Thür. Wald, 12. 6. 69, 2 ♂♂, 2 ♀♀; 2. Hakel, nördliches Harzvorland, 5. 6. 81, 1 ♀, 10. 5. 81, 5 ♂♂, 16. 5. 81, 5 ♂♂, 2 ♀♀, 7. 6. 81, 7 ♂♂, 1 ♀; 3. Ilmenau, Thür. Wald, 2. 7. 74, 1 ♂; 4. Jena, Umgeb., 10. 5. 69, 1 ♂, 24. 5. 69, 2 ♂♂; 5. Ochsenburg, Kyffhäusergeb., 20. 7. 69, 3 ♂♂, 1 ♀; 6. Suhl, Thür. Wald, 2. 6. 83, 1 ♀; 7. Vessertal, Thür. Wald, 7 ♂♂, 9 ♀♀; 15. 6.—12. 8.; 8. Wolfersdorf bei Stadtroda, Thür., 1 ♂.

Die als selten bekannten Arten *L. nigrociliata*, *L. scutellata* und *L. nitidifrons* sind auch in den hier vorgestellten Sammelausbeuten nur mit wenigen Exemplaren vertreten. *L. nigrociliata* ist bislang nur von zwei Fundplätzen aus dem Thüringer Wald nachgewiesen worden, und zwar in beiden Fällen aus dem Uferbereich von Fließgewässern, einmal im August, anderenorts im Mai und Oktober. Duda (1927) fand nur ein Exemplar von *L. nigrociliata*, und zwar ebenfalls in feuchtem Milieu in der zweiten Jahreshälfte. Andersson (1971) ist aus Schweden nur der Fund eines Männchens bekannt. Smith (1969) nennt mehrere englische Fundorte.

Fundorte in der DDR sind: 1. Bad Blankenburg, Thür., 25. 8. 86, 3 ♂♂; 2. Vessertal, Thür. Wald, 7./18. 5. 83, 1 ♂, 1 ♀, 1. 10. 83, 8 ♂♂, 11 ♀♀.

Von *L. scutellata* ist an drei Sammelplätzen je ein Männchen gefunden worden. Von Duda (1927) wurde die Art in Schlesien wiederholt erbeutet, und zwar zwischen dem 8. 4. und dem 21. 9. Smith (1969) nennt fünf englische Nachweise, Baud (1973) einen in der Schweiz, Andersson (1971) zwei in Schweden. Er fand überwinternde Imagines in abgestorbenen Stengeln von Typha latifolia, andere an einem Fließgewässerrand auf Moderboden zwischen Typha, Alisma, Scirpus und Phalaris. Bei den Fundorten in der DDR handelt es sich einmal um den Rand eines Flußaltwasserarmes, eine Riedfläche und einen Teichrand:

1. Alperstedter Ried, Thür. Becken, 31. 7. 82, 1 ♂; 2. Bernburg, Saalealtwasserarm, 13. 10. 81, 1 ♂; 3. Ehringsdorfer Teiche bei Weimar, 18. 9. 83, 1 ♂.

*L. nitidifrons*, nach Smith (1969) in England fünfmal nachgewiesen, liegt bislang aus der DDR nur in einem Exemplar (♂) vor. Es wurde am 18. 5. 85 im Leutratal bei Jena am Bachrand erbeutet.

## 3. Zur saisonalen Einnischung der häufigen Arten

Zum saisonalen Auftreten der einzelnen Arten sind nur bei entsprechend umfangreichen Sammelausbeuten einigermaßen gesicherte Angaben möglich. Deshalb können hier nur die folgenden Arten Berücksichtigung finden: *L. furcata*, *L. lutea*, *L. tristis* und mit Einschränkung *L. meijerei*. Die beiden in ihren Biotopansprüchen einander ähnlichen Arten *furcata* und *lutea* als Bewohner von offenen Rasengesellschaften zeigen auf den Frischwiesen und Halbtrockenrasen des Leutratales bei Jena, deren Charakterisierung bei Müller et al. (1978) ausführlich dargestellt worden ist, eine charakteristische saisonale Verteilung, die in

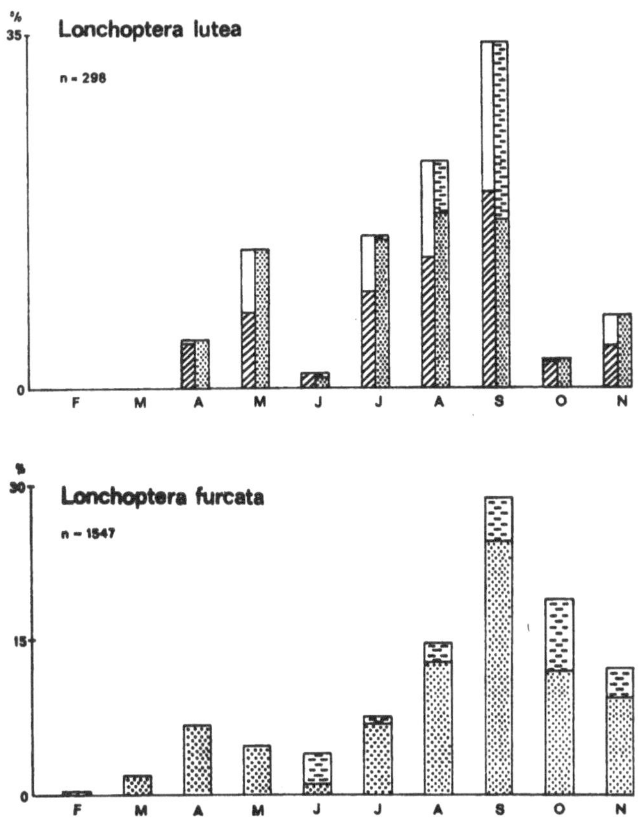


Abb. 1 und 2. Ergebnisse mehrjähriger in 14tägigem Abstand erfolgter Kescherfänge im Leutratal bei Jena; ⊡ auf Frischwiesen, ⊟ auf Halbtrockenrasen; ♂: □ ♀: ▨

den dort von 1971—1974 in 14tägigem Abstand erfolgten Kescherfängen deutlich zum Ausdruck gelangt. Auf einen Individuenanstieg im Frühling folgt eine Sommerdepression in der Imaginaldichte. An sie schließt sich eine starke Abundanzzunahme im Spätsommer und Herbst an (Abb. 1, 2). Wenn man bei *L. furcata* von der Verteilung der Imagines auf Frischwiese und Halbtrockenrasen absieht, die man im Frühsommer ermittelt (zu geringe Zahlenwerte), zeigt sich, daß diese Art erst im Hochsommer und im Herbst in den Halbtrockenrasen häufiger wird, während sie dort vom März bis zum Mai überhaupt nicht nachgewiesen werden konnte. Dieselbe Erscheinung läßt sich auch bei *L. lutea* beobachten, woraus geschlossen werden kann, daß zumindest *L. furcata* im Untersuchungsgebiet des Leutrales bei Jena aus den in erster Linie besiedelten Frischwiesenbereichen in andere Rasengesellschaften dann vordringt, wenn der Populationsdruck im Spätsommer zunimmt. Eine Gesamtvertei-

Tabelle 2
Ergebnisse der Auswertungen täglich vorgenommener Lichtfallenfänge vom 4. 5.—19. 6. 1978 in Laasdorf, Rodatal bei Stadtroda/Thür. (♂, ♀)

| | Mai | | | | | | | Juni | | | | | | |
|---|---|---|---|---|---|---|---|---|---|---|---|---|---|---|
| | 4. | 9. | 18. | 23. | 24. | 25. | 29. | 1. | 2. | 3. | 4. | 7. | 8. | 16. |
| *L. furcata* | 0,1 | 0,7 | | | | | 0,1 | 0,1 | 0,8 | | 0,6 | | | |
| *L. lutea* | | 1,0 | 1,0 | 0,12 | 1,6 | 1,6 | | 1,2 | 1,1 | 1,1 | 1,2 | 1,2 | 0,1 | 2,0 |

Tabelle 3
Vorkommen von *L. furcata* und *L. lutea* in verschiedenen Rasengesellschaften des Leutratales bei Jena nach Kescherfängen in den Jahren 1971—1979.

| | Frischwiese | frischer Halbtrockenrasen | typischer Halbtrockenrasen | Trockenrasen |
|---|---|---|---|---|
| *L. furcata* | 1230 | 111 | 11 | 5 |
| *L. lutea* | 99 | 26 | 16 | 1 |
| Summe | 1329 | 137 | 27 | 6 |

lung der Individuen beider Arten kommt in Tabelle 3 zur Darstellung. Für eine Ausbreitung von *L. furcata* bei erhöhtem Populationsdruck sprechen u. a. Untersuchungen von Marth & Wolter (1979) in Feuchtbiotopen des Leutratales sowie die Beobachtungen über die zeitliche Verteilung der Lonchopteriden in den Halbtrockenrasen. Die Wahrscheinlichkeit dieser Annahme wird durch einen weiteren Untersuchungsbefund der saisonalen Verteilung von *L. furcata* auf den wechselfeuchten Wiesen des Apfelstädter Riedes bei Arnstadt, Thüringen, verstärkt. Die hier ebenfalls in 14tägigem Abstand durchgeführten Kescherfänge im Jahre 1985 ergeben auch wieder im Herbst eine relativ hohe Individuendichte (Abb. 3). Es muß vermutet werden, daß auch hier eine Zuwanderung aus weniger feuchten Biotopen erst zur Zeit hoher Individuendichte in den Ausgangsbiotopen einsetzt, oder aber die Entwicklung von *L. furcata* ist wegen der Überflutung und nachfolgenden hohen Bodenfeuchte während der Frühjahrswochen auf die zweite Jahreshälfte begrenzt. Beide Ursachen könnten für die zeitliche Einnischung von *L. furcata* im Apfelstädter Ried von Belang sein.

Im Unterschied zu diesen beiden typischen Vertretern der Lonchopteriden in Rasenökosystemen zeigt *L. tristis* als ausgesprochene Waldart ihre höchste Individuendichte nach den Untersuchungsergebnissen im Vessertal schon im August (Abb. 4), was aus den täglichen Emergenzfallenfängen im Jahre 1983 hervorgeht (Bährmann, 1986). Während des Fang-

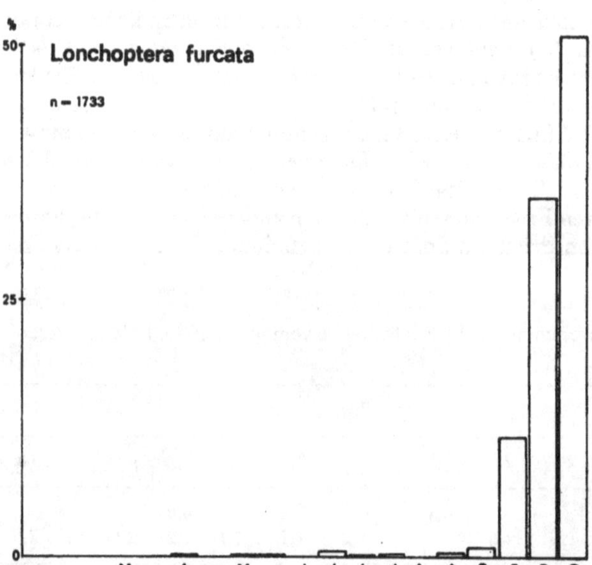


Abb. 3
Ergebnis der in ca. 14tägigem Abstand 1985 durchgeführten Kescherfänge auf wechselfeuchten Wiesen des Apfelstädter Riedes bei Arnstadt/Thür.

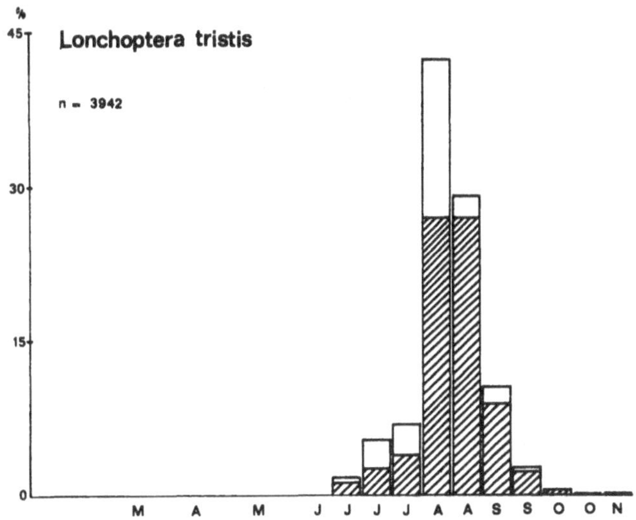


Abb. 4
Zusammenfassung der 1983 täglich bestimmten Emergenzfallenausbeute im Vessertal/Thür. Wald; ♂: □ ♀: ▨

zeitraumes von Juni bis Oktober wurden in mehrtägigen Abständen frisch geschlüpfte Weibchen auf die Ausbildung der Oozyten untersucht, um daraus einen weiteren Anhaltspunkt für die Beurteilung der saisonalen Populationsentwicklung zu erhalten. Der größte Teil der zwischen dem 9. 8. und dem 13. 10. im Emergenzbereich geschlüpften Weibchen — 90,4% aller untersuchten Tiere — enthält mehr oder weniger ausgereifte Oozyten, während bei den zwischen dem 24. 6. (Schlupfbeginn) und dem 30. 7. erbeuteten Weibchen nur in 16,9% der Fälle eine deutliche Oozytenentwicklung nachzuweisen ist (Tab. 4). Daraus folgt, daß bei einem großen Teil der im Hochsommer geschlüpften *Lonchoptera tristis*-Weibchen zunächst nur eine zögernde Oozytenentwicklung stattfindet, die Eireife bei den Spätsommer- und Herbsttieren hingegen bereits mit dem Imaginalschlupf beginnt.

Die höchste Individuendichte der Männchen von *L. tristis* ist ungefähr zwei Wochen früher erreicht als die der Weibchen (Abb. 4), worin sich eine bei Insekten nicht seltene Spreizung der Schlupfmaxima beider Geschlechter äußert.

Ähnlich wie bei *L. tristis* ist auch bei *L. meijerei* eine Häufung der Individuen in den Emergenzfängen im Monat August zu beobachten. Beide Arten, die möglicherweise ähnliche Biotopansprüche stellen, zeigen damit einen übereinstimmenden saisonalen Rhythmus. Noch sind die Fangzahlen von *L. meijerei* allerdings zu niedrig, um die Entwicklung dieser Lonchopteriden-Art im Jahresablauf endgültig bestimmen zu können.

Tabelle 4
Oozytenreife bei frisch geschlüpften Weibchen von *L. tristis* aus dem Vessertal (1983) (Emergenzfalle)

| Schlupfzeitraum | 24. bis 26. 6. | 5. bis 16. 7. | 21. bis 30. 7. | 9. bis 18. 8. | 21. bis 28. 8. | 4. bis 17. 9. | 20. bis 26. 9. | 1. bis 13. 10. |
|---|---|---|---|---|---|---|---|---|
| Anzahl der untersuchten Weibchen | 27 | 30 | 20 | 30 | 20 | 30 | 29 | 16 |
| Anzahl der Weibchen mit deutlich entwickelten bzw. ausgereiften Oozyten | 5 | 1 | 7 | 29 | 19 | 27 | 22 | 16 |
| % | 18,5 | 3,3 | 35,0 | 96,7 | 95,0 | 90,0 | 75 9 | 100 |

## 4. Farbvariabilität von *L. furcata* und *L. lutea*

Schon DE MEIJERE (1906) macht auf die Farbvielfalt der *Lonchoptera*-Arten *furcata* und *lutea* aufmerksam und gibt eine Klassifizierung der einzelnen Farbformen an, die im Bestimmungsschlüssel der Varietäten von CZERNÝ (1934) wiederkehren. Nach eigenen Beobachtungen in der Umgebung von Jena treten in Übereinstimmung mit ACZÉL (1940) die einzelnen Farbvarietäten im Jahresverlauf in unterschiedlichen Häufigkeiten auf. Die hellen Morphen kommen überwiegend im Sommer vor, im Frühjahr und im Herbst treten die dunklen Formen stärker in Erscheinung. Letzteres trifft auch für die Befunde im Leutratal bei Jena zu. In den Herbstfängen stellen die dunklen Formen *lacustris* und *cinerella* von *L. furcata* einen relativ hohen Prozentsatz dar (Tab. 5), der im Untersuchungsjahr vom 17. 9. bis zum 30. 9. offensichtlich ansteigt, bis zum 11. 11. zwar wieder zurückgeht, aber doch immer noch 20—30% der Gesamtfangzahl ausmacht. Die Bildung der verschiedenen Farbformen steht nach BAUD (1973) mit den wechselnden Temperatur- und Feuchtebedingungen im Zusammenhang, die nicht nur für eine unterschiedliche saisonale Verteilung der Farbvarietäten, sondern auch für ihre wechselnde räumliche Verteilung verantwortlich sein könnten. Die wechselnden Anteile dunkler und heller Formen dürften einen balancierten Polymorphismus zum Ausdruck bringen. Genauere Untersuchungen dieses Tatbestandes wären erforderlich, um die aufgeworfene Frage zu klären.

Tabelle 5

Die zwischen dem 17. 9. und 20. 11. 1974 auf einer Frischwiese im Leutratal bei Jena erbeuteten Farbformen von *L. furcata*

| Datum<br>Gesamtindividuenzahl | 17. 9.<br>215 | 25. 9.<br>120 | 30. 9.<br>146 | 3. 10.<br>80 | 11. 11.<br>52 | 20. 11.<br>45 |
|---|---|---|---|---|---|---|
| helle Farbformen | | | | | | |
| % *rivalis* | 86,5 | 56,2 | 52,1 | 56,3 | 75,0 | 57,8 |
| % *furcata* | 2,3 | 4,9 | 0,7 | 6,2 | 1,9 | 11,1 |
| Summen % | 88,8 | 61,1 | 52,8 | 62,5 | 76,9 | 68,9 |
| dunkle Farbformen | | | | | | |
| % *lacustris* | 10,7 | 36,4 | 43,8 | 35,0 | 15,4 | 13,3 |
| % *cinerella* | 0,5 | 2,5 | 3,4 | 2,5 | 7,7 | 17,8 |
| Summen % | 11,2 | 38,9 | 47,2 | 37,5 | 23,1 | 31,1 |

## 5. Das Geschlechterverhältnis

Obwohl bei *L. tristis* sowohl Männchen als auch Weibchen erbeutet werden konnten, wird bei dieser Art eine Diskrepanz zwischen den Anteilen der beiden Geschlechter deutlich (Tab. 1), woraus hervorgeht, daß die Männchen seltener sein könnten als die Weibchen. Da > 90% aller erbeuteten *Lonchoptera tristis*-Exemplare den täglichen Aufsammlungen der Emergenzfänge im Vessertal entstammen, ist es unwahrscheinlich, daß vielleicht ungleiche Überlebenschancen der beiden Geschlechter einen Einfluß auf das Fangerlebnis haben ausüben können, da spätestens 24 h nach erfolgtem Schlupf sämtliche Individuen erbeutet wurden. Obwohl BAUD (1973) bei *L. lutea* in der Schweiz mehr Männchen als Weibchen ermittelt hat, läßt sich ein solcher Unterschied bei den aus der DDR stammenden Proben nicht sicher nachweisen. Der höhere Männchenanteil in Tab. 1 könnte aus der verhältnismäßig niedrigen Gesamtzahl der *L. lutea*-Individuen hervorgehen, die dem Zufall bei

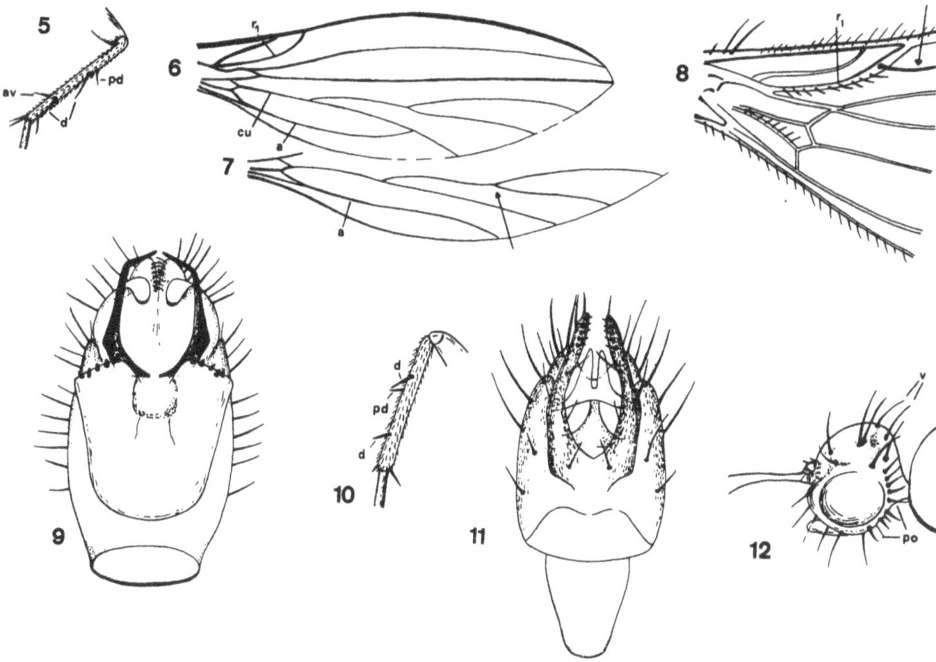


Abb. 5
$t_2$ von *L. furcata*, av, anteroventrale Borste, d, Dorsalborsten, pd, posterodorsale Borste
Abb. 6
Lonchopteriden-Flügel, weitere Erläuterungen im Text
Abb 7
Hinterer Teil eines Lonchopteriden-Flügels, der Pfeil bezeichnet die Gablungsstelle der 4. Längsader
Abb. 8
Proximaler Flügelabschnitt von *L. meijerei*
Abb. 9
Hypopygium von *L. meijerei* (Ventralansicht)
Abb. 10
$t_1$ von *L. furcata* (vergl. Legende zu Abb. 5)
Abb. 11
Hypopygium von *L. furcata* nach SMITH (1969) (Ventralansicht)
Abb. 12
Kopf einer Lonchopteride, po, postokulare Börstchen, v, Vertikalborsten der rechten Kopfseite

der Geschlechterverteilung einen relativ breiten Raum bietet. Besonders auffällig ist das Fehlen der Männchen bei der bisher in 3641 Individuen vorliegenden *L. furcata*, was darauf hindeutet, daß sich diese Art parthenogenetisch fortpflanzt. Zu ähnlichen Vorstellungen kommen BAUD (1973) für die Schweiz, ACZÉL (1940) für Ungarn und ANDERSSON (1970) für Nordeuropa, wenngleich auch bisexuelle Populationen z. B. aus England und Island bekannt sind (COLLIN, 1938; ANDERSSON 1970). DUDA (1927) fand unter 180 Weibchen lediglich ein „typisches Männchen". COLLIN (1938) gibt zu bedenken, daß die Männchen möglicherweise nur deshalb nicht gefangen werden, weil sie einen anderen Aktivitätsrhythmus als die Weibchen aufweisen könnten. Um diese Hypothese für eines der thüringischen Verbreitungsgebiete von *L. furcata* nachzuprüfen, wurden an zwei Tagen von morgens bis abends Kescherfänge in zweistündigem Abstand durchgeführt, und zwar am 1. 8. und am 17. 9. 1975. Wie sich aber gezeigt hat, wurden auch bei diesen Untersuchungen niemals Männchen gefunden. Unter den 24 *L. furcata*-Individuen, die zwischen dem 4. 5. und dem 19. 6. 1978

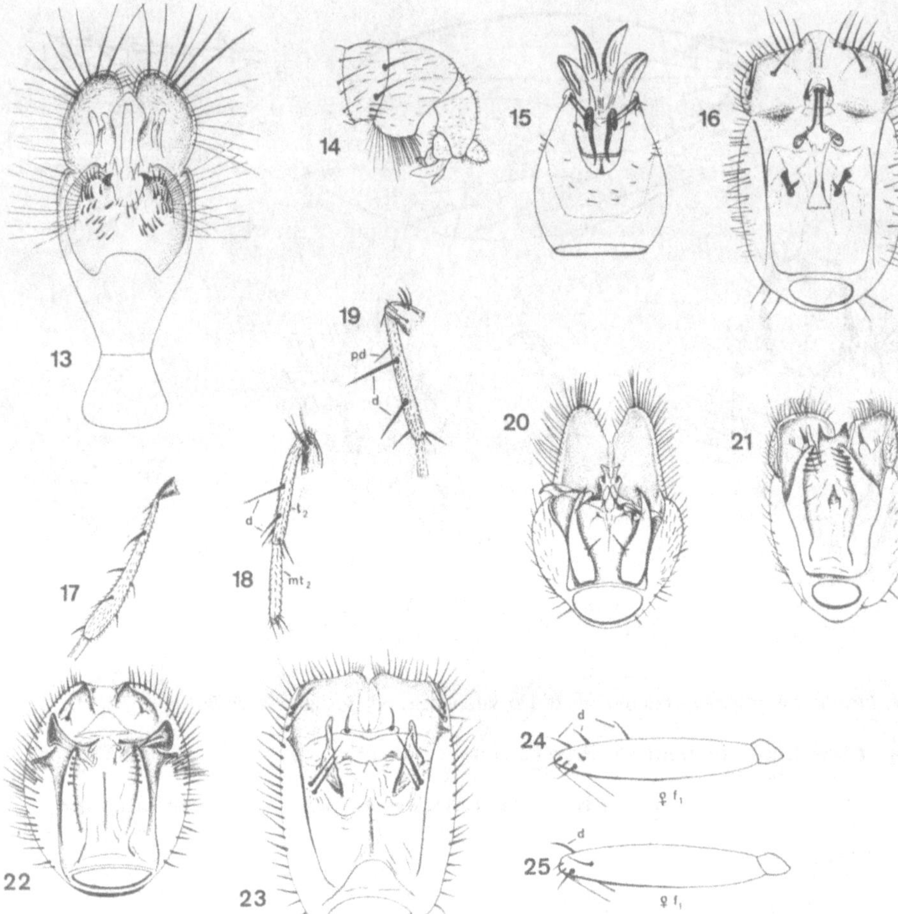


Abb. 13

Hypopygium von *L. nigrociliata* (Ventralansicht)

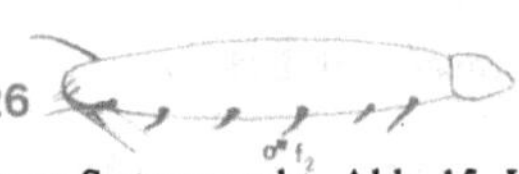


Abb. 14 und 15

*L. scutellata*, Abb. 14 männliches Abdomenende mit Hypopygium in Seitenansicht, Abb 15 Hypopygium (Ventralansicht)

Abb. 16—19

*L. tristis*, Abb. 16 Hypopygium (Ventralansicht), Abb. 17 Rechtes Hinterbein eines Männchens von außen (gebogene Schiene), Abb. 18 Tibia ($t_2$) und Metatarsus ($mt_2$) eines männlichen Mittelbeines, Abb 19 $t_2$ eines Weibchens von außen (vergl. Leg. zu Abb. 5)

Abb. 20

Hypopygium von *L. fallax* (Ventralansicht)

Abb. 21

Hypopygium von *L. lutea* (Ventralansicht)

Abb. 22

Hypopygium von *L. nitidifrons* (Ventralansicht)

Abb. 23

Hypopygium von *L. strobli* (Ventralansicht)

Abb. 24

$f_1$ eines Weibchens von *L. strobli* zur Demonstration der dorsalen Borsten (d)

Abb. 25

$f_1$ eines Weibchens von *L. tristis*

Abb. 26

$f_2$ eines Männchens von *L. strobli* mit reihenförmig angeordneten Dörnchen auf der Ventralseite bei täglichen Lichtfängen (Tab. 2) erbeutet werden konnten, befand sich ebenfalls kein Männchen. KEISER (1947) weist auf die rudimentäre Gestalt des Receptaculum seminis der Weibchen von *L. furcata* hin und schließt auch daraus auf die hohe Wahrscheinlichkeit einer parthenogenetischen Fortpflanzung. Nach STALKER (1956) beruht die Parthenogenese bei *L. dubia*, nach ANDERSSON (1970) ein Synonym zu *furcata*, auf einer einzelnen Allel-Mutation oder, was wahrscheinlicher ist, auf einem polygenen System, das durch selektive Vorgänge entstanden sein dürfte.

Die Fangzahlen der übrigen Lonchopteriden-Arten sind für weitergehende Aussagen zur Geschlechterverteilung insgesamt noch zu gering.

## 6. Bestimmungstabelle für die bisher in der DDR nachgewiesenen Lonchopteriden-Arten

1 Mittelschiene ($t_2$) im distalen Bereich mit einer anteroventralen Borste (av) (Abb. 5) . . . . . . . . 2

— Mittelschiene ($t_2$) im distalen Bereich ohne eine anteroventrale Borste . . . . . . . . . . . . . 4

2 Flügelader $r_1$ am Ende mit einer Borste (Pfeil in Abb. 8), die deutlich länger ist als die übrigen Borsten auf $r_1$, Hypopygium (Abb. 9) . . . . . . . . . . . . . . . . . . . . . . . *L. meijerei* COLLIN

— Am Ende von $r_1$ keine Borste, die auffällig länger ist als die übrigen Börstchen . . . . . . . . . . 3

3 Vorderschiene ($t_1$) in der Regel außer der präapikalen Borste (innen) noch mit drei kleineren dorsalen Borsten, im oberen und unteren Schienendrittel je eine, dazu hinten außen (posterodorsal, pd.), dicht unter der oberen dorsalen, noch eine gleich starke Borste (Abb. 10) (fehlt beim Männchen). Scheitelborsten (v) hell und Postocularborsten (po) höchstens in der Mitte dunkel (Abb. 12), Hypopygium (Abb. 11) . . . . . . . . . . . . . . . . . . . . . . . . . . . . . . . *L. furcata* FALLÉN

— Vorderschiene ($t_1$) nur mit einer oberen Borste. Sämtliche v und po dunkel. Hypopygium verhältnismäßig groß, mit langen Borsten besetzt (Abb. 13) . . . . . . . . . . . . . . . *L. nigrociliata* DUDA

4 Scutellum schwarz. Sämtliche v und po hell. Fühler ganz gelb. Hypopygium klein (Abb. 15). Seitenränder des vergrößerten prägenitalen Segmentes beim Männchen nach unten verlängert und beborstet (Abb. 14) *L. scutellata* STEIN

— Scutellum nicht schwarz. Zumindest das mittlere v-Paar häufig dunkel . . . . . . . . . . . . . 5

5 Die auffällig gebogene $t_2$ nur mit zwei starken dorsalen Borsten (Abb. 18, d). Hinterschienen am Ende keulenförmig (Abb. 17). Mittlerer Metatarsus über halbmal so lang wie die $t_2$ (Abb. 18). Stirn schwarzbraun glänzend. Flügel gleichmäßig bräunlich, a mündet in den Flügelhinterrand (Abb. 7). Große dunkle Art. Hypopygium (Abb. 16) . . . . . . . . . . . . . . . . . . . . . *L. tristis* MEIGEN (♂)

— $t_2$ mit zwei dorsalen und einer posterodorsalen Borste (pd) (Abb. 10, 19) . . . . . . . . . . . . 6

6 Die posterodorsale Borste an der $t_2$ in gleicher Höhe oder unter der oberen dorsalen Borste (Abb. 10) 7

— Die posterodorsale Borste an der $t_2$ deutlich über der oberen dorsalen Borste (Abb. 19) . . . . . . . 9

7 Die posterodorsale Borste an der $t_2$ stark, in der Regel ungefähr so lang wie die beiden dorsalen Borsten, sie steht deutlich unterhalb der oberen dorsalen Borste. An $t_1$ außer den beiden dorsalen Börstchen noch eine stärkere posterodorsale Borste unterhalb des oberen Schienendrittels. v und obere po schwarz. Hypogium (Abb. 20) . . . . . . . . . . . . . . . . . . . . . . . . . . *L. fallax* DE MEIJERE

— Die posterodorsale Borste an $t_2$ erheblich schwächer als die beiden dorsalen Borsten. Sie steht in gleicher Höhe oder nur wenig unterhalb der oberen dorsalen Borste . . . . . . . . . . . . . . . 8

8 Fühler ganz dunkel. Normalerweise an $t_1$ dorsal drei Borsten, davon je eine im oberen und unteren Drittel der t. Basalteil des Hypopygiums (Abb. 21) hell- bis dunkelbraun . . . . . . . . *L. lutea* PANZER

— Die ersten beiden Fühlerglieder hell. $t_1$ in der Regel mit einer vierten, kleineren Borste, die zusammen mit der oberen dorsalen Borste als Borstenpaar angeordnet ist. Hypopygium klein, zumindest sein Basalteil gelb (Abb. 22) . . . . . . . . . . . . . . . . . . . . . . . . . . . . *L. nitidifrons* STROBL

9 Vorderschenkel vor der Spitze nur mit einer dorsalen Borste (Abb. 25, d). Flügel bräunlich. Im Flügelgeäder mündet die a in die cu (Abb. 6). Stirn und Scheitel glänzend schwarzbraun. $t_2$ schwach gebogen . . . . . . . . . . . . . . . . . . . . . . . . . . . . . . . . . . . *L. tristis* MEIGEN (♀)

— Vorderschenkel vor der Spitze mit mehr als einer dorsalen Borste (Abb. 24). $t_2$ nicht gebogen. Mittelschenkel des Männchens ventral mit einigen kurzen Stacheln, die in einer Reihe angeordnet sind (Abb. 26). $t_3$ des Männchens nicht keulenförmig (im Unterschied zum Männchen von *L. tristis*). Stirn und Scheitel schwarzbraun, bestäubt, nicht glänzend. Flügel heller als bei *L. tristis*. Hypopygium (Abb. 23) . . . . . . . . . . . . . . . . . . . . . . . . . . . . . . *L. strobli* DE MEIJERE

## 7. Zusammenfassung

1) In der DDR wurden bisher folgende 9 *Lonchoptera*-Arten ermittelt: *L. tristis* MEIG., *L. furcata* (FALL.), *L. lutea* PZ., *L. strobli* DE MEIJ., *L. meijerei* COLL., *L. fallax* DE MEIJ., *L. nigrociliata* DUDA, *L. scutellata* STEIN und *L. nitidifrons* STROBL.

2) Hohe Individuenzahlen und relativ viele Fundortangaben liegen von *L. tristis*, *L. furcata* und *L. lutea* vor.

3) Während die meisten Individuen von *L. furcata* und *L. lutea* je nach Biotop im September bzw. im Oktober erbeutet wurden, zeigt *L. tristis* im August maximale Abundanzen.

4) Die Oozytenreife bei *L. tristis* läßt sich in geringem Umfang schon im Juni beobachten, tritt bei > 90% der Weibchen aber erst zwischen August und Oktober stärker in Erscheinung.

5) *L. furcata* kommt in den Beobachtungsgebieten ausschließlich im weiblichen Geschlecht vor.

6) Ein Bestimmungsschlüssel für die in der DDR nachgewiesenen Arten ergänzt die faunistisch-ökologischen Darstellungen.

## Literatur


ACZÉL, M. (1940): Neue Beiträge zur Kenntnis der Verbreitung der Musidoriden (Diptera). — Ann. Mus. Nat. Hung., Pars Zool., **33**: 109—121.

ANDERSSON, H. (1970): Notes on north european *Lonchoptera* (Dipt., Lonchopteridae) with lectotype designations. — Entomol. Ts. Arg. **91**: 42—45.

— (1971): Faunistic notes on Scandinavian Diptera Brachycera. — Entomol. Ts. Arg. **92**: 232—236.

— (1984): Evolution within the genus *Lonchoptera* (Diptera: Lonchopteridae). — 17. Int. Congr. Entomol., Hamburg 20. — 26. 8. 84, Abstr. p. 31.

BÄHRMANN, R. (1986): Die Fliegenfamilien (Diptera Brachycera) und insbesondere die Lonchopteridenfauna (Diptera, Lonchopteridae) des Biosphärenreservates Vessertal (Thüringer Wald) nach den Emergenz-Untersuchungen des Jahres 1983. — Abh. Ber. Mus. Nat. Gotha. **13**:31—36.

— (1987): Zweiflügler (Diptera Brachycera) thüringischer Rasenbiotope unter besonderer Berücksichtigung des Leutratales bei Jena. — Wiss. Z. FRIEDRICH-SCHILLER-Univ. Jena, Naturwiss. R. **36**:349—373.

BAUD, F. (1973): Biologie et cytologie de cinq espèces du genre *Lonchoptera* MEIG. (Dipt.) dont l'une est parthénogénétique et les autres bissexuées, avec quelques remarques d'ordre taxonomique. — Rev. suisse Zool. **80**: 473—515.

BAYER, G., KAUTZ, F. (1977): Ökofaunistische Untersuchungen über die Arthropoden-Fauna von Gehölzen im Naturschutzgebiet „Leutratal" bei Jena. — Diplomarbeit, Jena.

COLLIN, J. E. (1938): The British species of *Lonchoptera* (Diptera). — Entomol. mon. Mag. **74**: 60—65.

COULSON, J. C. & BUTTERFIELD, J. (1982): The distribution and the biology of Lonchopteridae (Diptera) in upland regions of northern England. — Ecolog. Entomol. **7**:31—38.

CZERNY, L. (1934): Musidoridae (Lonchopteridae), in: LINDNER, E. (ed.): Die Fliegen der palaearktischen Region Lfg. 83: 1—16.

DĄBROWSKA-PROT, E., KARG, J. (1974): Preliminary analysis of Diptera of rye and potato fields. — Bull. acad. pol. sci., Ser. sci. biol., **22**: 385—391.

DUDA, O. (1927): Beitrag zur Kenntnis der Gattung *Lonchoptera* MEIGEN (Dipt.). — Konowia **6**: 89—99.

HACKMAN, W. (1980): A check list of the Finnish Diptera II. Cyclorrhapha. — Not. entomol. **60**: 117—162.

HENNIG, W. (1952): Die Larvenformen der Dipteren. 3. Teil. — Berlin.

— (1976): Das Hypopygium von *Lonchoptera lutea* PANZER und die phylogenetischen Verwandtschaftsbeziehungen der Cyclorrhapha (Diptera). — Stuttgarter Beitr. Naturkde, Ser. A (Biologie), Nr. 283: 1—63.

HÖVEMEYER, K. (1984): Die Dipterengemeinschaft eines Buchenwaldes auf Kalkgestein: Produktion von Imagines, Abundanz und räumliche Verteilung insbesondere der Larven. — Pedobiol. **26**: 1—15.

KEISER, F. (1947): Die Fliegen des schweizerischen Nationalparks und seiner Umgebung. Pars I: Brachycera Orthorhapha. — Ergeb. wiss. Untersuch. schweiz. Nationalparks II (Neue Folge) **18**: 1—198.

MARTH, S., WOLTER, M. (1979): Beitrag zur Strukturanalyse von Rasengesellschaften, dargestellt am Beispiel einer Kohldistelwiese im Leutratal bei Jena. — Diplomarbeit, Jena.

MEIJERE, J. C. H. DE (1906): Die Lonchopteren des palaearktischen Gebietes. — Tijdschr. Entomol. **49**: 44—98.

MÜLLER, H. J., BÄHRMANN, R., HEINRICH, W., MARSTALLER, R., SCHÄLLER, G., WITSACK, W. (1978): Zur Strukturanalyse der epigäischen Arthropodenfauna einer Rasen-Katena durch Kescherfänge. — Zool. Jb. Syst. **105**: 131—184.

NOACK, B. (1982): Qualitative und quantitative Erfassung der Evertebratenfauna von *Puccinellia distans* an Sproß und Wurzel. — Diplomarbeit, Jena.

RAPP, O. (1942): Die Fliegen Thüringens unter besonderer Berücksichtigung der faunistisch-oekologischen Geographie. — Erfurt.

SCHINER, J. R. (1862): Fauna austriaca. Die Fliegen (Diptera) 1. Theil. — Wien.

SMITH, K. G. V. (1969): Diptera Lonchopteridae, in: Handbooks for the identification of British insects **X** (2) (ai): 1—9.

STALKER, H. D. (1956): On the evolution of parthenogenesis in *Lonchoptera* (Diptera). — Evolution **10**: 345—359.

STUCKENBERG, B. R. (1963): The genus *Lonchoptera* MEIGEN in Southern Africa (Diptera: Lonchopteridae). — J. ent. Soc. Sth. Afr. **26**: 128—143.

Anschriften der Verfasser:
Doz. Dr. sc. RUDOLF BÄHRMANN, Sektion Biologie, Wissenschaftsbereich Ökologie, der Friedrich-Schiller-Universität, DDR-6900 Jena, Neugasse 23
RONALD BELLSTEDT, Museum der Natur, DDR-5800 Gotha, Parkallee 15

# Buchbesprechung

SCHULZE, E. D. & H. ZWÖLFER (Eds.): **Potentials and limitations of ecosystem analysis.** Ecological studies vol. 61, SPRINGER-Verlag Berlin-Heidelberg-New York-Tokyo 1987, XII + 435 pp., DM 198,—, ISBN 3-540-17138-X.

Anläßlich des 10. Jahrestages der Universität Bayreuth wurde im Juni 1985 ein Symposium durchgeführt, das unter dem Thema „Ökosystemforschung" zahlreiche Ökologen aus Westeuropa und den USA zusammenführte. Die dort gehaltenen Vorträge bilden die Grundlage für das vorliegende Buch. Das Werk zielt nach seinen Herausgebern darauf ab, das Wissen über konkrete Prozesse und gut erforschte komplexe Beziehungen mit einer allgemeinen Theorie zur Funktion von Ökosystemen zu kombinieren. Das Buch ist in 3 Teile gegliedert. Jeder Teil beginnt mit einer allgemeinen Einführung in die Problematik bzw. stellt einen flüchtigen Abstract der folgenden Beiträge dar. Teil 1 handelt über input/output Analysen von Ökosystemen (4 Beiträge). Im 2. Teil stehen allgemeinere Prinzipien von Prozessen und Funktionen bei Primärproduzenten im Mittelpunkt (8 Beiträge). Teil 3 diskutiert Probleme und Vorgänge, die auf der Ebene der Konsumenten erster bis höherer Ordnung eine Rolle spielen. (7 Beiträge). Die vorgestellten Themen sind natürlich nicht en bloc von gleichem Interesse für den Ökologen. Dazu ist der Bogen der abgehandelten Gebiete zu weit gespannt. Er reicht von ökochemischen und physiologischen Beiträgen über botanische, hydrobiologische bis hin zu marinen Themen. Für den Entomologen sind vor allem die folgenden 4 Beiträge von Interesse: — Flowers as food sources and the cost of outcrossing (BERTSCH), — Species richness, species packing and evolution in insect-plant systems (ZWÖLFER), — Characteristics of lotic ecosystems and consequences of future research directions (STATZNER), — On methods of analyzing ecosystems: lessons from the analysis of forest-insect systems (BALTENSWEILER & FISCHLIN). Der Artikel von BERTSCH ist eine interessante Studie über die Erkennung des Ressourcendargebots und die Art und Weise seiner Nutzung durch Hummeln. Der ZWÖLFER-sche Beitrag behandelt das Thema anhand von Phytophagen in den Blütenköpfen von Disteln. Die Insekten spielen als Teil der benthischen Makroinvertebraten ebenfalls eine wichtige Rolle im Kapitel von STATZNER, und bei BALTENSWEILER & FISCHLIN steht der Graue Lärchenwickler, *Zeiraphera diniana* GN. im Mittelpunkt. Bei allen Beiträgen, nicht nur den entomologischen, müssen die Bestrebungen der Autoren hervorgehoben werden, konkrete Ergebnisse in einen größeren Zusammenhang zu stellen und Wege für die Entwicklung ökologischer Theorien aufzuzeigen. Am Ende des Buches folgt eine Zusammenfassung, die aus den heterogenen Einzeldarstellungen heraus versucht, zu einer Synthese zu gelangen. Ein Arten- und Sachwortverzeichnis beschließen das Werk, das besonders wegen seines erklärten Anspruches und seiner weit gefächerten Themen allen ökologisch arbeitenden Entomologen empfohlen werden kann.

W. MEY

Dtsch. ent. Z., N. F. **35** (1988) 4—5, 281—282

# Zwei Arten der Depressarien, neu für die CSSR

(Lepidoptera, Oecophoridae)

Von

JAN PATOČKA

## Abstract

The author has bred in the year 1986 in Slovakia *Depressaria hystricella* MÖSCHLER, 1860, from Spiraea media and *Agonopterix klimeschi* HANNEMANN, 1953, from Artemisia vulgaris not hitherto known from Czechoslovakia and Central Europe.

Im Jahre 1986 gelang es mir, eine *Depressaria*- und eine *Agonopterix* Art von der Slowakei zu züchten, die bisher von Mitteleuropa nicht bekannt waren. Herrn Prof. Dr. HANNEMANN danke ich für deren Bestimmung, sowie für Angaben darüber.

**Depressaria (Horridopalpus) hystricella** MÖSCHLER, 1860

Die Raupen dieser Art sammelte ich am 28. V. 1986 im Kalkgebirge (einem Teil des Slowakischen Erzgebirges) Muráňska planina, Lokalität Cigánka, in der Seehöhe von rd. 900 m. Es handelte sich um einen steilen, zum Süden orientierten Abhang mit felsiger Waldsteppe (Fagetum dealpinum), am Rande eines gemischten Waldbestandes (Buchen, Bergahorn, Tannen, Fichten), reich mit Spiraea media bewachsen, begleitet von Sorbus aria, Cotoneaster u. a. Die Raupe lebte zwischen versponnenen Endtrieben von Spiraea media gemeinsam mit der ähnlich lebenden, vor kurzem beschriebenen *Athrips patockai* (POVOLNÝ, 1979). Gleichzeitig schwärmte ziemlich häufig die ebenfalls an Spiraea lebende *Coleophora spiraeella* REBEL, 1916. An ähnlichen Lokalitäten und derselben Pflanzenart leben in der Slowakei auch *Ectoedemia spiraeae* GREGOR et POVOLNÝ, 1983, *Olethreutes siderana* (TREITSCHKE, 1835), *Neptis rivularis* (SCOPOLI, 1763) und — sehr lokal (in dem sog. Slowakischen Paradies, nahe von Spišská Nová Ves) auch *Nemophora basella* (EVERSMANN, 1844).

Von den heimgetragenen Raupen, die sich am Boden in einem weichen Kokon verpuppten, schlüpften Anfang Juli 2 ♂♂ und 2 ♀♀ dieser Art, die sich in meiner Sammlung befinden. *D. hystricella* war bisher vom Fernen Osten und Sibirien bekannt, von wo sie bis zum östlichsten Europa (Sarepta, loc. class., Volgograd) eindringt L'VOVSKIJ (1981). Der neue Fundort stellt also — im Vergleich mit den bisher bekannten — eine stark disjunkte Lokalität dar.

**Agonopterix klimeschi** HANNEMANN, 1953

Die Raupen sammelte ich Mitte Juni 1986 in der Nähe der Stadt Zvolen (Mittelslowakei) im Alluvium des Flusses Hron (rd. 280 m Seehöhe) an einer Böschung der vor kurzem erbauten Autobahn, wo Artemisia vulgaris und Tanacetum vulgare üppig wuchsen. Die Raupen lebten an A. vulgaris in ähnlicher Weise (jedoch seltener) wie die an Tanacetum vorkommende *Depressaria emeritella* STAINTON, 1849, also unter einer Gespinstdecke an der Oberseite eines Blattes. Dieses wird durch das Gespinst etwas gebogen und von der Raupe an der Oberseite skelettiert. Die Verpuppung erfolgt am Boden in einem leichten Gespinst. Die Falter (1 ♂, 2 ♀♀) schlüpften Mitte Juli 1986. Sie befinden sich in meiner Sammlung, sowie in der des Museums für Naturkunde der HUMBOLDT-Universität Berlin, DDR. Über den ersten und bisher wahrscheinlich einzigen Fund dieser Art in Norditalien (Valle Venosta, nahe Trento) berichtet KLIMESCH (1938); diese wurde dann von HANNEMANN (1953) beschrieben.

## Literatur

HANNEMANN, H. J. (1953): Natürliche Gruppierung der europäischen Arten der Gattung *Depressaria* s. l. (Lepidoptera, Oecophoridae). — Mitt. Zool. Mus. Berlin **29**: 279—373.

KLIMESCH, J., (1938): Piccolo contributo alla conoscensa dei Microlepidotteri della Valle Venosta. — Studi trentini di Scienze Naturali, Annata **19**: 46—47.

L'VOVSKIJ, A. L. (1981): Sem. Gelechiidae in: MEDVEDEV, G. S. (red.) Opredelitel nasekomych jevropejskoj časti SSSR, IV, 2, Nauka, Leningrad: 560—638

Anschrift des Verfassers:
Doz. RNDr. J. PATOČKA
J. Kráľa 1738
960 02 Zvolen
Tschechoslowakei.

Dtsch. ent. Z., N. F. 35 (1988) 4—5, 283—291

# Stenus subfasciatus Fairmaire, 1860: ein Komplex aus sechs Arten!

(Coleoptera, Staphylinidae)

Von

Volker Puthz

Mit 6 Abbildungen und 1 Karte im Text

## Abstract

*Stenus subfasciatus* Fairmaire, 1860: a complex of six species! (Coleoptera, Staphylinidae) 209th contribution to the knowledge of Steninae.

*Stenus subfasciatus* Fairmaire, 1860 is shown to be a complex of 6 species, strictly distributed in the mediterranean subregion. 5 of the species are described as new: *S.* (s. str.) *argyraspides* sp. n. (Anatolia), *S. argyrodines* sp. n. (Spain), *S. argyroprata* sp. n. (Cyprus), *S. argyrotoxus* sp. n. (Canary Islands), and *S. superfasciatus* sp. n. (Algeria); genitalia are figured, a key to species is provided.

Es gibt Arten, die der durchschnittliche Sammler nie, der Spezialist nur alle Jubeljahre zu sehen bekommt: *Stenus subfasciatus* ist eine von ihnen. Wenn auch eine solche Seltenheit für die taxonomische Arbeit als nachteilig angesehen werden muß, so kann man sich andererseits wenigstens damit trösten, daß die Literatur nahezu jedes irgendwann einmal glücklich erbeutete Individuum verzeichnet und damit für den Revisor eine gezielte Suche in Sammlungen möglich macht.

Im Laufe meiner nun fast fünfundzwanzigjährigen Steninenstudien habe ich von „*Stenus subfasciatus*" nur 20 Stücke (aus 7 Museen, 11 Sammlungen) zusammenbringen können, 13 ♂♂ und 7 ♀♀ — von den publizierten Belegen fehlen nur drei, diese z. T. sicher zerstört —, und die vergleichende Untersuchung, vor allem Genitaluntersuchung der Männchen erbrachte 6 Arten, die bisher alle unter einem Namen gelaufen waren.

Diese 6 Arten ähneln sich äußerlich stark, der Artenkomplex zerfällt aber in zwei Untergruppen: in 4 westmediterrane und in 2 ostmediterrane Spezies, die sich auch skulpturell sicher voneinander trennen lassen.

Über die Lebensweise der Arten ist so gut wie nichts bekannt, eine Angabe bei Fauvel (1902) spricht von „Salzteichen", ein von Fagel erbeutetes Exemplar von einer „Quelle"; aus diesen Hinweisen und aus der Ökologie verwandter Arten (vor allem *S. guynemeri* J. Duv.) halte ich es für wahrscheinlich, daß alle Arten dieses Komplexes zur ursprünglichen Waldfauna und hier zu den bryomadicolen Elementen (Vaillant, 1955) gehören, was neue Funde bestätigen müssen.

Wie die Karte zeigt, sind *Stenus subfasciatus* und seine Brüder zirkummediterran verbreitet und hier wohl nur in den spärlichen Resten von Waldrefugien zu finden. Auf den Kanarischen Inseln (hier Gran Canaria) hatte nur Alluaud vor nahezu hundert Jahren das Glück, ein Stück zu erbeuten. Intensive Sammeltätigkeit zahlreicher Entomologen brachte bis heute keine weiteren Stücke zutage, und man geht wohl nicht fehl in der Annahme, daß *Stenus argyrotoxus* sp. n. heute auf dieser von Menschen verwüsteten Insel (Machado in Kunkel, 1976) ausgestorben ist.

Für die Ausleihe des raren Insektenmaterials bin ich zahlreichen Institutionen und Kollegen zu Dank verpflichtet, vor allen möchte ich aber diesesmal den Kollegen L. Baert (Brüssel) und J. Orousset (Paris) für ihre Hilfe herzlich danken.

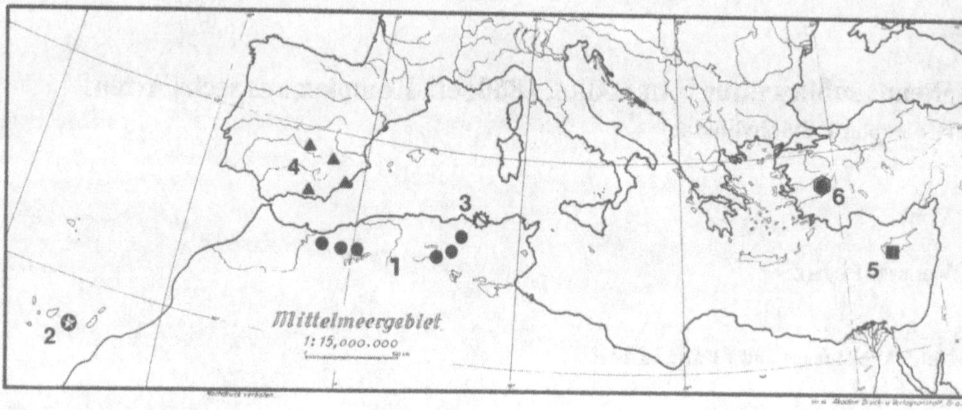


Verbreitungskarte. Zirkummediterrane Verbreitung des Artenkomplexes von *Stenus subfasciatus* FAIRMAIRE:
1 = *Stenus subfasciatus* FAIRM. — 2 = *S. argyrotoxus* sp. n. — 3 = *S. superfasciatus* sp. n. — 4 = *S. argyrodines* sp. n. — 5 = *S. argyroprata* sp. n. — 6 *S. argyraspides* sp. n.

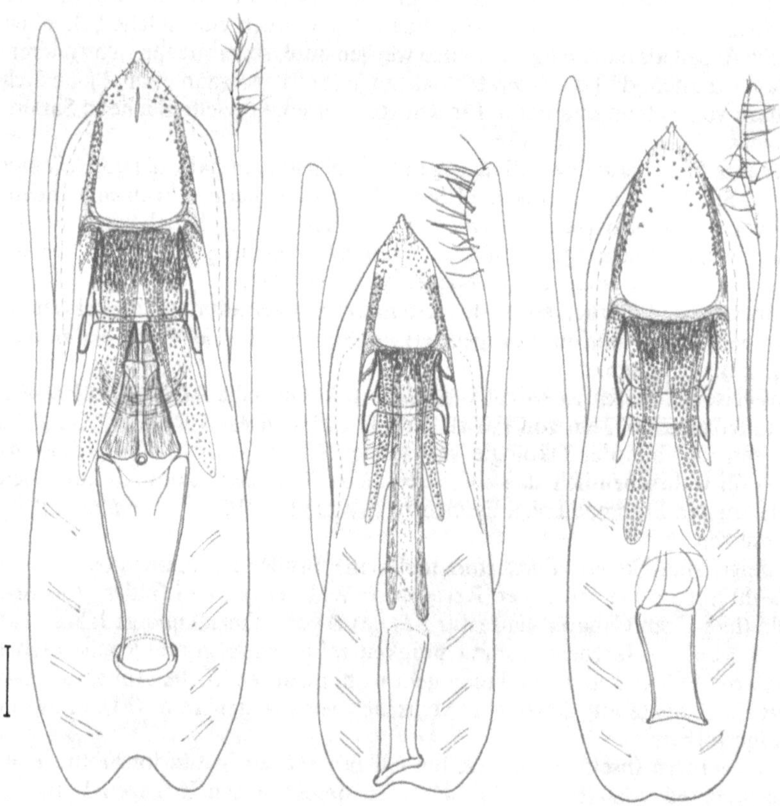

1 2 3

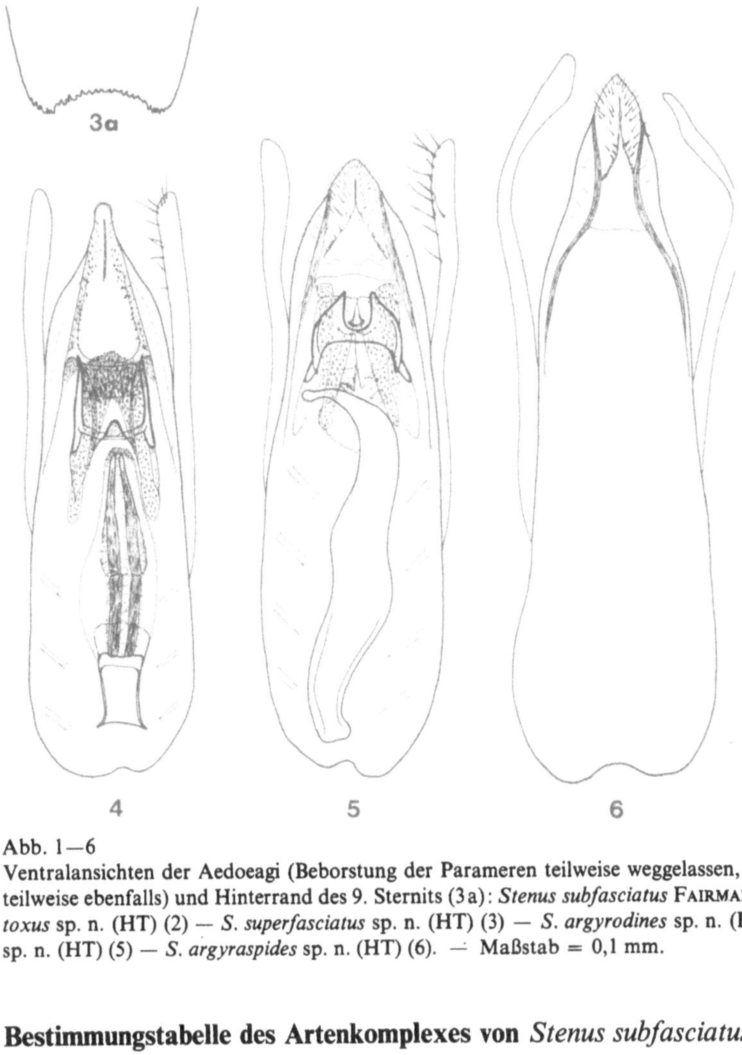

Abb. 1—6
Ventralansichten der Aedoeagi (Beborstung der Parameren teilweise weggelassen, Innenkörper bei 3 und 6 teilweise ebenfalls) und Hinterrand des 9. Sternits (3a): *Stenus subfasciatus* FAIRMAIRE (HT) (1) — *S. argyrotoxus* sp. n. (HT) (2) — *S. superfasciatus* sp. n. (HT) (3) — *S. argyrodines* sp. n. (HT) (4) — *S. argyroprata* sp. n. (HT) (5) — *S. argyraspides* sp. n. (HT) (6). — Maßstab = 0,1 mm.

## Bestimmungstabelle des Artenkomplexes von *Stenus subfasciatus* FAIRM.

Man erkennt diesen Artenkomplex an folgender Merkmalskombination: Tarsen einfach, ungelappt, 1. Hintertarsenglied länger als das letzte, Tergite an der Basis ohne Mittelkiel, 9. Sternit bzw. Valvifer am Hinterrand gesägt (vgl. Abb. 3a), nicht spitz vorgezogen, jede Elytre mit einer silbrigen Borstenbinde; Aedoeagus mit stark sklerotisierter, zweihakiger Ausstülpspange.

**1(8)** Elytren äußerst dicht und rauh, furchig-zusammenfließend punktiert und genetzt, matt. Apikalpartie des Medianlobus ventral mit wenigen kurzen Borsten, Innenkörper u. a. mit einem spitzzottigen Membrankomplex, Ausstülpmechanismus aus langen, dünnen Haken und Spange bestehend.

**2(7)** Stirn und Abdomen zwischen den Punkten ungenetzt, flache Netzungsspuren allenfalls auf dem 10. Tergit. Hierher drei äußerlich sehr ähnliche Arten.

**3(6)** Durchschnittlich größer. Pronotum im Verhältnis zu Kopf und Elytren größer und robuster (Kopfbreite: Pronotumbreite $\leqq$ 1.35; Pronotumbreite: Elytrenbreite $\geqq$ 0.65)

**4(5)** Punktierung des Vorderkörpers rauher, diejenige der Elytren tief (furchig) eingegraben, Punktzwischenräume gratartig scharf. ♂: 8. Sternit mit Apikalausrandung etwa im hinteren Sechstel. Aedoeagus (Abb. 1).
(4,0) 4,2—5,5 mm . . . . . . . . . . . . . . . . . . . . . . . . *subfasciatus* FAIRMAIRE
Algerien, Marokko.

5(4) Punktierung des Vorderkörpers nicht ganz so rauh, diejenige der Elytren auf der Scheibe deutlich flacher, Punktzwischenräume nicht gratartig scharf. ♂: 8. Sternit mit Apikalausrandung etwa im hinteren Achtel. Aedoeagus (Abb. 3).
4,5—5,0 mm . . . . . . . . . . . . . . . . . . . . . . . . . . . . *superfasciatus* sp. n.
Algerien: Mt. Edough.

6(3) Durchschnittlich kleiner. Pronotum im Verhältnis zu Kopf und Elytren deutlich kleiner und schlanker (Kopfbreite: Pronotumbreite ≧ 1.35; Pronotumbreite: Elytrenbreite ≦ 0.65). ♂: 8. Sternit mit Apikalausrandung im hinteren Siebtel. Aedoeagus (Abb. 4).
3,5—4,5 mm . . . . . . . . . . . . . . . . . . . . . . . . . . . . *argyrodines* sp.n.
Spanien.

7(2) Stirn und Abdomenspitze (Tergite 7—10) deutlich genetzt. ♂: 8. Sternit mit Apikalausrandung gut im hinteren Achtel. Aedoeagus (Abb. 2).
4,6—5,2 mm . . . . . . . . . . . . . . . . . . . . . . . . . . . . *argyrotoxus* sp. n.
Gran Canaria.

8(1) Elytren dicht, aber nicht rauh, nicht furchig-zusammenfließend punktiert, zwischen den Punkten glänzend. Apikalpartie des Medianlobus ventral lang und dicht beborstet, Innenkörper ohne spitze Zotten, Ausstülpmechanismus aus einer breiten, starken Spange bestehend.

9(10) Pronotum seitlich dicht — gedrängt — punktiert, Punktabstände viel kleiner als die Punktradien. ♂: 8. Sternit mit Apikalausrandung etwa im hinteren Neuntel, Aedoeagus (Abb. 5).
4,2—5,0 mm . . . . . . . . . . . . . . . . . . . . . . . . . . . . *argyroprata* sp. n.
Zypern.

10(9) Pronotum seitlich dicht, aber nicht gedrängt punktiert, Punktabstände meist kleiner, manchmal aber auch so groß wie die Punktradien. ♂: 8. Sternit mit Apikalausrandung etwa im hinteren Neuntel. Aedoeagus (Abb. 6).
4,2—5,0 mm . . . . . . . . . . . . . . . . . . . . . . . . . . . . *argyraspides* sp. n.
Türkei: Bulgar Dag.

## 1. Stenus (s. str.) subfasciatus FAIRMAIRE, 1860

*Stenus subfasciatus* FAIRMAIRE 1860, Annls Soc. ent. Fr. (3) **8**: 162f.
*Stenus subfasciatus*; FAUVEL, 1869, Mém. Soc. linn. Norm. **15**: 40.
*Stenus subfasciatus*; FAUVEL, 1872, Bull. Soc. linn. Norm. (2) **6**: 77.
*Stenus subfasciatus*; REY, 1884, Annls Soc. linn. Lyon (N.S.) **30** (1883): 228 nota.
*Stenus subfasciatus*; FAUVEL, 1886, Revue Ent. **5**: 27.
*Stenus subfasciatus*; FAUVEL, 1902, Revue Ent. **21**: 74.
*Stenus subfasciatus*; L. BENICK, 1929, Best.-Tab. eur. Col. **96**: 19.
*Stenus subfasciatus*; KOCHER, 1958, Trav. Inst. Sci. Chér. (Zool.) **14**: 111.

Von dieser Art fanden sich in coll. FAUVEL drei Männchen, von denen jedes zu einer anderen Art gehört. Ein Stück trägt das Etikett (FAUVEL-Handschrift) „Constantine", es handelt sich also um den Fundort des Typus. In FAIRMAIRES Diagnose heißt es „Constantine, communiqué par M. LETHIERRY". FAUVEL schreibt 1872 (S. 77 nota): „M. LETHIERRY a bien voulu me communiquer le seul exemplaire qu'l ait pris de cet insecte." Da die Staphyliniden LETHIERRYS „ex parte an A. FAUVEL" gegangen sind (HORN-KAHLE), bin ich sicher, daß es sich bei dem genannten Stück um das Originalindividuum handelt (worauf auch die Beschreibung genau paßt), also um den Holotypus, den ich also mit einem entsprechenden Etikett versehen habe. Proportionsmaße des Holotypus: Kopfbreite: 41; Pronotumbreite: 32; Pronotumlänge: 30; größte Elytrenbreite: 46, größte Elytrenlänge: 44; Nahtlänge: 36.

Weiteres untersuchtes Material: 1 ♂: Dj(ebel) Sahari (= Kaidat de Sahari), E. SIMON (coll. JARRIGE, Museum Paris); 1 ♂, 1 ♀: Daya (= Berge südlich Oran) (coll. THERY in coll. BEDEL und coll. JARRIGE, Museum Paris); 1 ♀: Constantinois, fontaine des Gazettes, 30 km NO de Biskra, 13. V, 1954, G. FAGEL (coll. FAGEL, IRScNB); 1 ♀: Maroc Oudjda (= Oudja) (coll. DE PEYERIMHOFF, Museum Paris): der von KOCHER in Zweifel gezogene Beleg existiert also tatsächlich, womit die Art sicher für Marokko (wenn auch nur im äußersten Osten) belegt ist.

Männchen: Schenkel gekeult. Mittelschienen mit starkem Apikaldorn, Hinterschienen mit starkem Präapikalzahn. Vordersternite ziemlich grob und ziemlich dicht auf glattem Grund punktiert. 7. Sternit am Hinterrand sehr flach und breit ausgerandet, in der Mitte etwas abgeflacht, dichter und feiner als an den Seiten punktiert und beborstet. 8. Sternit mit rundem Ausschnitt etwa im hinteren Sechstel (85:15). 9. Sternit am Hinterrand durchgehend rundzähnig gesägt (vgl. Abb. 3a). 10. Tergit breit abgerundet. Aedoeagus (Abb. 1), im Innern mit ziemlich langen, spitzen Ausstülphaken, die Apikalpartie des Medianlobus ventral schuhartig ausgehöhlt und vorn mit einem kleinen, aber deutlich ausgeprägten Mediankiel.

Fauvel nennt aus Nordafrika noch die Orte Batna (Lethierry), Bône (Letourneux) und Saïda (Bonnaire), zumindest der letzte Beleg ist in Reims zerstört worden (Horn-Kahle), die anderen Stücke konnte ich nicht auftreiben.

## 2. Stenus (s. str.) argyrotoxus sp. n.

Diese neue Art vertritt die Gruppe des *S. subfasciatus* auf den Kanarischen Inseln, sie unterscheidet sich äußerlich von den anderen westmediterranen Gruppenvertretern durch genetzte Stirn und genetzte Abdomenspitze, im übrigen sicher nur durch den Aedoeagus.

Schwarz, Vorderkörper mit silbrigem Schimmer, Elytren jederseits hinter der Mitte mit einer auffälligen Binde silbrigglänzender Borsten (Namen = Silberbogenträger). Vorderkörper grob und dicht punktiert: der Kopf grob und ziemlich dicht, das Pronotum grob und dicht, vorn, hinten und seitlich sehr dicht bis zusammenfließend, median mit breiter, eingedrückter Mittelglättung. Elytren sehr grob, furchig und sehr dicht punktiert. Abdomen mäßig fein bis mäßig grob, ziemlich bis mäßig weitläufig punktiert: auf dem 3. Tergit sind die Punkte der Hinterhälfte etwas feiner als eine Augenfacette, erheblich feiner als die Punkte der Stirn neben den Augen, die Punktabstände sind eineinhalbmal bis gut doppelt so groß wie die Punkte; hinten ist die Punktierung deutlich gröber und dichter, auf dem 6. Tergit sind die etwas länglichen Punkte so lang (und fast so groß) wie die Stirnpunkte, die Punktabstände sind durchschnittlich so groß bis eineinhalbmal so groß wie die Punkte. Die ganze Oberseite ist deutlich silbrig beborstet. Die hinteren Stirnseiten, das Pronotum und die Elytren sind deutlich, dicht genetzt, das überwiegend glänzende Abdomen zeigt schon in der Hinterhälfte des 6. Tergits flache Netzung, das 7. Tergit ist ebenfalls flach, das 8. Tergit tiefer und deutlicher genetzt, wie auch das 10. Tergit. Basalglieder der Fühler dunkelbraun, Mittelglieder braun, Keule wieder dunkler braun. Taster gelblich, das 3. Glied bräunlich. Beine kastanienbraun, Knie dunkler, Tarsen gelblichbraun. Clypeus und Oberlippe schwarz, Clypeusvorderrand bräunlich gesäumt. Clypeus und Oberlippe dicht und lang, glänzend beborstet.

Länge: 4,6—5,2 mm.

♂-Holotypus: Iles Canaries: Canaria, 78 (marais salants au nord-ouest de l'Isleta), Ch. Alluaud 1890.

Proportionsmaße des Holotypus: Kopfbreite: 41; Pronotumbreite: 32; Pronotumlänge: 31; größte Elytrenbreite: 44; größte Elytrenlänge: 42; Nahtlänge: 32.

Männchen: wie bei *S. subfasciatus*, 8. Sternit allerdings mit rundem Ausschnitt gut im hinteren Achtel. Aedoeagus (Abb. 2), vom Grundbau des *S. subfasciatus*, die Apikalpartie des Medianlobus jedoch anders, auch ohne ventromedianen Kiel, Innenbau ebenfalls abweichend.

*Stenus argyrotoxus* sp. n. unterscheidet sich von allen seinen Nahverwandten wie in der Tabelle angegeben.

Holotypus im Muséum National d'Histoire Naturelle, Paris, coll. Alluaud.

### 3. Stenus (s. str.) superfasciatus sp. n.

Diese neue Art ist die Schwesterart des *S. subfasciatus* FAIRM., sie unterscheidet sich von ihm äußerlich wenig, aber erkennbar, der Aedoeagus zeigt jedoch klare Abweichungen, die es legitimieren, in diesem — bisher — einzigen Stück nicht eine Subspezies, sondern eine gute Art zu sehen.

Schwarz, Vorderkörper mit silbrigem Schimmer, Elytren jederseits hinter der Mitte mit einer auffälligen Binde silbrig glänzender Borsten. Vorderkörper grob und dicht punktiert: der Kopf ziemlich grob und mäßig dicht, das Pronotum ziemlich grob und dicht, vorn, hinten und seitlich sehr dicht, median mit breiter, eingedrückter Mittelglättung; Elytren grob, furchig und dicht punktiert, die Punkte auf der Scheibe mäßig tief eingestochen, die Punktzwischenräume hier deshalb mäßig gewölbt, nicht gratartig scharf wie bei *S. subfasciatus*; Abdomen fein bis sehr fein und weitläufig punktiert, glänzend. Die ganze Oberseite deutlich silbrig beborstet. Kopf und Abdomen umgenetzt, Pronotum und Elytren dicht genetzt. Basalglieder der Fühler schwarzbraun, Mittelglieder bräunlich, Keule wenig dunkler. Taster gelblich, das 3. Glied bräunlich. Beine kastanienbraun, die Knie dunkler, Tarsen gelblichbraun. Clypeusvorderrand bräunlich gesäumt, Oberlippe schwarz. Clypeus und Oberlippe spärlich beborstet (abgerieben?).

Länge: 4,5—5,0 mm.

♂-Holotypus: Algerien: Mt. Edough, VI. 1900, A. CHOBAUT.

Proportionsmaße des Holotypus: Kopfbreite: 39,5; Pronotumbreite: 31; Pronotumlänge: 30; größte Elytrenbreite: 43,5; größte Elytrenlänge: 42; Nahtlänge: 34.

Männchen: ähnlich wie bei *S. subfasciatus*, 8. Sternit allerdings flacher ausgerandet, nur im hinteren Achtel (83:10). Aedoeagus (Abb. 3) vom Grundbau dessen der Schwesterart, die Apikalpartie des Medianlobus jedoch länger und ventromedian ohne Mittelkiel, die Gestalt der Ausstülphaken ebenfalls verschieden.

*Stenus superfasciatus* sp. n. unterscheidet sich von seinen Nahverwandten wie in der Tabelle angegeben.

Holotypus im Muséum d'histoire naturelle, Genf.

### 4. Stenus (s. str.) argyrodines sp. n.

Diese neue Art vertritt den *S. subfasciatus* auf der Iberischen Halbinsel, sie steht zu ihm plus *S. superfasciatus* im Schwesterverhältnis.

Schwarz, Vorderkörper mit Bleischimmer, Elytren jederseits hinter der Mitte mit einer auffälligen Binde langer, gewirbelter, silbriger Borsten (Name!). Vorderkörper ziemlich grob und dicht punktiert: der Kopf ziemlich grob und ziemlich dicht, das Pronotum ziemlich grob und sehr dicht, median mit breiter, kurzer, eingedrückter Mittelglättung; Elytren grob, tief und sehr dicht, kurzzusammenfließend punktiert, die Punktzwischenräume meist gratartig scharf; Abdomen mäßig fein und ziemlich weitläufig punktiert, glänzend. Die ganze Oberseite deutlich silbrig beborstet. Kopf und Abdomen ungenetzt, Pronotum und Elytren dicht genetzt. Fühler an der Basis schwarzbraun, im übrigen heller braun. Taster gelblich, das 3. Glied gebräunt. Beine kastanienbraun, die Knie schwarzbraun, die Tarsen gelblichbraun. Vorderrand des Clypeus hell gesäumt, Oberlippe schwarz. Clypeus und Oberlippe mäßig dicht beborstet.

Länge: 3,5—4,5 mm.

♂ — Holotypus: „Andalousie"; 1 ♂ — Paratypus: „Espagne"; 3 ♂♂, 1 ♀ — Paratypen: Cartagena; 1 ♀ — Paratypus: Ciudad Real; 1 ♂ — Paratypus: Pozuela, la Fuente; 1 ♀ — Paratypus: Darrical, 3°1'/36°55', 4. VI. 1975, A. THEISCHINGER.

Proportionsmaße des Holotypus: Kopfbreite: 35; Pronotumbreite: 26; Pronotumlänge: 25; größte Elytrenbreite: 40; größte Elytrenlänge: 39; Nahtlänge: 32.

Männchen: wie bei *S. subfasciatus*, aber 8. Sternit mit flacherer Apikalausrandung etwa im hinteren Siebtel. Aedoeagus (Abb. 4) prinzipiell wie bei *S. subfasciatus*, die Apikalpartie des Medianlobus vorn jedoch mit breit-knopfförmiger Spitze und mit ziemlich langem Ventromediankiel.

*Stenus argyrodines* sp. n. fällt unter seinen Verwandten durch seine vergleichsweise geringe Größe und sein im Verhältnis zu Kopf und Elytren relativ kleines Pronotum auf, vgl. a. Tabelle.

Holotypus im Institut royal des Sciences naturelles de Belgique (coll. FAUVEL), Paratypen im Field Museum of Natural History, Chicago (coll. BENICK), im Muséum National d'Histoire naturelle, Paris (coll. JARRIGE), in coll. HROMADKA (Prag) und in meiner Sammlung.

## 5. Stenus (s. str.) argyroprata sp. n.

Diese und die folgende neue Art (*S. argyraspides* sp. n.) sind Schwesterarten und vertreten den Komplex des *S. subfasciatus* im südöstlichen Mittelmeerraum. Sie weichen beide äußerlich, besonders deutlich aber im Innenbau des Aedoeagus von ihren westmediterranen Verwandten ab, u. a. dadurch, daß der Innensack „normale" membranöse Strukturen und keine spitzzottigen hakigen Elemente besitzt, auch ist der stark sklerotisierte Ausstülpmechanismus ihres Aedoeagus ganz anders gestaltet.

Schwarz, bleiglänzend, Vorderkörper grob und dicht auf glattem Grund punktiert, Abdomen mäßig grob bis fein und weitläufig punktiert. Elytren jederseits hinter der Mitte mit einer silbrigen Borstenbinde; Beborstung im übrigen sehr deutlich und silberglänzend (Name!), besonders auffällig am Abdomen. Fühlerbasis schwärzlich, die Mittelglieder bräunlich, die Keule dunkler braun. 1. Tasterglied, gut die Hälfte des 2. und die Basis des 3. Gliedes gelblich, der Rest gebräunt. Beine dunkel-kastanienbraun, Knie geschwärzt, Tarsen hell bräunlich. Clypeus hellhäutig gesäumt, Clypeus und Oberlippe sonst schwarz, beide mäßig dicht silbrig beborstet.

Länge: 4,2—5,0 mm.

♂ — Holotypus: Zypern: Umgebung Limassol, Mavromoustakis. 1 ♀ (cf. det.): ohne Ort, „coll. Budapest".

Der Kopf ist deutlich schmaler als die Elytren (40:44,5), seine mäßig breite Stirn (mittlerer Augenabstand: 21) insgesamt eingesenkt, sie zeigt zwei tiefe Längsfurchen, ihr Mittelteil ist so breit wie jedes der Seitenstücke, rundlich erhoben, erreicht aber bei weitem nicht das Augeninnenrandniveau. Die Punktierung ist unterschiedlich grob und dicht, die (feineren) Punkte der Seitenteile der Stirn sind etwas kleiner als der basale Querschnitt des 3. Fühlergliedes, ihre glatten Abstände mindestens halb so groß wie die Punkte, die (gröberen) Punkte des Mittelteils können den größten Querschnitt des 3. Fühlergliedes erreichen, ihre Abstände sind deutlich größer als die Punktradien.

Die kurzen und kräftigen Fühler reichen, zurückgelegt, deutlich über die Mitte des Pronotums hinaus, ohne seinen Hinterrand zu erreichen, die vorletzten Glieder sind kaum länger als breit.

Das seitlich stark konvexe Pronotum ist gut so breit wie lang (30,5:30), in der Mitte am breitesten, nach vorn konvex, nach hinten stark eingeschnürt verengt. In der hinteren Mitte wird ein kurzer Mitteleindruck deutlich, er ist fast so lang wie die Fühlerkeule und auch kaum breiter, unpunktiert. Die Punktierung ist im übrigen grob und sehr dicht, aber nur in der Nähe des Vorderrandes leicht zusammenfließend, der mittlere Punktdurchmesser erreicht gut den größten Querschnitt des 3. Fühlergliedes, die Punktabstände sind, abgesehen von der Mitte, deutlich kleiner als die Punktradien.

Die großen, etwa quadratischen Elytren sind deutlich breiter als der Kopf (44,5:40), gut so breit wie lang (44,5:44), ihre Seiten hinter den eckigen Schultern leicht (gerade) divergent, im hinteren Viertel deutlich eingezogen, ihr Hinterrand ist tief, doppelt S-förmig ausgerandet (Nahtlänge: 36). Der Nahteindruck ist tief und zieht sich flach bis zum Hinterrand, der

Schultereindruck ist deutlich, aber flacher. Die Punktierung ist kaum gröber als am Pronotum, aber flacher, überall deutlich getrennt, in der hinteren Außenhälfte etwas gedreht-gerichtet, die Punktabstände sind meist wenig kleiner als die Punktradien.

Das breite Abdomen ist nach hinten deutlich verschmälert, die Paratergite sind breit-aufgebogen und tragen eine Reihe grober Punkte, die basalen Querfurchen der ersten Tergite sind sehr tief, das 7. Tergit trägt einen breiten apikalen Hautsaum (makroptere Art). Die Punktierung ist vorn, in den Basalfurchen, fast so grob wie am Pronotum, diese wird zum Tergithinterrand hin feiner und erheblich weitläufiger, im übrigen, auf den meisten Tergiten, ist sie ziemlich fein und weitläufig, auf dem 4. Tergit sind die Punkte höchstens so groß wie eine Augenfacette, ihre Abstände gut doppelt so groß wie die Punkte.

An den kräftigen Beinen sind die ungelappten Hintertarsen zwei Drittel schienenlang, ihr 1. Glied ist gut so lang wie die beiden folgenden zusammen, deutlich länger als das Klauenglied.

Bis auf das 10. Tergit ist die ganze Oberseite ungenetzt.

Männchen: Schenkel stark gekeult. Mittel- und Hinterschienen mit starkem Präapikaldorn. Vordersternite ohne besondere Merkmale. 7. Sternit median feiner und dichter als an den Seiten punktiert und beborstet. 8. Sternit mit rundem Ausschnitt etwa im hinteren Neuntel. 9. Sternit am Hinterrand gesägt. 10. Tergit breit abgerundet. Aedoeagus (Abb. 5), die Apikalpartie des Medianlobus mit ventrolateralen Falten und dichter Beborstung, der Innenkörper mit einer starken Ausstülpspange und einem langen, breiten, stark sklerotisierten Innensack.

*Stenus argyroprata* sp. n. unterscheidet sich von seinen westmediterranen Brüdern leicht durch ungenetzten Vorderkörper, von seiner Schwesterart *S. argyraspides* sp. n. bisher sicher nur durch den Aedoeagus, im übrigen wie bei jenem angegebenen.

Holotypus im Naturhistorischen Museum Wien (coll. SCHEERPELTZ).

### 6. Stenus (s. str.) argyraspides sp. n.

Diese neue Art ist die Schwesterart des *S. argyroprata* sp. n., dem sie äußerlich so ähnelt, daß — zumal bisher nur ein Stück vorliegt — eine sichere Unterscheidung gegenwärtig nur mit Hilfe der Genitaluntersuchung möglich sein dürfte.

Kurzbeschreibung: wie bei *S. argyroprata* (s. o.). Die Beborstung ist beim Holotypus nicht sehr deutlich, weil es sich um ein abgeriebenes Stück handelt, dem auch, bis auf die Basalglieder, die Fühler fehlen.

Länge: 4,2—5,0 mm.

♂ — Holotypus: Türkei: „Bulghar-Dagh, Anatolie“, J. SAHLBERG: es handelt sich um ein Stück aus der SAHLBERGschen Anatolienausbeute 1904. J. SAHLBERG äußert sich in diesem Zusammenhang 1913 so: Species quas collegimus ad subfamilias Oxytelinas, Steninas atque ad Aleocharinas pertinentes omnino amittere coactus sum, nam collectionem totam determinandi causa Domino illustrissimo A. FAUVEL ante plures annos misi nec adhuc recuperavi (nota, p. 57). Sei hinzugefügt: potius sero quam nunquam.

Proportionsmaße des Holotypus: Kopfbreite: 40; Pronotumbreite: 29,5; Pronotumlänge: 29,5; größte Elytrenbreite: 43; größte Elytrenlänge: 42; Nahtlänge: 36.

Männchen: wie bei *S. argyroprata* (s. o.), der Aedoeagus (beim HT ganz ausgestülpt) aber mit anderem Umriß des vorderen Medianlobus (Abb. 6) (nicht auf Immaturität zurückführbar, wie ich glaube), Innenbau, soweit man an den ausgestülpten Elementen sehen kann, wie bei *S. argyroprata.*

*Stenus argyraspides* sp. n. — ich nenne ihn wegen seiner silbrigen Borstenbinde auf den Elytren so — unterscheidet sich von *S. argyroprata* sp. n. (HT) durch seitlich eine Idee weitläufiger punktiertes Pronotum (dürfte aber individuell variabel sein), von seinen übrigen Nahverwandten, wie in der Tabelle angegeben, von allen durch den Aedoeagus.

Holotypus im Institut royal des Sciences naturelles de Belgique (coll. FAUVEL).

## Literatur

BENICK, L. (1929): Steninae (Staphyl.). — Best.-Tab. eur. Col. **96**: 1—103, Troppau.

FAIRMAIRE, L. & C. COQUEREL (1860): Essai sur les coléoptères de Barbarie 2. partie. — Annls Soc. ent. Fr. **(3) 8**: 145—176.

FAUVEL, A. (1869): Catalogue des Coléoptères de l'Algérie et contrées voisines avec descriptions d'espèces nouvelles, par M. L. REICHE...et l'aide de plusieurs entomologistes. — Mém. Soc. linn. Norm. **15**: 1—44.

— (1872): Faune Gallo-Rhénane ou descriptions des insectes qui habitent la France, La Belgique, La Hollande, les provinces Rhénanes et le Valais (suite 1). — Bull. Soc. linn. Norm. **(2) 6**: 8—136.

— 1886): Les Staphylinides du Nord de l'Afrique. — Revue Ent. **5**: 9—100.

— (1902): Catalogue des Staphylinides de la Barbarie et la Basse-Egypte et des Iles Açores, Madères, Salvages et Canaries (ed. 5). — Revue Ent. **21**: 45—189.

KOCHER, L. (1958): Catalogue commenté des Coléoptères du Maroc, fascicule II. — Trav. Inst. Sci. Chérif. (Zool.) **14**: 1—246.

KUNKEL, G. (1976) (ed.): Biogeography and ecology in the Canary Islands. — Monogr. Biol. **29**: 1—502, The Hague.

REY, C. (1884): Tribu des Brévipennes. Deuxième groupe: Micropéplides. Troisième groupe: Sténides. — Annls Soc. linn. Lyon (N.S.) **30** (1883): 153—415, 3 pl.

SAHLBERG, J. (1913): Coleoptera mediterranea orientalia, quae in Aegypto, Palaestina, Syria, Caramania atque in Anatolia occidentali anno 1904 collegerunt JOHN SAHLBERG et Unio Saalas. — Öfv. finsk. Vetensk. — Soc. Förh. **55, A 19**: 1—281.

VAILLANT, F. (1955): Recherches sur la faune madicole de France, de Corse et d'Afrique du Nord. — Mém. Mus. natn. Hist. nat. Paris, Zool. **11**, in —8°: 1—258, 6 pl.

Anschrift des Verfassers:
Dr. VOLKER PUTHZ
Limnologische Flußstation
MAX-PLANCK-Institut f. Limnologie
Postfach 260
D-6407 Schlitz/Hessen

# Buchbesprechung

HARRIS, K. F. (Ed.): **Current Topics in Vector Research.** Vol. 3. 1987. 25 figs. XIV, 263 pp. 560 g. Hard cover DM 136.— New York-Berlin-Heidelberg-London-Paris-Tokyo: SPRINGER Verlag ISBN 3-540-96438-X.
HARRIS, K. F. (Ed.): **Current Topics in Vector Research.** Vol. 4, 1987. 51 figs. XIV, 213 pp. 490 g. Hard cover DM 128.— New York-Berlin-Heidelberg-London-Paris-Tokyo: SPRINGER Verlag ISBN 3-540-96464-9.

Die ersten beiden Bände der Reihe „Current Topics in Vector Research" erschienen 1983 und 1984, nun liegen der 3. und 4. Band vor. Die Buchreihe soll die interdisziplinäre und internationale Zusammenarbeit fördern und ist als Kommunikationszentrum der Vektorspezialisten der Welt gedacht.

Durch Vektoren werden viele Krankheiten übertragen, die für Millionen von Menschen eine Gesundheitsgefährdung darstellen. Außerdem verbreiten vor allem Nematoden und Insekten mit stechend-saugenden Mundwerkszeugen Pflanzenkrankheiten und verursachen dadurch in der Landwirtschaft große Verluste. Seit etwa 15 Jahren besteht ein großes Interesse an der Erforschung der Vektoren, denn es hat sich zunehmend die Erkenntnis durchgesetzt, daß die betreffenden Krankheiten nur dann wirksam dezimiert werden können, wenn die komplizierten Beziehungen zwischen Vektor — Wirt und Krankheitserreger erkannt worden sind. Eine chemische Bekämpfung der Vektoren ohne Kenntnis ihrer Biologie, Verbreitung oder ökologischer Zusammenhänge ist fast immer erfolglos, abgesehen von den Nebenwirkungen der Pestizide und der Resistenzproblematik. Für die Lösung der anstehenden Aufgaben ist eine genaue Analyse einzelner Faktoren und eine interdisziplinäre Arbeit entscheidend. Neben Medizin und Veterinärmedizin sind unter anderen Wissenschaftszweigen vor allem Entomologie, Pflanzenphysiologie, Virologie, Parasitologie, Genetik, Biographie, Ökologie und Verhaltensbiologie an der Vektorforschung beteiligt.

Im Band III sind 8 eigenständige, in sich geschlossene Beiträge von Autoren aus den USA, Kanada, Australien, Frankreich und Japan vertreten. Zum Beispiel behandelt ein Artikel recht ausführlich die Ökologie von australischen Arboviren und ihrer Vektoren, während sich ein anderer mit dem Dengue-Fieber, eine der wichtigsten Arbovirus-Erkrankungen des Menschen, befaßt. Insbesondere in SO-Asien ist das hämorrhagische Dengue-Fieber eine sehr häufige Todesursache bei Kindern.

Von Zikaden wird die sogenannte viröse Verzwergung von Reis verursacht. Es werden mathematische Modelle vorgestellt, die eine Hilfe bei Vorhersagen von Epedemien dieser Reiskrankheit sein können, obwohl komplizierte biologische Phänomene nur schwer oder unzureichend mit derartigen Modellen erfaßt werden können. Ein weiterer Abschnitt befaßt sich mit dem Projekt einer gesamteuropäischen Überwachung von Aphiden, die in der Landwirtschaft als Überträger von Virosen eine Rolle spielen. Ein Beitrag beschäftigt sich mit Nematoden Amerikas und mit den von ihnen auf Pflanzen übertragenen Viren (Nepoviren). Auch über die Genetik von Nepoviren findet man ein Kapitel. Schließlich befaßt sich ein Artikel mit der Immunelektronenmikroskopie von Pflanzenviren und Mycoplasmen und der Anwendung dieser Methode in der Schnelldiagnose.

In einigen Fällen zeigt sich deutlich der Widerspruch zwischen notwendiger Grundlagenforschung und kurzfristig orientierten, wirtschaftlichen Interessen. Mehrere Autoren beklagen die zu geringe finanzielle Unterstützung ihrer Projekte durch die Behörden.

Band IV der Reihe über Vektorenforschung enthält 6 Arbeiten ausschließlich amerikanischer Autoren. Auch in diesem Band ist der Themenkreis weit abgesteckt. So findet man Beiträge über die Diapause von Mücken der Gattung *Culex* in Zusammenhang mit der Ökologie von Arboviren, über amerikanische *Leishmania*-Parasiten und ihre Vektoren sowie über Aleyrodiden und Aphiden als Überträger von Pflanzenkrankheiten. Ökologie und Systematik von nearktischen Cicadelliden des Graslandes sind ebenfalls ein Untersuchungsgegenstand. Schließlich wird das Ergebnis einer Analyse der Nahrungsstrategien von Homopteren vorgestellt. Dadurch können Wirtsspezifität und die Rolle dieser Insekten als Vektoren besser verstanden werden.

Jedem Kapitel kann eine übersichtliche Gliederung, eine knappe inhaltsreiche Darstellung ohne unnötigen Ballast und eine deutliche Formulierung der Probleme und der Perspektiven bescheinigt werden. Jeder Abschnitt ist mit einem ausführlichen oder zumindestens repräsentativen Literaturverzeichnis ausgestattet. Ein Gesamtindex am Ende des jeweiligen Buches erleichtert außerdem die Übersicht wesentlich. Beide Bände beinhalten anspruchsvolle Beiträge, die für Spezialisten verschiedenster Disziplinen von Interesse sein dürften.

J. DECKERT (Berlin)

Dtsch. ent. Z., N F **35** (1988) 4—5, 293—297

# Die Gattung Peliochrous STÅL, 1873

(Heteroptera: Rhopalidae)

Von

URSULA GÖLLNER-SCHEIDING

Mit 4 Abbildungen im Text

## Abstract

A review on the genus *Peliochrous* and its three species, distributed in Africa and Asia, is given. The species *P parvipictus* is now again considered to be a separate species and not a synonym of *P nigromaculatus* A key to the species is presented.

Key words Insecta, Heteroptera, Rhopalidae, *Peliochrous* STÅL, review

Die Gattung *Peliochrous* wurde von STÅL (1873) für die bereits 1855 von ihm aus Afrika beschriebene Art *Corizus nigromaculatus* aufgestellt; diese ist demnach die Typusart der Gattung. *Peliochrous* wird als eine ursprüngliche Gattung der Rhopalidae angesehen und steht nach SCHAEFER & CHOPRA (1982) innerhalb der Rhopalinae in der Tribus Niesthreini. Nach heutigem Stand enthält die Gattung *Peliochrous* drei Arten:

*P. globisternum* LINNAVUORI, 1978
*P. nigromaculatus* (STÅL, 1855)
mit Subspecies *alpinus* LINNAVUORI, 1978
*P. parvipictus* (DISTANT, 1918).

Die Arten der Gattung *Peliochrous* sind durchweg etwas breitere, kleinere Tiere von knapp 4—7 mm Länge, die Weibchen im allgemeinen deutlich größer als die Männchen. Die Färbung ist meist ein gelbliches Braun, doch kommen auch dunklere bis fast schwarze Exemplare vor. Sie weisen eine deutliche Punktierung auf, die bei kräftiger gefärbten Tieren im Gegensatz zu der sonst hellen Punktierung bräunlich ist. Die Tiere sind fein weißlich behaart. Der Kopf ist relativ lang gestreckt mit längerer Spitze, besitzt keine Mittelfurche, und die Ozellen liegen dicht neben den Fazettenaugen. Durch die letztgenannten Merkmale kann *Peliochrous* leicht von den benachbarten Gattungen unterschieden werden. Die Antennenhöcker ragen kaum hervor, das erste kurze Antennenglied überragt den Kopf nicht, die übrigen drei längeren Glieder sind von jeweils etwa gleicher Länge, das 4. Glied ist schwach gekeult. Das trapezförmige Pronotum ist wie der Kopf dicht und deutlich punktiert, die Mittellängslinie unterschiedlich stark ausgebildet und die Querfurche im vorderen Teil des Halsschildes nur schwach erkennbar. Das dicht punktierte Scutellum weist eine unterschiedlich gut ausgebildete und etwas erhabene Mittellinie auf. Die Beine sind relativ schlank und von heller Färbung mit braunen Flecken, die Schenkel auch ausgedehnt dunkel gefärbt. Der Rücken ist zum Teil von dunkler Farbe mit heller Zeichnung, zum Teil auch stärker ausgedehnt hell. Häufig sind das Meso- und Metasternum dunkel gefärbt, auch ist das Metasternum der Männchen deutlich verdickt, das der Weibchen dagegen flach ausgebildet. Das Episternum des Metapleurons ist gröber punktiert als das Epimerum, letzteres besitzt einen geraden Hinterrand, der seitlich außen abgerundet ist.

Ein gutes Unterscheidungsmerkmal der Arten sind die männlichen Genitalien, während die Weibchen nur schwer abzugrenzen sind.

Die Gattung ist von Afrika bis nach Südostasien (Indien, Sri Lanka) hin verbreitet.

Die von AHMAD et al. (1979) nach Material aus Pakistan benannte, da ohne Beschreibung jedoch ungültige Gattung *Punjentorhopalus*, halte ich nach der beigefügten Abbildung eindeutig für *Peliochrous*.

**Peliochrous** STÅL, **1873**: Sv. Vet. Akad. Handl., **11**, Nr. 2, 97

**1. globisternum** LINNAVUORI, 1978 (Abb. 1)

*Peliochrous globisternum* LINNAVUORI, 1978: Acta zool. Fenn., **153**, 42, Fig.

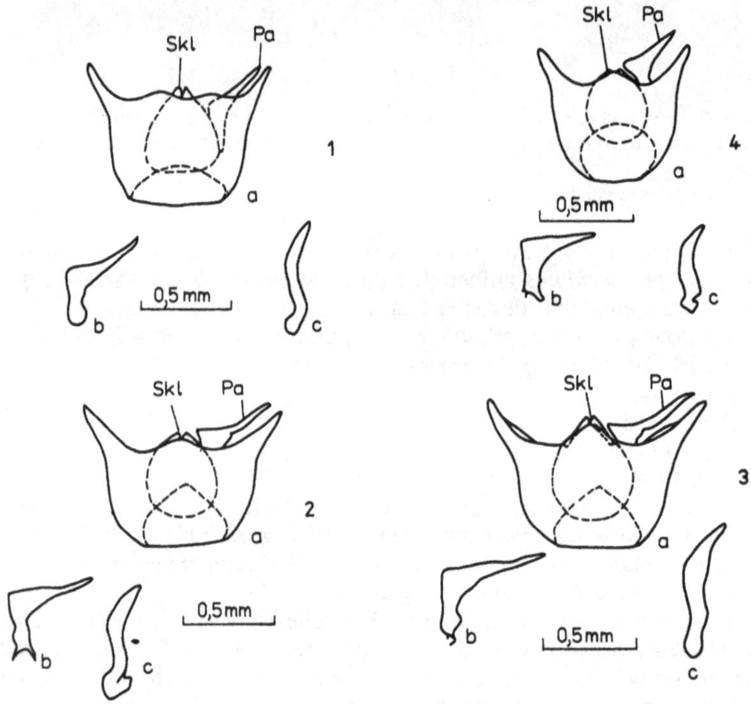


Abb. 1
*Peliochrous globisternum* LINNAV.: Somalia
a) Pygophore des Männchens; b) Paramere seitlich; c) Paramere von oben
Abb. 2
*Peliochrous nigromaculatus nigromaculatus* STÅL: Sudan
a) Pygophore des Männchens; b) Paramere seitlich; c) Paramere von oben
Abb. 3
*Peliochrous nigromaculatus nigromaculatus* STÅL: Rwanda
a) Pygophore des Männchens; b) Paramere seitlich; c) Paramere von oben
Abb. 4
*Peliochrous parvipictus* (DISTANT): S-Indien
a) Pygophore des Männchens; b) Paramere seitlich; c) Paramere von oben
(Skl = Innensklerit der Pygophore; Pa = Paramere)

Die Art wurde von LINNAVUORI 1978 nach im Juli 1963 bei Dhalai im Süd-Yemen gefangenen Tieren beschrieben. Es handelt sich um meist relativ hell, selten mehr bräunlich gefärbte Tiere mit spärlichen dunklen Flecken auf den Flügeladern, selten auch auf dem Pronotum, und heller Behaarung. Sie ist hellgefärbten Exemplaren von *nigromaculatus* ähnlich und eventuell mit dieser Art zu verwechseln. *Peliochrous globisternum* ist jedoch durch folgende Merkmale zu unterscheiden: Rostrum wenig kürzer als bei *nigromaculatus*, Scutellumspitze etwas breiter gerundet, Scutellum etwas dichter punktiert, mit kaum oder nur undeutlich ausgebildeten seitlichen Vorderschwielen. Ein gutes eindeutiges Unterscheidungsmerkmal ist der Bau der männlichen Genitalien.

Kopf hell, selten in der Mitte bräunlich gefärbt mit dichter Punktierung, Antennen hell mit vereinzelten dunklen Flecken und abstehenden Haaren, Rostrum bis zu den Mittelcoxen reichend; Pronotum ockerfarben mit schwach ausgebildeter Mittellinie, bei dunklen Exemplaren bräunlich gefleckt, gleichmäßig punktiert; Scutellum meist einfarbig hell gefärbt, Mittellinie nur am Anfang erkennbar, gleichmäßig dicht punktiert, obere Seitenschwielen sehr schmal und kaum erkennbar, Spitze weniger spitz als bei *nigromaculatus* und z. T. schwach nach oben gebogen; Hemielytren hell, Adern bräunlich gefleckt, Membran hell und das Abdomen überragend; Rücken bräunlich mit heller Zeichnung auf dem 5. und 6. Segment, Connexiviumsegmente jeweils abwechselnd hell und bräunlich gefärbt; Beine hell mit bräunlichen Flecken; Unterseite hell, ±deutlich bräunlich gefleckt.

Größe: Männchen: 4,8—5,5 mm,
Weibchen: 5,4—6,3 mm.

Genitalien: Männchen: Ventraler Hinterrand der Genitalkapsel in der Mitte nach vorn eingedellt, Spitzen des inneren Sklerits der Kapsel dadurch den Rand überragend; Parameren von etwa gleicher Länge wie die seitlichen Spitzen der Kapsel, schlanker als bei *nigromaculatus* und ihr Endteil etwas mehr nach oben gebogen als bei dieser Art und Spitze bei Aufsicht mit deutlich stärker gerundeter Seite.

Verbreitung: Das geprüfte Material stammte aus dem östlichen Afrika, und zwar aus dem Sudan, aus Somalia, Tansania und Südafrika sowie aus Südwest-Arabien. Es war in den Monaten II, IX, X und XII gefunden worden.

### 2. nigromaculatus nigromaculatus (STÅL, 1855) (Abb. 2—3)

*Corizus nigromaculatus* STÅL, 1855: Öfv. Vet. Akad. Förh., **12**, 32. — *Peliochrous nigromaculatus* STÅL, 1873: Sv. Vet. Akad. Handl., **11**, Nr. 2, 97. — *Peliochrous nigromaculatus nigromaculatus* LINNAVUORI, 1978: Acta zool. Fenn., **153**, 42, Fig.

Die Art wurde von STÅL 1855 beschrieben nach Material, das von J. WAHLBERG in Südafrika gesammelt worden war. Sie stand zunächst in der Gattung *Corizus*, wurde dann 1873 von STÅL jedoch in seine neu aufgestellte Gattung *Peliochrous* gestellt.

Die Tiere sind hellbräunlich bis bräunlich-schwärzlich gefärbt und weisen eine ±ausgedehnte dunkle Fleckung sowie eine helle längere Behaarung auf.

Kopf gelblich mit unterschiedlich ausgedehnter dunkler Färbung, vereinzelt auch vollkommen dunkel gefärbt, Antennen hell mit bräunlichen Flecken, selten 1. und 4. Glied dunkel; Rostrum die Hintercoxen erreichend; Pronotum gelblich, meist dunkel gefleckt, vereinzelt völlig dunkel gefärbt, Mittellinie ±deutlich sichtbar, deutlich nach hinten verbreitert, mit kräftiger Punktierung, diese etwas weniger dicht als bei *globisternum*; Scutellum meist hell gefärbt mit deutlich erkennbarer Mittellinie und gut ausgebildeten vorderen seitlichen gelblichen Schwielen, etwas stärker gewölbt und Spitze etwas spitzer als bei *globisternum*, Punktierung etwas weniger dicht als bei dieser Art und dunkel; Hemielytren bräunlich gefärbt, Adern im allgemeinen mit dunklen Flecken, die helle Membran überragt das Abdomen; Rücken meist bräunlich mit hellen Flecken, selten auch ausgedehnt hell gefärbt, Connexivium meist abwechselnd hell und dunkel gefärbt, selten einfarbig hell; Beine meist hell mit dunklen Flecken, dunkle Exemplare mit ausgedehnt dunklen Hinterschenkeln; Bauch hell, selten auch dunkel gefärbt, mit dunkler Fleckung.

Drei Exemplare, ein Männchen und zwei Weibchen, von HEISS in Rwanda, Prov. Cyangugu gefangen, wichen in bezug auf Größe und dunkle Färbung stark von den übrigen Tieren ab. Trotzdem halte ich sie für keine selbständige Art, da der Bau der Genitalkapsel und der Parameren ± deutlich mit dem Grundbauplan von *nigromaculatus* übereinstimmt (Abb. 3).

Größe: Männchen: 4,4—5,7 mm,
Weibchen: 5,0—6,3 mm.

Genitalien: Männchen: Ventraler Hinterrand der Pygophore in der Mitte nach hinten gerundet, dadurch die Spitzen des inneren Sklerits wenig sichtbar; Parameren von etwa gleicher Länge wie die seitlichen Spitzen der Kapsel, etwas kompakter als die von *globisternum* mit schlanker etwas nach oben gebogener Spitze, die bei Aufsicht im oberen Drittel deutlich gewinkelt ist.

Verbreitung: In Afrika weit verbreitet im Sudan, in Ruanda, Uganda, Tansania, Mombasa, Rhodesien (Simbabwe), Angola, Zaire, z. T. auch an Licht gefangen in den Monaten I, III—VI und X—XI. Meine Angabe (1983), daß die Art auch in Indien vorkommt, ist nicht zutreffend. Eine erneute Überprüfung der Tiere ergab, daß es sich bei dem asiatischen Material um eine eigene Art handelt.

### 2a. nigromaculatus alpinus LINNAVUORI, 1978

*Peliochrous nigromaculatus alpinus* LINNAVUORI, 1978: Acta zool. Fenn., **153**, 42, Fig.

Die Unterart *alpinus* wurde von LINNAVUORI nach Tieren aus dem Sudan beschrieben, gefangen bei Gilo, Equatoria, am 18. III. 1963. Die Tiere sind zierlicher und dunkler gefärbt als *n. nigromaculatus* und die seitlichen Spitzen der Pygophore der Männchen sind etwas länger. Ich selbst halte die genannten Unterschiede für wenig beweiskräftig bei der doch recht großen Variabilität der Art, auch konnte ich keine getrennten Vorkommen feststellen.

### 3. parvipictus (DISTANT, 1918) (Abb. 4)

*Corizus parvipictus* DISTANT, 1918: Fn. Brit. India, 7, 168. — *Peliochrous nigromaculatus* GÖLLNER-SCHEIDING, 1983: Mitt. zool. Mus. Berlin, **59**, 46.

Syn.: *Corizus subfasciatus* DISTANT 1918: Fn. Brit. India, 7, 169.

Die Art wurde von DISTANT 1918 beschrieben nach Tieren aus Chikkaballapura, Süd-Indien, gesammelt von T. V. CAMPBELL. Die von mir 1983 vorgenommene Synonymisierung von *parvipictus* mit *nigromaculatus* halte ich nach erneuter Überprüfung von entsprechendem Material für nicht mehr gerechtfertigt, *parvipictus* ist daher eine selbständige Art. Die Synonymisierung mit der aus Paradeniya, Ceylon stammenden, von DISTANT 1918 aufgestellten Art *subfasciatus* mit *parvipictus* halte ich dagegen für richtig.

Bei der Art *parvipictus* handelt es sich um den kleinsten Vertreter der Gattung *Peliochrous*. Sie ist hellbräunlich gefärbt mit spärlicher bräunlicher Fleckung, auch fast einfarbig hell.

Kopf hell gefärbt, z. T. mit etwas dunkel gefärbter Mitte, die Antennen sind hell mit spärlichen bräunlichen Flecken, Rostrum die Mittelcoxen überragend; Pronotum hell, z. T. mit bräunlichen Flecken, die Punktierung weniger dicht und etwas flacher als bei *globisternum*, helle Mittellinie ± deutlich durchlaufend; Scutellum meist hell gefärbt, z. T. auch ausgedehnt dunkel mit kurzen kräftigen hellen seitlichen Vorderschwielen; Adern der Hemielytren mit bräunlichen Flecken, die Hinterrandader z. T. bräunlich gefärbt; Rücken ausgedehnt hell, die Seiten unterschiedlich breit, wie auch die Mitte der beiden letzten Segmente dunkel gefärbt, Connexivium abwechselnd hell und dunkel, vereinzelt auch einfarbig hell; Beine hell mit spärlicher brauner Fleckung; Unterseite gelblich-bräunlich gefärbt; Seitenrand z. T. auch dunkler.

Größe: Männchen: 3,8—4,3 mm,
Weibchen: 4,4—5,1 mm.

Genitalien: Männchen: Pygophore ähnlich der von *nigromaculatus* ausgebildet, seitliche Spitzen jedoch weniger auseinanderweichend und mehr senkrecht nach oben zeigend als bei dieser Art; Parameren am Grund kompakt mit gleichmäßig auslaufender seitlicher Spitze.

Verbreitung: Die relativ wenigen Exemplare, die überprüft werden konnten, stammen aus Süd-Indien und aus Ceylon (Sri Lanka). Sie wurden in den Monaten VII und XII gefangen.

**Bestimmungstabelle:**

1. Kleine, ∅ 3,8—5,1 mm lange, meist hellgelblich gefärbte Tiere, nur in Indien und Ceylon (Sri Lanka) nachgewiesen. Parameren der Männchen mit gleichmäßig auslaufender seitlicher Spitze *P. parvipictus* (DISTANT, 1918)

1.* Größere, ∅ 4,4—6,3 mm, lange hellgelblich — dunkelbräunlich gefärbte Tiere, in Afrika und SW-Arabien verbreitet **2**

2. Kopf langgestreckt, mit längerer Spitze, seitliche Vorderschwielen des Scutellums deutlich erkennbar. Punktierung des Scutellums etwas gröber und Scutellumspitze etwa spitzer, im östlichen und südlichen Afrika verbreitet, dort die häufigste Art. Parameren der Männchen mit schlanker, etwa nach oben gebogener Spitze, ventraler Hinterrand der Pygophore nach hinten gerundet *P. nigromaculatus* (STÅL, 1855)

2.* Kopf etwas kürzer, seitliche Vorderschwielen des Scutellums kaum erkennbar, Scutellumfläche häufig etwas gewölbt und gleichmäßig dicht punktiert, Scutellumspitze stärker gerundet, in Ost- und Südafrika,
*Peliochrous nigromaculatus alpinus* LINNAVUORI, 1978: Acta zool. Fenn., **153**, 42, Fig.
auch in SW-Arabien verbreitet. Parameren der Männchen schlanker und stärker nach oben gebogen, ventraler Hinterrand der Pygophore in der Mitte nach vorn eingedellt *P. globisternum* LINNAVUORI,

## Zusätzliche Literatur:

AHMAD, I., M. U. SHADAB & ALI KHAN, A., 1979: Generic and subgeneric keys with reference to a checklist of rhopalid fauna of Pakistan (Heteroptera: Coreoidea) with notes on their distribution and food plants. — Suppl. ent. Soc. Karachi, Pakistan, Nr. 4, part 3, 1—14.

SCHAEFER, C. W. & CHOPRA, N. P., 1982: Cladistic analysis of the Rhopalidae, with a list of food plants. — Ann. ent. Soc. Amer., **75**, 224—233.

Anschrift der Verfasserin:
Dr. URSULA GÖLLNER-SCHEIDING
Museum für Naturkunde
an der Humboldt-Universität zu Berlin
Bereich Zoologisches Museum
Invalidenstr. 43
DDR-1040 Berlin

# Buchbesprechung

KLAUSNITZER, B.: **Verstädterung von Tieren.** — Die NEUE BREHM-Bücherei 579, A. ZIEMSEN-Verlag Lutherstadt Wittenberg 1988, 118 Abb., 87 Tab., 315 S., 28,50 Mark, ISBN 3-7403-0019-1.

Städte sind durch ökologische Besonderheiten ausgezeichnet (Klima, Nahrungsangebot, Brut- und Aufenthaltsmöglichkeiten), die deren Besiedlung durch Tiere parallel zu ihrer Entwicklung und Entstehung ermöglichten. Weit verbreitete Arten, die keine besonderen Ansprüche an die Umwelt stellen, wie auch ausgesprochene Spezialisten konnten sich in Städten entfalten. Ihre Bindungen an den Menschen bzw. die von ihm gestalteten Habitate und die Anthropozönose sind unterschiedlich eng. Bei vielen Arten beobachten wir gegenwärtig den Prozeß der Verstädterung (Urbanisierung), der in Zukunft vielleicht zur Synanthropie führt. Neben einer bereits vorhandenen Eignung zum Leben im städtischen Milieu gibt es auch Anpassungs- und Auslesevorgänge.

Die Fauna der Städte ist eine in vielen Gliedern charakteristische Artengemeinschaft von Neubürgern und Resten der ursprünglichen Tierwelt. Es entstanden neuartige Vergesellschaftungen, die nirgends in der unbebauten Natur gefunden werden. Viele Tiergruppen treten in überraschender Artenvielfalt in Städten auf. Ursachen sind das Habitatmosaik und eine Reihe günstiger ökologischer Bedingungen. Für mitteleuropäische Großstädte ist mit einem Artenbestand von etwa 18000 Arten zu rechnen.

Das Buch behandelt einleitend die ökologischen Besonderheiten der Stadt, geht ausführlich auf die Begriffe Synanthropie und Urbanisierung ein und stellt die historische Entwicklung der Stadtfauna dar. Daran schließt sich die Abhandlung der einzelnen Tiergruppen in systematischer Reihenfolge an. Obwohl man sich erst in den letzten Jahrzehnten auf eine vertiefte Erforschung der Stadttierwelt besonnen hat, gibt es eine überraschend reichhaltige Literatur zu diesem Thema. Eine ausführliche Bibliographie, die 67 Seiten umfaßt, beschließt den Band.

W. MEY

WILLIAM E. MILLER: **Guide to the Olethreutine Moths of Midland North America (Tortricidae).** IV + 104 Seiten. Agriculture Handbook 660 — United States Department of Agriculture (Forest Service), July 1987.

In dem renommierten Agriculture Handbook behandelt der Autor die Subfamilie Olethreutinae vom Territorium der US-Bundesstaaten Michigan, Wisconsin und Minnesota, ein Gebiet, daß überwiegend von Prärie, Laubwäldern und Kiefernforsten geprägt wird. Die Tortricidae bilden die viertgrößte Familie der Lepidoptera von Nordamerika, wovon Dreiviertel aller Arten auf die Subfamilie Olethreutinae entfallen. Es werden 286 Arten oder Artenkomplexe in 47 Gattungen vorgestellt. Untersucht wurden nahezu 7000 Exemplare der Olethreutinae.

Vorangestellt wird eine Charakteristik der Subfamilie. Der Autor legt dar, nach welchen Prinzipien er die Gattungen aufschlüsselt. Es folgt der Bestimmungsschlüssel der Gattungen getrennt nach den Geschlechtern. Den Hauptteil des Buches nimmt die Charakteristik der Gattungen und Arten in systematischer Reihenfolge ein. Besonderes Augenmerk wird bei Gattungsdiagnosen auf allgemeine Merkmale sowie Besonderheiten beider Geschlechter gelegt. Lobenswert sind die Angaben zur Gesamtverbreitung der Gattungen. Innerhalb der Gattungen werden die Arten unter Beachtung folgender Punkte sehr übersichtlich abgehandelt: Art- und Trivialname, schwarz-weiß Abbildung der linken Flügel, kurze Charakteristik der Flügel, Strichzeichnung der rechten Valva und des Ostium bursae mit dazugehörigen Teilen, Voltinismus und falls bekannt die Futterpflanze der Larve. Den Abschluß bilden ein umfangreiches Literaturverzeichnis, sowie ein Index der Arten und Wirtspflanzen der Larven. Es liegt hiermit ein gut handhabbares Bestimmungswerk für den an nordamerikanischen Tortricidae interessierten Entomologen vor.

KLAUS-RÜDIGER BECK

Dtsch. ent. Z., N. F. 35 (1988) 4—5, 299—309

# Die Köcherfliegen des Sächsischen Bernsteins (III)
(Trichoptera)

Von

Wolfram Mey

Mit 24 Abbildungen im Text

## Abstract

The caddisflies *Rhyacophila kutscheri n. sp.*, *Wormaldia advenaria n. sp.*, *Plectrocnemia triangularis n. sp.*, *P. unculiformis n. sp.*, *P. subsequa n. sp.*, *P. scapulosa n. sp.*, *P. latiformis n. sp.*, *Archaeotinodes dentinosa n. sp.*, *Lype recta n. sp.* and *Erotesis evidens n. sp.* from the Saxonian amber are described and figured. Some additional informations about diagnostic features and near relatives are provided for each species.

## Rhyacophilidae

### Rhyacophila kutscheri n. sp.

Material: 1 ♂, signiert als Holotypus, in coll. Kutscher (Saßnitz).

Erhaltungszustand: Tarsen der Mittel- und Hinterbeine fehlen, ebenso die rechte Antenne und der rechte Maxillartaster. Die Flügel sind teilweise umgeschlagen und verdreht.

Körper, Antennen, Taster und Beine dunkelbraun, Vorderflügel braun mit dunkleren Adern, die dadurch deutlich hervortreten. Letztes Glied der Taster zugespitzt, die beiden Grundglieder der Maxillartaster mit starken Borsten versehen. Auf der Oberseite der Tibien stehen kleine, schmale Dornen, besonders gegenüber den Sporen.

Körperlänge: etwa 5 mm.

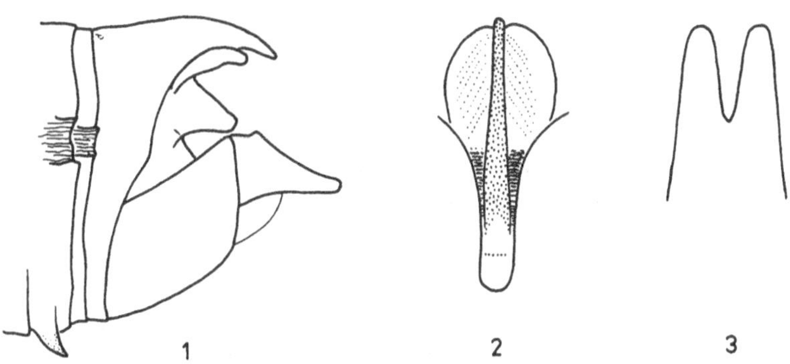


Abb. 1—3
*Rhyacophila kutscheri n. sp.* ♂, 1 — Genitalapparat, lateral, 2 — Aedeagus und Parameren, ventral, 3 — Dorsalfortsatz des 9. Segments, ventral.

Genitalapparat ♂ (Abb. 1—3): 9. Segment ventral schmal, dorsal viel breiter und mit einem langen Medianfortsatz, der fast bis zur Mitte des Harpago reicht. Er ist am Apex tief gespalten. Appendices praeanales (App. pr.) länglich und freistehend. Das 10. Segment erstreckt sich von der Basis der App. pr. schräg nach ventral. Sein dorsaler Lateralrand ist nicht geschwungen sondern gerade. Beide Seitenteile des 10. Segments sind frei und weit voneinander getrennt. Sie ragen deutlich hervor und sind apikal abgerundet. Ventral vom 10. Segment schließt sich der Analsklerit an. Er liegt sehr weit proximal. Seine Form ist nicht genau zu erkennen. Der Coxopodit ist kurz, breit und schräg nach dorsal gerichtet. Der daran anschließende Harpago ist basal viel dünner. Er verjüngt sich apikalwärts und läuft schmal und abgerundet aus. An der Basis des Harpago besitzt der Dorsalrand einen deutlichen Höcker. Der phallische Apparat ist nur von ventral zu sehen und auch da nur undeutlich. Bei der in der Mitte zwischen den Genitalfüßen liegenden schmalen Gräte handelt es sich wahrscheinlich um den Aedeagus. (Es ist jedoch auch denkbar, daß der Aedeagus mehrteilig ist, und die hier zu beurteilende Bildung den Ventralloben darstellt.) An der Basis des Aedeagus läßt sich deutlich die Endotheka erkennen. Aus ihr entspringen die Parameren, die relativ voluminöse Keulen darstellen und vermutlich kaum sklerotisiert waren. Apikalwärts ist die Andeutung einer Beborstung bzw. Behaarung zu erahnen.

Derivatio nominis: Die Art ist zu Ehren von M. Kutscher (Saßnitz) benannt, der sich um die Bewahrung von wertvollen Bernsteininklusen verdient gemacht hat.

Nach den Merkmalen, die Schmid (1970) für seine Gliederung der Gattung *Rhyacophila* zugrundegelegt hat, gehört *Rh. kutscheri n. sp.* in die Großgruppe (=branche) *vulgaris*. Die Art weist besonders charakteristische Merkmale der Gruppe *anatina* auf. (z. B. gespaltener Dorsalfortsatz des 9. Segments, getrennte App. pr. und getrenntes 10. Segment, geringe Körpergröße). Von ventral gesehen ist jedoch zu erkennen, daß die Parameren aus einer weiten Endotheka entspringen und selbst relativ voluminöse Bildungen darstellen. Wahrscheinlich waren sie kaum sklerotisiert, sondern häutig und erektil. Dieses Merkmal ist kennzeichnend für die *rotunda*-Gruppe. Anklänge daran finden sich jedoch auch in der *anatina*-Gruppe. Darüberhinaus gibt es Ähnlichkeiten mit der *vulgaris*-Gruppe. Daran erinnert besonders die laterale Form des 10. Segments. Diese interessante Merkmalskombination weist darauf hin, daß *Rh. kutscheri n. sp.* wahrscheinlich eine ancestrale Form der *vulgaris*-Großgruppe ist. Diese Gruppe hat heute eine ausschließlich holarktische Verbreitung.

## Philopotamidae

### Wormaldia advenaria n. sp.

Material: 1 ♂, signiert als Holotypus mit der Katalog-Nr. MB. I. 618 des Paläontologischen Museums des Museums für Naturkunde Berlin (MfN).

Erhaltungszustand: Das Tier ist vollständig eingeschlossen. Es fehlen nur kleine Stücke aus den Vorderflügelspitzen.

Kopf braun, Anordnung der Warzen und ihre Form siehe Abb. 4, Antennenglieder dunkelbraun geringelt. Die Maxillartaster sind sehr lang. Die ersten 4 Glieder etwa gleichlang, das letzte Glied so lang wie Nummer 2 bis 4 zusammen, dünner als die vorhergehenden. Beine braun, Vordertibia viel kürzer als der Femur, mit kleinen Spornen, Protarsus fast genauso lang wie alle folgenden Tarsalglieder. Sporne der Mittel- und Hinterbeine sehr lang, Innensporne länger als Außensporne. Im Vorderflügel Gabel 1 und 2 sitzend, an der Basis schmal, nicht an der D-Zelle herunterreichend, Gabel 3 gestielt, Gabel 4 fehlend. Hinterflügel mit Gabel 1, 2, 3 und 5, Analfeld gattungstypisch.

Vorderflügellänge: 3,6 mm.

Genitalapparat ♂ (Abb. 5—6): 9. Segment mit breitem, ventralen Teil. Seine dorsale

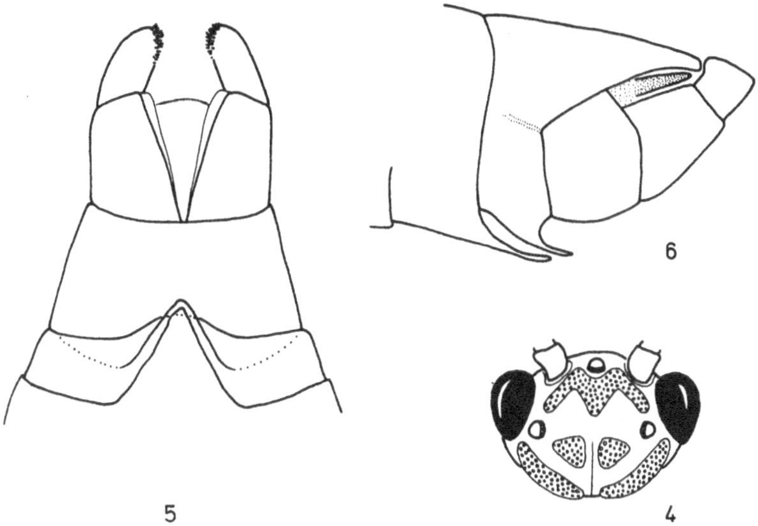


Abb. 4–6
*Wormaldia advenaria n. sp.* ♂ (MB. J. 618), 4 — Kopf, dorsal, 5 — Genitalapparat, ventral, 6 — dsgl., lateral.

Partie unter dem enorm vergrößerten und nach distal verlängerten Tergit des 8. Segments. Dieses reicht bis zum Harpago und ist am Ende vermutlich breit abgerundet. Zwischen dem Fortsatz des 8. Tergits und dem Coxopodit liegt eine längliche, nur undeutlich sichtbare Struktur, die wahrscheinlich die App. pr. darstellen. Sie erstrecken sich distalwärts offensichtlich bis zum Ende des Coxopoditen. Der Coxopodit selbst ist breit und relativ kurz. Er inseriert mit seiner ganzen Basis am 9. Segment. Der Harpago ist weniger als halb so lang wie der Coxopodit und leicht nach dorsal gebogen. Auf seiner apikalen Innenfläche befindet sich ein Feld mit kurzen, dicken Borsten. Das 8. und das 7. Sternit tragen einen langen, weit auf das jeweils folgende Segment übergreifenden Medianfortsatz. In Seitenansicht erscheinen sie als schmale Haken. Von ventral gesehen erweisen sie sich jedoch als breite, dreieckige Platten, die zum großen Teil übereinanderliegen. Der Fortsatz des 7. Sternits ist dabei deutlich größer als der des 8.

Derivatio nominis: von lat. advena = der Fremde.

Auf Grund des Analaderverlaufs im Hinterflügel gehört die Art in die Gattung *Wormaldia* McL. Die Medianfortsätze am 7. und 8. Sternit, sowie das zu einer langgestreckten Haube ausgezogene 8. Tergit weisen *W. advenaria n. sp.* als einen stark abgeleiteten Vertreter der Gattung aus. Eine ähnliche Merkmalskombination, zusammen mit dem Verlust von Gabel 4 im Vorderflügel besitzen Arten der *anilla*-Gruppe (Ross 1956). Diese Gruppe ist rezent nur aus Nordamerika bekannt.

## Polycentropodidae

### Plectrocnemia triangularis n. sp.

Material: 1 ♂, signiert als Holotypus, aufbewahrt unter der Katalog-Nr. MB. I. 619 im Paläontologischen Museum des MfN Berlin.

Erhaltungszustand: Flügelspitzen und Tarsen der Mittel- und Hinterbeine fehlen. Flächenweise breitet sich milchige Trübung auf der Körperunterseite aus, vom Kopf bis zum Abdomenende.

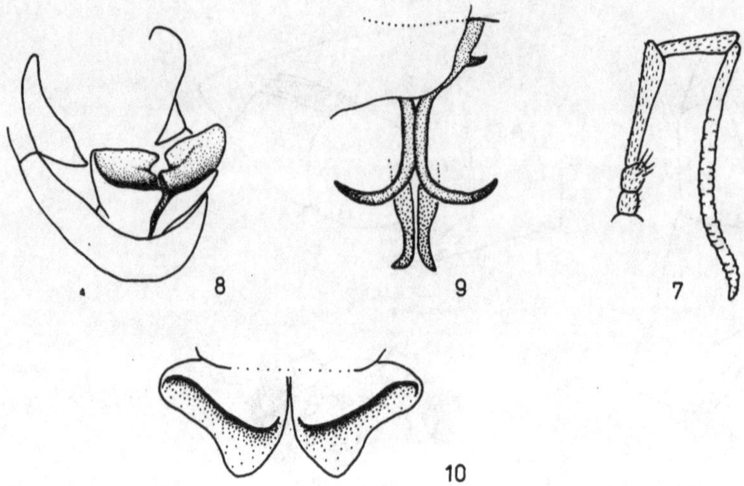

Abb. 7—10
*Plectrocnemia triangularis n. sp.* ♂ (MB. J. 619), 7 — Maxillartaster, 8 — Genitalapparat, ventrolateral, 9 — mittlere Anhänge, dorsal, 10 — untere Anhänge von dorsal.

Kopf dorsal stark behaart, Behaarung auf dem Pronotum und Thorax etwas schwächer, Antennen und Taster hellbraun, Beine, Thorax und Abdomen braun. Im Vorderflügel Gabel 1 gestielt, D-Zelle viel länger als ihr Stiel, bis zur additionellen Costalquerader reichend, Gabel 2, 3 und 4 sitzend. Im Hinterflügel ist die Gabel 1 gestielt, Gabel 2 sitzend, bis zur Querader r—m herabreichend, Gabel 4 vorhanden.

Genitalapparat ♂ (Abb. 8—10): Untere Anhänge von dorsal gesehen breit dreieckig, mit abgerundeten Ecken. Es ist eine vertikal liegende Kaudalfläche vorhanden, die nach innen gewölbt ist. Die mediane Dorsalkante läuft etwas zugespitzt aus. Darunter befindet sich ein kurzer Einschnitt. Die App. pr. sind nur von ventrolateral deutlich zu sehen. Aus dieser Sicht ist erkennbar, daß sie relativ groß und prominent sind. Von kaudal und dorsal erscheinen sie jedoch nur als schmales Band. Die von dorsal zu sehenden, stark sklerotisierten Gräten stellen vermutlich den inneren Teil der App. pr. bzw. die mittleren Anhänge dar. Sie besitzen an der Basis einen kurzen, abstehenden Haken. Die mittleren Anhänge berühren sich in der Mitte und sind anschließend nach außen gebogen. Die Biegung beschreibt nicht ganz einen Halbkreis, wobei der Fortsatz nur in einer Ebene liegt, also weder zusätzlich ventral oder dorsal gebogen ist. Bei den unter den mittleren Anhängen hervorragenden Leisten handelt es sich vermutlich um Strukturen des Aedeagus. Sie sind apikal verschmälert und ganz leicht nach außen gebogen.

Derivatio nominis: von lat. triangularis = dreieckig, nach der Form der unteren Anhänge.

Auf Grund der Genitalmorphologie und des Geäders gehört die Art in die nähere Verwandtschaft mit *P. barbata* PICTET und *P. excavata* ULMER aus dem Baltischen Bernstein.

**Plectrocnemia unculiformis n.sp.**

Material: 1 ♂, signiert als Holotypus, aufbewahrt unter der Katalog-Nr. MB. I. 620 im Paläontologischen Museum des MfN Berlin.

Erhaltungszustand: Das Tier wurde offenbar nicht sofort vollständig eingebettet. Darauf deutet das mazerierte Abdomen hin, das völlig durchsichtig ist und nur den Genitalapparat deutlich zu erkennen gibt. Die Flügel sind zum größten Teil abgeschliffen, ebenfalls Teile der Beine und Antennen.

Kopf, Thorax und Abdomen dunkelbraun, Taster braun. Augen relativ groß, fast halbkuglig hervortretend, Antennen an den Artikulationen leicht eingekerbt. Beine braun, Sporen der Hintertibia im letzten Drittel, keine schwarzen Dornen auf dem letzten Tarsalglied.

Vorderflügellänge: ca. 6 mm.

Genitalapparat ♂ (Abb. 12—14): Die unteren Anhänge liegen am 9. Segment weit voneinander entfernt. Sie stellen relativ lang ausgezogene Platten dar, die am Apex in einen starken, halbkreisförmigen Haken auslaufen. Dieser Haken wie auch die ganze Ventralkante sind nach median gebogen, so das die unteren Anhänge stark konkave Innenseiten haben. Der Dorsalrand ist leicht nach oben gebogen und trägt im letzten Drittel einen nach innen gerichteten, kleinen Zapfen. Die Basis der unteren Anhänge ist proximal in einen kurzen Fortsatz ausgezogen, der stumpf zugespitzt ist und quer zu den unteren Anhängen liegt. Die unteren Anhänge sind hier weder untereinander noch mit anderen Strukturen verbunden. Die darüber folgende, kurze und gebogene Leiste entsendet einen langen, stäbchenförmigen Anhang (die genaue Artikulationsstelle ist nicht deutlich erkennbar). Die Appendices praeanales (App. pr.) sind kleine, rundliche Körper, die eine stärkere Behaarung besitzen. Ihre Verbindung zu den mittleren Anhängen ist nicht eindeutig zu sehen. Es besteht jedoch kaum Zweifel, daß sie vorhanden ist, und die mittleren Anhänge die leicht nach außen gebogenen Stäbe sind, welche unter dem großen, unpaaren Dorsalfortsatz liegen. Dieser Fortsatz besitzt gleichmäßig abgerundete Seitenflügel und einen gebogenen Ventralkiel. Dorsal davon befindet sich ein schmaler, am Apex nach oben gebogener und zweispitziger Anhang. Die beiden zuletzt genannten unpaaren Strukturen lassen sich nur provisorisch interpretieren. An ihrer Stelle liegt bei *Plectrocnemia* Stephens und verwandten Gattungen normalerweise das häutige 10. Segment. Dieses Teil ist hier nicht zu sehen. Wenn es jedoch vorhanden ist und bloß wegen der fehlenden Sklerotisierung nicht ausgemacht werden kann, dann ist der breite Medianfortsatz nichts anderes als die verschmolzenen mittleren Anhänge. Die weiter oben als solche bezeichneten sind dann lediglich Innenfortsätze der App. pr. oder aber Bildungen des phallischen Apparates. Der kleinere, ganz dorsal gelegene Medianfortsatz kann jedoch kaum als das, zudem sklerotisierte 10. Segment angesehen werden. Er ist eher als verwachsener Dorsalfortsatz der mittleren Abhänge oder aber als eine Bildung des 9. Tergits deutbar. Klärung dieser verwickelten Situation kann nur durch neues Material erfolgen.

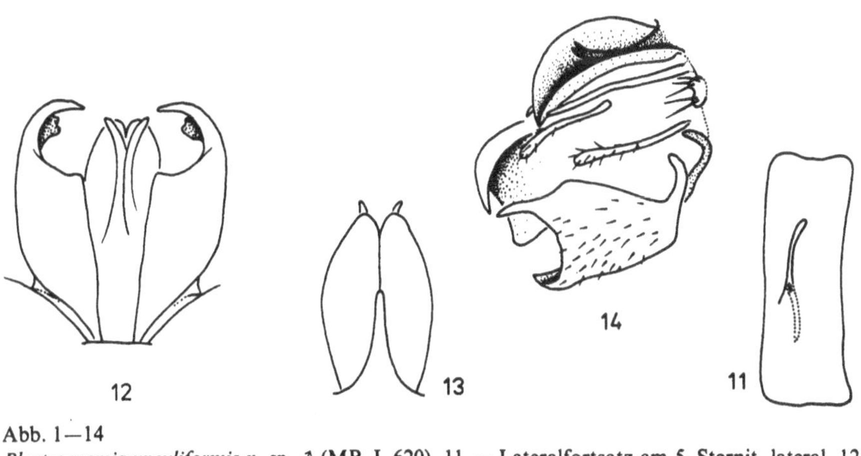


Abb. 1—14

*Plectrocnemia unculiformis n. sp.* ♂ (MB. I. 620), 11 — Lateralfortsatz am 5. Sternit, lateral, 12 — Genitalapparat, ventral, 13 — dsgl., dorsal, 14 — dsgl., dorsolateral.

Derivatio nominis: von lat. uncus = der Haken, wegen der hakenförmig gebogenen unteren Anhänge.

Die Homologisierung der Dorsalanhänge bereitet am vorliegenden Exemplar einige Schwierigkeiten. Die Struktur erscheint ungewöhnlich für die Gattung. Die Form der Taster und die Spornzahl sind aber wie bei *Plectrocnemia*. Auch der übrige Genitalapparat spricht für einen Vertreter der Gattung *Plectrocnemia*. Er besitzt einige ursprüngliche Merkmale, die die Art in die Nähe ancestraler Vertreter der Gattung stellen.

**Plectrocnemia subsequa n. sp.**

Material: 1 ♂, signiert als Holotypus, aufbewahrt unter der Katalog-Nr. MB. I. 621 im Paläontologischen Museum des MfN Berlin.

Erhaltungszustand: Der Kopf fehlt fast vollständig, jedoch sind die Antennen und auch die Taster erhalten; Flügel übereinander liegend.

Körper und Beine dunkelbraun, Antennen mit dicken Gliedern im ersten Drittel, allmählich dünner werdend, am Ende halb so dick wie die ersten Glieder. Im Vorderflügel ist Gabel 1 so lang wie ihr Stiel, Gabel 3 sehr kurz gestielt. Die D-Zelle ist im Hinterflügel kurz, Gabel 1 und 2 gestielt, Gabel 5 an der Basis relativ breit.

Vorderflügellänge: 5,5 mm.

Genitalapparat ♂ (Abb. 15): Untere Anhänge groß, vertikal aufgerichtet. Die ventrale Basis ist etwas breiter als der dorsale Teil, der leicht nach innen gekrümmt ist. Der Außenrand ist nicht glatt sondern leicht gesägt. Auf den in regelmäßigen Abständen befindlichen Erhebungen steht jeweils ein abstehendes Haar. Außenfläche mit normaler Behaarung. Der schmale Dorsalteil der unteren Anhänge wird auf der Innenseite durch eine gewölbte und quer verlaufende Erhebung vom unteren Teil getrennt. Dadurch erscheint diese Partie leicht ausgehöhlt und löffelförmig. Die oberen Anhänge sind zweizipflig und offenbar tief gespalten. Die mittleren Anhänge ragen als kurze Stäbe über dem phallischen Apparat hervor. Sie sind behaart und nicht nach außen gebogen. Der Aedeagus liegt im invaginierten Zustand vor. Von kaudal gesehen ragen aus dem vermutlich häutigen Dorsalteil auf jeder Seite drei deutliche Spitzen hervor. Der ventrale Teil ist durch eine stärker sklerotisierte Rinne einge-

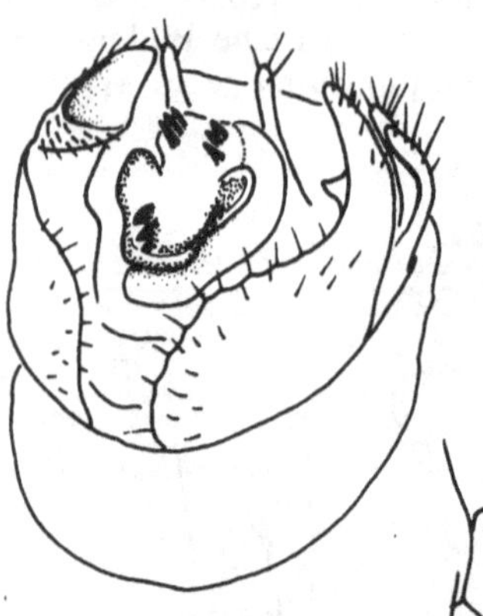

15

16

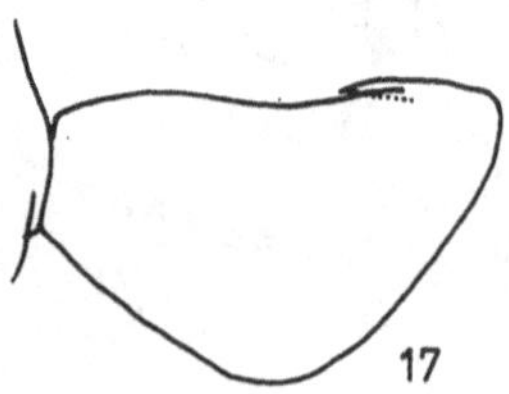

17

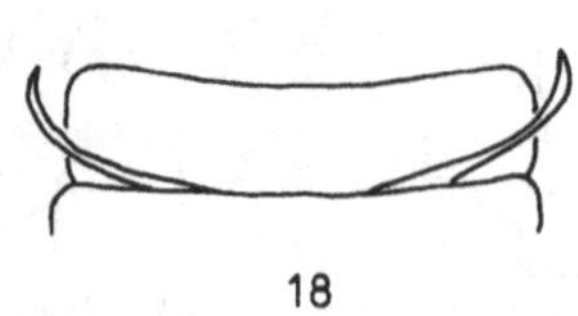

18

Abb. 15
*Plectrocnemia subsequa n. sp.* ♂ (MB. I. 621), Genitalapparat, laterokaudal.
Abb. 16—18
*Plectrocnemia scapulosa n. sp.* ♂ (MB. I. 622), 16 — Genitalapparat, schief ventral, 17 — unterer Anhang, lateral, 18 — 5. Sternit, ventral.

faßt. Auch hier ragen die Spitzen von dicken Dornen hervor. Wahrscheinlich handelt es sich um Dornen des Aedeagus, die im evaginierten Zustand abgespreizt vom Endophallus stehen.

Derivatio nominis: von lat. subsequor = folge nach: die Art folgt in der evolutiven Entwicklung auf *P. protensa* ULMER.

Die Art ist auf Grund der Form der unteren Anhänge und des mächtigen phallischen Apparates mit *P. protensa* ULMER aus dem Baltischen Bernstein verwandt. Sie unterscheidet sich von *protensa* durch den fehlenden Apikalfortsatz der unteren Anhänge und durch die gespaltenen Appendices praenanales.

**Plectrocnemia scapulosa n. sp.**

Material: 1 ♂, signiert als Holotypus, aufbewahrt unter der Katalog-Nr. MB. I. 622 im Paläontologischen Museum des MfN Berlin.

Erhaltungszustand: Vorderflügelspitzen, Hintertarsen und linke Kopfseite abgeschliffen, Flügel übereinander liegend.

Antennen, Taster und Beine braun, Thorax und Kopf dunkelbraun, dicht behaart, Abdomen hellbraun. Vorderflügel mit brauner Membran, die jedoch auf der ganzen Fläche helle, kleine Flecken aufweist, so daß die Flügel gesprenkelt erscheinen. Adern dunkler, D-Zelle im Vorderflügel so lang wie ihr Stiel, Gabel 2, 4 und 5 sitzend, Hinterflügel mit breitem Costalfeld, Sc dicker als R1, Gabel 1 lang gestielt, Gabel 2 mit sehr kurzem Stiel.

Vorderflügellänge: 7,5 mm. Körperlänge: 5 mm.

Genitalapparat ♂ (Abb. 16—77): Untere Anhänge in Lateralansicht breit dreieckig, an ein Schulterblatt erinnernd. Am Dorsalrand steht innen ein kurzer, nach proximal gerichteter Fortsatz. Die unteren Anhänge sind etwas nach außen gewölbt. Von ventral gesehen ist der Außenrand gleichmäßig gekrümmt, während der Innenrand distal eingezogen ist, so daß die unteren Anhänge ein deutlich abgesetztes, schmales Distalteil aufweisen. Die App. pr. sind groß, nicht gespalten und gleichmäßig abgerundet. Sie haben ein kompliziert gebautes ventrales Teil, das nur von unten und von kaudal sichtbar ist. Es entspring am unteren Außenrand der App. pr. und stellt eine quer verlaufende Erhebung dar. Beide Teile sind in der Mitte nahtlos miteinander verschmolzen. Sie bilden eine Querplatte, deren Distalrand zwei kurze, spitze Fortsätze aufweist. Möglicherweise sind sie nach dorsal gebogen. Am Ventralrand entspringen ebenfalls zwei Fortsätze, die als ventral gerichtete Haken ausgebildet sind. Die mittleren Anhänge stellen lange, breite und nach außen gebogenene Fortsätze dar. Unter ihnen liegt der phallische Apparat, der relativ kompliziert gebaut ist (siehe Abb. 16).

Derivatio nominis: von lat. scapus = das Schulterblatt, wegen der breiten, schulterblattähnlichen Form der unteren Anhänge.

*P. scapulosa n. sp.* ist durch die sehr großen und dabei einfach gebauten unteren Anhänge sehr charakteristisch. Das Vorhandensein eines ventralen Teils der App. pr. sowie die Form des phallischen Apparates stellen die neue Art in die verwandtschaftliche Nähe von *P. spinosa* ULMER aus dem Baltischen Bernstein.

**Plectrocnemia latiformis n. sp.**

Material: 1 ♂, signiert als Holotypus, aufbewahrt unter der Katalog-Nr. MB. I. 623 im Paläontologischen Museum des MfN Berlin.

Erhaltungszustand: Es fehlen die rechte Antenne und das rechte Vorderbein, desgleichen das linke Mittelbein und die Hälfte der Flügelflächen.

Kopf und Thorax braun behaart, Taster und Beine hellbraun, Thorax dunkelbraun,

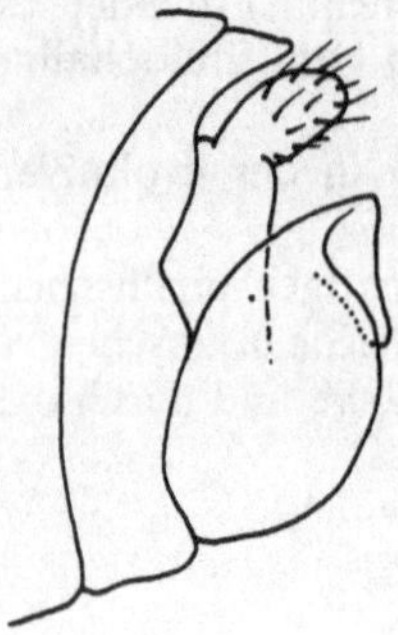

19

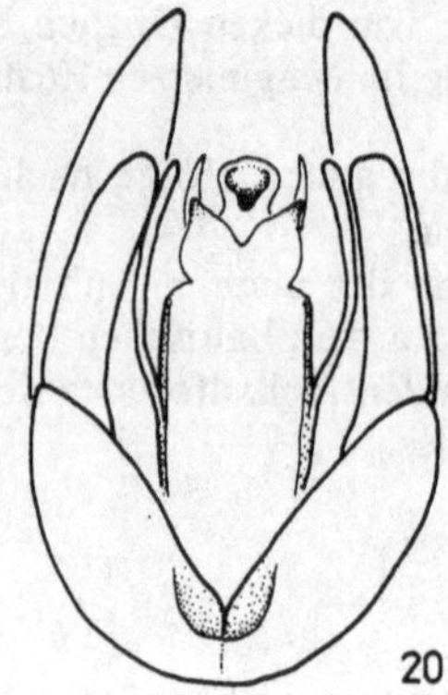

20

Abb. 19
*Plectrocnemia latiformis n. sp.* ♂ (MB. I. 623), Genitalapparat, lateral.
Abb. 20
*Lype recta n. sp.* ♂, Genitalapparat, ventral.

Geäderverlauf kaum erkennbar. Der filamentöse Anhang am 5. Sternit entspringt mit breiter Basis fast am Dorsalrand.

Körperlänge: ca. 5 mm.

Genitalapparat ♂ (Abb. 19): Untere Anhänge von lateral gesehen bauchig vorgewölbt, etwa eiförmig, mit stark konvexem Außenrand. Der dorsale Teil der unteren Anhänge ist durch eine von kaudal sichtbare tiefe Einschnürung vom übrigen Körper abgesetzt. Er hat eine schmale, dreieckige Form und liegt dem Basalteil der unteren Anhänge eng an. Die App. pr. stehen deutlich hervor und sind länglich oval. Sie überragen nicht die unteren Anhänge und weisen auch keinen Längskiel auf. Sie sind stark behaart. Auch die unteren Anhänge hatten nach der Oberflächenstruktur zu urteilen ebenfalls eine dichte Behaarung. Die oberen Anhänge besitzen einen ventralen Fortsatz. Er ist leider nur unscharf von kaudal zu erkennen. Dabei handelt es sich um ein stark sklerotisiertes, dreieckiges Gebilde. Es beginnt mit breiter Basis am Fuß der oberen Anhänge und ist ventralwärts gerichtet.

Derivatio nominis: von lat. lata = breit; latiformis — auf Grund der Ähnlichkeit mit *P. lata* PICTET.

Nach der eigentümlichen Form der unteren Anhänge ist die Art eng mit *P. lata* PICTET aus dem Baltischen Bernstein verwandt. Die App. pr. sind jedoch viel kleiner und ungekielt. Weiterhin ist der Dorsalteil der unteren Anhänge reduziert und nur wenig abstehend.

## Psychomyidae

### Lype recta n. sp.

Material: 1 ♂, signiert als Holotypus, aufbewahrt in coll. KUTSCHER (Saßnitz).

Erhaltungszustand: Das Tier ist fast vollständig eingebettet. Es fehlen nur die apikalen Antennenhälften. Die Flügel liegen übereinander, sind dabei jedoch leicht gespreizt.

Das ganze Tier ist graubraun gefärbt, nur die Kopfwarzen und Sporen dunkler. Augen groß, halbkuglig hervortretend. 2. Maxillartasterglied länger als das 1., genauso lang wie das 4., letztes Glied zugespitzt, etwas kürzer als 3. und 4. zusammen. Vorderflügel mit lang gestielter Gabel 3 und sehr kurz gestielter Gabel 4, Gabel 2 sitzend, T-Zelle sehr kurz. Im Hinterflügel mündet R1 kurz vor der D-Zelle in die Subcosta; D-Zelle offen, Gabel 2 und 3 gestielt, Stiel von Gabel 3 mehr als 1,5mal so lang wie die Gabel.

Vorderflügellänge: 3,4 mm. Körperlänge: 2,6 mm.

Genitalapparat ♂ (Abb. 20): Untere Anhänge zweigliedrig, die Coxopoditen divergieren fast im rechten Winkel. Sie sind basal miteinander verbunden, von länglicher Form und ohne deutliche Wölbung nach innen. Der Harpago ist ungefähr genau so lang. Er ist basal etwas verbreitert und läuft distal fast gerade aus. Bei allen anderen *Lype*-Arten biegt der Apex des Harpago von ventral gesehen hakenförmig nach innen um. Die oberen Anhänge sind apikal zugespitzt. Sie überragen weit die unteren Anhänge. Der phallische Apparat ist hervorgestreckt und reicht bis zum Ende der unteren Anhänge. Er besteht an seiner Spitze aus einem ventralen und einem dorsalen Teil. Das ventrale Teilstück stellt die einfache Verlängerung der Phallotheka dar. Sie ist apikal breit dreieckig ausgeschnitten und dadurch zweizipflig. Über diesem Ausschnitt ragt das dorsale Teilstück hervor, das den Aedeagus darstellt. Es ist halb so breit wie das ventrale, leicht nach unten gebogen und am Apex knopfförmig verdickt. Die Lateralränder sind auffällig verlängert und täuschen, ventral betrachtet, Dornen des Aedeagus vor. Zwischen dem phallischen Apparat und den unteren bzw. oberen Anhängen ist jeweils ein langer, dünner und leicht gekrümmter Fortsatz erkennbar. Er entspringt vermutlich an den Seitenrändern des von ventral nicht sichtbaren 10. Segments. Die Dorsalansicht liefert nur ein verschwommenes Bild. Darauf ist aber klar erkennbar, daß das 9. Segment ebenso wie bei den rezenten Arten einen langen Medianfortsatz besitzt.

Derivatio nominis: von lat. rectus = gerade, nach den geraden, nicht nach innen gebogenen unteren Anhängen.

*Lype recta n. sp.* ist nach ihrer Genitalmorphologie eine sehr charakteristische und unverkennbare Art. Sie hat jedoch ebenso verlängerte App. pr. und ein ähnliches Geäder wie *L. prolongata* ULMER aus dem Baltischen Bernstein.

**Archaeotinodes dentinosa n. sp.**

Material: 1 ♂, signiert als Holotypus, aufbewahrt in coll. KUTSCHER (Saßnitz).

Erhaltungszustand: Der linke Vorder- und Hinterflügel ist abgeschliffen. Ebenso fehlen die linken Mittel- und Hinterbeine.

Kopf und Thorax dunkelbraun, Beine, Taster und Antennen braun, Abdomen heller. Die Maxillartaster sind relativ groß, mit sehr kurzem Grundglied, 3. und 5. Glied am längsten. Spornzahl 3.4.4., Pronotum mit zwei Warzenpaaren. Geäder im Vorderflügel mit allen Zellen und Gabeln. Davon sind Gabel 1 und 3 gestielt. Cu 2 und A 3 münden getrennt in den Flügelhinterrand, Pterostigma-Fleck leicht angedeutet. Im Hinterflügel ist die D-Zelle vorhanden, ebenfalls Gabel 1, die genau so lang wie ihr Stiel ist. Gabel 2 sitzend, Costalquerader an der Flügelbasis vorhanden.

Vorderflügellänge: 5,2 mm.

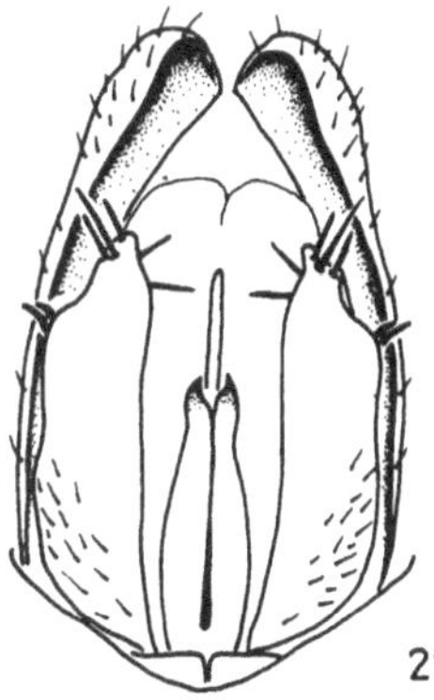
21

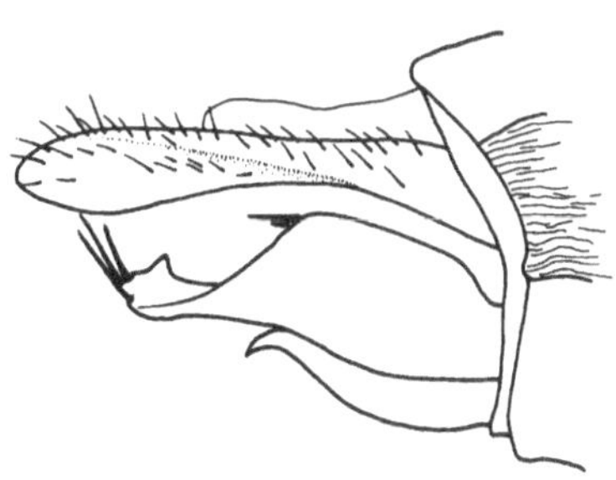
22

Abb. 21—22
*Archaeotinodes dentinosa n. sp.* ♂, 21 — Genitalapparat, ventral, 22 — dsgl., lateral.

Genitalapparat ♂ (Abb. 21—22): Untere Anhänge langgestreckt, weit hervorragend und mit Innenfortsatz versehen, der deutlich kürzer ist. Er ist von ventral gesehen am Apex leicht geschwungen und läuft in eine stärker sklerotisierte Spitze aus, die nach ventral gebogen ist. Der äußere Teil der unteren Anhänge besteht aus einer breiten Basis und einem schmaleren Endteil. Das Endteil trägt zwei nach innen und drei nach posteriolateral gerichtete Dornen. In Lateralansicht stehen sie am Apex. Kurz vor dem Apex ist der Dorsalrand kurz und dreieckig vorgezogen. Er bildet so einen deutlichen, subapikalen Zahn. An der Stelle, wo die unteren Anhänge beginnen sich zu verjüngen, ragen zwei kurze Dornenspitzen hervor. Sie entspringen nicht an dieser Stelle sondern vermutlich an der Innenseite oder an einem dorsalen Ast der unteren Anhänge. Die oberen Anhänge sind lang, keulenförmig und überragen die unteren Anhänge. Über ihre Außenfläche zieht sich ein feiner Kiel. Die oberen Anhänge sind mit ihrer Ventralkante leicht nach innen umgebogen, so daß die Innenfläche ausgehöhlt erscheint. Das über den oberen Anhängen sichtbare 10. Segment ist wenig sklerotisiert. Es weist an seiner Spitze eine kurze Einkerbung in der Mitte auf. Vom Aedeagus ist nur die Spitze zu erkennen. Sie überragt als schmaler Stab die Innenfortsätze der unteren Anhänge.

Derivatio nominis: von lat. dentinosa = gezähnt, die Zahnige; wegen des subapikalen Zahns auf den unteren Anhängen.

Die neue Art ist mit *A. pauper* Ulmer und *A. dives* Ulmer aus dem Baltischen Bernstein verwandt. Sie unterscheidet sich von beiden Arten durch eine andere Form der unteren Anhänge.

## Leptoceridae

### Erotesis evidens n. sp.

Material: 1 ♂, signiert als Holotypus, aufbewahrt unter der Katalog-Nr. MB. I. 224 im Paläontologischen Museum des MfN Berlin.

Erhaltungszustand: Es fehlen der rechte Maxillartaster, die Antennenspitzen, die Tarsen der Mittel- und Hinterbeine und die Flügelspitzen. Das Tier ist mit übereinanderliegenden Flügeln eingebettet.

Maxillartaster stark behaart, die ersten zwei Glieder kurz, beide zusammen so lang wie das dritte, 1. Glied der Labialtaster kürzer als die folgenden. Der Scapus ist kurz und dick, der Pedicellus etwas kleiner, beide zusammen so lang wie das folgende Antennenglied. Vordertibia kürzer als Femur, mit einem Sporn. Geäderverlauf nicht erkennbar.

Körperlänge: ca 4 mm.

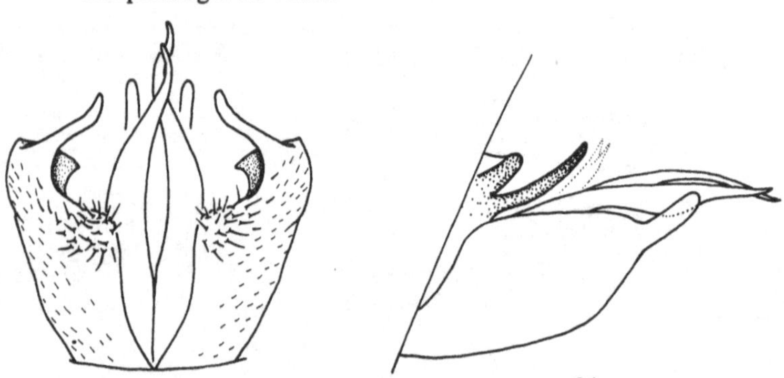

23 24

Abb. 23—24
*Erotesis evidens n. sp.* ♂ (MB. I. 224), 23 — Genitalapparat, ventral, 24 — dsgl., lateral.

Genitalapparat ♂ (Abb. 23—24): Untere Anhänge langgestreckt, voluminös und weit hervorragend. Sie laufen apikal in einen schmalen und abgerundeten Fortsatz aus, der eine leichte Krümmung nach median aufweist. Von ventral gesehen sind die unteren Anhänge kurz vor dem apikalen Fortsatz ausgeschnitten und besitzen somit eine deutliche Innenrandecke. Sie setzt sich als starke Wölbung auf die Zentralfläche der unteren Anhänge fort, ist etwas runzlig und trägt zahlreiche stärkere Borsten. Die übrigen Bildungen des Genitalapparates lassen nicht erkennen, von welcher Stelle aus sie entspringen. Sie können einstweilen nur provisorisch gedeutet werden. Die mittleren Anhänge sind wahrscheinlich die beiden langen Fortsätze, die zwischen den unteren Anhängen liegen und diese deutlich überragen. Sie sind basal relativ breit, verjüngen sich allmählich und laufen in eine Spitze aus. Dort berühren sie sich und deuten eine Überkeuzung an. Die über den mittleren Anhängen liegenden schmalen Gräten sind Bildungen der oberen Anhänge. Sie sind leicht nach dorsal gebogen und von dunkelbrauner Färbung. Bei der mehr proximal darüber befindlichen Struktur handelt es sich möglicherweise um den Dorsalteil des 9. Segments. Ganz undeutlich sind auch ein dorsaler Medianfortsatz und App. pr. zu erkennen.

Derivatio nominis: von lat. evidens = einleuchtend, leicht kenntlich; nach der charakteristischen Form der unteren Anhänge.

Die ungünstige Einbettungslage verhindert gegenwärtig eine genauere taxonomische Deutung der Art. Zweifellos ist sie jedoch in die nähere Verwandtschaft von *E. concinnula* Mey zu stellen, die auch aus dem Sächsischen Bernstein stammt (Mey 1986).

## Danksagung

Die Bearbeitung der inklusenhaltigen Bernsteine und ihre Überführung in eine für die Untersuchung geeignete Form besorgten Frau V. Richter und Frau E. Stenzel. Für die sorgfältige Arbeit bin ich beiden zu Dank verpflichtet. Mein Dank gilt weiterhin Prof. Dr. H.-J. Hannemann, der die kritische Durchsicht des Manuskriptes vornahm.

## Zusammenfassung

Aus dem Sächsischen Bernstein werden 10 neue Köcherfliegen beschrieben: *Rhyacophila kutscheri n. sp., Wormaldia advenaria n. sp. Plectrocnemia triangularis* n. sp., *Pl. unculiformis* n. sp., *subsequa n. sp., Pl. scapulosa n. sp., Pl. latiformis n. sp., Lype recta n. sp., Archaeotinodes dentinosa n. sp.* und *Erotesis evidens n. sp.* Für jede einzelne Art werden kurz die Verwandtschaftsverhältnisse zu rezenten oder fossilen Köcherfliegen angegeben.

## Literatur

Barthel, M. & H. Hetzer (1982): Bernsteininklusen aus dem Miozän des Bitterfelder Raumes. — Z. angew. Geol. 28, 314—336.

Mey, W. (1986): Die Köcherfliegen des Sächsischen Bernsteins (II). — Dtsch. ent. Z., N. F. 33, 241—248.

Ross, H. H. (1956): Evolution and classification of the mountain caddisflies. — University of Illinois Press, Urbana, 1—213.

Schmid, F. (1970): Le genre *Rhyacophila* et la famille des Rhyacophilidae (Trichoptera). — Mem. Soc. ent. Canada 66, 1—230.

Ulmer, G. (1912): Die Trichopteren des Baltischen Bernsteins. — Beiträge zur Naturkunde Preußens 10, 1—380.

Anschrift des Verfassers:
Dr. W. Mey
Museum für Naturkunde der
Humboldt-Universität zu Berlin
Zoologisches Museum
Invalidenstr. 43
DDR — 1040 Berlin

# Buchbesprechung

LUCHT, WILHELM H.: **Die Käfer Mitteleuropas.** Katalog. GOECKE & EVERS Verlag, Krefeld 1987. 342 S, 1 Übersichtskarte. Preis DM 124,00. Verlagsdruckerei SCHMIDT GmbH, Neustadt a. d. Aisch. ISBN 3-87263-035.

Die langersehnte, weil dringendst benötigte, komplette Übersicht aller Käfer Mitteleuropas mit Checklist, Landesfaunistik und EDV-Schlüsselzahlensystem liegen vor.

Der Verlag GOECKE & EVERS gab nun — in der bekannten hervorragenden Qualität — nach Fertigstellung der elf Bestimmungsbände von FREUDE/HARDE/LOHSE „Die Käfer Mitteleuropas" einen Katalog der mitteleuropäischen Coleopteren heraus, der die im FHL aufgeführten Taya bei unveränderter Nomenklatur und Systematik vollständig erfaßt und damit die Buchreihe vorläufig abschließt.

Neuzugänge zur Fauna von ME seit dem Erscheinungsjahr der jeweiligen Einzelbände des FHL sind nicht berücksichtigt. Diese werden gemeinsam mit den systematischen und nomenklatorischen Änderungen und Ergänzungen in Nachtragsbänden zusammengefaßt, deren Veröffentlichung bereits vorbereitet wird.

Konzeptionell verfolgt der Katalog drei Ziele (Zitat):

„1. Auflistung der Taxa in systematischer Folge als Register, Arbeitsunterlage und Arten Stammdatei.
2. Zuordnung eines Schlüsselzahlensystems zur Nnutzung der technischen Möglichkeiten der Datenverarbeitung.
3. Rastermarkierung der Verbreitung der Arten im weiteren mitteleuropäischen Raum."

Allen drei Zielsetzungen wird der Katalog im Grundsätzlichen vollauf gerecht, im Detail sind kritische Einwände bei einem Katalog des vorliegenden Umfanges und Kompliziertheitsgrades unvermeidlich. So enthält das nomenklatorische Verzeichnis aller Taxa mit Autor und Publikationsjahr auch in litteris-Arten, z. B. in den Staphylinidengattungen *Leptusa* und *Megatyphlus*. Die Ergänzung bzw. Korrektur der Autorennamen hatte durchgängig erfolgen sollen, kann aber unschwer in die geplanten Nachtragsbände eingearbeitet werden.

Die vorgeschlagene Variante des EDV-Schlüsselzahlensystems ist praktikabel, insbesondere für Computersysteme mit begrenzter Speicherkapazität nutzbar. Aufgegriffen werden sollte der Vorschlag zur Einarbeitung der Notationen in alle künftigen Publikationen coleopterologischen Inhalts an geeigneter Stelle (z. B. in den „Key Words"), um die computermäßige Erfassung der Literatur zu erleichtern.

Der dritte Teil des Katalogs bildet eine geographische Übersicht zur Verbreitung der Käfer in den Staaten von Mitteleuropa mit einer zeitlichen Einordnung der Nachweise vor 1910, nach 1910 und importierter Arten. Einbezogen sind im Zentralareal Mitteleuropas die BRD und die DDR, im Ostareal Polen und die ČSSR, im Südareal Österreich und die Nordschweiz,im Westareal Ostfrankreich, Belgien, die Niederlande und Luxemburg sowie im Nordareal Dänemark und Südschweden. Nicht aufgeführt sind die territorial kleinen Flächen von Berlin (West) und Liechtenstein. Es bleibt im Katalog unklar, wo faunistische Nachweise von diesen Territorien verbleiben.

Dieser dritte Katalogteil ist zweifellos der verdienstvollste des Gesamtwerkes, weil einerseits HORION's unvollendete „Faunistik der mitteleuropäischen Käfer" komplettiert und andererseits die Faunistik auf einen neuen Stand gebracht wurde. Die Erarbeitung einer modernen faunistischen Übersicht über ein Territorium der Größe Mitteleuropas mit 12 (eigentlich 14) Landes- oder Landesteilterritorien und über 6000 Käferarten kann heute von einer Person nicht mehr bewältigt werden ohne von vorn herein Unvollständigkeiten und Ungenauigkeiten in Kauf zu nehmen. So wird unschwer jeder Spezialist in „seiner" Familie Korrekturen und Ergänzungen anbringen können. Auf die Staphylinidae trifft das in besonderem Maße zu, z. B. sind die Unterarten von *Philonthus montivagus* und *Quedius mesomelinus* unkorrekt behandelt und die Verbreitungsangaben dadurch falsch. Für die Staphylinidenfauna der DDR müssen 42 Arten in den Katalog nachgetragen und 21 Arten gestrichen werden. Von 5 Arten liegen Belege auch nach 1910 vor, von 2 Arten hingegen sind m. W. keine neuen Nachweise bekannt. Ergänzungen und Korrekturen könnten für weitere Länder und Käferfamilien angeführt werden.

Das vorliegende Standardwerk ist in jeder Fachbibliothek von biologischen Institutionen und in den Bibliotheken der mitteleuropäischen Coleopterologen unentbehrlich. Seinem Autor gebührt das unschätzbare Verdienst, mit enormen Fleiß und großer Sachkenntnis ein Faunenwerk der Coleopteren Mitteleuropas erarbeitet zu haben und sich mutig der Kritik der Fachwelt zu stellen. Zu dieser Kritik sind alle Coleopterologen Mitteleuropas aufgerufen, damit in Nachtragsbänden und Anschlußveröffentlichungen die systematischen, nomenklatorischen sowie faunistischen Änderungen und Ergänzungen auf den aktuellen Stand gebracht werden können und der Katalog dauerhaft als Nachschlagewerk zur Verfügung steht.

M. UHLIG

Dtsch. ent. Z., N. F. 5 (1988) 4—5, 311—330

# Die Gattung Claremontia ROHWER
(Hymenoptera, Tenthredinidae)

Von

FRANK KOCH

Mit 7 Abbildungen im Text

## Abstract

Several species of *Selandria* LEACH, *Monophadnus* HARTIG, *Blennocampa* HARTIG, *Monophadnoides* ASHMEAD and all species of *Claremontia* ROHWER and *Pseudoblennocampa* MALAISE are discussed. The nearctic region has 6 species: *Claremontia atrata* (MACGILLIVRAY, 1893), comb. nov., *C. conspiculata* (MACGILLIVRAY, 1908), comb. nov., *C. osgoodi* (SMITH, 1969), comb. nov., *C. pauper* (PROVANCHER, 1882), comb. nov., *C. quebecensis* (SMITH, 1969), comb. nov. and *C. typica* ROHWER, 1909. The palaearctic region has 6 species too: *Claremontia alternipes* (KLUG, 1814), *C. confusa* (KONOW, 1886.), *C. tenuicornis* (KLUG 1814), *C. uncta* (KLUG, 1814), comb. nov. and *C. waldheimii* (GIMMERTHAL, 1848). *Claremontia springatei*, spec. nov. from Siberia is described as new. The oriental region has *C. sinobirmana* (MALAISE, 1964), comb. nov. only.

## Einleitung

Die Tribus Blennocampini umfaßt in Europa nach ZOMBORI (1982) 6 Gattungen. Die Gattungsgrenzen sind teilweise unscharf und führen immer wieder zu Verwirrungen, wodurch auch moderne Autoren geneigt sind, bestimmte Arten ihren traditionellen Gattungen zuzuordnen. Typisch hierfür ist die Gattung *Claremontia*, die ROHWER (1909) beschrieb und die dann erst wieder ROSS (1937) am Beispiel der Typusart *C. typica* erwähnte. Beide Autoren übersahen jedoch die Basalverdickung (Basallappen) an den Tarsalklauen. Das führte dazu, daß MALAISE (1964) die von ihm selbst beschriebene Untergattung *Pseudoblennocampa* MALAISE, 1935, die eine solche Basalverdickung besitzt, in den Gattungsrang erhob. Inzwischen hatte aber ROSS (1951) die Untergattung *Pseudoblennocampa*, deren Tarsalklauen nicht näher charakterisiert waren, unbewußt richtig mit *Claremontia* synonymisiert, denn beide Gattungen besitzen eine solche Basalverdickung.

Erst BENSON (1968) erkannte, daß die Arten *Blennocampa alternipes* (KLUG), *B. confusa* KONOW, *B. puncticeps* KONOW und *B. tenuicornis* (KLUG) zu *Claremontia* und damit auch *Claremontia* zu den europäischen Blennocampini gehört. SMITH (1969) synonymisierte diese Gattung erneut mit *Monophadnoides* ASHMEAD und auch bei MUCHE (1969) findet man diese Arten unter der selben Gattung. Aber auch andere Autoren wie ZHELOCHOVTSEV u. PROCHOROVA (1976), VASSILEV (1978) oder SCOBIOLA-PALADE (1981) nennen diese Arten noch unter *Blennocampa*. Schließlich verschaffen FITTON et al. (1978) und später LISTON (1981) der Gattung *Claremontia* neue Geltung.

Mit der vorliegenden Arbeit soll nicht nur der eigenständige Gattungscharakter von *Claremontia* unterstrichen werden, sondern es erwies sich auch als notwendig, den Status der einzelnen Arten zu überprüfen und klarer voneinander abzugrenzen. Daß es mit diesen Arten seit KLUG (1814) taxonomische Probleme gab, bestätigen auch die Artanalysen von

KONOW (1884a, b, 1886a, b, 1905) und letztendlich die Anzahl entsprechender Synonyme. Anhand des vorhandenen KLUG-Materials, das leider nicht vollständig auffindbar war, konnte im wesentlichen diese Revision vorgenommen werden. Da dieses Material auch KONOW in den Händen hatte, sind seine Überlegungen gut nachvollziehbar.

**Claremontia** ROHWER, **1909**

**Typusart:** *Claremontia typica* ROHWER, 1909, p. 397
**Syn.:** *Monophadnus* subgen. *Pseudoblennocampa* MALAISE, 1935, p. 167
*Pseudoblennocampa* MALAISE, 1964, p. 30
**Typusart:** *Tenthredo* (*Allantus*) *tenuicornis* KLUG, 1814, p. 68

Beschreibung der Gattung

Die Antennen sind maximal so lang wie der Körper (*Claremontia typica*), in der Regel aber wesentlich kürzer, wobei der Pedicellus nie länger als breit ist. Die Postgenalcarina ist nicht ausgebildet, höchstens unterhalb der Augen schwach angedeutet, ebenso läßt sich die Postorbitalgrube nur erahnen. Dagegen sind die hinteren Orbiten kräftig runzelig skulptiert und wenig glänzend bis matt. Der Vorderrand des Clypeus ist leicht ausgerandet oder stumpfwinkelig ausgeschnitten. Das Frontalfeld ist nicht begrenzt. Am Thorax fehlt der Praepectus. An der Klaue sind ein deutlicher Subapikalzahn und eine Basalverdickung vorhanden. Der Basitarsus ist so lang wie die drei folgenden Tarsenglieder zusammen. Im Vorderflügel sind der Radialnerv (2r) und der 3. Cubitalnerv (3r—m) interstitial oder fast interstitial. Die 3. Cubitalzelle ist unten auffallend spitzwinkelig ausgezogen. Der Nerv $A_2$ & $A_3$ ist bis zur Spitze gerade und ohne Aufzweigung. Der Brachialnerv (cu—a) mündet vor der Mitte in die 1. Discoidalzelle. Im Hinterflügel fehlt die Kreuzvene (m—cu) und damit die Mittelzelle (M). Die Sägescheide ist von oben gesehen schmal aber lang vorstehend.

*Claremontia* unterscheidet sich von *Monophadnus* und *Monophadnoides* vor allem durch das Fehlen der Kreuzvene (m—cu) im Hinterflügel und von *Blennocampa* durch den Besitz der Basalverdickung an der Klaue. Außerdem dürften die auffallend runzelig skulptierten hinteren Orbiten für *Claremontia* besonders markant sein.

Zur nearktischen Fauna gehören 6 Arten:
*Claremontia atrata* (MACGILLIVRAY, 1893) comb. nov.
Verbreitung: Westkanada, Westen der USA.
*C. conspiculata* (MACGILLIVRAY, 1908) comb. nov.
Verbreitung: Osten der USA und Kanadas.
*C. osgoodi* (SMITH, 1969) comb. nov.
Verbreitung: Nordosten der USA.
*C. pauper* (PROVANCHER, 1882) comb. nov.
Verbreitung: Transkontinental mit östlichem Verbreitungsschwerpunkt.
*C. quebecensis* (SMITH, 1969) comb. nov.
Verbreitung: Südosten Kanadas.
*C. typica* ROHWER, 1909
Verbreitung: Westen der USA.

Diese Arten sind bei SMITH (1969) gut charakterisiert, so daß hier auf eine Beschreibung verzichtet werden kann.

Die verbleibenden 7 Arten (Palaearktis: 6 Arten, Orientalis: 1 Art) werden nachfolgend ausführlich abgehandelt.

## Bestimmungsschlüssel der palaearktischen und orientalischen *Claremontia*-Arten

1. Der Malarraum ist nicht oder nur äußerst schmal ausgebildet. Die Antennen sind kräftig und maximal so lang wie das Abdomen . . . . . . . . . . . . . . . . . . . . . . . . . . . . . . . . . . . 2

1'. Der Malarraum ist ca. halb so lang wie der Durchmesser des Medianocellus. Die Antennen sind auffallend schlank und deutlich länger als das Abdomen . . . . . . . . . . . . . . . . . . . . . 6
2. Das 3. Antennenglied ist nur wenig länger als das 4. . . . . . . . . . . . . . . . . . . . . . . . . 4
2'. Das 3. Antennenglied ist anderthalbmal bis doppelt so lang wie das 4. . . . . . . . . . . . . . . 3
3. Das 3. Antennenglied ist etwa doppelt so lang wie das 4. . . . . . . . . . . *C. alternipes* (KLUG)
3'. Das 3. Antennenglied ist anderthalbmal so lang wie das 4. Der Oberkopf und das Frontalfeld sind dicht skulptiert. Die Sägescheide erscheint apikal abgestutzt *C. sinobirmana* (MALAISE)
4. Das Postocellarfeld wird von einer deutlichen Längsfurche halbiert. Der Oberkopf ist glänzend aber pustelartig skulptiert. Die Antennenglieder sind normal ausgebildet, höchstens apikal schwach erweitert. . . . . . . . . . . . . . . . . . . . . . . . . . . . . . . . . . . . . 5
4'. Das Postocellarfeld besitzt höchstens die Andeutung einer Längsfurche. Der Oberkopf ist ohne pustelartige Skulptur. Die Antennenglieder sind apikal schwach erweitert und oft deutlich nach unten vorgezogen . . . . . . . . . . . . . . . . . . . . . . . . . . . *C. waldheimii* (GIMMERTHAL)
5. Postocellarfeld mit breit ausgerundeter Längsfurche. Der Oberkopf ist fein aber weitläufig pustelartig skulptiert und mit kurzen graubraunen Haaren besetzt. Die Sägescheide ist apikal abgerundet oder abgestutzt erscheinend . . . . . . . . . . . . . . . . . . . . . . . *C. confusa* (KONOW)
5'. Postocellarfeld mit schwacher Längsfurche. Der Oberkopf ist neben den lateralen Ocelli mit gröberen Pusteln besetzt, sonst aber grau behaart. Die Sägescheide ist apikal schmal abgerundet *C. springatei* **spec. nov.**
6. Die Mesopleuren und das Mesosternum sind durchgehend behaart . . . . . . *C. tenuicornis* (KLUG)
6'. Zwischen den Mesopleuren und dem Mesosternum befindet sich ein breiter unbehaarter Bereich *C. uncta* (KLUG)

## Beschreibung der Claremontia-Arten

### Claremontia alternipes (KLUG)

*Tenthredo (Allantus) alternipes* KLUG, 1814, p. 67.
Blennocampa alternipes, ANDRÉ, 1881, p. 310.
*Claremontia alternipes*, BENSON, 1968, p. 153.
*Monophadnoides alternipes*, MUCHE, 1969, p. 114.
**Synonyme:**
? *Tenthredo maura* SCHRANK, 1801, p. 248.
*T. (Allantus) cinereipes* KLUG, 1814, p. 67. sensu THOMSON, 1870, p. 284.
*Blennocampa divisa* KONOW, 1884a, p. 319.
*B. intermedia* KRIECHBAUMER, 1885, p. 143.
*B. tergestina* KRIECHBAUMER 1888, p. 211. **nom. nov.** pro *B. intermedia* KRIECHBAUMER.
*B. finitima* KONOW, 1900, p. 120. **syn. nov.**

♀.— Der Körper ist schwarz. Am Kopf sind die Spitzen der Mandibeln rotbraun und das Labrum ist dunkelbraun durchscheinend. Die Beine sind schwarz. Schmutziggelb daran sind die Spitzen der Femora und die Tibien (ihre Rückseiten sind dunkler), wobei die Gelbfärbung von vorn nach hinten abnimmt, so daß schließlich nur noch die äußersten Spitzen der $Femora_3$ und die basalen Drittel der $Tibien_3$ gelb bleiben. Die $Tibia_3$ kann jedoch auch heller werden, so daß nur noch die Spitze dunkel ist. Die Tarsen sind dunkelbraun, können jedoch an den 4 vorderen Beinen leicht aufhellen. Die Cerci sind braun.

Der Hinterkopf ist fast so breit wie die maximale Breite des Kopfes. Die Antennen sind anderthalbmal so lang wie der Kopf breit. Der Pedicellus ist so lang wie breit. Das 3. Antennenglied ist fast doppelt so lang wie das 4.; das 4. und 5. sind etwa doppelt so lang wie breit; das 6., 7. und 8. sind kürzer; das 9. ist zweieinhalbmal so lang wie breit. Eine kurze Postgenalcarina unterhalb der Augen ist angedeutet. Der Malarraum fehlt oder ist äußerst schmal. Der Clypeus ist leicht ausgerandet. Der Oberkopf ist glatt und glänzend oder wie die inneren Orbiten schwach pustelartig skulptiert. Das Postocellarfeld ist doppelt so breit wie lang und mit deutlicher Mittelfurche, die auch schwächer ausgebildet sein kann. Die Postocellarfurche ist leicht nach vorn gebogen.

Der Thorax ist glatt und glänzend, nur das Praescutum kann verstreute kleine Punktgruben besitzen. Die Mesopleuren und das Mesosternum sind durchgehend, im Übergangsbereich aber äußerst spärlich behaart. Die Flügel sind braun gefärbt. Der Radialquernerv (2r) mündet kurz vor dem 3. Cubitalnerv (3r—m) in den Radialnerv (Rs).
Länge: 5,5 bis 6,5 mm.
Sägescheide: Abb. 1. Sägevalve: Abb. 1.

♂.— Gefärbt wie das ♀, nur sind die Tibien$_3$ weniger gelb. Das 3. Antennenglied ist fast doppelt so lang wie das 4.; das 5. und 6. sind oft nicht mehr doppelt so lang wie breit; die nachfolgenden sind deutlich kürzer; das 9. ist doppelt so lang wie breit. Die einzelnen Glieder sind auffällig von einander abgesetzt. Die Mittelfurche des Postocellarfeldes ist oft schwächer ausgebildet. Die pustelartige Skulptur auf dem Oberkopf und die Mikroskulptur auf dem Praescutum sind stärker als beim ♀ entwickelt. Die Mesopleuren und das Mesosternum sind durchgehend behaart. Das Sternum$_9$ ist apikal breit abgerundet oder sehr schwach ausgerandet.
Länge: 5,5 bis 6,0 mm.
Parapenis und Harpe: Abb. 1. Penislarve: Abb. 1.

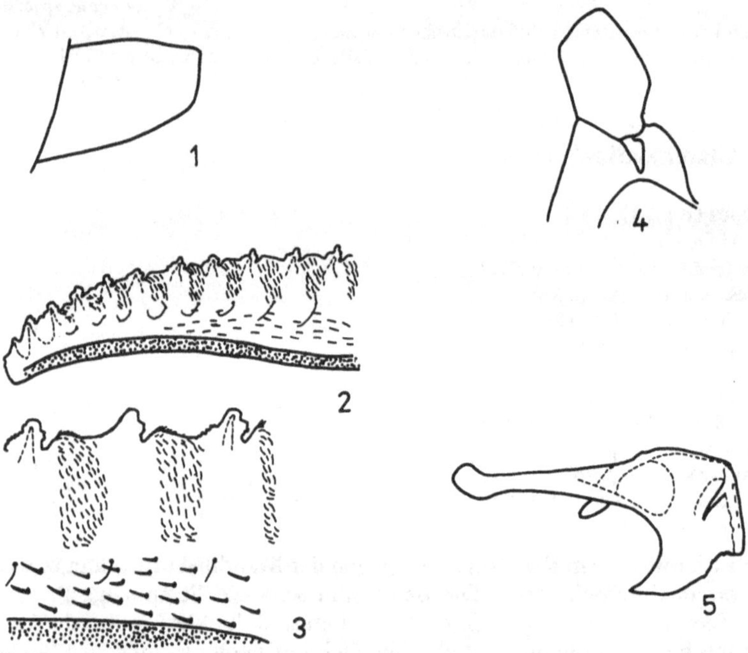


Abb. 1
*Claremontia alternipes*, — 1) Sägescheide, 2) Sägevalve, 3) 9.—11. Hauptzahn der Sägevalve, 4) Parapenis und Harpe, 5) Penisvalve.

## Typenmaterial

*Tenthredo (Allantus) alternipes* KLUG
Lectotypus: ♂: Etikettierung: „13832"; „*Alternipes*, KL. ♂♀"
„Lectotypus, des.: F. KOCH, 1987 (rot)"; „*Claremontia alternipes* (KLUG) ♂, det.: F. KOCH 87".
Der Lectotypus befindet sich im Museum für Naturkunde, Berlin.

*Blennocampa finitima* KONOW
Holotypus: ♀: Etikettierung: „Sibiria, Irkutsk"; „Coll. KONOW"; „Typus (rot)"; „*Blennocampa finitima*

KNW., Sibir. Irkutsk"; „Holotypus, des.: F. KOCH, 1987 (rot)"; „*Claremontia alternipes* (KLUG) ♀, det.: F. KOCH 87".

Der Holotypus befindet sich im Institut für Pflanzenschutzforschung, Eberswalde, Abteilung Taxonomie der Insekten.

## Verbreitung

Frankreich, Belgien, Luxemburg, Großbritannien, Italien, Schweiz, Ungarn, Polen, DDR, BRD, Finnland, Schweden, Rumänien, europ. Teil der Sowjetunion, Sibirien, Mongolei.

## Diskussion

Die Syntypenserie dieser Art umfaßte ursprünglich 5 Tiere, die die Katalognummer 13 832, mit der Eintragung „German. KL." tragen. Davon sind derzeit nur drei Exemplare auffindbar, wovon wiederum zwei stark beschädigte Tiere zu *Birka cinereipes* (KLUG) gehören. Damit verbleibt nur ein ♂ als Lectotypus.

KONOW (1900) differenzierte die *B. finitima* von *C. alternipes* auf Grund der weißen $Tibien_3$, die nur an den Spitzen gebräunt sind, dem breiteren Postocellarfeld und der größeren Entfernung zwischen den Nerven 2r und 3r—m. Anhand des Typenvergleiches konnten die beiden letzten Kriterien nicht bestätigt werden, genausowenig ließ sich ein akzeptabler genitalmorphologischer Unterschied finden.

Während VERZHUTZKII (1966) nur den Typus kannte, erstreckt sich nach ZHELOCHOVTSEV (1976) die Verbreitung von *B. finitima* vom europäischen Teil der Sowjetunion bis nach Ostsibirien. Hinzu kommt der erste Hinweis auf das ♂.

Insgesamt lagen aus dem Zoologischen Museum, Moskau, für die eventuelle Abgrenzung zu *C. alternipes* zwei ♂♂ und 8 ♀♀ vor. Trotz des umfangreichen Materials ließen sich keine sicheren Unterschiede zu *C. alternipes* finden. Die Mittelfurche des Postocellarfeldes ist neben der typischen Ausbildung gelegentlich schwächer entwickelt oder auch nur angedeutet. Die Hauptzähne der Serrulae stellen sich in einzelnen Fällen etwas länger dar, jedoch scheint sich das auf den unterschiedlichen Grad ihrer Abnutzung zurückführen zu lassen. Auch am männlichen Genitalapparat war keine Abgrenzung zu *C. alternipes* möglich. Die Synonymisierung von *B. finitima* mit *C. alternipes* scheint daher gerechtfertigt zu sein.

*B. divisa* beschrieb KONOW (1884), erkannte aber selbst (KONOW 1886) die Synonymie zu *C. alternipes*.

## Claremontia confusa (KONOW)

*Blennocampa confusa* KONOW, 1886 a, p. 82.
*Claremontia confusa*, BENSON, 1968, p. 153.
*Monophadnoides confusa*, MUCHE, 1969, p. 114.
**Synonyme:**
*Tenthredo (Allantus) alternipes* KLUG, 1814, p. 67 sensu THOMSON, 1870, p. 284 sensu ENSLIN, 1918, p. 295 (misdet.).
*Selandria geniculata* STEPHENS, 1835, p. 49 nec HARTIG, 1837, p. 274 sensu KONOW, 1905, p. 84 (misdet.).
*Blennocampa brevicornis* BRISCHKE, 1883, p. 282.
*B. puncticeps* KONOW, 1886, p. 216.
*B. mixta* MALAISE, 1920, p. 102.

♀.— Der Körper ist schwarz. Am Kopf sind die Spitzen der Mandibeln rotbraun. Das Labrum ist selten dunkelbraun, ebenso die Tegulae. Die Beine sind schwarz. Schmutziggelb daran sind die Spitzen der Vorderseiten der $Femora_{1/2}$, die $Tibien_{1/2}$ und die $Basitarsen_1$. An den Hinterbeinen sind oft nur die äußersten Knie schmutziggelb. Die Gelbfärbung kann sich jedoch weiter ausdehnen, so daß nur noch die Rückseiten der Tibien $_{1/2}$, die Spitzen der Tibien$_3$ und die apikalen Tarsenglieder braun bleiben. Die Cerci sind gelb.

Der Hinterkopf ist so breit wie die maximale Breite des Kopfes. Die Antennen sind anderthalbmal so lang wie der Kopf breit. Der Pedicellus ist deutlich kürzer als breit. Das Antennenglied 4 erreicht 5/6 der Länge des 3.; das 5. ist etwas länger als doppelt breit; die nachfolgenden Glieder sind doppelt so lang wie breit. Eine Postgenalcarina unterhalb der Augen existiert nicht, ebenso der Malarraum. Der Clypeus ist stumpfwinkelig ausgeschnitten. Oberkopf glänzend und mit kleinen Pusteln besetzt, die manchmal auch schwächer entwickelt sind. Neben dem Postocellarfeld befinden sich zwei völlig unskulptierte, glänzende Flächen. Das Postocellarfeld ist doppelt so breit wie lang und mit deutlicher, breitausgerundeter flacher Mittelfurche. Die Postocellarfurche ist schwach nach vorn gebogen.

Der Thorax ist fast völlig glatt und glänzend. Die Mesopleuren können völlig glatt aber auch lederartig skulptiert sein. Die Flügel sind braun getrübt. Der Nerv 2r ist mit 3r—m interstitial.
Länge: 5,5 bis 6,5 mm.

Sägescheide: Abb. 2. Sägesalve: Abb. 2.

♂. — Gefärbt wie das ♀. Der Hinterkopf ist nicht ganz so breit wie beim ♀. Die Antennenglieder 6 bis 9 sind etwas länger als die doppelte Breite. Der Oberkopf ist stärker als beim ♀ pustelartig skulptiert, ebenso zeigt vor allem das Praescutum eine auffällige Mikroskulptur. Das Sternum$_9$ ist apikal ausgerandet.
Länge: 5,0 bis 5,5 mm.

Parapenis und Harpe: Abb. 2. Penisvalve: Abb. 2.

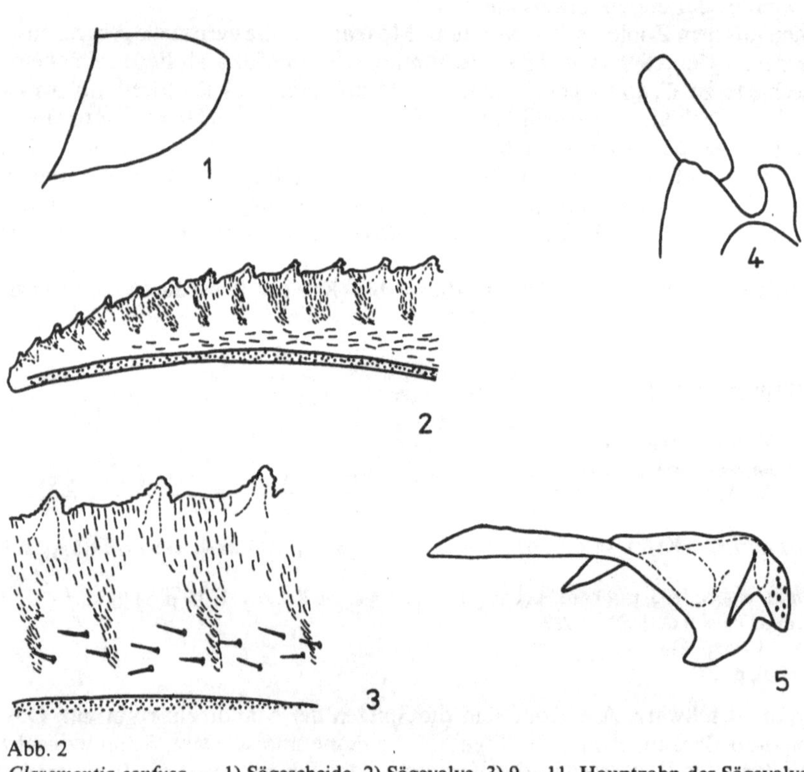


Abb. 2
*Claremontia confusa*, — 1) Sägescheide, 2) Sägevalve, 3) 9.—11. Hauptzahn der Sägevalve, 4) Parapenis und Harpe, 5) Penisvalve.

## Typenmaterial

*Blennocampa confusa* KONOW
Neotypus: ♀: Etikettierung: „13801"; „*confusa* Kw, nach KONOW"
„Neotypus, des.: F. KOCH, 1987 (rot)"; „*Claremontia confusa* (KONOW) ♀, det.: F. KOCH 87".
Unter der Katalognummer 13801 findet sich die Eintragung „*Aethiops* FABR., 9, German. Kl.". Der Neotypus befindet sich im Museum für Naturkunde, Berlin.
*Selandria geniculata* STEPHENS
Holotypus: ♀: Etikettierung: „Type, H. T. (roter Kreis)"; „B. M. Type, Hym., 1.567"; „B. M. Type *Blennocampa geniculata* (STEPHENS, 1835)"; „STEPHENS type of *B. geniculata* = *Tomostethus fuliginosus*, SCHRK., det. MORICE et BENSON."; „Holotypus, des.: F. KOCH, 1987 (rot)"; „*Stethomostus fuliginosus* (SCHRANK) ♀, det.: F. KOCH 87".
Der Holotypus befindet sich im British Museum (Natural History).
*Blennocampa puncticeps* KONOW
Lectotypus: ♀: Etikettierung: „Zürich"; „Coll. KONOW"; „Conde, revid. 37"; „Lectotypus, des.: F. KOCH, 1986 (rot)"; „*Claremontia confusa* (KONOW) ♀, det.: F. KOCH 86".
Der Lectotypus befindet sich im Institut für Pflanzenschutzforschung, Eberswalde, Abteilung Taxonomie der Insekten.
*Blennocampa mixta* MALAISE
Lectotypus: ♀: Etikettierung: „Gst."; „Typus (rot)"; „*Blennocampa mixta* n. sp."; „Lectotypus, des.: F. KOCH, 1987 (rot)"; „*Claremontia confusa* (KONOW) ♀, det.: F. KOCH 87".
Der Lectotypus befindet sich im Riksmuseum, Stockholm.

## Verbreitung

Spanien, Frankreich, Belgien, Niederlande, Großbritannien, Italien, Schweiz, DDR, BRD, Finnland, Schweden, CSSR, Polen, Rumänien, europ. Teil der Sowjetunion, Sibirien, Mongolei.

## Diskussion

*C. confusa* ist eine Art, die schon mehrfach Gegenstand kritischer Analysen war. So vermutete bereits PASTEELS (1948) richtig die Synonymie mit *Blennocampa puncticeps*, während HELLÉN (1960) andererseits eine Synonymie zu *C. waldheimii* annahm. Die Synonymisierung ging soweit, daß sogar *Selandria geniculata* STEPHENS und *C. confusa* beispielsweise von KONOW (1905) selbst, ENSLIN (1918), PASTEELS (1948) und HELLÉN (1955) als ein und dieselbe Art verstanden wurden.

Das Erkennen der Validität von *C. confusa* wird erschwert durch das Fehlen eines Typus und einer für KONOW typischen Beschreibung. KONOW (1986a) charakterisiert die Art anhand einer Differentialdiagnose zu *C. alternipes*. Ein weiteres Problem sind die von KONOW (1986a) in diesem Zusammenhang gemachten etwas verwirrenden Ausführungen, in denen er jedoch zunächst richtig davon ausgeht, daß HARTIG (1837) mit seiner *Selandria aperta* nichts anderes als *Tenthredo* (*Allantus*) *cinereipes* KLUG meinte und sie deshalb mit ihr synonymisiert. Dagegen ist falsch, daß HARTIG (1937) eine eigene *B. cinereipes* beschrieb, denn er gibt auf S. 269, Nr. 8 die wörtliche Übersetzung der KLUGschen Charakterisierung, mit KLUG als Autor, wieder, und diese gar nicht existierende *B. cinereipes* HARTIG nennt KONOW (1986a) *B. confusa*.

Widersprüchlich dazu ist seine Bemerkung zu THOMSON (1870), der unter dem Namen *B. cinereipes* (KLUG) die *B. alternipes* (KLUG) charakterisiert und unter der *B. alternipes* formuliert er die Merkmale der *B. confusa*. Demnach werden mit der HARTIGschen Beschreibung die Beine für *B. confusa* KONOW mit „Tibien grau mit weißer Basis" und nach der THOMSONschen Interpretation aber als dunkel bezeichnet. Was nun KONOW (1886a) wirklich meint ist unklar.

Vergleicht man nun dazu die von Konow selbst als „*confusa*" beschrifteten Tiere, die durchweg bis auf die Knie und die Tibien$_1$ dunkle Beine besitzen, wird klar, was Konow (1886a) unter *B. confusa* verstand. Die vorangegangenen Ausführungen begründen damit die Notwendigkeit der Designierung eines Neotypus.

Es sei noch vermerkt, daß die Syntypenserie von *Tenthredo* (*Allantus*) *cinereipes* Klug entsprechend dem Katalog aus 5 Tieren mit der Nr. 13830 bestehen müßte. Konow (1886a) hat diese Tiere alle noch gesehen. Es waren zwei ♂♂ und drei ♀♀. Gegenwärtig ist nur ein ♂ auffindbar, auf das sich auch Konow (1886a) bei seiner Diskussion bezieht und das das Klugsche Originaletikett „*cinereipes* Kl., ♂♀" trägt, aber zu *C. alternipes* gehört. Die 4 Typen von *Birka cinereipes* (Klug) fehlen!

Die problembehaftete *C. confusa* beschrieb Konow (1886a) im Juni, während er die *B. puncticeps*, die die Revision auf Grund des Vorhandenseins von Typen und einer ausführlichen Beschreibung wesentlich erleichtert hätte, erst im Dezember des selben Jahres publizierte. Dabei erwähnte er bereits die enge Verwandtschaft mit *C. confusa*.

Gemäß der Beschreibung (Konow 1886b) lag ihm ein Pärchen aus der Schweiz vor, das damit als Syntypenserie aufzufassen ist. Die Überprüfung ergab jedoch, daß nur das ♀ als Typus von *B. puncticeps* gilt, während das ♂ (Etikettierung: „Helvet."; „Coll. Konow") zu *C. waldheimii* Gimmerthal gehört. Dieser Fehler kam zustande, indem Konow offenbar davon ausging, daß die Beine immer ausgedehnt gelb gefärbt sind. Diese Farbvariante der *C. confusa* stellt offenbar die Ausnahme dar, denn bei den meisten Tieren sind die Tibien$_3$ bis auf die äußersten Knie dunkelbraun bis schwarz gefärbt. Diese Variationsbreite veranlaßte bereits Conde (1939) die *B. puncticeps* fälschlicherweise als Synonym zu *C. waldheimii* zu stellen.

Zur Synonymie von *Selandria geniculata* Stephens, einer Art, die bei Benson (1952) und Muche (1969) fehlt, ist zu vermerken, daß die Überprüfung des Typus eine Synonymie zu *Stethomostus fuliginostus* (Schrank) ergab und damit nicht zu *C. confusa* gehört.

Die Syntypenserie von *Blennocampa mixta* Malaise umfaßt drei ♀♀. Davon gehören der Lectotypus und ein Paralectotypus zu *C. confusa*, während der zweite Paratypus als *C. waldheimii* erkannt wurde. Widersprüchlich zwischen dem Typus und der Originalbeschreibung (Malaise 1920) ist die Darstellung des Malarraumes, der mindestens so lang wie das 2. Antennenglied sein soll, in Wirklichkeit aber gar nicht ausgebildet ist. In diesem Zusammenhang erwähnt Malaise (1920) auch fälschlich eine Verwandtschaft zu *C. tenuicornis*.

**Claremontia sinobirmana (Malaise), comb. nov.**

*Pseudoblennocampa sino-birmana* Malaise, 1964, p. 31.

♀.— Der Körper ist schwarz. Am Kopf sind die Mandibelspitzen rotbraun; das Labrum ist fast schwarz. Gelb sind die Tegulae, die Spitzen aller Femora, die Tibien außer ihren dunkelbraunen Spitzen und die Cerci. Die Tibien$_1$ sind auf der Rückseite oft dunkelbraun gestreift. Die Tarsen sind ebenfalls dunkelbraun, wobei der Basitarsus oft schmutziggelb erscheint.

Der Hinterkopf ist schmaler als die maximale Breite des Kopfes. Die Antennen sind anderthalbmal so lang wie der Kopf breit. Der Pedicellus ist fast so lang wie breit. Das 3. Antennenglied ist etwa anderthalbmal so lang wie das 4.; das 6. und 9. sind doppelt so lang wie breit, das 5. ist etwas länger; das 7. ist nur noch anderthalbmal so lang wie breit und das 8. ist noch kürzer. Eine Postgenalcarina unterhalb der Augen ist nur schwach entwickelt. Der Malarraum fehlt. Der Clypeus ist flach ausgerandet. Der Oberkopf ist glänzend und mit verstreuten groben Pusteln besetzt, die sich im Bereich des Frontalfeldes, den Flächen daneben und nach vorn deutlich verdichten. Die Interantennalgrube ist sehr groß. Das Postocellarfeld ist doppelt so breit wie lang, besitzt eine deutliche Mittelfurche und wird von sehr tiefen Lateralfurchen begrenzt. Die Postocellarfurche ist nur schwach nach vorn gewölbt.

Das Praescutum besitzt flache aber relativ dichtstehende Punktgruben. Die Mesopleuren und das Mesosternum sind durchgehend hellbraun behaart. Die Flügel sind schwach bräunlich getrübt. Der Nerv 2r trifft vor 3r—m in Rs.

Länge: 6,0 bis 6,5 mm.

Sägescheide: Abb. 3. Sägevalve: Abb. 3.

♂. — Gefärbt wie das ♀, nur sind die Tegulae schwarzbraun. Der Kopf ist hinter den Augen sehr deutlich verengt, und die pustelartige Skulptur auf dem Kopf ist ebenfalls kräftiger als beim ♀ entwickelt und sogar auf den Mesopleuren ausgebildet. Das $Sternit_9$ ist apikal schmal abgestutzt.

Länge: 6,0 mm.

Parapenis und Harpe: Abb. 3. Penisvalve: Abb. 3.

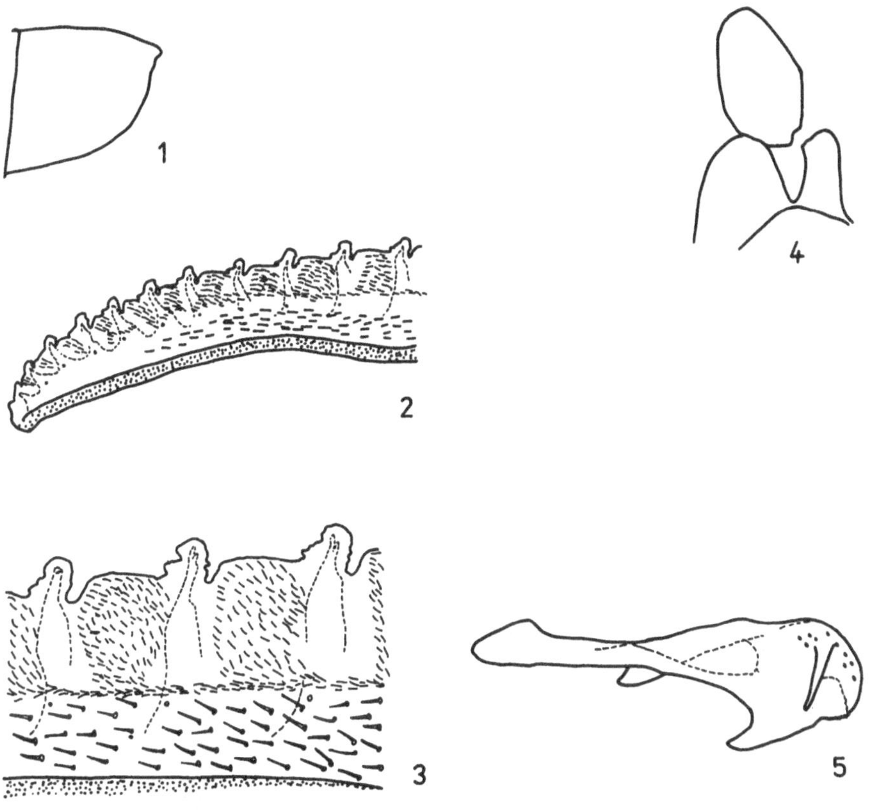


Abb. 3
*Claremontia sinobirmana*, — 1) Sägescheide, 2) Sägevalve, 3) 9 – 11 Hauptzahn der Sägevalve, 4) Parapenis und Harpe, 5) Penisvalve

## Typenmaterial

*Pseudoblennocampa sino-birmana* MALAISE

Holotypus ♀ Etikettierung „N. E. Burma, Kambaiti, 7000 ft., 2/4, R. MALAISE", „Typus (rot)", „Holotypus, des. F KOCH, 1987 (rot)", „*Claremontia sinobirmana* (MALAISE) ♀, det F KOCH 87"

Der Holotypus befindet sich im Riksmuseum, Stockholm.

**Verbreitung:** Burma.

**Diskussion**

Die Ursprüngliche Typenserie der früheren *Pseudoblennocampa sino-birmana* umfaßt nach Malaise (1964) 5 ♂♂ und 2 ♀♀. Der Holotypus, ein weiteres ♀ sowie ein ♂, lagen zur Untersuchung vor. Nur der Holotypus trägt ein Typusetikett, aber auch bei den anderen Exemplaren stimmen die morphologischen Merkmale und der Fundort präzis mit der Originalbeschreibung überein.

Wie eingangs erwähnt begründete Malaise (1935) die Untergattung *Pseudoblennocampa* mit der Typusart *Tenthredo (Allantus) tenuicornis* Klug auf Grund der Basalverdickung an der Klaue, die bei *Claremontia* nach Rohwer (1909) und Ross (1937) angeblich nicht ausgebildet ist und das so Malaise (1935, 1964) kritiklos übernahm. Ein weiteres Merkmal der Abgrenzung nach Malaise (1964) sind die Antennen, die bei *Claremontia* körperlang, bei *Pseudoblennocampa* aber viel kürzer sein sollen. Er erkannte nicht, daß bei *Claremontia* die Länge der Antennen kein vordergründiges Gattungsmerkmal darstellt.

Mit der Beschreibung der *Pseudoblennocampa sino-birmana* findet Malaise (1964) seine Auffassung bestätigt und erhebt seine, von Ross (1951) mittlerweile synonymisierte Untergattung in den Gattungsrang.

*Claremontia sinobirmana* gilt als südlichster Vertreter dieser Gattung in Eurasien und besitzt gewisse Ähnlichkeit mit der palaearktischen *C. waldheimii*.

**Claremontia springatei, spec. nov.**

♀. — Der Körper ist schwarz. Am Kopf sind die Mandibelspitzen rotbraun und das Labrum hellbraun. Am Thorax sind die breiten Ränder der Tegulae gelb, die Mitte dunkelbraun bis schwarz. Während am $Femur_1$ die Spitzenhälfte gelb ist, nimmt diese Färbung nach hinten ab, so daß am $Femur_3$ nur noch die Spitze gelb bleibt. Ebenso hellgelb sind die Tibien und die Tarsen, wobei letztere apikal bräunlich werden. Die $Tibia_1$ ist auf der Rückseite und die $Tibia_3$ an der schmalen Spitze gebräunt. Die Cerci sind rötlichgelb.

Der Hinterkopf ist unbedeutend schmaler als die maximale Breite des Kopfes. Die Antennen sind wenig kürzer als die doppelte Breite des Kopfes. Der Pedicellus ist wenig breiter als lang. Das 4. und 5. Antennenglied sind jeweils dreimal so lang wie breit und wenig kürzer als das 3.; das 6. bis 9. sind gut doppelt so lang wie breit. Die Postgenalcarina unterhalb der Augen und der Malarraum fehlen. Der Clypeus ist stumpfwinkelig ausgeschnitten. Das Postocellarfeld ist doppelt so breit wie lang und mit Mittelfurche. Die Postocellarfurche ist schwach nach vorn gebogen. Der Oberkopf ist glatt und glänzend, jedoch befinden sich zwischen den lateralen Ocellen und den Augen je eine kleine Fläche mit gutentwickelter pustelartiger Skulptur, die auch auf den unteren inneren Orbiten zu finden ist.

Das Praescutum besitzt eine schwache lederartige Mikroskulptur. Auf dem $Scutellum_2$ befinden sich einzelne flache, kleine Punktgruben, die sich am äußersten Hinterrand etwas runzelig verdichten. Die Flügel sind hellbraun getrübt. Die Nerven 2r und 3r—m sind interstitial.

Länge: 6,0 bis 6,5 mm.

Sägescheide: Abb. 4. Sägevalve: Abb. 4.

♂. — Gefärbt und skulptiert wie das ♀, nur sind das Labrum dunkelbraun und die Tegulae schmaler gelb gesäumt. Die Rückseiten der $Tibien_1$ und die Spitzen der $Tibien_3$ sind kaum verdunkelt, und auch alle Tarsen sind etwas heller als beim ♀. Das $Sternum_9$ ist apikal sehr flach ausgerandet.

Länge: 5,5 bis 6,0 mm.

Parapenis und Harpe: Abb. 4. Penisvalve: Abb. 4.

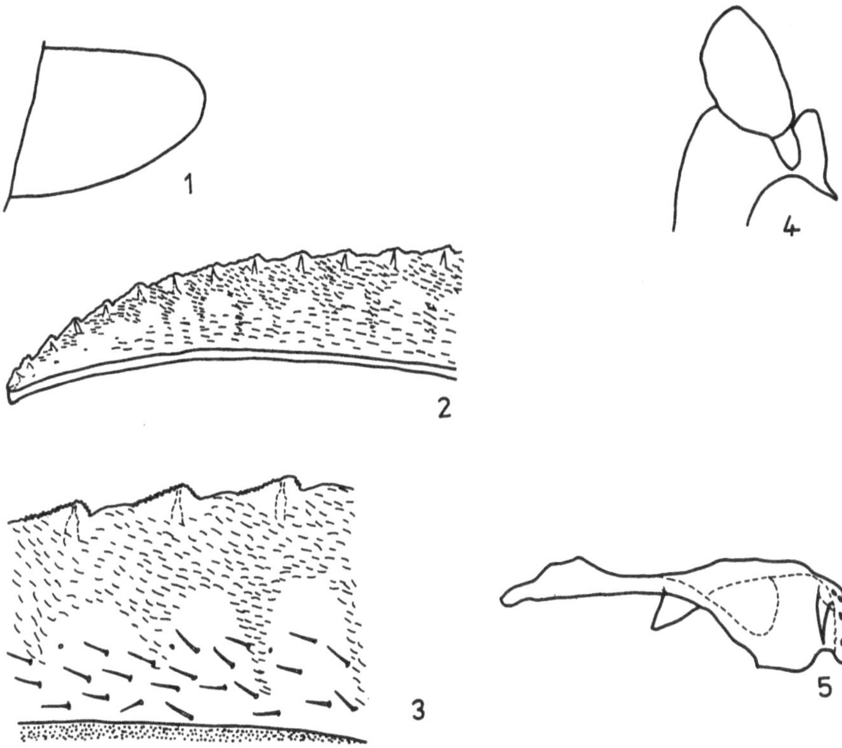

Abb. 4
*Claremontia springatei* spec. nov., — 1) Sägescheide, 2) Sägevalve, 3) 9.—11. Hauptzahn der Sägevalve, 4) Parapenis und Harpe, 5) Penisvalve.

## Typenmaterial

Holotypus: ♀: Etikettierung: „Irkutsk, Sibiria"; „Coll. Konow"; „Holotypus (rot)"; „*Claremontia springatei* spec. nov. ♀, det.: F. Koch 87 (rot)".

Paratypen: 1 ♂, 7 ♀♀: Etikettierung: Wie Holotypus.

Der Holotypus und 4 weibliche Paratypen sowie der männliche Paratypus befinden sich im Institut für Pflanzenschutzforschung, Eberswalde, Abteilung Taxonomie der Insekten. Die verbleibenden drei weiblichen Paratypen sind im Museum für Naturkunde, Berlin, aufbewahrt. Das gesamte Material entstammt der Coll. Konow.

**Verbreitung:** Sibirien.

## Diskussion

Die Art sieht der *C. waldheimii* und *C. uncta* farblich ähnlich, unterscheidet sich jedoch von beiden leicht durch die Gestalt der Antennen, der Sägescheide und grundsätzlich der Sägevalve.

Die Art wird nach dem Hymenopterologen des British Museum (Natural History), N. D. Springate, benannt, dem für seine schnelle und korrekte Bearbeitung sämtlicher Leihwünsche damit gedankt sei.

## Claremontia tenuicornis (Klug)

*Tenthredo (Allantus) tenuicornis* Klug, 1814, p. 68.
*T. (Blennocampa) tenuicornis*, Hartig, 1837, p. 267 nec Thomson, 1870, p. 283.
*Blennocampa tenuicornis*, Konow, 1886b, p. 217.
*Pseudoblennocampa tenuicornis*, Malaise, 1935, p. 167.
*Claremontia tenuicornis*, Ross, 1951, p. 66.
*Monophadnoides tenuicornis*, Muche, 1969, p. 113.
**Synonyme:**
*Phyllotoma conformis* Fallén, 1829, p. 34.
*Selandria tibialis* Stephens, 1835, p. 49.
*Blennocampa geniculata*, Cameron, 1877, p. 57 sensu Enslin, 1918, p. 297 (misdet.).
*B. spiraeae* Brischke, 1883 p. 282.

♀. — Der Körper ist schwarz. Die Mandibelspitzen sind rotbraun; dunkelbraun bis schmutziggelb ist das Labrum. Die Ecken des Pronotumhinterrandes und die Tegulae hellen gewöhnlich hellbraun auf, können aber seltener auch ganz gelb werden. Die Spitzen aller Femora, die Tibien und die Tarsen sind gelb. Die $Tibien_3$ und alle Tarsen sind oft auf der Rückseite und apikal etwas verdunkelt; die $Tarsen_3$ manchmal auch braun. Die Cerci sind gelb.

Der Hinterkopf ist schmaler als die maximale Breite des Kopfes. Die Antennen sind etwas länger als die doppelte Kopfbreite. Der Pedicellus ist breiter als lang. Das 4. Antennenglied ist minimal länger als das 5. und nur unbedeutend kürzer als das 3.; das 6. ist etwas kürzer, das 7., 8. und 9. Glied sind fast dreimal so lang wie breit. Die Postgenalcarina unterhalb der Augen fehlt. Der Malarraum ist so lang wie der Radius des Medianocellus. Der Clypeus ist flach ausgerandet. Der Oberkopf ist glatt und glänzend und nur die unteren inneren Orbiten

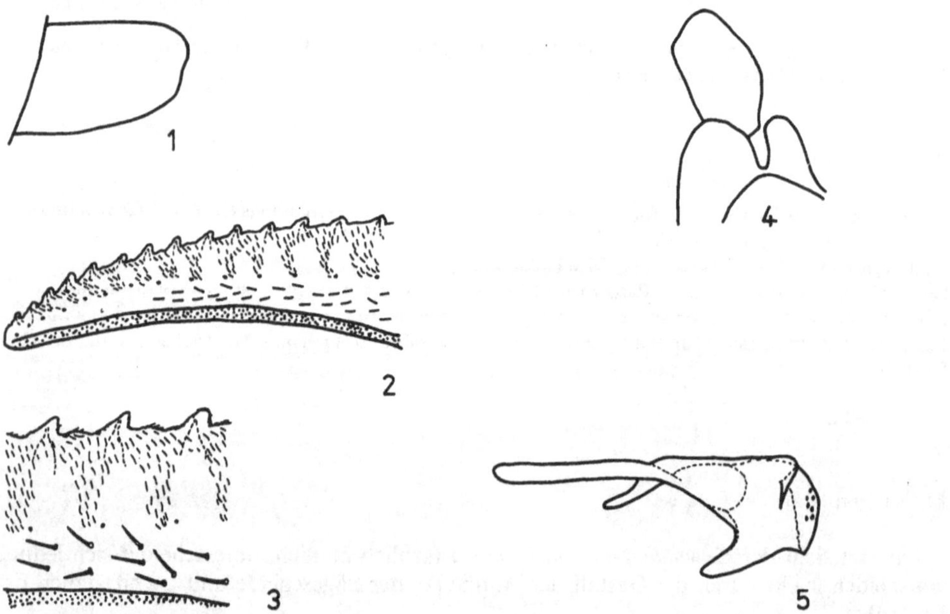


Abb. 5
*Claremontia tenuicornis*, — 1) Sägescheide, 2) Sägevalve, 3) 9.—11. Hauptzahn der Sägevalve, 4. Parapenis und Harpe, 5) Penisvalve.

besitzen eine pustelartige Skulptur. Das Postocellarfeld ist doppelt so breit wie lang und mit Mittelfurche, die zuweilen sehr undeutlich wird. Die Postocellarfurche ist fast gerade.

Am Thorax ist nur das Praescutum unbedeutend mit sehr flachen Mikropunkten skulptiert. Die Mesopleuren und das Mesosternum sind durchgehend grau behaart. Die Flügel sind braun getrübt. Der Nerv 2r ist mit 3r—m interstitial.

Länge: 5,0 bis 5,5 mm.

Sägescheide: Abb. 5. Sägevalve: Abb. 5.

♂. — Ähnlich dem ♀ gefärbt, nur ist hier die Gelbfärbung mehr reduziert. Die Tegulae werden sehr selten gelb. Die $Tibien_3$ sind oft braun oder auch schwarzbraun, ausgenommen die Knie. Auch sämtliche Tarsen zeigen eine deutliche, teilweise schwarzbraune Verdunkelung. Der Hinterkopf ist auffällig verengt. Der Oberkopf besitzt eine weitläufige pustelartige Skulptur, vor allem auch auf dem Frontalfeld, die nur selten fehlt. Das $Sternum_9$ ist apikal flach abgestutzt oder sehr flach ausgerandet.

Länge: 4,5 bis 5,0 mm.

Parapenis und Harpe: Abb. 5. Penisvalve: Abb. 5.

## Typenmaterial

*Tenthredo (Allantus) tenuicornis* KLUG

Lectotypus: ♂: Etikettierung: „13811"; „*Tenuicornis* KL., ♂♀"; „Lectotypus, des.: F. KOCH, 1987 (rot)"; „*Claremontia tenuicornis* (KLUG) ♂, det.: F. KOCH 87".

Der Lectotypus befindet sich im Museum für Naturkunde, Berlin.

## Verbreitung

Spanien, Frankreich, Belgien, Niederlande, Großbritannien, Österreich, Schweiz, DDR, Finnland, Schweden, Norwegen, Polen, Baltische Sowjetrepubliken, Sibirien.

## Diskussion

Die Syntypenserie dieser Art besteht laut Katalog aus 5 Tieren, die mit der Nr. 13811 gekennzeichnet sind und nach der KLUGschen Beschreibung aus Ostpreußen stammen. Davon sind derzeit nur drei Exemplare (2 ♂♂, 1 ♀) auffindbar, wobei ein ♂ zu *C. uncta* gehört.

Auch bei dieser Art gibt es Ungenauigkeiten zwischen der Originalbeschreibung und der Nachbeschreibung von HARTIG (1937), die vor allem mit den bräunlichgelben Antennen, der HARTIGschen Darlegung, zum Ausdruck kommen. KONOW (1984b, 1886b) griff dieses Problem auf und hielt die von HARTIG charakterisierte Art für das ♀ von *Parna tenella* (KLUG), das auch THOMSON (1870) beschrieb. Jedoch trifft die THOMSONsche Artdiagnose diese Art viel genauer, so daß es als nicht sicher gilt, ob die Synonymisierung von KONOW (1886b) von *B. tenuicornis*, HARTIG mit *Parna tenella* (KLUG) gerechtfertigt ist.

Die bereits von KONOW (1905) vorgenommene Synonymisierung von *Selandria tibialis* STEPHENS konnte nicht überprüft werden, da über den Verbleib des Typus nach SPRINGATE (briefl. Mitt.) gegenwärtig keine Informationen vorliegen.

Die von ENSLIN (1918) als Synonym zu *B. tenuicornis* gestellte *Blennocampa geniculata* CAMERON bezieht sich auf *Tenthredo* (*Blennocampa*) *geniculata* HARTIG und ist daher nur als Nachbeschreibung zu werten. Außerdem ist diese Synonymie falsch, da *B. geniculata* HARTIG jetzt als valide Art zur Gattung *Monophadnoides* ASHMEAD zu zählen ist.

**Claremontia uncta (KLUG), comb. nov.**

*Tenthredo (Allantus) uncta* KLUG, 1814, p. 77
*T. (Blennocampa) uncta*, THOMSON, 1870, p. 269
*Blennocampa uncta*, THOMSON, 1870, p. 284.
**Synonyme:**
*Selandria humeralis* VOLLENHOVEN, 1869, p. 122.
*Blennocampa alchemillae* CAMERON, 1876, p. 107
*B. lioparae* KONOW, 1884b, p. 279 nom. nov pro *B. uncta* KLUG sensu THOMSON, 1870, p. 284
*B. tenuicornis* var *humeralis* KONOW in DALLA TORRE, 1984, p. 173

♀. – Der Körper ist schwarz. Die Spitzen der Mandibeln sind rotbraun und das Labrum ist hellbraun. Gelb sind die Tegulae, die Spitzen der Coxae$_3$, teilweise die Trochanteren, die breiten Spitzen der Femora, alle Tibien und die Vorderseiten der Tarsen. Gelegentlich sind die Rückseiten und vor allem die Spitzen der Tibien$_3$, die Rückseiten der Tarsen sowie die apikalen Glieder der Tarsen$_3$ braun. Auch die Tarsen$_{1/2}$ können dunkler werden. Die Cerci sind gelb.

Der Hinterkopf ist nur wenig schmaler als die maximale Breite des Kopfes. Die Antennen sind doppelt so lang wie der Kopf breit. Der Pedicellus ist auffallend breiter als lang. Das 4. Antennenglied ist geringfügig länger als das 5. und unbedeutend kürzer als das 3.; das 6. ist fast dreimal so lang wie breit; die nachfolgenden Glieder sind gut doppelt so lang wie breit. Die Postgenalcarina unterhalb der Augen fehlt. Der Malarraum ist so lang wie der Radius des Medianocellus. Der Clypeus ist stumpfwinkelig ausgeschnitten. Das Postocellarfeld ist nur anderthalbmal so breit wie lang und ohne Mittelfurche. Die Postocellarfurche ist stumpfwinkelig nach vorn gezogen. Der Oberkopf ist glatt und glänzend, nur die unteren inneren Orbiten haben eine pustelartige Skulptur.

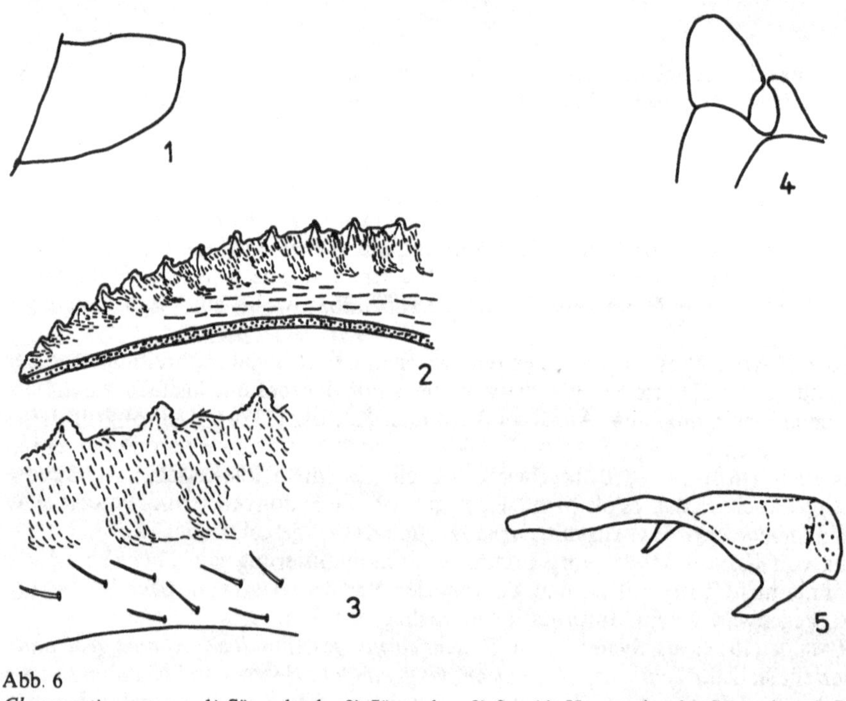

Abb. 6
*Claremontia uncta*, – 1) Sägescheide, 2) Sägevalve, 3) 9 – 11 Hauptzahn der Sägevalve, 4) Parapenis und Harpe, 5) Penisvalve.

Der Thorax ist entweder völlig glatt oder das Praescutum besitzt eine unscheinbare lederartige Mikroskulptur. Zwischen den grau behaarten Mesopleuren und dem schwächer behaarten Mesosternum befindet sich ein breiter haarloser Bereich. Die Flügel sind hellbraun getrübt. Der Nerv 2r ist mit 3r—m interstitial oder trifft nur wenig hinter diesen in Rs.
Länge: 6,0 mm.
Sägescheide: Abb. 6. Sägevalve: Abb. 6.

♂. — Gefärbt wie das ♀. Der Hinterkopf ist schmaler als beim ♀. Die Antennen sind zweieinhalbmal so lang wie der Kopf breit. Die apikalen 5 Antennenglieder sind dreimal so lang wie breit. Das $Sternum_9$ ist apikal abgerundet.
Länge: 4,5 bis 5,0 mm.

Parapenis und Harpe: Abb. 6. Penisvalve: Abb. 6.

## Typenmaterial

*Tenthredo (Allantus) uncta* KLUG

Holotypus: ♂: Etikettierung: „13833"; „*Uncta*, KL. ♂♀"; „*Tenuicornis*, nach KONOW"; „Holotypus, des.: F. KOCH, 1987 (rot)"; „*Claremontia uncta* (KLUG) ♂, det.: F. KOCH 87".

Der Holotypus befindet sich im Museum für Naturkunde, Berlin.

*Selandria humeralis* VOLLENHOVEN

Holotypus: ♀: Etikettierung: „Holotype, *Selandria humeralis* VOLLENHOVEN, 1869 (rot)"; „Genitaalpreparaat no. 287"; „v. VOLL., Glip. 5. (grüner Kreis)"; „Museum Leiden, *Blennocampa tenuicornis* KL. var. *humeralis* v. VOLL."; „*Claremontia tenuicornis* var. *humeralis* VOLL., Det. P. THOMAS 3, 1986"; „*Claremontia uncta* (KLUG) ♀, det.: F. KOCH 87".

Der Holotypus befindet sich im Rijksmuseum van Natuurlijke Historie, Leiden.

## Verbreitung

Frankreich, Niederlande, Großbritannien, Italien, Schweiz, DDR, BRD, Schweden, Albanien, europäischer Teil der Sowjetunion.

## Diskussion

KLUG (1814) beschrieb diese Art anhand eines einzelnen ♂ aus Pommern. Der Holotypus trägt die Nr. 13833. Unter dieser Nummer sind jedoch im Katalog insgesamt 3 Exemplare eingetragen, die auch alle zur Überprüfung vorlagen. Danach sind aber die beiden ♀♀ der Art *C. tenuicornis* zuzuordnen.

Beim Vergleich des Typus mit der Originalbeschreibung ergeben sich zwei Widersprüche. Dort heißt es, daß das Pronotum beidseitig weißlich gerandet und die Antennen kürzer als das Abdomen sein sollen. Beim Holotypus sind aber die Seiten des Pronotums nur bräunlich aufgehellt und die Antennen sind länger als das Abdomen. HARTIG (1937) gibt letztendlich nur die KLUGsche Beschreibung wider, so daß HARTIG der Fehler mit der Antennenlänge nicht vorzuwerfen ist.

Etwas genauer wird *C. uncta* von THOMSON (1870) charakterisiert, indem er die dünnen, das Abdomen überragenden Antennen erwähnt. Die Widersprüchlichkeit in den drei Beschreibungen veranlaßten KONOW (1884a), davon auszugehen, daß es sich hierbei um zwei verschiedene Arten handelt, so daß er den Namen *B. uncta* THOMSON als jüngeres Homonym einzog und ihn durch *B. lioparae* KONOW ersetzte. Kurz darauf synonymisiert er diesen mit *B. tenuicornis* (KLUG).

KONOW (1884a) weist selbst darauf hin, daß er das von KLUG (1814) und HARTIG (1837) beschriebene *uncta*-♂ nie gesehen hat und damit wird erklärlich, wie es zu diesen Irritationen kam. Schließlich scheint KONOW (1886b) diesen Mangel behoben zu haben, weil er von nun an die KLUGsche und die THOMSONsche *B. uncta* als ein und dieselbe Art anerkennt.

In der vorliegenden Arbeit wurden sowohl die Typen als auch weiteres Vergleichsmaterial untersucht. Danach handelt es sich bei *C. tenuicornis* und *C. uncta*, entgegen KONOW (1884a) um zwei valide Arten, so daß letztere resynonymisiert werden muß.

Außer in den Genitalien unterscheiden sich die beiden Arten wie folgt:

| *C tenuicornis* | *C uncta* |
|---|---|
| – Mesopleuren und Mesosternum durchgehend behaart | – Zwischen Mesopleuren und Mesosternum ein breiter haarloser Bereich |
| – Postocellarfurche gerade oder leicht gebogen | – Postocellarfurche stumpfwinkelig |
| – Tegulae selten gelb | – Tegulae gelb |
| – Beim ♂ nur die Spitzen der Femora gelb | – Beim ♂ mehr als das Spitzendrittel gelb |
| – Harpen vollständig behaart | – Harpen schwächer und nur die Spitzenhälfte behaart |

*Selandria humeralis* beschrieb VOLLENHOVEN (1869) vor allem auf Grund der gelben Tegulae. Später stellte KONOW in DALLA TORRE (1894) die Art als Varietät zu *B. tenuicornis*. Diese Färbung veranlaßten schließlich auch ENSLIN (1918), die *B. tenuicornis* var. *humeralis* und *B. alchemillae* CAMERON als ein und dieselbe Art zu betrachten.

Von *B. alchemillae* CAMERON scheint kein Holotypus zu existieren (SPRINGATE, briefl. Mitt.), zumindest unterließ es CAMERON (1876) auf die Festlegung eines Typus zu verweisen. Für die vorliegende Revision lagen dennoch 6 Tiere vom Locus typicus im weiteren Sinne vor, die alle gelbe Tegulae besitzen und von CAMERON selbst als *B. alchemillae* determiniert wurden. Drei ♂♂ davon gehören zu *C. uncta*, während ein weiteres ♂ und zwei ♀♀ als *C. tenuicornis* gelten.

Wie eingangs erwähnt, war die Widersprüchlichkeit in der Länge der Antennen auch für CAMERON (1877) ein Grund, seine *B. alchemillae* nicht zu *B. uncta* zu stellen, obwohl er sonst die Konvergenz zwischen beiden Arten erkannte.

## Claremontia waldheimii (GIMMERTHAL)

*Tenthredo (Blennocampa) waldheimii* GIMMERTHAL, p. 51
*Blennocampa waldheimii*, CONDE, 1927, p. 79
*Claremontia waldheimii*, BENSON, 1968, p. 154.
*Monophadnoides waldheimii*, MUCHE, 1969, p. 114.
**Synonyme:**
*Selandria subcana* ZADDACH, 1859, p. 34.
*Blennocampa subserrata* THOMSON, 1870, p. 285
*Tenthredo (Monophadnus) albipes* GMELIN, 1790, p. 2667 praeocc. in *Tenthredo* von GEOFFROY, 1781, p. 371) sensu KONOW, 1905, p. 86 (misdet.).
*T (Monophadnus) pallescens* GMELIN, 1970, p. 2668 nom. nov pro *T. (Monopadnus) albipes* GMELIN sensu ENSLIN, 1918, p. 293 (misdet.).

♀. – Der Körper ist schwarz. Am Kopf sind die Mandibelspitzen rotbraun und das Labrum dunkelbraun. Ebenfalls dunkelbraun sind die Tegulae, die auch gelb werden können, ebenso die äußersten Ecken des Pronotumhinterrandes. An den Beinen sind die Spitzen aller Femora, von vorn nach hinten abnehmend und alle Tibien gelb bis weißgelb. Letztere sind auf den Rückseiten schmal braun liniert. Bei Tibia$_3$ kann diese Linie fehlen, aber die Spitze ist immer braun. Die Tarsen sind gelb, jedoch werden sie auf den Rückseiten und an den apikalen Gliedern braun. Die Hinterränder der Sternite sind gelegentlich äußerst schmal gelb gefärbt. Die Cerci sind gelb.

Der Hinterkopf ist nur geringfügig schmaler als die maximale Breite des Kopfes. Die Antennen sind etwas länger als anderthalbmal die Kopfbreite. Der Pedicellus ist an der

Außenkante so lang wie breit. Das 3. Antennenglied ist etwas länger als anderthalbmal so lang wie das 4.; das 6. ist doppelt so breit wie lang; das 5. und 9. sind etwas länger; das 7. und 8. sind wenig kürzer. Die Glieder 3 bis 8 sind apikal schwach erweitert und nach unten vorgezogen. Die Postgenalcarina unterhalb der Augen und der Malarraum fehlen. Der Clypeus ist stumpfwinkelig ausgeschnitten. Der Oberkopf ist glatt und glänzend, und auch die inneren Orbiten sind wenig skulptiert. Das Postocellarfeld ist doppelt so breit wie lang und mit Andeutung einer Längsfurche. Die Postocellarfurche ist fast gerade.

Am Thorax ist das Praescutum mit flachen kleinen Punktgruben skulptiert, die teilweise auch auf dem Scutum$_2$ verstreut und auf dem Scutellum$_2$, vor allem am Hinterrand, zu finden sind. Die Flügel sind braun getrübt. Die Nerven 2r und 3r—m sind interstitial.
Länge: 6,0 bis 6,5 mm.

Sägescheide: Abb. 7. Sägevalve: Abb. 7.

♂. — Im wesentlichen gefärbt wie das ♀. Die Tegulae sind hier schwarz. Stärkere Verdunkelungen findet man auch an den Tibien, wobei Tibia$_3$ bis auf die Basis schwarz werden kann und den Tarsen. Die Antennen sind gut zweimal so lang wie der Kopf breit. Das 4. Antennenglied ist 4/5 so lang wie das 3.; die nachfolgenden sind gut doppelt so lang wie breit. Das Sternum$_9$ ist apikal abgestutzt oder flach ausgerandet.
Länge: 5,5 bis 6,0 mm.

Parapenis und Harpe: Abb. 7. Penisvalve: Abb. 7.

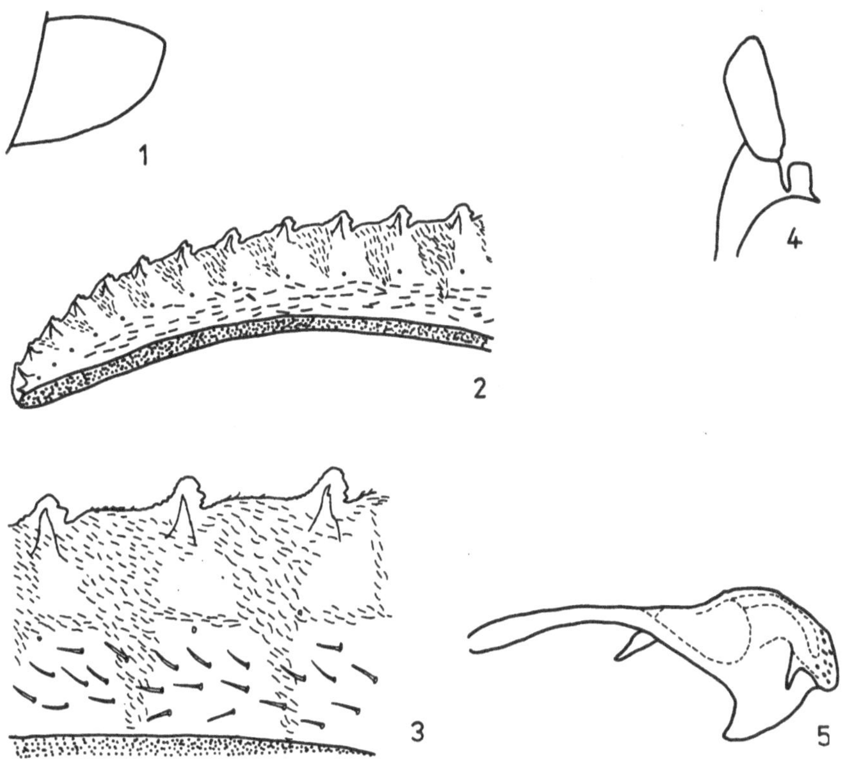

Abb. 7
*Claremontia waldheimii*, 1) Sägescheide, 2) Sägevalve, 3) 9.—11. Hauptzahn der Sägevalve, 4) Parapenis und Harpe, 5) Penisvalve.

## Typenmaterial

*Blennocampa subserrata* Thomson

Lectotypus: ♀: Etikettierung: „*subserrata*, Thom."; „Lectotypus, des.: F. Koch, 1987 (rot)"; „*Claremontia waldheimii* (Gimmerthal) ♀, det.: F. Koch 87".

Der Lectotypus befindet sich im Zoologischen Museum, Lund.

## Verbreitung:

Spanien, Frankreich, Belgien, Niederlande, Großbritannien, Italien, Österreich, Schweiz, DDR, BRD, Finnland, Schweden, Norwegen, Jugoslawien, Bulgarien, Türkei, Polen, europäischer Teil der Sowjetunion, Sibirien, Mongolei.

## Diskussion

Gimmerthal (1848) beschrieb diese Art anhand eines ♀ aus Lettland. Über den Verbleib des Typus, der sich in Riga befinden müßte ist derzeit nichts bekannt.

Obwohl von dieser Art eine korrekte Beschreibung vorliegt, wurde sie später von Konow (1905) und Enslin (1918) fehlgedeutet und mit *Monophadnus albipes* (Gmelin) beziehungsweise *M. pallescens* (Gmelin) synonymisiert. Diese Fehlinterpretation korrigierte Conde (1927), der den Typus untersuchte und sie daraufhin richtig zu *Blennocampa* stellte. Auch Benson (1952), auf den sich Smith (1969) berief, untermauerte diese Entscheidung. Außerdem erkannte Conde (1927) die *Selandria (Blennocampa) subcana* Zaddach, mit der bereits Konow (1886) die *B. subserrata* Thomson synonymisierte, als Synonym zu *B. waldheimii*.

Im Rahmen dieser Untersuchungen war es möglich, die wahrscheinliche Syntypenserie der von Thomson (1870) beschriebenen *B. subserrata* zu beurteilen. Diese 7 Tiere sind nicht einheitlich etikettiert und keins besitzt die als typisch anzusehende Beschriftung nach Horn u. Kahle (1936—1937). Es lassen sich jedoch Schriftzüge von Thomson erkennen, der daneben offenbar auch gedruckte Etiketten verwendete. Außerdem gibt er in der Originalbeschreibung nur den Hinweis „ziemlich selten", aber keinen Fundort an, das die Lectotypusdesignation weiterhin erschwert. Auf diese Problematik verwies auch Danielsson (briefl. Mitt.). Unter Berücksichtigung dieser Fakten wurde nur ein ♀, mit der für *B. subserrata* typischen Färbung, als Lectotypus ausgewiesen.

Diese von Thomson determinierten sowie weitere von Schmiedeknecht erkannte *subserrata*-Tiere als auch von Konow und Zaddach bestimmte *subcana*-Exemplare wurden überprüft und ihre Synonymie zu *Claremontia waldheimii* bestätigt. Dagegen kann die Aussage von Conde (1939), daß die *B. puncticeps* auch nur ein Synonym von *B. waldheimii* darstellt nicht gestützt werden (vgl. *C. confusa*).

## Danksagung

Für die Bereitstellung wertvollen Typen- und Vergleichsmaterials gebührt den Herren Dr. A. Antropov, Moskau, Dr. R. Danielsson, Lund, P. I. Persson, Stockholm, N. D. Springate, London, Dr. A. Taeger, Eberswalde, P. Thomas, Leiden, herzlicher Dank. Für fördernde Diskussionen und Literaturbereitstellung ist den Herren W. H. Muche (†), Radeberg und Dr. I. Togashi, Ishikawa, sehr zu danken.

## Literatur

André, E. (1879—1882): Species des Hyménoptères d'Europe & d'Algérie. — Vol. **1**, Beaune (Côte-d'Or).

Benson, R. B. (1952): Handbk. Ident. Br. Insects. Hymenoptera, Symphyta. — R. Ent. Soc. London VI (2b).

— (1968): Hymenoptera from Turkey; Symphyta. — Bull. Br. Mus. (Nat. Hist.) **22**, 109—207.

BRISCHKE, C. G. A. u. ZADDACH, G. (1883): Beobachtungen über die Arten der Blatt- und Holzwespen. — Schr. naturf. Ges. Danzig **5**, 201—328.

CAMERON, P. (1876): Notes on the British species, including descriptions of *B. subcana* ZADD. and *micans*, KL. new to the fauna. — Proc. Nat. Hist. Soc. Glasgow **3**, 107—110.

— (1877): Notes on the British species of *Blennocampa*. — Ent. Month. Mag. **14**, 55—58.

CONDE, O. (1927): Ostbaltische Tenthredinoidea. — Korrespondenzbl. naturf. Ver. Riga **59**, 67—91.

— (1939): Ostbaltische Tenthredinoidea III. — Korrespondenzbl. naturf. Ver. Riga **62**, 103—112.

DALLA TORRE, C. G. (1894): Catalogus Hymenopterorum. Vol. **1**, Tenthredinidae incl. Uroceridae (Phyllophaga and Xylophaga). — Lipsiae.

ENSLIN,E. (1918): Die Tenthredinoidea Mitteleuropas. — Beih. Dt. Ent. Z., 1912—1917.

FALLÉN, C. F. (1829): Monographia Tenthredinum Sueciae. — Londini Gothorum.

FITTON, M. G. et al. (1978): A check list of British insects, 4. Hymenoptera. Handbk. Ident. Br. Insects. — R. Ent. Soc. London.

GIMMERTHAL, B. A. (1848): Einiges über die Blattwespen im Allgemeinen, nebst einer Übersicht. — Arb. naturf. Ver. Riga **1**, 23—60.

HARTIG, T. (1837): Die Familien der Blattwespen und Holzwespen nebst einer allgemeinen Einleitung zur Naturgeschichte der Hymenopteren. — Berlin.

HELLÉN, W. (1955): Mitteilungen über einige Tenthredinoiden aus Ostfennoskandien II (Hym.). — Not. Ent. **35**, 107—122.

— (1960): Mitteilungen über einige Tenthredinoiden Finnlands III. — Not. Ent. **40**, 109—111.

HORN, W. u. KAHLE, I. (1936—1937): Über entomologische Sammlungen, Entomologen und Entomo-Museologie. — Ent. Beih. **2—4**, 1—388.

KLUG, J. C. F. (1814): Die Blattwespen nach ihren Gattungen und Arten zusammengestellt. — Mag. naturf. Fr. Berlin **8**.

KONOW, F. W. (1884a): Bemerkungen über Blattwespen. — Dt. Ent. Z. **28**, 305—354.

— (1884b): Bemerkungen über Blattwespen. — Wiener Ent. Z. **3**, 277—281.

— (1886a): Bemerkungen über Blattwespen. — Dt. Ent. Z. **30**, 73—82.

— (1886b): Die europäischen Blennocampen. — Wiener Ent. Z. **5**, 211—218.

— (1900): Neue sibirische Tenthrediniden. — Ent. Nachr. **26**, 119—126.

— (1905): Hymenoptera, Fam. Tenthredinidae. in: WYTSMAN, P.: Genera Insectorum.

KRIECHBAUMER, J. (1885): Blattwespenstudien (Hym.). — Correspondenzbl. naturh. Ver. Regensburg **39**, 135—143.

— (1888): Bemerkungen zu meiner *Blennocampa intermedia* (Regensb. Corr. Bl. 1885, p. 143). — Ent. Nachr. **14**, 211.

LISTON, A. D. (1981): A provisional list of Swiss sawflies. — Dt. Ent. Z., N. F. **28**, 165—181.

MACGILLIVRAY, A. D. (1893): Washington Tenthredinidae and Uroceridae. — Can. Ent. **25**, 237—244.

— (1908): Blennocampinae, descriptions of new genera, an species, synonymical notes. — Can. Ent. **40**, 289—297.

MALAISE, R. (1920): Beiträge zur Kenntnis schwedischer Blattwespen. — Ent. Tidskr. **40**, 97—128.

— (1935): New genera of Tenthredinoidea and their genotypes (Hym.). — Ent. Tidskr. **56**, 160—178.

— (1964): New genera and species of the subfamily Blennocampinae (Hym., Tenthredinidae). — Ent. Tidskr. **85**, 20—39.

MUCHE, W. H. (1969): Die Blattwespen Deutschlands III. Blennocampinae (Hym.). — Ent. Abh. Mus. Tierk. Dresden **36**, 97—155.

PASTEELS, J. (1948): Notules sur des Hyménoptères, Symphytes. — Bull. Ann. Soc. Ent. Belgique **84**, 185—188.

PROVANCHER, A. L. (1882): Fauna Canadienne, Hyménoptères, additions and corrections. — Nat. Can. **13**, 289—311.

ROHWER, S. A. (1909): Notes on Tenthredinoidea, with descriptions of new species. — Can. Ent. **41**, 397 to 399.

ROSS, H. H. (1937): A generic classification of the nearctic sawflies (Hym., Symphyta). — Ill. Biol. Monogr. **34**, 1—173.

— (1951): Tenthredinoidea, in: MUESEBECK, C. F. W. et al.: Hymenoptera of American North of Mexico, Synoptic Catalog, U.S. Dept. Agr. — Agr. Monogr. **2**, 66—82.

SCHRANK, F. (1801): Fauna Boica. — Vol. **2**, Ingolstadt.

SMITH, D. R. (1969): Nearctic sawflies I. Blennocampinae: Adults and larvae (Hym., Tenthredinidae), U.S. Dept. Agr. — Tech. Bull. 1397, 1—179.

SCOBIOLA-PALADE, X. G (1981) Fauna Republicii Socialiste România. – Insecta. **9**, Hym. Symphyta. Subfam. Blennocampinae, Nematinae. Acad. Rep. Socialiste România.

STEPHENS, J F (1835) Illustrations of British entomology, Mandibulata. – Vol. **7**, London.

THOMSON, C G (1870) Opuscula Entomologica. – Vol. **2**, 83—304, Lund.

VASSILEV, I B (1978) Fauna Bulgarica. **8**, Hym., Symphyta. – Acad. Sc Bulgarica.

VERZHUTZKII, B. N (1966) Pililščiki Pribajkalja. – ANSSSR, Sibirskoe otdelenie. Isdatelstvo „Nauka", Moskau, 1–164

VOLLENHOVEN, S. C S. van (1869) Nieuwe naamlijst van Niederlandsche vliesvleugelige Insecten (Hym.). — Tijdschr Ent. **12**, 89–127

ZADDACH, G (1859) Beschreibung neuer oder wenig bekannter Blattwespen aus dem Gebiete der preussischen Fauna. – Progr FRIEDRICHS Coll. Königsberg.

ZHELOCHOVTSEV, A. N (1976) Fauna pililščiki i rogochvostow (Hym., Symphyta) juga Magadanskoj Oblasti. – Sporn Trud. Zool. Mus. MGU **15**, 74—96.

ZHELOCHOVTSEV, A. N u. PROCHOROVA, L. G (1976) Pililščiki i rogochvosty Moskovskoj Oblasti – Sporn. Trud. Zool. Mus. MGU **15**, 97–110.

ZOMBORI, L. (1982) The European genera of Blennocampinae (Hym., Symphyta, Tenthredinidae). – Acta Zool. Acad. Sc. Hung. **28**, 183—192

Anschrift des Verfassers
Dr FRANK KOCH
Museum für Naturkunde
der HUMBOLDT-Universität zu Berlin
Bereich Zoologisches Museum
DDR-1040 Berlin
Invalidenstraße 43

Dtsch. ent. Z., N F 35 (1988) 4—5, 331—339

# Typen der Glasflügler aus der STAUDINGER- und PÜNGELER Sammlung im Zoologischen Museum Berlin

(Lepidoptera, Sesiidae)

Von

K. SPATENKA, Z. LAŠTŮVKA

## Abstract

The list is given of all type specimens of clear-wing moths from the collections of STAUDINGER and PÜNGELER deposited at the Zoological Museum of the HUMBOLDT University, Berlin. Many holotypes lectotypes, and paralectotypes are designated hereby Type material of Sesiidae of other authors, for example LEDERER, BARTEL, ZELLER, HERRICH-SCHÄFFER, AMSEL, MANN, included in these collections, is listed also. The species are listed under original names; no attempt to synonymize species is made.

Während mehrerer Aufenthalte in Berlin konnten wir im Zoologischen Museum der HUMBOLDT-Universität zu Berlin das gesamte Typenmaterial der Glasflügler aus den Sammlungen von STAUDINGER und PÜNGELER untersuchen. Wir bezeichneten Lecto- und Paralectotypen und fertigten Genitalpräparate von zahlreichen Arten an.

STAUDINGER kennzeichnete seine Typenserien mit roten Etiketten, die die Aufschrift „orig." (Original) tragen. Wir wählten unter diesen Serien das am besten erhaltene Exemplar, das auch der ursprünglichen Beschreibung entspricht, als Lectotypus aus. Die restlichen Tiere (nicht die Typenexemplare), unter denen sich bestimmt bisher noch unbeschriebene Arten befinden, werden von uns, wie auch die Typen von ATKINSON und die in den letzten Jahren neu beschriebenen Arten, zu einem späteren Zeitpunkt bearbeitet. Das Ziel der vorliegenden Arbeit besteht in der Anfertigung eines Typenverzeichnisses. Die Lösung synonymischer Probleme bleibt weiteren Untersuchungen vorbehalten. Bei der Angabe der Fundorte führen wir außer den alten Namen die heute gültigen auf. Bei jeder Art ist die Nummer des Kastens, in dem sie deponiert ist, angeführt.

STAUDINGER und LEDERER haben meist nur ein Tier aus einer Serie mit einem Fundortetikett versehen, die restlichen Exemplare weisen oft nur ein gleichfarbiges, unbeschriebenes Etikett auf, wenn sie vom gleichen Fundort stammen. Beim Heraussuchen und Umsetzen von Tieren sind durch diese unzureichenden Fundortbezeichnungen leicht Verwechslungen möglich. Bei der Revision der Arten muß dies streng beachtet werden, um falsche Fundortangaben zu vermeiden. In der STAUDINGER-Sammlung befinden sich auch Typen von LEDERER, MANN, HERRICH-SCHÄFFER und ZELLER, die bislang nicht näher untersucht wurden. Einige Typen von BARTEL, AMSEL und HERRICH-SCHÄFFER sind in der PÜNGELER-Sammlung.

## STAUDINGER-Sammlung

### 1. Sesia bicingulata STAUDINGER, 1887

Mem. Lep. 3: 165, Typen: Holotypus ♂, Wladiwostok CHR.; GU Pr. Nr. 627 C. NAUMANN; original specimen for colour slide 84/49 C. NAUMANN 1969; Holotypus ♂ *Sesia bicingulata* STAUDINGER, 1887 teste C. NAUMANN 1970. Kasten STGR. III/17.

**2. Sesia deserta** STAUDINGER, **1887**
Mem. Lep. **3**: 166, Typen: Holotypus ♂; Radetskaja; GU Pr. Nr. 628 C. NAUMANN; original specimen for colour slide 84/51 C. NAUMANN 1969; Holotypus ♂ *Sesia deserta* STAUDINGER, 1887 teste C. NAUMANN 1970. Paralectotypus Nr. 1 ♀ *S. deserta* (STGR.) K. ŠPATENKA et Z. LAŠTŮVKA (weiter nur A) des. 1985; Bykin 87 DÖRR. STGR. III/17.

**3. Sesia flaviventris** STAUDINGER, **1883**
Stett. entomol. Zeit. **44**: 177, Typen: Lectotypus ♂; Friedland **Stange** ex. 1. 12. VII. 81; original specimen for colour slide 100/7 C. NAUMANN; Lectotypus ♂ *Sesia flaviventris* STAUDINGER, 1883 teste C. NAUMANN 1969; Lectoparatypus ♀; Friedland STANGE 27. VII. 81; original specimen for colour slide 100/8 C. NAUMANN 1969; Lectoparatypus ♀ *Sesia flaviventris* STAUDINGER, 1883 teste C. NAUMANN 1969. STGR. III/17.

**4. Sesia elegans** LEDERER, **1861**
Wien. Ent. Monat. **5**: 150, Typen: Lectotypus ♀; coll. LED.; original specimen for colour slide 100/17 C. NAUMANN 1969; Lectotypus ♀ *Sesia elegans* LEDERER, 1861 teste C. NAUMANN 1969; Lectoparatypus ♀; coll. LED.; Antiochia (Antalya); GU Pr. Nr. 700 C. NAUMANN; original specimen for colour slide 100/16 C. NAUMANN 1969. STGR. III/17 (unter *Synanthedon myopaeformis* (BKH)).

**5. Sesia myopiformis var. graeca** STAUDINGER, **1870**
Hor. Soc. Ent. Ross. **7**: 91, Typen: Lectotypus ♂; Parnassus; GU Pr. Nr. 698 C. NAUMANN; original specimen for colour slide100/13 C. NAUMANN 1969; Lectotypus ♂ *Sesia myopiformis* var. *graeca* STAUDINGER 1870 teste C. NAUMANN 1969; Lectoparatypus ♀; Parnassus; GU Pr. Nr. 699 C. NAUMANN; original specimen for colour slide 100/14 C. NAUMANN 1969; Lectoparatypus ♀ *Sesia myopiformis* var. *graeca* STAUDINGER 1870 teste C. NAUMANN 1969; Paralectotypus Nr. 2 ♂ *S. myopaeformis* v. *graeca* (STGR.) A des. 1985; Parnassus 23. VI. 66; Paralectotypus Nr. 3 ♂ *S. myopaeformis* v. *graeca* (STGR.) A des. 1985; Parnassus. STGR. III/17 (unter *Synanthedon myopaeformis* (BKH.)).

**6. Sesia cruentata** MANN, **1859**
Wien. Ent. Monat. **3**: 91, Typen: Holotypus ♂; coll. LED.; Palermo; orig. spec. col. slide 100/2 C. NAUMANN 1969; Holotypus ♂ *Sesia cruentata* MANN, 1859 teste C. NAUMANN 1969. STGR. III/17.

**7. Sesia luctuosa** LEDERER, **1852**
Verh. Zool.-Bot. Ver. Wien **2**: 82, Typen: Lectotypus ♂; coll. LED.; GU Pr. Nr. 697 C. NAUMANN; original specimen for colour slide 100/12 C. NAUMANN 1969; Lectotypus ♂ *Sesia luctuosa* LEDERER, 1852 teste C. NAUMANN 1969; Lectoparatypus ♀; Brussa; coll. LED.; original specimen for colour slide 100/11 C. NAUMANN 1969; Lectoparatypus ♀ *Sesia luctuosa* LEDERER, 1852 teste C. NAUMANN 1969. STGR. III/17.

**8. Sesia pipiziformis** LEDERER, **1855**
Verh. Zool.-Bot. Ver. Wien **5**: 195, Typen: Lectotypus ♂; Beirut; coll. Led.; GU Pr. Nr. 630 C. NAUMANN; original specimen for colour slide 84/55 C. NAUMANN 1969; Lectotypus ♂ *Sesia pipiziformis* LEDERER, 1855 teste C. NAUMANN 1969; Lectoparatypus ♀; Beirut; coll. LED.; original specimen for colour slide 100/9 C. NAUMANN 1969; Lectoparatypus ♀ *Sesia pipiziformis* LEDERER, 1855 teste C. NAUMANN 1969; Paralectotypus Nr. 2 ♂ *S. pipiziformis* (LED.) A des. 1985; Beirut; coll. LED. STGR. III/17.

**9. Sesia polaris** STAUDINGER, **1877**
Stett. entomol. Zeit. **38**: 175, Typen: Holotypus ♂; Kuusamo HÖGE; GU Pr. Nr. 629 C. NAUMANN; original specimen for colour slide 84/53 C. NAUMANN 1969; Holotypus ♂ *Sesia polaris* STAUDINGER 1877 teste C. NAUMANN 1970. STGR. III/17.

**10. Sesia sanguinolenta** LEDERER, **1852**
Verh. Zool.-Bot. Ver. Wien **2**: 81, Typen: Lectotypus ♂ *B. sanguinolenta* (LED.) A des. 1985; coll. LED. STGR. III/17a.

**11. Sciapteron stiziforme v. melasomon** STAUDINGER, **1871**

Catal. Lepid. Europ. Faun. p. 39, Typen: Lectotypus ♀ *B. melasomon* (STGR.) A des. 1985; Harkynda; coll. LED.; Paralectotypus Nr. 1 ♀ *B. melasomon* (STGR.) A des. 1985; Hadschyabad; coll. Led. STGR. III/17a.

**12. Sesia fervida** LEDERER, **1855**
Verh. Zool.-Bot. Ver. Wien **5**: 182, Typen: Lectotypus ♀ *B. fervida* (LED.) A des. 1985; Cypern; coll. LED. STGR. III/17a.

**13. Sciapteron fervidum var. subfervidum** STAUDINGER, **1891**
Deutsche Entom. Ztschr. Iris **4**: 241, Typen: Lectotypus ♀ *B. fervida* v. *subfervidum* (STGR.) A des. 1985; Hadjin 21. VII. 1888 K.O.; Paralectotypus Nr. 1 ♀ *B. fervida* v. *subfervidum* (STGR.) A des 1985; Hadjin 14. VII. 1890; Paralectotypus Nr. 2 ♀ *B. fervida* v. *subfervidum* (STRG.) A des. 1985; Mardin 91 Manés. STGR. III/17a (unter *Bembecia fervida* (LED.)).

**14. Sciapteron fervidum var. ponticum** STAUDINGER, **1891**
Deutsche Entom. Ztschr. Iris **4**: 241, Typen: Lectotypus ♀ *B. fervida* v. *ponticum* (STGR.) A des. 1985; Amasia. STGR. III/17a (unter *Bembecia fervida* (LED.)).

**15. Sciapteron splendidum** STAUDINGER, **1891**
Deutsche Entom. Ztschr. Iris **4**: 242, Typen: Lectotypus ♂ *B. splendidum* (STGR.) A des. 1985; Hadjin 88 K.O.; Paralectotypus Nr. 1 ♀ *B. splendidum* (STGR.) A des. 1985; Hadjin 4. VIII.; Paralectotypus Nr. 2 ♀ *B. splendidum* (STGR.) A des. 1985; 2. VII.; Paralectotypus Nr. 3 ♀ *B. splendidum* (STGR.) A des. 1985; 6. VII. STGR. III/17a.

**16. Sesia ceiformis** STAUDINGER, **1881**
Stett. entomol. Zeit. **42**: 395, Typen: Lectotypus ♂ *B. ceiformis* (STGR.) A des. 1985; Lepsa HBHR. (Kazachstan, Lepsy); Paralectotypus Nr. 1 ♂ *B. ceiformis* STGR.) A des. 1985; Paralectotypen Nr. 2—8 ♀ *B. ceiformis* (STGR.) A des. 1985; Paralectotypus Nr. 9 ♂ *B. ceiformis* (STGR.) A des. 1985; Saisan HBHR. (Sowjetisches Zentralasien, Zajsansee). Stgr. III/17a.

**17. Sesia parthica** LEDERER, **1870**
Ann. Soc. Entom. Belg. **13**: 45, Typen: Lectotypus ♀ *B. parthica* (LED.) A des. 1985; Harkynda; GU Pr. Nr. 64 A 1986; Paralectotypus Nr. 1 ♀ *B. parthica* (LED.) A des. 1985; Harkynda; coll. LED.; Paralectotypen Nr. 2, 3, 5 ♂ *B. parthica* (LED.) A des. 1985; Harkynda; coll. LED.; Paralectotypus Nr. 4 ♂ *B. parthica* (LED.) A des. 1985; Harkynda; coll. LED.; GU Pr. Nr. 63 A 1986. STGR. III/17a.

**18. Sesia ichneumoniformis ab.lugubris** STAUDINGER, **1871**
Cat. Lep. Europ. Faun. p. 40, Typen: Lectotypus ♀ *B. lugubris* (STGR.) A des. 1985; Brussa; coll. LED.; Paralectotypus Nr. 1 ♀ dieselben Angaben. STGR. III/17a.

**19. Sesia himmighoffeni** STAUDINGER, **1866**
Stett. Entomol. Zeit. **27**: 51, Typen: Lectotypus ♀ *B. himmighoffeni* (STGR.) A des. 1985; Barcelona; Paralectotypen Nr. 1—2 ♀, Nr. 3—5 ♂ dieselbe Angaben. STGR. III/17a.

**20. Sesia vidua** STAUDINGER, **1889**
Stett. entomol. Zeit. **50**: 22, Typen: Lectotypus ♀ *B. vidua* (STGR.) A des. 1985; Samarkand 86 HBHR. jun. STGR. III/17a.

**21. Sesia tristis** STAUDINGER, **1985**
Deutsche Entom. Ztschr. Iris **8**: 349, Typen: Lectotypus ♀ *B. tristis* (STGR.) A des. 1985; Uliassutai (Westmongolei, Uliastaj) 94 LED. STGR. III/17a.

**22. Sesia foeniformis** HERRICH-SCHÄFFER, **1846**
Syst. Bearb. Schmett. Europ. p. 78, Typen: Lectotypus ♀ *Ch. foeniformis* (H.-S.) A des. 1985; Sicilia; coll. KADEN. STGR. III/18.

**23. Sesia duplex** STAUDINGER, **1889**
Stett. entomol. Zeit. **50**: 21, Typen: Lectotypus ♀; Samarkand 1886 HBHR. jun.; GU Pr. Nr. 631 C. NAUMANN; original specimen for colour slide 84/57 C. NAUMANN 1969; Lectotypus ♀ *Sesia duplex* STAUDINGER 1889 teste C. NAUMANN 1969; Lectoparatypus ♀;

Samarkand 1886 HBHR. jun.; original specimen for colour slide 100/10 C. NAUMANN 1969; Lectoparatypus ♀ *Sesia duplex* STAUDINGER 1889 teste C. NAUMANN 1969. STGR. III/18 (unter *Chamaesphecia mutilata* (STGR.)).

**24. Sesia lomatiaeformis** LEDERER, **1852**
Verh. Zool.-Bot. Ver. Wien **2**: 89, Typen: Lectotypus ♂ *B. lomatiaeformis* (LED.) A des. 1985; Diarbekir 1850; Paralectotypus Nr. 1 ♂ *B. lomatiaeformis* (LED.) A des. 1985; coll. LED.; GU Pr. Nr. 60 A 1986. STGR. III/17 a.

**25. Sesia chalcidiformis v. expleta** STAUDINGER, **1879**
Hor. Soc. Ent. Ross. **15**: 137, Typen: Lectotypus ♂ *Ch. chalciformis* v. *expleta* (STGR.) A des. 1985; Taurus HBHR.; Paralectotypen Nr. 1—2 ♀, dieselben Angaben. STGR. III/18.

**26. Sesia zimmermanni** LEDERER, **1871**
Hor. Soc. Ent. Ros. **8**: 16, Typen: Lectotypus ♂ *Ch. zimmermanni* (LED.) A des. 1985; Hadschyabad; coll. LED.; Paralectotypen Nr. 1 ♂, Nr. 2—3 ♀, dieselben Angaben. STGR. III/18.

**27. Sesia azonos** LEDERER, **1855**
Verh. Zool.-Bot. Ver. Wien **5**:194, Typen: Lectotypus ♂ *Ch. azonas* (LED.) A des. 1985; Beirut; coll. LED.; STGR. III/18.

**28. Sesia haberhaueri** STAUDINGER, **1879**
Hor. Soc. Ent. Ross. **15**: 133, Typen: Lectotypus ♂ *Ch. haberhaueri* (STGR.) A des. 1985; Taurus HBHR.; Paralectotypen Nr. 1—5 ♂, Nr. 6—9 ♀, dieselben Angaben. STGR. III/18.

**29. Sesia albiventris** LEDERER, **1852**
Verh. Zool.-Bot. Ver. Wien **2**: 82, Typen: Lectotypus ♂ *Ch. albiventris* (LED.) A des. 1985; Brussa MN.; coll. LED. STGR. III/18.

**30. Sesia aerifrons** ZELLER, **1847**
Isis von OKEN **40**: 415, Typen: Lectotypus ♂ *Ch. aerifrons* (Z.) A des. 1985; 12. VI.; *Sicilia* ZELL.; Paralectotypus Nr. 1 ♂ *Ch. aerifrons* (Z.) A des. 1985; 21. V.; *Sicilia* ZELL.; Paralectotypus Nr. 2 ♀ *Ch. aerifrons* (Z.) A des. 1985; 30. V.; *Sicilia* ZELL. STGR. III/18.

**31. Sesia ramburi** STAUDINGER, **1866**
Stett. entomol. Zeit. **27**: 53, Typen: Lectotypus ♂ *Ch. ramburi* (STGR.) A des. 1985; Chiclana; 18. VI. m.; Paralectotypen Nr. 1 ♂ Nr. 2—5 ♀, dieselben Angaben. STGR. III/18.

**32. Sesia pechi** STAUDINGER, **1887**
Berl. Entomol. Ztschr. **3**: 30, Typen: Lectotypus ♂ *Ch. pechi* (STGR.) A des. 1985; Sebdou 86 PECH; Paralectotypen Nr. 1—2 ♂, Nr. 3—5 ♀, dieselben Angaben. STGR. III/18.

**33. Sesia leucoparea** LEDERER, **1871**
Hor. Soc. Ent. Ross. **8**: 13, Typen: Lectotypus ♂ *Ch. leucoparea* (LED.) A des. 1985; Hadschyabad; coll. LED.; Paralectotypus Nr. 1 ♂ *Ch. leucoparea* (LED.) A des. 1985; coll. LED.; GU Pr. Nr. 54 A 1986; Paralectotypus Nr. 2 ♀ *Ch. leucoparea* (LED.) A des. 1985; coll. LED.; STGR. III/18.

**34. Sesia loewii v. minor** STAUDINGER, **1856**
Stett. entomol. Zeit. **17**: 214, Lectotypus ♂ *Ch. loewii* v. *minor* (STGR.) A des. 1985; Beirut; coll. LED.; GU Pr. Nr. 56 A 1986; Paralectotypus Nr. 1 ♀ *Ch. loewii* v. *minor* (STGR.) A des. 1985; Beirut; GU Pr. Nr. 57 A 1986. STGR. III/17 (*unter Chamaesphecia loewii* (Z.)).

**35. Sesia proximata** STAUDINGER, **1891**
Deutsche Entom. Ztschr. Iris **4**: 244, Typen: Lectotypus ♂ *Ch. proximata* (STGR.) A des. 1985; Hadjin 88. K. O.; Paralectotypus Nr. 1 ♂ Nr. 2 ♀, dieselben Angaben; Paralectotypus Nr. 3 ♂ *Ch. proximata* (STGR.) A des. 1985; Amasia 86 MANN.; Paralectotypus Nr. 4 ♀, dieselben Angaben; Paralectotypus Nr. 5 ♀ *Ch. proximata* (STGR.) A des. 1985; Amasia 87 MANN.; Paralectotypus Nr. 6 ♀ *Ch. proximata* (STGR.) A des. 1985; Tokat 86;

Paralectotypus Nr. 7 ♂ *Ch. proximata* (STGR.) A des. 1985; Taurus HBHR.; Paralectotypus Nr. 8 ♀ *Ch. proximata* (STGR.) A des. 1985; Syrien; coll. LED. STGR. III/17.

**36. Sesia proximata v. fallax** STAUDINGER, **1891**
Deutsche Entom. Ztschr. Iris **4**: 245, Typen: Lectotypus ♀ *Ch. fallax* (STGR.) A des. 1985; Beirut; coll. LED.M Paralectotypus Nr. 1 ♀ *Ch. fallax* (Stgr.) A des. 1985; Beirut ZACH.; coll. LED. STGR. III/17.

**37. Sesia doryceraeformis** LEDERER, **1852**
Verh. Zool.-Bot. Ver. Wien **2**: 87, Typen: Lectotypus ♂ *Ch. doryceraeformis* (LED.) A des. 1985; Diarbekir; coll. LED. STGR. III/17.

**38. Sesia regula** STAUDINGER, **1891**
Deutsche Entom. Ztschr. Iris **4**: 246, Typen: Lectotypus ♂ *Ch. regula* (STGR.) A des. 1985; Mardin 91 MANNÉS; Paralectotypen Nr. 1, 2, 4 ♂, Nr. 5, 6 ♀, dieselben Angaben; Paralectotypus Nr. 3 ♂ *Ch. regula* (STGR.) A des. 1985; Mardin 91 MANNÉS; GU Pr. Nr. 53A 1986. STGR. III/17.

**39. Sesia ceriaeformis** LEDERER, **1852**
Verh. Zool.-Bot. Ver. Wien **2**: 85, Typen: Lectotypus ♂ *S. ceriaeformis* LED. A des. 1985; Brussa; coll. LED.; Paralectotypus Nr. 1 ♀, dieselbe Angabe. STGR. III/17 (unter *Chamaesphecia annellata* (Z.)).

**40. Sesia aerifrons v. sardosa** STAUDINGER, **1856**
Stett. entomol. Zeit. **17**: 281, Typen: Lectotypus ♂ *Ch. aerifrons* v. *sardosa* (STGR.) A des. 1985; Sardinia m.; GU Pr. Nr. 2A 1985. STGR. III/18.

**41. Sesia mutilata** STAUDINGER, **1887**
Stett. entomol. Zeit. **48**: 67, Typen: Lectotypus ♂ *Ch. mutilata* (STGR.) A des. 1985; Prov. Samarkand HBHR. 81; Paralectotypus Nr. 1 ♂, dieselbe Angabe, STGR. III/18.

**42. Sesia monspeliensis** STAUDINGER, **1856**
Stett. entomol. Zeit. **17**:223, Typen: Lectotypus ♀ *Ch. monspeliensis* (STGR.) A des. 1985; 1985; Montpellier; Paralectotypus Nr. 1 ♂ *Ch. monspeliensis* (STGR.) A des. 1985; Montpellier; GU Pr. Nr. 4767 Museum Berlin. STGR. III/18 (unter *Chamaesphecia bibioniformis* (ESP.)).

**43. Sesia palariformis** LEDERER, **1858**
Wien. Entomol. Monat. **2**: 141, Typen: Lectotypus ♂ *E. palariformis* (LED.) A des. 1985; Palarif. m. Syrien: coll. LED. STGR. III/18.

**44. Sesia palariformis v. rubrescens** STAUDINGER, **1887**
Berl. Entomol. Ztschr. **3**: 29, Typen: Lectotypus ♂ *E. palariformis* v. *rubrescens* (STGR.) A des. 1985; Malatia 84 MANN.; Paralectotypen Nr. 1—2 ♂, Nr. 3—7 ♀, dieselben Angaben. STGR. III/18 (unter *Euhagena palariformis* (LED.)).

**45. Sesia chrysidiformis v. chalcocnemis** STAUDINGER, **1856**
Stett. entomol. Zeit. **17**: 323, Typen: Lectotypus ♂ *P. chrysidiformis* v. *chalcocnemis* (STGR.) A des. 1985; Montpellier. STGR. III/17a (unter *Pyropteron chrysidiformis* (ESP.)).

**46. Sesia minianiformis v. destituta** STAUDINGER, **1894**
Deutsche Entom. Ztschr. Iris **7**: 253, Typen: Lectotypus ♂ *P. destituta* (STGR.) A des. 1985; Taurus 26 KORB; Paralectotypus Nr. 1 ♂, dieselbe Angabe; Paralectotypus Nr. 2 ♂ *P. destituta* (STGR.) A des. 1985; Taurus; GU Pr. Nr. 3A 1985. STGR. III/17a.

**47. Sesia icteropus v. teriolensis** STAUDINGER, **1894**
Deutsche Entomol. Ztschr. Iris **7**: 251, Typen: Lectotypus ♂ *S. icteropus* v. *teriolensis* (STGR.) A des. 1985; Bozen HFMN. STGR. III/17a (unter *Synansphecia icteropus* (Z.))

**48. Sesia corsica** STAUDINGER, **1856**
Stett. entomol. Zeit. **17**: 274, Typen: Lectotypus ♂ *S. corsica* (STGR.) A des. 1985; Corsica MANN.; Paralectotypen Nr. 1 ♂, Nr. 2—4 ♀, dieselben Angaben. Paralectotypus Nr. 4 ist beschädigt, ohne das Abdomen. STGR. III/17a (unter *Synansphecia meriaeformis* (BSD.)).

**49. Sesia affinis** STAUDINGER, **1856**
Stett. entomol. Zeit. **17**: 278, Typen: Lectotypus ♀ *S. affinis* (STGR.) A des. 1985; coll. LED.; Paralectotypus Nr. 1 ♂ *S. affinis* (STGR.) A des. 1985; Bozen; coll. LED. — beschädigtes Exemplar, ohne Abdomen. STGR. III/17 a.

**50. Sesia umbrifera** STAUDINGER, **1870**
Hor. Soc. Ent. Ross. **7**: 96, Typen: Lectotypus ♂ *S. umbrifera* (STGR.) A des. 1985; Corfu ERBER 1868; Paralectotypen Nr. 1 ♀, Nr. 2 ♂, dieselben Angaben. Paralectotypus Nr. 2 ♂ mit angeklebtem weiblichem Abdomen. STGR. III/17 a.

**51. Sesia mannii** LEDERER, **1852**
Verh. Zool.-Bot. Ver. Wien **2**: 88, Typen: Lectotypus ♂ *S. mannii* (LED.) A des. 1985; coll. LED.; Paralectotypen Nr. 1 ♂, Nr. 2—3 ♀, dieselben Angaben. STGR. III/17a.

**52. Sesia fenusaeformis** LEDERER, **1852**
Verh. Zool.-Bot. Ver. Wien **2**: 84, Typen: Lectotypus ♂ *O. fenusaeformis* (LED.) A des. 1985; coll. LED.; Paralectotypen Nr. 1—2 ♀, dieselben Angaben. STGR. III/17a.

**53. Sesia agdistiformis** STAUDINGER, **1866**
Stett. entomol. Zeit. **27**: 54, Typen: Holotypus ♂ *Sesia agdistiformis* STAUDINGER, 1866 teste C. NAUMANN 1969; Sarepta; original specimen for colour slide 100/6 C. NAUMANN 1969. STGR. III/18.

**54. Sesia lanipes** LEDERER, **1863**
Wien. Entomol. Monat. **7**: 20, Typen: Lectotypus ♂ *D. lanipes* (LED.) A des. 1985; Balkan; coll. LED.; Paralectotypus Nr. 1 ♂, dieselben Angaben; Paralectotypus Nr. 2 ♂ *D. lanipes* (LED.) A des. 1985; Balkan; coll. Led.; GU Pr. Nr. 4 1985. STGR. III/18.

**55. Sesia pudorina** STAUDINGER, **1881**
Stett. entomol. Zeit. **42**: 396, Typen: Lectotypus ♂ *D. pudorina* (STGR.) A des. 1985; Saisan 77 HBHR.; GU Pr. Nr. 8 A 1985. STGR. III/18.

**56. Paranthrene hoplisiformis v. cingulata** STAUDINGER, **1870**
Hor. Soc. Ent. Ross. **7**: 100, Typen: Paralectotypen Nr. 1—3 ♂ *M. hoplisiformis* v. *cingulata* (STGR.) A des. 1985; Paranassus; Paralectotypus Nr. 4 ♀, dieselbe Angabe. Lectotypus ♂ und Paralectotypus Nr. 5 ♂ befinden sich in der PÜNGELER-Sammlung. Stgr. III/19.

**57. Paranthrene hoplisiformis** MANN, **1864**
Wien. Entomol. Monat. **8**: 176, Typen: Lectotypus ♀ *M. hoplisiformis* (MANN) A des. 1985; Brussa; coll. LED. STGR. III/19.

**58. Sesia pectinata** STAUDINGER, **1887**
Mem. Lep. **3**: 167, Typen: Lectotypus ♂ *Sesia pectinata* STAUDINGER, 1887 teste C. NAUMANN 1969; Wladiwostock; original specimen for colour slide Nr. 100/4 C. NAUMANN 1969; Lectoparatypus Nr. 1 ♂; Wladiwostock, dieselbe Angabe wie Lectotypus; original specimen for colour slide 100/3 C. NAUMANN 1969; GU St. 1 (wahrscheinlich KRÁLÍČEK et POVOLNÝ praep.); Paralectotypus Nr. 2 ♂ *P. pectinata* (STGR.) A des. 1985; Wladiwostock; GU St. 2 (wahrscheinlich KRÁLÍČEK et POVOLNÝ praep.); Paralectotypus Nr. 3 ♂ *P. pectinata* (STGR.) A des. 1985; Baranovski DÖRR; Paralectotypen Nr. 4—5 ♀, Nr. 7—8 ♀, dieselben Angaben; Paralectotypus Nr. 6 ♂, dieselbe Angabe und GU Pr. Nr. 66 A 1985; Paralectotypus Nr. 9 ♀ *P. pectinata* (STGR.) A des. 1985; Askold DÖRR. STGR. III/19.

**59. Sciapteron dispar** STAUDINGER, **1891**
Deutsche Entomol. Ztschr. Iris **4**: 243, Typen: Lectotypus ♂ *B. dispar* (STGR.) A des. 1985; Biskra 87 M; Paralectotypen Nr. 1—2 ♀ *B. dispar* (STGR.) A des. 1985; Biskra 31. X. STGR. III/17 a.

**60. Trochilium maculiferum** STAUDINGER, **1895**
Deutsche Entom. Ztschr. Iris **8**: 290, Typen: Holotypus ♀ *Trochilium maculiferum* STAUDINGER, 1895 teste C. NAUMANN 1969; Eibes (Akbes) 94; GU Pr. Nr. 695 C. NAUMANN; original specimen for colour slide 100/1 C. NAUMANN 1969. STGR. III/16.

## PÜNGELER-Sammlung

1. **Synanthedon sodalis** PÜNGELER, **1912**
In SEITZ, A.: Grosschm. Erde. II. Pal. Faun. p. 383, Typen: Holotypus ♂ *Synanthedon sodalis* PÜNGELER 1912 teste C. NAUMANN 1970; Type *sodalis* Püng. ♂; Tibet (Kuku-Noor) 1898, v. R. TANCRÉ; GU Pr. Nr. 632 C. NAUMANN; original specimen for colour slide 84/59 C. NAUMANN 1969. PÜNG. 4.
2. **Sesia tancrei** PÜNGELER, **1905**
Deutsche Entomol. Ztschr. Iris **17**: 269, Typen: Lectotypus ♀ *Dipsosphecia tancrei* (PÜNG.) (I. CAPUSE des.); Cotype *tancrei* PÜNG. ♀; Asia centr., Altyn-Tagh, RÜCKBEIL sen. 1903; Pr. gen. Nr. 3142 I. CAPUSE; Paralectotypus Nr. 1 ♂ *Dipsosphecia tancrei* (PÜNG.) (I. CAPUSE des.); Cotype *tancrei* PÜNG. ♂; Asia centr., Ost-Turkestan, Altyn-Tagh, RÜCKBEIL sen. 1903; Pr. gen. Nr. 3049 I. CAPUSE; Paralectotypus Nr. 2 ♀ *B. tancrei* (PÜNG) A des. 1986; Cotype *tancrei* PÜNG ♀; Asia centr., Altyn-Tagh, RÜCKBEIL 1903; Paralectotypus Nr. 3 ♂ A des. 1986; Type *tancrei* PÜNG. ♂; Asia centr., Ost-Turkestan, Altyn-Tagh, RÜCKBEIL sen. 1903. PÜNG. 5.
3. **Sesia bohatschi** PÜNGELER, **1905**
Deutsche Entomol. Ztsch. Iris **17**: 268, Typen: Holotypus ♀ *Dipsosphecia bohatschi* (PÜNG.) (I. Capuse des.); Cotype *bohatschi* PÜNG. ♀; Saraw., Sary-Ob, 6. 7. FUNKE 1900; Pr. gen. Nr. 3148 I. CAPUSE; Paralectotypus ♂ *Dipsosphecia bohatschi* (PÜNG.) (I. CAPUSE des.); Type *bohatschi* PÜNG. ♂; Saraw., Sary-Ob, Funke 6. 7. 1900; Pr. gen. Nr. 3146 I. CAPUSE. PÜNG. 5.
4. **Sesia seitzi** PÜNGELER, **1905**
Soc. Entomol. (Stuttgart) **20**: 129, Typen: Lectotypus ♀ *Pyropteron seitzi* (PÜNG.) (I. CAPUSE des.); Type *seitzi* PÜNG. ♀; Mauritania, Batna, 6. 04. Dr. SEITZ; Pr. gen. Nr. 3111 I. CAPUSE; Holotypus ♀ *Pyropteron reisseri* CAPUSE; Cotype *seitzi* PÜNG. ♀; Mauritanien Lambessa, VI. 04 Dr. SEITZ; Pr. gen. 3141 I. CAPUSE; Paralectotypus Nr. 1 ♀ *Ch. seitzi* (PÜNG.) A des. 1986; Cotype *seitzi* PÜNG. ♀; Mauritanien Lambessa 6.03 Dr. SEITZ. PÜNG. 5.
5. **Dipsosphecia polyzona** PÜNGELER, **1912**
In SEITZ, A.: Grosschm. Erde. II. Pal. Faun. p. 394, Typen: Lectotypus *Dipsosphecia polyzona* PÜNG. ♀ (I. CAPUSE des.); Cotype *polyzona* PÜNG. ♀; Transkapsia, Merw (Mery) 1908; Pr. gen. Nr. 3143 I. CAPUSE; Paralectotypus ♂ *Dipsosphecia polyzona* PÜNG. ♂ (I. CAPUSE des.); Type *polyzona* PÜNG. ♂; Asia centr., Turkestan, Ili-Gebiet, coll. WAGNER; Pr. gen. Nr. 3106 I. CAPUSE.
6. **Dipsosphecia viguraea** PÜNGELER, **1912**
In SEITZ, A.: Grosschm. Erde. II. Pal. Faun. p. 394, Typen: Lectotypus ♀ *Dipsosphecia viguraea* PÜNG. (I. CAPUSE des.); Cotype *viguraea* PÜNG. ♀; Ost-Turkestan, Aksu, RÜCKBEIL 1900; Pr. gen. Nr. 3145 I. CAPUSE; Paralectotypus ♂ *Dipsosphecia viguraea* PÜNG. (I. CAPUSE des.); Cotype *viguraea* PÜNG ♂; Asia-centr., Saichan-Kette, nördlich von Korla, RÜCKBEIL 1902, 2/1903 R. v. TANCRÉ; Pr. gen . Nr. 3047 I. CAPUSE; Paralectotypen Nr. 2, 4 ♂ A des. 1986; Cotype *viguraea* PÜNG. ♂; Ost-Turkestan, Aksu, RÜCKBEIL 1900; Paralectotypus Nr. 3 ♀ *B. viguraea* (PÜNG.) A des. 1986; Type *viguraea* PÜNG ♀; Ost-Turkestan, Aksu, RÜCKBEIL 1900. PÜNG. 5.
7. **Dipsophecia wagneri** PÜNGELER, **1912**
In SEITZ, A.: Grosschm. Erde. II. Pal. Faun. p. 395, Typen: Lectotypus ♂ *Dipsosphecia wagneri* PÜNG. (I. CAPUSE des.) 1/18; Cotype *wagneri* PÜNG. ♂; Pr. gen. Nr. 3103 I. CAPUSE; Paralectotypus Nr. 1 *B. wagneri* (PÜNG.) ♀ A des. 1986; Type *wagneri* PÜNG. ♀; Ili-Gebiet 1911.
8. **Dipsophecia alaica** PÜNGELER, **1912**
In SEITZ, A.: Grosschm. Erde. II. Pal. Faun. p. 395, Typen: Lectotypus ♂ *Dipsophecia alaica* PÜNG. (I. CAPUSE des.); Cotype *alaica* PÜNG ♂; Alai mont., KORB 1905; Pr. gen.

Nr. 3050 I. CAPUSE; Paralectotypus ♀ *Dipsosphecia alaica* PÜNG. (I. CPUSE des.); Cotype *alaica* PÜNG. ♀; Alai mont., KORB 1905; Pr. gen. Nr. 3144 I. CAPUSE; Paralectotypus Nr. 2 ♀ *B. alaica* (PÜNG.) A des. 1986; Type *alaica* PÜNG. ♀; Alaimont., KORB 1905; Paralectotypus Nr. 3 ♂ *B. alaica* (PÜNG.) A des. 1986; Cotype *alaica* PÜNG. ♂; Alai mont., KORB 1905. PÜNG. 5.

**9. Dipsosphecia tenebrosa** PÜNGELER, **1914**
Deutsche Entomol. Ztschr. Iris **28**: 53, Typen: Holotypus ♀ *Dipsosphecia tenebrosa* PÜNG. (I CAPUSE des.); Cotype *tenebrosa* PÜNG. ♀; Asia centr., Aschabad 1898; *gruneri* var.?; Pr. gen. Nr. 3151 I. CAPUSE; Paralectotypus ♂ *Dipsosphecia tenebrosa* PÜNG. (I. CAPUSE des.); Type *tenebrosa* PÜNG. ♂; Asia centr., Aschabad, R. v. TANCRÉ 5. 05; Pr. gen. Nr. 3108 I. CAPUSE. PÜNG. 5.

**10. Chamaesphecia chrysoneura** PÜNGELER,**1912**
In SEITZ, A.: Grosschm. Erde. II. Pal. Faun. p. 399, Typen: Holotypus ♂ *Pyropteron chrysoneura* (PÜNG.) (I. CAPUSE des.); Type *chrysoneura* PÜNG. ♂; Asia centr., Ili-Gebiet, RÜCKBEIL, unten v. R. TANCRÉ; Pr. gen. Nr. 3110 I. CAPUSE.; Paralectotypus ♀ *Pyropteron chrysoneura* (PÜNG.) (I. CAPUSE des.); Cotype *chrysoneura* PÜNG. ♀; Asia centr., Ili-Gebiet, RÜCKBEIL, unten v. R. TANCRÉ 10. 1910; Pr. gen. Nr. 3147 I. CAPUSE. PÜNG. 5.

**11. Chamaesphecia margiana** PÜNGELER, **1912**
In SEITZ, A.: Grosschm. Erde. II. Pal. Faun. p. 400, Typen: Lectotypus ♂ *Pyropteron margiana* (PÜNG.) (I. CAPUSE des.); Type *margiana* PÜNG. ♂; Transkaspia, Merw, Kulab, v. R. TANCRÉ 5. 05; Pr. gen. Nr. 3109 I. CAPUSE; Paralectotypus Nr. 1 *Ch. margiana* (PÜNG.) ♂ A des. 1986; Cotype *margiana* PÜNG. ♂; Transkaspia, Merw, Kulab, v. R. TANCRÉ 5. 05. PÜNG. 5.

**12. Chamaesphecia koshantschikovi** PÜNGELER, **1914**
Deutsche Entomol. Ztschr. Iris **28**: 54, Typen: Holotypus ♀ *Chamaesphecia koshantschikovi* PÜNGELER (I. CAPUSE des.); Type *koshantschikovi* PÜNG. ♀; Syr-Darja, Baigacum 13/26. IV. 1913 KOSHANTSCHIKOFF; Pr. gen. Nr. 3115 I. CAPUSE. PÜNG. 6.

**13. Chamaesphecia maurusia** PÜNGELER, **1912**
In SEITZ, A.: Grosschm. Erde. II. Pal. Faun. p. 412, Typen: Holotypus ♀ *Chamaesphecia maurusia* PÜNG. (I. CAPUSE des.); Type *maurusia* PÜNG. ♀; Mauritania, Teniet-el-Had, M. KORB 1904; Pr. gen. Nr. 3116 I. CAPUSE. PÜNG. 6.

**14. Paranthrene hoplisiformis v. cingulata** STAUDINGER, **1870**
Hor. Soc. Entomol. Ross. **7**: 100, Typen: Lectotypus ♂ *Zenodoxus cingulata* (STGR.) (I. CAPUSE des.); Cotype v. *cingulata* STGR.; ♂ GRAECIA, Parnassus, Kastri, Dr. KRÜPER; Pr. gen. Nr. 3105. I. CAPUSE; Paralectotypus Nr. 5 ♂ *M. cingulata* (STGR.) A des. 1986; Graecia, Parnassus, Kastri, Dr. KRÜPER; Cotype v. *cingulata* STGR.; PÜNG. 6.

**15. Sesia mesiaeformis** HERRICH-SCHÄFFER, **1846**
Syst. Bearb. Schmett. Eur. p. 74, Typen: Holotypus ♀ *Sesia mesiaeformis* H.-S. 1846 teste A 1986; Type *mesiaeformis* H.-S. ♂; ex coll. KADEN, HEYNE 6/10 95. PÜNG. 4.

**16. Melittia gephyra** AMSEL, **1935**
Mitt. Zool. Mus. Berlin **20**: 277, Typen: Lectotypus ♂ *M. gephyra* AMSEL A des. 1986; Typus GAEDE; nachträglich der coll. PÜNGLER hinzugefügt; Palästina, Jericho, 27. 4. 1930 AMSEL; Paralectotypus Nr. 1 ♀ *M. gephyra* AMSEL A des. 1986; Typus GAEDE; Palästina, Jericho, 28. 4. 1930 AMSEL. PÜNG. 4.

**17. Sesia talischensis** BARTEL, **1906**
Soc. Entomol. (Zürich) **20(22)**: 169, Typen: Holotypus ♂ *Sesia talischensis* BARTEL, 1906 teste C. NAUMANN 1970; Type *talischensis* BARTEL ♂; Transkaukasia, Lenkoran 30. VI. 1987 an Erlen, KORB; GU Pr. Nr. 633 C. NAUMANN; original specimen for colour slide 84/61 C. NAUMANN 1969. PÜNG. 4.

**18. Dipsosphecia barbara** BARTEL, **1912**
In SEITZ, A.: Grosschm. Erde. II. Pal. Faun. p. 390, Typen: Holotypus ♂ *Dipsosphecia*

*barbara* BARTEL (I. CAPUSE des.); Type *barbara* BARTEL ♂; Mauritania, Teniet-el-Had, M. KORB 1904; Pr. gen. Nr. 3101 I. CAPUSE. PÜNG. 5.

19. **Dipsosphecia auricaudata** BARTEL, **1912**
In SEITZ, A.: Grosschm. Erde. II. Pal. Faun. p. 393, Typen: Holotypus ♂ *Dipsosphecia auricaudata* BARTEL (I. CAPUSE des.); Type *auricaudata* BARTEL ♂; Asia centr., Turkestan, Ili-Gebiet, coll. WAGNER; Pr. gen. Nr. 3102 I. CAPUSE. PÜNG. 5.

20. **Dipsosphecia sareptana** BARTEL, **1912**
In SEITZ, A.: Grosschm. Erde. II. Pal. Faun. p. 395, Typen: Holotypus ♀ *Dipsosphecia sareptana* BARTEL (I. CAPUSE des.); Type *sareptana* BARTEL ♀; Sarepta 7. 1911 H. RANGNOW; Pr. gen. Nr. 3104 I. CAPUSE. PÜNG. 5.

21. **Chamaesphecia roseiventris** BARTEL, **1912**
In SEITZ, A.: Grosschm. Erde. II. Pal. Faun. p. 393, Typen: Holotypus ♂ *Chamaesphecia roseiventris* BARTEL (I. CAPUSE des.); Type *roseiventris* BARTEL ♂; Asia centr., Turkestan, Ili-Gebiet, coll. WAGNER; Pr. gen. Nr. 3114 I. CAPUSE. PÜNG. 5.

22. **Dipsosphecia turcmena** BARTEL, **1912**
In SEITZ, A.: Grosschm. Erde. II. Pal. Faun. p. 396, Typen: Holotypus ♀ *Dipsosphecia turcmena* (BARTEL) (I. CAPUSE des.); Type *turcmena* BARTEL ♀; Asia centr., Aschabad, v. R. TANCRÉ 5. 05.; Pr. gen. Nr. 3107 I. CAPUSE. PÜNG. 5.

23. **Chamaesphecia crassicornis** BARTEL, **1912**
In SEITZ, A.: Grosschm. Erde. II. Pal. Faun. p. 409, Typen: Lectotypus ♂ *Ch. crassicornis* BARTEL (I. CAPUSE des.); Type *crassicornis* BARTEL ♂; Uralsk 26. VII. 1907 M. BARTEL; Pr. gen. Nr. 3117 I. CAPUSE; Paralectotypus ♀ *Ch. crassicornis* BARTEL (I. CAPUSA des.); Cotype *crassicornis* BARTEL ♀; Uralsk 5. VI. 1906; Pr. gen. Nr. 3148 I. CAPUSE. PÜNG. 6.

24. **Chamaesphecia cirgisa** BARTEL, **1912**
In SEITZ, A.: Grosschm. Erde. II. Pal. Faun. p. 408, Typen: Paralectotypus ♀ *Chamaesphecia cirgisa* BARTEL (I. CAPUSE des.); Cotype *cirgisa* BARTEL ♀; Rossia mer., Sarepta, H. RANGNOW jr. 1911; Pr. gen. Nr. 3119 I. CAPUSE. PÜNG. 6.

## Literatur


BARTEL, M. In SEITZ, A. (1912) Die Gross-Schmetterlinge der Erde. I Die Gross-Schmetterlinge des paläarktischen Faunengebietes. II Spinner und Schwärmer p. 375—416. Stuttgart.

CAPUSE, I. (1971) Zur Morphologie und Taxonomie einiger Typen der Aegeriidae (Lepidoptera) aus der R PÜNGELER-Sammlung im Zoologischen Museum zu Berlin. Trav Mus. Hist. Nat. „Gr Antipa" **11** 239—287

— (1973) Zur Systematik und Morphologie der Typen der Sesiidae (Lepidoptera) in der R PÜNGELER-Sammlung des Zoologischen Museums zu Berlin. Mitt. münch. entom. Ges. **63**: 134—171.

DALLA TORRE, K W & STRAND, E. (1925) Aegeriidae. In. Lepidopterorum Catalogus. 31 p. 1—202. Berlin.

HEPPNER, J B. & DUCKWORTH, W D, (1981) Classification of the Superfamily Sesioidea (Lepidoptera Ditrysia). Smith. Contrib. Zool. **314** 1—144.



Anschrift der Verfasser
K. ŠPATENKA
Research Institut of Feed Industry and Agricultural Service, Entomological Laboratory
28911 Pečky
Czechoslovakia
Z. LAŠTŮVKA
Department of Zoology
University of Agriculture
Zemědělská 1
662 65 Brno
Czechoslovakia

# Buchbesprechungen

DÖBLER, HELGA: **Katalog der in den Sammlungen der Abteilung Taxonomie der Insekten des Institutes für Pflanzenschutzforschung, Bereich Eberswalde (ehemals Deutsches Entomologisches Institut), aufbewahrten Typen — XXVI.** In: Nov. Suppl. Entomolog. **3**, 1987, pp. 96.

Diese neue Schriftenreihe ist vom Institut für Pflanzenschutzforschung Kleinmachnow, Abt. Taxonomie der Insekten in Eberswalde, bereits in 3 Bänden herausgegeben worden. Im letzten Band wird ein Überblick über insgesamt 755 Typen aus 22 Coleopteren-Familien vermittelt, die in den dortigen Sammlungen aufbewahrt werden. Besonders reich an Typen sind die Coccinellidae, Nitidulidae und Erotylidae.

H. WENDT

MARWINSKI, FELICITAS: **Katalog der Porträtsammlung bedeutender Entomologen.** — In: Nov. Suppl. Entomolog. **2**, 1987, p. 75.

Die reichhaltige Porträtsammlung des ehemaligen Deutschen Entomologischen Instituts von Entomologen wird im zweiten Heft der Nova Supplementa Entomologica zum ersten Mal veröffentlicht und somit einem größeren Benutzerkreis zugänglich gemacht. Der Katalog umfaßt in alphabetischer Reihenfolge 2900 Entomologen aus aller Welt, von denen insgesamt 4780 Einzelbilder und 1115 Gruppenbilder in der Abteilung Taxonomie der Insekten des Instituts für Pflanzenschutzforschung, Bereich Eberswalde, aufbewahrt werden. Die Namen wurden, sofern es möglich war, durch die Lebensdaten ergänzt.

S. HACKETHAL, Berlin

WALKER, A. K. & T. K. CROSBY: **The preparation and curation of insects.** New revised edition, DSIR information series 163, Wellington 1988, 91 S., 59 Abb., ISBN 0-477-02519-6.

Diese kleine Broschüre ist von Mitarbeitern der New Zealand Arthropod Collection, Auckland, Neu-Seeland, geschrieben worden. Sie ist eine Darstellung von Methoden und Techniken, die in dieser Einrichtung bei der Präparation und Aufbewahrung von Insekten angewendet werden und sich in der Vergangenheit bewährt haben. Das Büchlein wendet sich vornehmlich an Entomologen und Präparatoren in Neu-Seeland. Es soll nicht nur als Nachschlagewerk oder Anleitung dienen, sondern auch die Herausbildung und breite Anwendung eines bestimmten Standards fördern.

So weit wie der Verfasser überblicken kann, sind alle wichtigen praktischen Aspekte, die bei der Behandlung von Insekten eine Rolle spielen, abgehandelt worden. Besonderes Gewicht wurde auf Fragen der Etikettierung gelegt. Sehr zu begrüßen ist die Aufnahme eines Abschnitts über Probleme der Ausleihe und des Postversandes. Einige nützliche Übersichten wie z. B. zu gefährlichen Eigenschaften häufig benutzter Chemikalien,

Dtsch. ent. Z., N F 35 (1988) 4—5, 341—354

# The Canary Islands Chironomidae described by T. BECKER and by SANTOS ABREU

(Diptera, Chironomidae)

Von

PETER S. CRANSTON & PATRICK D. ARMITAGE

With 10 figs. in the text

## Abstract

The Canary Island Chironomidae collections of BECKER (1908) and SANTOS ABREU (1918) have been reexamined. Nomenclature changes are as follows
Subfamily Tanypodinae
*Peritaphreuusa* BECKER, 1908.
*Zavrelimyia* FITTKAU, 1962. **Syn. nov.** [Replacement not recommended pending ICZN ruling].
*Zavrelimyia nubila* (MEIGEN, 1830).
*flavicollis* BECKER, 1908 (*Peritaphreuusa*). **Syn. nov.**
Subfamily Orthocladiinae
*Bryophaenocladius filipes* (SANTOS ABREU, 1918). **Comb. nov.**
*Halocladius millenarius* (SANTOS ABREU, 1918). **Comb. nov.**
*pulchrigaster* SANTOS ABREU, 1918 (*Paratrichocladius*). **Syn. nov.**
*sororians* SANTOS ABREU, 1918 (*Paratrichocladius*). **Syn. nov.**
*formosus* SANTOS ABREU, 1918 (*Paratrichocladius*). **Syn. nov.**
*stagnorum* GOETGHEBUER, 1937 (*Trichocladius*). **Syn. nov.**
*Limnophyes palmensis* (SANTOS ABREU, 1918). **Comb. nov.**
Subfamily Chironominae
*Dicrotendipes septemmaculatus* (BECKER, 1908). **Comb. nov.**
*pilosimanus* KIEFER, 1914 (*Dicrotendipes*). **Syn. nov.**
*sexnotatus* GOETGHEBUER, 1930 (*Stictochironomus*). **Syn. nov.**
*Polypedilum (Pentapedilum) tritum* (WALKER, 1856)
*unicus* BECKER, 1908 (*Tanytarsus*). **Syn. nov.**
*praeornatus* SANTOS ABREU, 1918 (*Tanytarsus*). **Syn. nov.**
*Polypedilum (Polypedilum) lene* BECKER, 1908. **Comb. nov.**
*noctivagus* SANTOS ABREU, 1918 (*Tendipes*). **Syn. nov.**
*Virgatanytarsus albisutus* (SANTOS ABREU, 1918). **Comb. nov.**
*maroccanus* (KUGLER & REISS, 1973) (*Tanytarsus*). **Syn. nov.**
In addition, a lectotype is designated for *Scopelodromus canariensis* SANTOS-ABREU, 1918 and its synonymy with *Thalassomya frauenfeldi* SCHINER, 1856 is confirmed.

## Introduction

The compilation of a Catalogue of the Chironomidae of the Palaearctic region (CRANSTON & ASHE, in press) indicated that approximately 40% of all chironomids described from this region could neither be recognised from descriptions nor be placed within modern generic concepts. A large proportion of these taxa, with names treated provisionally as *nomina dubia* in the catalogue, were described by J. J. KIEFFER in the first two decades of this century. KIEFFER apparently did not retain the material he described and, with the exception of those species recognisable from extant reared immature stages, it is likely that many names will remain unrecognised. However, other collections exist, in full or in part, though many have not been examined since first described. The existence of so many doubtful names, including many possible synonyms, engenders instability in chironomid nomenclature and leads to confusion in biogeographic hypotheses.

In this paper we redescribe the Chironomidae collections of BECKER (1908) and SANTOS ABREU (1918) from the Canary Islands. Our interest in this matter stems from a collection made in Tenerife in 1983 by one of us (P.D.A.), and the discovery that SANTOS ABREU's Canary Islands collection still existed, in the possession of his grandson in Palma. With the assistance of Dr MARCOS BAEZ, University of La Laguna, Tenerife, we have been able to examine, remounting where necessary, the damaged remnants of SANTOS ABREU's collection. The SANTOS ABREU collection is now deposited in the Natural History Museum, Santa Cruz, Canary Islands. Concurrently, we have examined the type-material of taxa described from Tenerife by BECKER, again slide mounted as necessary. This collection has been returned to the Zoologisches Museum, HUMBOLDT University, Berlin or the Naturhistorisches Museum, Vienna, Austria, as appropriate.

## Methods

In the case of the Becker collection, the status and locality data have been determined from labels attached to the specimens, corresponding to BECKER's (1908) publication.

The remnants of SANTOS ABREU's collection bore only numbers indicated by Dr BAEZ, which reflected the sequence within SANTOS ABREU's publication, but had no direct relationship to the identity in the collection. Determination of the identity had been made by Dr M BAEZ by reference to the position of specimens in the labelled SANTOS ABREU collection. Our checking of the specimens against the original descriptions indicates that the information is correct. Data on type-localities come from SANTOS ABREU (1918) – no specimens bore data labels. SANTOS ABREU did not always state the number of specimens available for description, so we have assumed syntype status, unless it is certain that only a single specimen was examined Several species are described from more than one locality and it has not been possible to determine the provenance of the specimen designated as lectotype.

All specimens in suitable condition have been slide-mounted in Euparal, holotypes recognised and labelled, and lectotypes and paralectotypes designated and labelled from actual or presumed syntype series.

We discuss the status of the material under the current name, treating these in subfamily sequence, but in alphabetical order within the subfamilies, as is current practice in chironomid studies.

## Abbreviations

BMNH – British Museum (Natural History), London, England.
IRSNB – Institut Royal des Sciences Naturelles de Belgique, Brussels, Belgium.
MNHN – Muséum National d'Histoire Naturelle, Paris, France.
NHM – Natural History Museum, Santa Cruz, Canary Islands.
NM – Naturhistorisches Museum, Vienna, Austria.
SAM – South African Museum, Capetown, South Africa.
ZMHU. – Zoologisches Museum, Humboldt University, Berlin, German Democratic Republic
ZSBS – Zoologische Sammlung des Bayerischen Staates, Munich, Federal Republic of Germany.

## Subfamily Telmatogetoninae

### Thalassomya frauenfeldi SCHINER

*Thalassomya frauenfeldi* SCHINER, 1856: 218. Type-locality, Italy: Trieste [type-material not examined].
*Scopelodromus canariensis* SANTOS ABREU, 1918: 167. Lectotype ♂ (present designation), Canary Islands: La Palma, Santa Cruz de la Palma [no date] (NHM) [examined].

Four specimens of this species remain in SANTOS ABREU's collection, of which only 1 male and 1 female were in suitable condition for slide preparation. The male is designated here and labelled as lectotype; and the female and two remaining female pinned specimens as paralectotypes.

*Scopelodromus canariensis*, a marine littoral zone species, is a junior synonym of *Thalassomya frauenfeldi* SCHINER, as suggested by STORÅ (1936). *Thalassomya frauenfeldi* is distributed throughout the Mediterranean and central north Atlantic coasts, including the islands of the Azores, Canaries and Madeira.

## Subfamily Tanypodinae

### Peritaphreuusa BECKER

*Peritaphreuusa* BECKER, 1908: 75. Type-species: *Peritaphreuusa flavicollis* BECKER, 1908: 75 (monotypy).
*Zavrelimyia* FITTKAU, 1962: 381. Type-species. *Tanypus melanura* MEIGEN, 1804: 23 (original designation). **Syn. nov.**

*Peritaphreuusa* BECKER, 1908 was erected for the new species *flavicollis* BECKER, 1908 and has remained unrecognised until the present. The genus was described as near *Diamesa* MEIGEN (now subfamily Diamesinae) and *Tanypus* MEIGEN (now subfamily Tanypodinae). The description of *flavicollis* from the female alone is mainly concerned with colour and leg lengths, but the description and excellent illustration of the wing make it clear that it belongs to the subfamily Tanypodinae.

The configuration of the tibial spurs indicate with certainty that the type-species of *Peritaphreuusa* belongs to *Zavrelimyia* FITTKAU, 1962, and the wing pattern is that of the species *Z. nubila* (MEIGEN 1830), as redescribed by FITTKAU (1962: 300). Therefore, it is clear that *Zavrelimyia* FITTKAU is a junior synonym of *Peritaphreuusa* BECKER. However, we are unwilling to propose the replacement of the well used generic name *Zavrelimyia* FITTKAU, 1962 by *Peritaphreuusa* BECKER, 1908, as the latter name has been unused since its first proposal over 75 years ago. A case should be made to the International Commission on Zoological Nomenclature for rejection of the generic name *Peritaphreuusa* BECKER, 1908, through lack of usage.

### Zavrelimyia nubila (MEIGEN)

*Tanypus nubila* MEIGEN, 1830: 261. Type-locality: Not stated (MNHN) [type-material not examined].
*Peritaphreuusa flavicollis* BECKER, 1908: 75. Lectotype ♀ (present designation), Canary Islands: Gran Canaria, ,47911 V', [no date] (ZMHU) [examined]. **Syn. nov.**
*Zavrelimyia nubila* MEIGEN; FITTKAU, 1962: 300.

The BECKER collection contains two females bearing locality labels in BECKER's writing; one 'Laguna 47706.IV', the other 'Gr. Canaria 47911 V'; the 'Gr. Canaria' specimen bears a label '*flavicolle* BECK.' (in BECKER's handwriting). Both belong to the same species. Although the specimen from La Laguna bears a ZMHU red 'typus' label, BECKER did not publish a type-designation, and both appear to be syntypes. Therefore, the best preserved specimen, that from Gran Canaria, is here designated as the lectotype and so labelled; the other is labelled as paralectotype.

As noted above, *P. flavicollis* is a junior synonym of *Tanypus nubila* MEIGEN, 1830, as redescribed by FITTKAU (1962: 300) based on characters of the tibial spurs and wing pattern.

*Zavrelimyia nubila* is widely distributed through western Europe, as far north as Denmark, eastwards to European U.S.S.R. and including the Azores, Canaries and Madeira.

## Subfamily Orthocladiinae

### Bryophaenocladius filipes (SANTOS ABREU). Comb. nov.

*Orthocladius filipes* SANTOS ABREU, 1918: 191. Lectotype ♂ (present designation, Canary Islands: La Palma, either from Estio en la Dehesa de la Encarnacion or Barranco del Rio [no date] (NHM) [examined].

Two specimens in the SANTOS ABREU collection, of which one male was suitable for slide preparation. The other specimen is so damaged that its sex cannot be determined, but it has been labelled as paralectotype. The species was described from two localities and it is not possible to determine which is the locality of the lectotype.

Characters of the male lectotype indicate assignment of this nominal species to the genus *Bryophaenocladius* THIENEMANN as redefined in CRANSTON, OLIVER & SAETHER (in press). The species does not appear to have been described elsewhere, and may be endemic to the Canary Islands.

The species is redescribed from the lectotype as follows:

Description. Body length 2.8 mm, wing length 1.8 mm. Colour (after dry preservation and slide-preperation) brown, without paler vittae.

**Head.** Eye bare, without pubescence, with wedge-shaped dorsomedial extension. Temporal setae 8, uniserial, with 4 inner verticals scarcely delimited from 4 outer verticals/postorbitals; 8 clypeals. Antenna with 13 flagellomeres of lengths (in μm, base to apex) 51, 22, 22, 23, 23, 23, 23, 22, 24, 25, 25, 25, 28, 506; Antennal Ratio 1.63. Palp 5-segmented, length/width of segments 2—5: 48/27, 107/29, 101/22, 113/19; 3rd segment without fingerlike apical extension, sensory pit or sensilla.

**Thorax.** Antepronotum well developed, lobes medially narrowly separated at notch, with 2 lateral antepronotals. Acrostichals strong (up to 30 μm long), somewhat biserial, about 12 visible in anterior 1/4 of scutum; 13 uniserial dorsocentrals starting close to humeral pit; 5 uniserial prealars; scutellum damaged. Pleuron bare.

**Wing.** Relatively narrow, 0.4 mm wide, 1.8 mm long; anal lobe rounded. Membrane with moderate to coarse punctation (microtrichia just visible at 100×). $R_{2+3}$ running between $R_1$ and $R_{4+5}$, then curving close to costa to end nearer apex of $R_{4+5}$. Costa extended 55 μm beyond end of $R_{4+5}$; $R_{4+5}$ ending distal to apex of $M_{3+4}$; $Cu_1$ nearly straight; Venarum ratio about 1.2; vannal fold and anal vein extending beyond FCu. R with 5—7 setae, $R_1$ with 2 closer to apex than midpoint, other veins bare. Squama with 5 setae.

**Legs.** Lengths of extant segments as follows:

| | Fe | Ti | $Ta_1$ | $Ta_2$ | $Ta_3$ | $Ta_4$ | $Ta_5$ |
|---|---|---|---|---|---|---|---|
| P1 | 710 | 848 | — | — | — | — | — |
| P2 | 768 | 832 | 384 | 198 | 140 | 90 | 90 |
| P3 | 816 | 928 | 499 | 256 | 192 | 102 | 90 |

Sensilla chaetica, tarsal pseudospurs and pulvilli absent.

**Hypopygium** (Fig. 1). Tergite IX with 11 setae anterior to base of narrow, apically rounded, hyaline anal point. Gonocoxite 224 μm long, with somewhat triangular superior volsella and small, apically bare, rounded inferior volsella. Gonostylus 109 μm long with hyaline low crista dorsalis, extending about 1/3 of length of gonostylus, ending in dark pigmented structure resembling a spine medial to the 13 μm long apical megaseta.

**Halocladius millenarius** (SANTOS ABREU). **Comb. nov.**

*Paratrichocladius millenarius* SANTOS ABREU, 1918: 214. Lectotype ♂ (present designation), Canary Islands: no further data (NHM) (examined)

*Paratrichocladius pulchrigaster* SANTOS ABREU, 1918: 206. Lectotype ♀ (present designation), Canary Islands: La Palma, Santa Cruz [no date] (NHM) [examined]. **Syn. nov.**

*Paratrichocladius sororians* SANTOS ABREU, 1918: 212. Lectotype ♂ (present designation), Canary Islands: La Palma, en la Dehesa de la Encarnacion [no date] (NHM) [Examined]. **Syn. nov.**

*Paratrichocladius formosus* SANTOS ABREU, 1918: 219. Lectotype, ♂ (present designation), Canary Islands: La Palma, either los Barranco del Rio or la Madera [no date] (NHM) [examined]. **Syn. nov.**

*Trichocladius stagnorum* GOETGHEBUER, 1937: 274. Holotype ♂, France: Bas-du-Rhin, Fos (IRSNB) [not examined]. **Syn. nov.**

*Halocladius stagnorum* (GOETGHEBUER, 1937); Hirvenoja, 1973:127.

Five specimens of *P. millenarius* remain in SANTOS ABREU's collection, of which only one male is in adequate condition for slide mounting, determination and designation as lectotype. The remainder, mostly damaged even beyond determination of sex, are labelled as paralectotypes.

Three specimens of *P. pulchrigaster* remain in the SANTOS ABREU collection, but only two females in poor to moderate condition were suitable for slide preparation. One slide-mounted specimen has been designated and labelled as lectotype, and the remaining specimens as paralectotypes.

Two specimens of *P. sororians* remain in the SANTOS ABREU collection. Only one male, which is in poor condition, is slide mounted, designated here and labelled as lectotype. The other specimen, of undeterminable sex, is labelled as paralectotype.

*P. formosus* is represented by one male in the SANTOS ABREU collection. The specimen, in poor condition, seems to be a syntype, since the species was described from two localities. This specimen is thus designated and labelled as lectotype.

We recognise *millenarius* as conspecific with *sororians* SANTOS ABREU, *formosus* SANTOS ABREU and *pulchrigaster* SANTOS ABREU. In view of the better condition of the lectotype of *millenarius* and the use of this name by STORÅ (1936) and HIRVENOJA (1973: 128), we, as first revisers, select *millenarius* as the senior name. Thus *sororians*, *pulchrigaster* and *formosus* become junior subjective synonyms of *millenarius*.

STORÅ (1936) recognised *P. millenarius* from SANTOS ABREU's description, and in redescribing a newly-collected female, transferred the species to *Trichocladius (Acricotopus)*. In his revision of the *Cricotopus* series of genera, HIRVENOJA (1973) examined this female and considered it to be identical with *Halocladius stagnorum* (GOETGHEBUER, 1930). However, HIRVENOJA refrained from making the synonymy because he was unsure that STORÅ's interpretation of SANTOS ABREU's name was correct, *millenarius* was suspected of being a mixed series, and the types were believed to be lost. Our examination of the male lectotype of *millenarius* confirms that STORÅ's interpretation was correct, and *millenarius* thus becomes a senior synonym of *stagnorum* GOETGHEBUER: the combination *Halocladius millenarius* (SANTOS ABREU, 1918) is herewith established.

The description of *H. stagnorum* by HIRVENOJA (1973) applies to *H. millenarius*, with the exception of the antennal ratio, which ranges from 0.51 (lectotype of *sororians*) to 1.05 (lectotype of *millenarius*). HIRVENOJA cited a range of 0.57—0.88, exceptionally 0.92 (holotype of *stagnorum*). However, in view of the similarity of other features, including all setal counts, the structure of the hypopygium and the 10—13 sensilla chaetica on the apical 1/3 of tarsomere 1 of the hind leg, the variation in antennal ratio is not considered to be significant.

The hypopygium of the lectotype of *P. millenarius* is illustrated in Fig. 2, the genitalia of the synonymous *P. pulchrigaster* in Fig. 3.

*Halocladius millenarius* is distributed around the western Mediterranean coast, from Algeria and France, in addition to the Canary Isles.

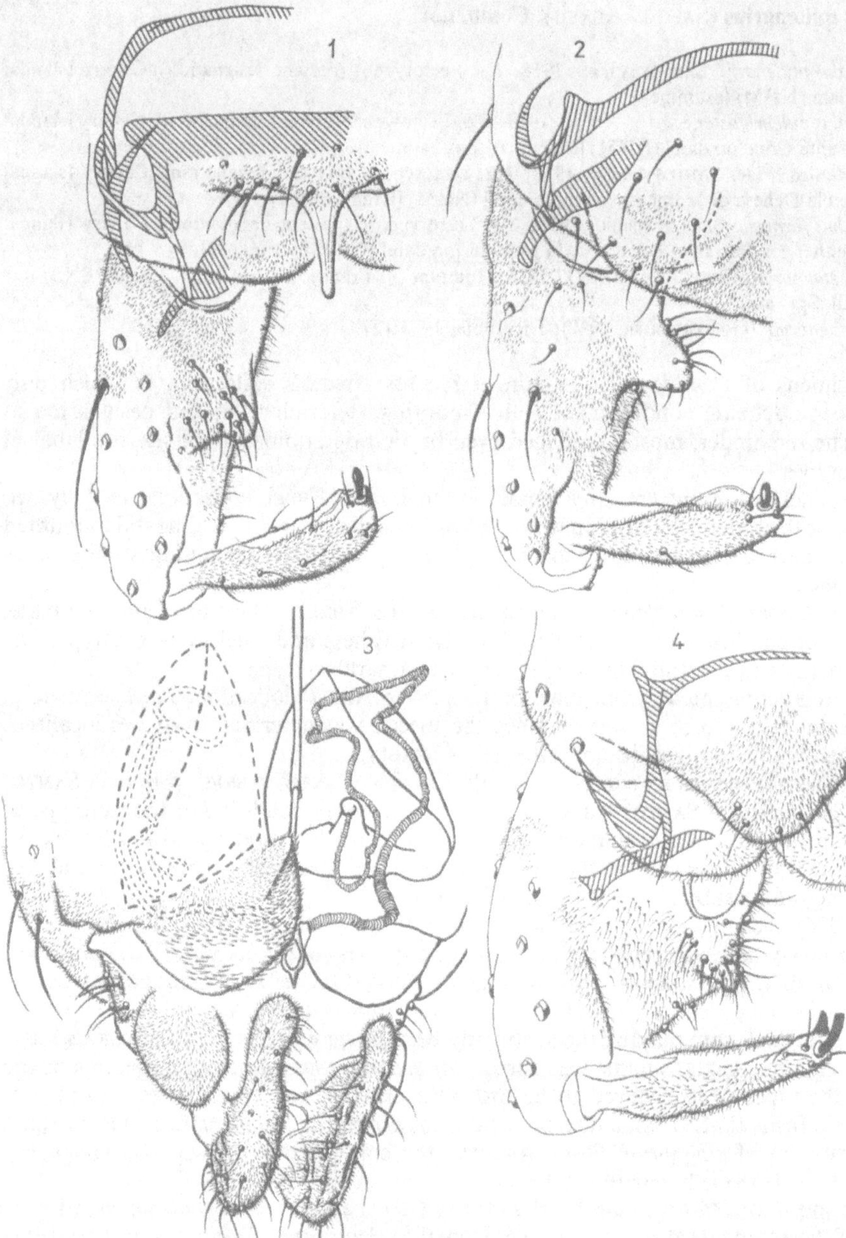

Fig. 1
*Bryophaenocladius filipes* – hypopygium of male lectotype
Fig. 2
*Halocladius millenarius* – hypopygium of male lectotype
Fig. 3
*Halocladius millenarius* – female genitalia of lectotype of *pulchrigaster*
Fig. 4
*Limnophyes palmensis* – male hypopygium

**Limnophyes palmensis (SANTOS ABREU). Comb. nov.**

*Camptocladius palmensis* SANTOS ABREU, 1918: 187. Lectotype ♂ (present designation), Canary Islands: La Palma, mesos de Estio, en la Dehesa de la Encarnacion [no date] (NHM) [examined].

There are two specimens in the SANTOS ABREU collection, of which one damaged male was suitable for slide preparation and lectotype designation. The other specimen, of undeterminable sex, is labelled as paralectotype.

The species clearly belongs to the genus *Limnophyes* EATON, as redefined in CRANSTON, OLIVER & SAETHER (in press). Without reexamination of all appropriate types, the species appears not to have been described elsewhere; it may be endemic to the Canary Isles. The species is recognised from the lectotype, with the description supplemented by 3 males collected by P.D.A. at Tenerife, La Caldera, sweeping around a broken water pipe on 21. xii. 1983.

Description (n = 3/4, only range given)

Body length 2.0—2.05 mm, wing length 1.4—1.5 mm. Colour brown.

**Head.** Eye bare, without pubescence, without dorsomedial extension. Temporal setae 5, uniserial, with 1 isolated inner vertical delimited from 4 outer verticals/postorbitals; 16—18 clypeals. Antenna with 12 flagellomeres of lengths (in μm, base to apex) 34—45, 16—22, 22—26, 32—35, 35, 35—39, 39—43, 39—43, 39—43, 36—39, 36—43, 272—294; Antennal Ratio 0.73—0.75. Palp 5 — segmented, lengths of segments 2—5: 26—32, 77—89, 75—89, 112; 3rd segment without sensory pit or sensilla.

**Thorax.** Antepronotum well developed, lobes medially fused, with 2 dorsal and 2—3 lateral antepronotals. Acrostichals absent; 14—17 dorsocentrals starting close to antepronotum, anteriorly biserial, medially uniserial; 2—3 elongate lanceolate humerals, 3—5 elongate lanceolate prescutellars; 5—7 uniserial prealars; 4—6 scutellars. Pre-episternum with 3—6 strong setae in uniserial dorsal to posterior row; posterior anepisternum with 1 strong seta; epimeron with a group of 4—6 strong setae.

**Wing.** Membrane with coarse punctation (microtrichia easily visible at 100×). Anal lobe weakly developed. $R_{2+3}$ running between $R_1$ and $R_{4+5}$, ending nearer to $R_1$. Costa extended 75—102 μm beyond apex of $R_{4+5}$; $R_{4+5}$ ending distal to end of $M_{3+4}$; $Cu_1$ strongly curved; Venarum ratio 1.18—1.28. R basally with 3 setae, other veins bare Squama with 3—5 setae.

**Legs.** Lengths of segments and leg ratios as follows:

| | Fe | Ti | $Ta_1$ | $Ta_2$ | $Ta_3$ | $Ta_4$ | $Ta_5$ |
|---|---|---|---|---|---|---|---|
| P1 | 518—581 | 672—780 | 333—371 | 211—224 | 140—160 | 77—90 | 70—77 |
| P2 | 550—595 | 544—595 | 250—288 | 115—153 | 77—102 | 45—51 | 57—64 |
| P3 | 563—640 | 672—719 | 365—384 | 178—185 | 153—173 | 64—77 | 64—77 |

Leg ratio: $P_1$ 0.48—0.52, $P_2$ 0.46—0.48, $P_3$ 0.54.
Sensilla chaetica, tarsal pseudospurs and pulvilli absent.

**Hypopygium.** (Fig. 4). Tergite IX evenly rounded, without distinct anal point. Virga translucent, about 20 μm long. Gonocoxite 102—128 μm long, with somewhat triangular, setose, inferior volsella. Gonostylus 86—89 μm long with dark, triangular, apical crista dorsalis, extending beyond apex of gonostylus.

**Paratrichocladius rufiventris (MEIGEN)**

*Chironomus rufiventris* MEIGEN, 1830: 249. Holotype ♂, ‚Mitteleuropa' (MNHN) [not examined].
*Orthocladius tenuipes* BECKER, 1908: 75. Lectotype ♂ (designated HIRVENOJA, 1973: 89), Canary Islands: Tenerife, La Laguna, ‚47708. IV' [no date] (ZMHU) [examined].
*Paratrichocladius rufiventris* (MEIGEN); HIRVENOJA, 1973: 89.

Although described from three males and four females, the BECKER collection in ZMHU contains only two males of this species. One slide mounted specimen was designated as lectotype by HIRVENOJA (1973: 89), the other is pinned with a hypopygium preparation on an attached celluloid mount; it is labelled as paralectotype.

HIRVENOJA (1973: 88) designated *Orthocladius tenuipes* as the type of the genus *Paratrichocladius* SANTOS ABREU, 1918, and recognised *tenuipes* as a junior synonym of *Chironomus rufiventris* MEIGEN, 1830, a view with which we concur.

*Paratrichocladius rufiventris* is widely distributed throughout Europe and is known also from Lebanon and Japan.

## Subfamily Chironominae

### Dicrotendipes septemmaculatus (BECKER). Comb. nov.

*Chironomus septemmaculatus* BECKER, 1908: 77. Holotype ♀, Canary Islands: Tenerife, Puerto Orotava, ‚51307.8' [no date] (ZMHU) [examined].
*Dicrotendipes pilosimanus* KIEFFER, 1914. Holotype ♂, South Africa: Cape Town [no date] (SAM) [not examined]. **Syn. nov.**
*Stictochironomus sexnotatus* GOETGHEBUER, 1930. Lectotype ♀ (present designation), Spain: Algeciras [no date] (NM) [examined]. **Syn. nov.**

*Chironomus septemmaculatus* was described from a single female from Puerto Orotava on Tenerife. The single specimen from ZMHU, labelled 'P. OROTAVA 51307.8' and '*septemmaculata* BECK.' in BECKER's handwriting, in fair condition, is now slide mounted in Euparal. The species clearly belongs to the genus *Dicrotendipes* KIEFFER, and is a senior synonym of *D. pilosimanus* KIEFFER, as redescribed by FREEMAN (1957). The beard ratio of 3 on fore tarsomere 1, and 4 on fore tarsomere 2, indicates synonymy with the typical subspecies, rather than with *D. pilosimanus quatuordecimpunctatus* GOETGHEBUER, a subspecies which may actually warrant species status.

GOETGHEBUER described *Stictochironomus sexnotatus* from specimens collected in Algeciras in southern Spain, and from the Canaries, preserved in the NM. Examination of a male from Algeciras and a female from the Canaries, both syntypes, suggests that STORÅ (1936) was correct, and *sexnotatus* is a junior synonym of *septemmaculatus*. The male from Algeciras, slide mounted in Euparal, is here designated as lectotype of *sexnotatus*.

The genitalia (Fig. 5) and wing (Fig. 7) of the holotype female of *septemmaculatus* and the hypopygium of the male lectotype of *sexnotatus* (Fig. 6a, b) are illustrated.

*Dicrotendipes septemmaculatus* is widely distributed in the Afrotropical region and is found also in North Africa, the eastern Mediterranean, India and North Korea.

### Polypedilum (Pentapedilum) tritum (WALKER)

*Chironomus tritum* WALKER 1856: 162. Holotype ♂, England (no further data) (BMNH) [examined].
*Tanytarsus unicus* BECKER, 1908: 77. Holotype ♂, Canary Islands: Tenerife, La Laguna, ‚47710. IV' [no date] (ZMHU) [examined]. **Syn. nov.**
*Tanytarsus praeornatus* SANTOS ABREU, 1918: 229. Holotype ♂, Canary Islands: La Palma, Fuente Berraeja, 14.ii. 1914 (NHM) [examined]. **Syn. nov.**

*Tanytarsus unicus* was described from a single male. The specimen, labelled 'Laguna 47710.IV' and '*unicus* BECK.' in BECKER's handwriting, in good condition, is now slide mounted in Euparal, and labelled as holotype.

The species belongs to *Polypedilum (Pentapedilum)* (tribe Chironomini), not *Tanytarsus* (tribe Tanytarsini) and bears a close resemblance to *P. (Pentapedilum) tritum* (WALKER,

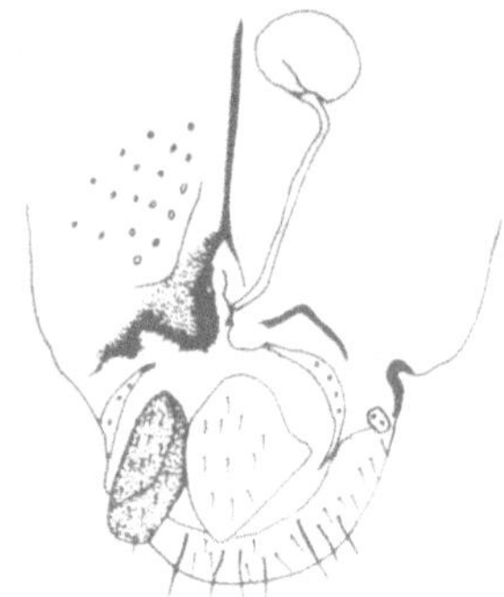

5

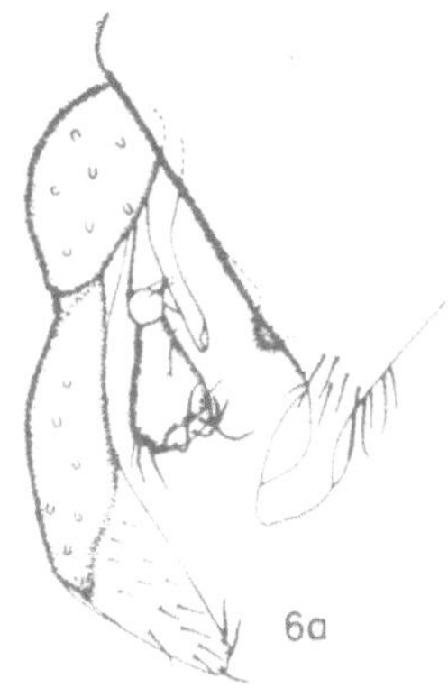

6a

6b

7

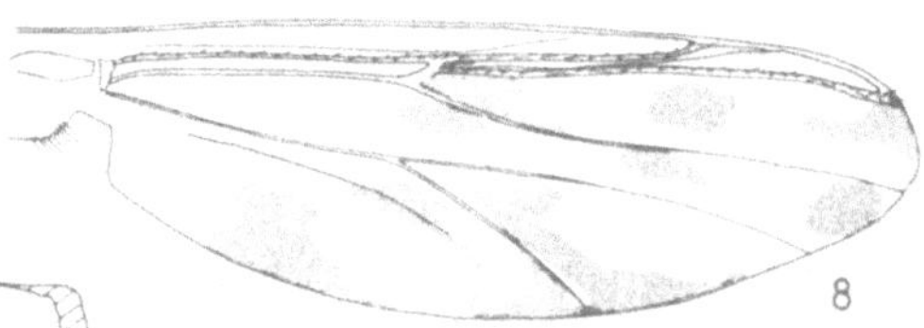

8

9a

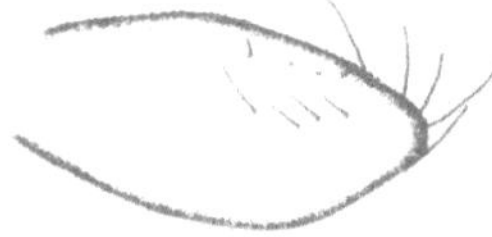

9b

Fig. 5
*Dicrotendipes septemmaculatus* – genitalia of female holotype
Fig. 6
*Dicrotendipes septemmaculatus* – hypopygium of male lectotype of *sexnotatus*, (b) partial lateral view of appendage 2.
Fig. 7
*Dicrotendipes septemmaculatus* – wing of female holotype
Fig. 8
*Polypedilum lene* – male wing.
Fig. 9
*Polypedilum lene* – hypopygium of male paralectotype, (b) detached, partially rotated gonocoxite from other paralectotype.

1856). Although the subgenus is in need of revision to establish species limits, we establish the synonymy of *Tanytarsus unicus* BECKER with *Polypedilum* (*Pentapedilum*) *tritum* WALKER, whilst recognizing that this might need to be reconsidered if and when further data become available.

*Tanytarsus praeornatus* was described from a single male which remains in the SANTOS ABREU collection, now slide mounted and labelled as holotype. The specimen is clearly conspecific with *Tanytarsus unicus* BECKER, 1908, considered here to be a junior synonym of *Polypedilum (Pentapedilum) tritum* (WALKER).

*Polypedilum* (*Pentapedilum*) *tritum* is widely distributed throughout the Holarctic region, including Japan.

### Polypedilum (Polypedilum) lene (BECKER)

*Chironomus lenis* BECKER, 1908: 76. Lectotype ♀ (present designation), Canary Islands: Tenerife, Santa Cruz, ‚51157.8' [no date] (ZMHU) [examined].

*Tendipes noctivagus* SANTOS ABREU, 1918: 170. Lectotype ♂ (present designation), Canary Islands: La Palma [no further data, or date] (NHM) [examined]. **Syn. nov.**

This species, described from several specimens from Santa Cruz in Tenerife, and from SIMONY's collection, is represented in the BECKER collection by a single female, labelled 'St. Cruz 51157.8' in BECKER's handwriting. However, in NM, there are two males and one female specimens collected in Palma, Tenerife, by SIMONY, determined as *C. lenis* by BECKER. These specimens were mentioned in the description and not excluded from the type-series, and therefore must also be considered as syntypes. The two male specimens are in poor condition, with the genitalia variously damaged. The female from ZMHU and one male from the NM have been slide mounted in Euparal. Since the species is recognizable by the wing pattern and the males are damaged, we do not follow the usual practice of designation of male types and select the slide mounted female in ZMHU as lectotype: the remaining specimens in NM are paralectotypes and have been labelled accordingly.

The species clearly belongs to the genus *Polypedilum* KIEFFER, as was recognised by GOETGHEBUER (1930). The available material does not permit detailed redescription, without examination of related species; however, *P. lene* can be recognised by the distinctive wing pattern (Fig. 8) and male hypopygium (Fig. 9a, b). There is a close resemblance to *Polypedilum alticola* KIEFFER, as interpreted by FREEMAN (1958), a widespread species in the Afrotropical region, often found at high altitude in the Rift Valley mountains from Saudi Arabia to Kenya. The wing pattern is similar, but less strongly developed in the Tenerife material, perhaps because of fading of old specimens. In the damaged genitalia, the short broad gonostylus is distinctive, as is the narrow anal point, but the strong curvature of the inferior volsella differs from that of *alticola*. However, we refrain from making the synonymy because of the poor quality of the Tenerife material, and our inability to make a detailed comparison of the male genitalia.

Five specimens of *noctivagus* remained in the SANTOS ABREU collection, of which only two males are in suitable condition for slide preparation. One, in fair condition, is clearly conspecific with *Polypedilum lene* (BECKER) (q. v.); the other is bleached and mildewed, and appears to be *Polypedilum nubeculosum* (MEIGEN, 1818). In view of STORÅ's (1936) suggested synonymy of *T. noctivagus* with *P. lene* and the better condition of the specimen, we here designate the former specimen as lectotype, thereby confirming STORÅ's synonymy. The bleached specimen is labelled as paralectotype and the questioned identity as *P. nubeculosum* is indicated on the slide label. The other specimens, too damaged for determination of sex, are labelled as paralectotypes, but their identity cannot be determined.

**Virgatanytarsus albisutus (SANTOS ABREU). Comb. nov.**

*Tanytarsus albisutus* SANTOS ABREU, 1918 225 Lectotype ♂ (here designated), Canary Islands La Palma, either Estio or Otono, 1911 [no further data] (NHM) [examined].
*Tanytarsus maroccanus* KUGLER & REISS, 1973: 73. Holotype ♂, Algeria Cascade de Berard (ZSBS) [not examined]. **Syn. nov.**

One male of *T. albisutus* remains in the SANTOS ABREU collection, now slide mounted and labelled as lectotype.

The species clearly belongs to the genus *Virgatanytarsus* PINDER, 1982, erected for species previously assigned to the *triangularis* species-group of *Tanytarsus*. Examination of the descriptions, illustrations and key to the species of the *triangularis* group (KUGLER & REISS, 1973) shows that *albisutus* is a senior synonym of *maroccanus* KUGLER & REISS and the name *albisutus* takes priority.

The hypopygium of the holotype of *Virgatanytarsus albisutus* is illustrated in Fig. 10.

*Virgatanytarsus albisutus* is known from Greece, Algeria, Morocco and the Canary Islands.

10

Fig. 10
*Virgatanytarsus albisutus* – male hypopygium.

The following nominal species are represented in the SANTOS ABREU collection by material so badly damaged or mildewed, or both, that it is not possible to make determinations. The names are *nomina dubia*.

*Camptocladius punctaticollis* SANTOS ABREU, 1918: 186.
*Camptocladius fulviscutellatus* SANTOS ABREU, 1918: 188.
*Orthocladius articulatus* SANTOS ABREU, 1918: 197.
*Orthocladius pulchralis* SANTOS ABREU, 1918: 198.
*Orthocladius umbraticus* SANTOS ABREU, 1918: 199.
*Orthocladius lineolatus* SANTOS ABREU, 1918: 202.
*Orthocladius griseicollis* SANTOS ABREU, 1918: 203.
*Paratrichocladius nigrovittatus* SANTOS ABREU, 1918: 209.

The following nominal species are no longer represented in the SANTOS ABREU collection and must be considered to have been destroyed (BAEZ, in litt., 1984). The names should be treated as nomina dubia.

*Orthocladius vicinus* SANTOS ABREU, 1918: 200.
*Paratrichocladius luteoligaster* SANTOS ABREU, 1918: 205.
*Paratrichocladius ornaticollis* SANTOS ABREU, 1918: 210.
Although STORÅ (1936) used this name in recording a species from his collection, HIRVENOJA (1973) showed that STORÅ's series was mixed, consisting of *Rheocricotopus glabricollis* (MEIGEN) and *Cricotropus vierriensis* GOETGHEBUER. The true identity of Santos ABREU's species cannot be determined.
*Paratrichocladius multicolor* SANTOS ABREU, 1918: 218.
*Paratrichocladius pseudoictericus* SANTOS ABREU, 1918: 223.
*Tanytarsus hiemalis* SANTOS ABREU, 1918: 224.
*Tanytarsus trilineatus* SANTOS ABREU, 1918: 226.
*Metriocnemus canariensis* SANTOS ABREU, 1918: 231.
*Metriocnemus decor* SANTOS ABREU, 1918: 232.
*Metriocnemus hirsutulus* SANTOS ABREU, 1918: 233.
*Metriocnemus palmensis* SANTOS ABREU, 1918: 235.
*Metriocnemus sociatus* SANTOS ABREU, 1918: 236.
*Metriocnemus lurulentus* SANTOS ABREU, 1918: 240.
*Ablabesmyia suturalis* SANTOS ABREU, 1918: 246.
*Ablabesmyia pseudornata* SANTOS ABREU, 1918: 248.
*Ablabesmyia viriduliventris* SANTOS ABREU, 1918: 251.

## Discussion

In addition to the species SANTOS ABREU described, he purported to recognise species described earlier by others from elsewhere in Europe. No extant specimens of these species have been found, and it is our view that all such records should be treated as doubtful, unless confirmed by voucher specimens or recent collections. The loss of the major part of SANTOS ABREU's collection is regretted, not least because of the subsequent extensive habitat modification, particularly by irrigation, which must have led to extinction of much of the aquatic biota since SANTOS ABREU's time. Although there is some recent material available, and perhaps some historic collections remain in other Museums, we feel some preliminary speculations concerning the affinities and origins of the Canary Island Chironomidae can be made.

Of the species dealt with in this study, *Zavrelimyia nubila*, *Paratrichocladius rufiventris* and *Polypedilum (Pentapedilum) tritum* are widely distributed elsewhere in Europe. *Thalassomya frauenfeldi* occurs less widely, being found on the marine shores of southern Europe, including the Atlantic and Mediterranean coasts, but not extending far into northern Europe.

Two species have much more restricted distributions, namely *Halocladius millenarius* and *Virgatanytarsus albisutus*, both occurring in the Mediterranean and North Africa. *Dicrotendipes septemmaculatus* is the only species discussed which occurs in the Afrotropical region (as distinct from palaearctic North Africa), although this species is also distributed in southern Europe, especially the Mediterranean region, from southern Spain to Turkey, Israel and the Nile Valley.

A third group has not been found with certainty other than in the Canaries, namely *Polypedilum lene*, *Limnophyes palmensis* and *Bryophaenocladius filipes*. These species belong to genera which need revision, but, at present, these may be endemic elements.

This restricted survey suggests that the chironomid fauna shows relationships to, and has probably originated from, the south-western Palaearctic fauna. We see no clear relationship with the Afrotropical fauna, although this fauna itself shows many similarities to that of the Palaearctic region. The chironomid fauna of the sub-Saharan north-west of the Afrotropical region is less well known than that of the rest of the continent, and it is possible that Canary Islands chironomids may also occur in this area.

## Acknowledgements

This study would not have been possible without the assistance of Dr. MARCOS BAEZ, University of La Laguna, Tenerife, who arranged the loan of the remnants of SANTOS ABREU's collection. We are grateful to Dr. H. SCHUMANN, Zoologisches Museum, HUMBOLDT University, Berlin, for the loan of BECKER's Tenerife collection and to Dr. R. CONTRERAS-LICHTENBERG, for material from the Naturhistorisches Museum, Vienna, Austria.

We thank Mrs. A. MATTHEWS (Freshwater Biological Association, Wareham, Dorset) for providing some of the illustrations. We are grateful to Dr. R. W. CROSSKEY (B.M.N.H., London) for putting us in contact with Dr. BAEZ, for discussions on the Canary Isles, and above all for his advice on the presentation of this manuscript. Dr. M. HIRVENOJA (Helsinki) confirmed the identity of the *Halocladius* specimens.

This paper was completed while P.S.C. held a scholarship from the National Science and Engineering Research Council, Canada, in the Biosystematics Research Institute, Agriculture Canada, Ottawa.

## References

BECKER, T. (1908): Dipteren der Kanarischen Inseln. Mitt. zool. Mus. Berl. 4: 1—180.

BRUNDIN, L. (1956): Zur Systematik der Orthocladiinae (Dipt. Chironomidae). Rep. Inst. Freshwat. Res. Drottningholm 37: 1—185.

CRANSTON, P. S. & ASHE, P. (in press): Chironomidae *in* 'A Catalogue of the Diptera of the Palaearctic region'. Volume 3. Elsevier/Hungarian National Academy of Sciences.

CRANSTON, P. S., OLIVER, D. R. & SAETHER, O. A. (in press): Keys and diagnoses to the genera of the subfamily Orthocladiinae. Part 3. The imagines. Ent. scand. Suppl.

FITTKAU, E. J. (1962): Die Tanypodinae (Diptera, Chironomidae). Die Tribus Anatopyniini, Macropelopiini und Pentaneurini. Abh. Larvalsyst. Ins. 62: 1—453.

FREEMAN, P. (1957): A study of the Chironomidae (Diptera) of Africa south of the Sahara. Pt. 111. Bull. Br. Mus. nat. Hist. 5(9): 323—426.

FREEMAN, P. (1958): A study of the Chironomidae (Diptera) of Africa south of the Sahara. Pt. IV. Bull. Br. Mus. nat. Hist. 6(11): 263—363.

GOETGHEBUER, M. (1930): Chironomides Paléarctiques (Diptères) conservés au Musée d'Histoire Naturelle de Vienne. Annls hist.-nat. Mus. Wien 46: 91—115.

GOETGHEBUER, M. (1937): Ceratopogonidae et Chironomidae nouveaux ou peu connus d'Europe (Septième note). Bull. Annls. Soc. ent. Belg. 77: 273—280.

HIRVENOJA, M. (1973): Revision der Gattung *Cricotopus* VAN DER WULP und ihrer Verwandten (Diptera, Chironomidae). Ann. Zool. Fenn. 10: 1—363.

KIEFFER, J. J. (1914): South African Chironomidae. Ann. S. Afr. Mus. 10: 259—270.

KUGLER, J. & REISS, F. (1973): Die *triangularis*-Gruppe der Gattung *Tanytarsus* v. d. W. (Chironomidae, Diptera). Ent. Tidskr. 94: 59—82.

MEIGEN, J. W. (1804): Klassifikazion und Beschreibung der europäischen zweiflügeligen Insekten (Diptera Linn.). 1: xxviii + 152; 2: vi + 153—314.

MEIGEN, J. W. (1830): Systematische Beschreibung der bekannten europäischen zweiflügeligen Insekten. 6: xi + 401. SCHULTZ, Hamm.

PINDER, L. C. V. (1982): *Virgatanytarsus* new genus – for the "*triangularis*" group of the genus *Tanytarsus* VAN DER WULP. Spixiana 5: 31–34.

SANTOS ABREU, E. (1918): Ensayo de una Monografia de los Tendipedidos de las Islas Canarias. Mems. R. Acad. Cienc. Artes Barcelona 14(2): 159–326.

SCHINER, J. R. (1856): Anmerkungen zu dem Bande V, Pag. 13 dieser Verhandlung abgedruckten Aufsätze FRAUENFELDS: Beitrag zur Insektengeschichte. Verh. zool.-bot. Ges. Wien 6: 215–224.

STORA, R. in FREY, R. (1936): Die Dipterenfauna der Kanarischen Inseln und ihre Probleme. Commentat. biol. 6: 21–30.

WALKER, F. W. (1856): Insecta britannica. Diptera. Volume 3. London. 352 pp.

Anschriften der Verfasser:
Dr. P. S. CRANSTON,
ANIC, CSIRO Entomology,
GPO Box 1700
Canberra, ACT 2601,
Australia
formerly
Entomology Department,
British Museum (Natural History),
Cromwell Road, London SW7 5BD, England
Dr. P. D. ARMITAGE,
Freshwater Biological Association
River Laboratory,
East Stoke, nr Wareham, Dorset, England

Dtsch. ent. Z., N. F. 35 (1988) 4—5, 355—360

# Sind die Insekten primäre oder sekundäre Wasserbewohner?

Von

BENJAMIN MESSNER

Mit 1 Tabelle

## Abstract

By the examples of Anatomy, Physiology and Ethology in aquatic insects it was shown that invasion into aquatic habitat probably occured secondarily.

Die Frage nach der Entstehung der luftatmenden Insekten ist nach wie vor umstritten.

So behaupten die Verfechter der Trilobitentheorie von HANDLIRSCH (1919; 1926/27), daß die Insekten direkt aus wasserlebenden Vorfahren entstanden wären (MAMAJEV 1971, OMODEO u. a. 1980, RIEK 1971, RIPPER 1938). Eine 2. Theorie besagt, daß sich die Insekten parallel zu den anderen Tracheaten (Myriapoden und Diplopoden) über Vorfahren entwickelt haben, die in feuchtem terrestrischen Milieu gelebt haben (GILJAROV 1967, MERRITT u. CUMMINS 1978, ROSS 1965, WOOTEN 1972).

Über die bisher benutzten meist anatomischen Begründungen hinaus, gibt es z. T. neue Hinweise aus der Morphologie, Physiologie und Ethologie, die dafür sprechen, daß die Insekten und alle anderen luftatmenden Arthropoden im terrestrischen Milieu entstanden sind und einige von ihnen sekundär zur aquatischen Lebensweise übergingen.

Es sollen im vorliegenden Beitrag diese Gesichtspunkte aufgeführt und zur Diskussion gestellt werden.

1) Die normale, lebende Insektenkutikula ist immer stark wasserabstoßend. Nur eine tote Kutikula verliert nach längerem Kontakt mit Wasser ihre Hydrophobie, weil die Lipoidschicht nicht ständig erneuert wird (HOLDGATE 1955).
2) Das Tracheensystem ist als eine Versorgungseinheit für atmosphärische Luft entwickelt worden und bei den meisten Insektengruppen erhalten geblieben, auch wenn sie zur aquatischen Lebensweise übergegangen sind [Tab. 1, Gruppe b, c, d].

Von den 5 Apterygoten-Gruppen und den 28 Ordnungen der Pterygoten sind es nur 13 Ordnungen, aus denen alle oder einige Arten im Wasser vorkommen (PENNAK 1978). Während die meisten Vertreter nur als Larven und Puppen im Wasser leben, haben ganz wenige Arten aus 6 Ordnungen Plecoptera (JEWETT 1963), Phthiraptera (SCHERF 1963), Heteroptera (MESSNER u. a. 1981), Aphidina (MESSNER 1985), Coleoptera (LANGER u. MESSNER 1984, MESSNER 1982, MESSNER u. DIECKMANN 1987, MESSNER u. JOOST 1984, MESSNER u. LANGER 1984), Lepidoptera (MESSNER u. a. 1987), die submerse Lebensweise auch als Imagines erlangen können, und zwar unter Beibehaltung der Luftatmung.

Die Insektenarten, deren Larvenstadien alle im Wasser leben, sind bekanntlich die Ephemerida, Plecoptera, Odonata, Megaloptera, Trichoptera, einige Heteroptera-Arten, wenige Aphidina, Coleoptera, Neuroptera, Lepidoptera und viele Dipteren.

Bis auf einige Ausnahmen (Erstlarven) atmen die Larven der o. g. Insektengruppen aber alle über Tracheenkiemen.

3) Eine echte Hautatmung, d. h. ohne Zwischenschaltung von Tracheen, finden wir nur bei einigen aquatischen Erstlarven oder bei sehr kleinen terrestrischen Insekten (viele

Proturen und Collembolen) bzw. nur bei wenigen Insektenarten, die ihre Sauerstoffversorgung über den Hämoglobingehalt in der Hämolymphe möglich machen [z. B. einige Chironomiden-Larven (Tab. 1, Gruppe a)]. Es gibt jedoch keine einzige Insektenart, die in allen Entwicklungsstadien unter Wasser lebt und nur mit der reinen Hautatmung oder ohne das Tracheensystem auskommen könnte.

4) Die hydrophoben Kutikularstrukturen der Insektenarten, die unter Wasser einen Luftmantel mit sich herumtragen (Plastronatmer), sind wohl ursprünglich bei terrestrischen Arten zum Schutz gegen Benetzung mit Regen oder gegen Überflutung entwickelt worden.

So gibt es unter den Heteropteren einige geocorise und viele amphibiocorise Arten, die eine dichte wasserabstoßende Beborstung tragen, aber nur ganz wenige Arten, die einen derartigen Haarfilz submers als Plastron nutzen. Ähnliches findet man bei vielen Rüsselkäfergattungen, die eine wasserabstoßende Beborstung haben (*Trachyphloeus*, *Grypus*, *Tanysphyrus*, *Stenopelmus* und *Hydronomus*), ohne aber aktiv unter Wasser zu leben. Ja, hier ist die Hydrophobie sogar so groß, daß subkutikular gelegene Schleimdrüsen ihr hydrophiles Sekret auf die Körperoberfläche ausgießen müssen, um eine Teilbenetzung zu erreichen und damit ein Abtauchen überhaupt zu ermöglichen [Beispiel: Bagous, Eubrychius und bei Lepidopteren Acentria-Weibchen (MESSNER und LANGER 1984, MESSNER u. a. 1987)].

5) Die wenigen ständig unter Wasser lebenden, aber luftatmenden Arten flüchten bei $O_2$-Mangel des Wohnmediums an die Wasseroberfläche (Imagines von *Aphelocheirus*, *Elmis*, *Eubrychius*, *Bagous* und *Dicranthus*) und können dort weiterleben oder sie sterben bei Fluchtbehinderung unter Wasser (MESSNER 1986; MESSNER u. DIECKMANN 1987). Alle bisher bekannt gewordenen submers lebenden Curculioniden-Arten der Gattungen *Eubrychius*, *Bagous* und *Dicranthus* verlassen im Spätsommer oder Herbst das Wasser, um an Land zu überwintern. Sie nutzen also das Wasser nur als zeitlich begrenzte Raum- und Nahrungsnische [Tab. 1, Gruppe d] (DIECKMANN 1972).

6) Wenn die Insekten trotz der bisher vorgestellten Gründe als primäre Wasserinsekten angesehen werden sollten, so stellt sich hier zumindest die Frage, ob sie aus dem marinen Bereich oder aus dem Süßwasser gekommen sind, um das Land zu besiedeln. Sicher scheint, daß sie weder als Primär- noch als Sekundärbesiedler mit dem marinen Bereich fertig werden konnten, denn es gibt keine einzige submers lebende marine Insektenart. „Soweit wir es wissen, gibt es kein marines Insekt, das zeitlebends untergetaucht ist. Der Bericht, das *Pontomyia* (Chironomiden) permanent submarin lebt (EDWARDS 1926), ist ein Irrtum (TOKUNAGA 1932);“ (CHENG 1976).

Aber auch aus energetischen Gründen können sich die Insekten ein Leben im marinen Bereich nicht leisten. Die Erhaltung eines osmotischen Gleichgewichts unter salinen Bedingungen benötigt einen großen Energieaufwand. CLAUS (1937) konnte an den hautatmenden Larven von *Sigara stagnalis* (=*lugubris*) zeigen, daß der $O_2$-Verbrauch enorm ansteigt, sobald der Salzgehalt des Wohnmediums über $6^0/_{00}$ ansteigt. Einen im Vergleich dazu geringeren Anstieg des $O_2$-Verbrauches konnte CLAUS auch bei Salzarmut (z. B. Aqua dest) messen. D. h. die wasserlebenden Insektenlarven mit direktem Kontakt zum umgebenden Medium befinden sich in einer Nische, in der sie ein osmotisches — oder ein Ionen-Gleichgewicht nur dadurch halten können, daß sie sich sowohl nach der ionenarmen Seite wie nach der ionenreichen Seite hin mit erheblichem Energieaufwand, d. h. erhöhtem $O_2$-Verbrauch wehren (FOSTER und TREHERNE 1976).

Das schließt nicht aus, daß sich einige wenige Insektenarten zumindest als Larven mit hohen Salinitätswerten durchaus erfolgreich auseinandersetzen. Z. B. leben *Ephyra cinerea*-Larven im Salzwasser dank ihrer Kutikula, die für Wasser und Elektrolyte nur sehr schwach permeabel ist. Außerdem besitzen diese Fliegen-Larven nach NEMENZ (1960) einen aktiven Ausscheidungsmechanismus für überschüssige Na-Ionen.

7) Wenn wir zu Anfang behaupteten, die Insekten seien primär weder aus Salz- noch aus Süßwasser zur Besiedlung des Landes gekommen, so müssen wir abschließend fragen, wie sich das Atmungssystem bei den Insekten und den anderen luftatmenden Arthropoden entwickelt haben mag.

HANDLIRSCH (1926/27) nimmt auf Grund einer Fülle von morphologischen Tatsachen „besonders die hochkomplizierten Facettenaugen, die sich in ungemein ähnlicher Ausführung bei Trilobiten, Crustaceen, Myriapoden und Insekten finden und auch in der Reihe der Cheliceraten vertreten sind", an, daß die Arthropodenabstammung monophyletisch verlaufen ist. „Stehen wir einmal auf dem Standpunkt der Monophylie" — so schlußfolgert er weiter — „wird die Entscheidung in der zweiten Frage (waren die Urformen Wasser oder Landformen?) nicht schwer fallen, denn alle präsilurischen Arthropoden waren typische Wassertiere". Ähnlich großzügig fährt er fort: „Auch für die Insekten gibt es viele Anhaltspunkte zur Annahme einer ursprünglich amphibiotischen Lebensweise, denn gerade die Larven mehrerer recht ursprünglicher Gruppen (Ephemeriden, Odonaten, Perliden, Megalopteren, Sisyriden) mit ihren Kiemen sind echte und wohl ursprüngliche Wassertiere". Diesen Gedanken nehmen kritiklos alle Verfechter der Handlirschen Theorie auf (MAMAJEW 1971, OMODEO u. a. 1980, RICK 1971, RIPPER 1938) ohne zu beachten, daß bereits alle Pterygoten-Larven ein für terrestrische Insekten typisches Tracheensystem besitzen, mit dem sie offenbar sekundär das Wasser besiedelt haben und auch ihre Kiemen ausstatteten. Der Schüler von HANDLIRSCH, RIPPER (19380 schließt eine sehr ausführliche vergleichende Untersuchung über die „Arthropodentracheen" zwar mit einem Bekenntnis zur Trilobitentheorie ab, aber er zeigt deutlich, daß die Atmungsorgane aller terrestrisch lebenden Arthropoden (Myriapoden, Diplopoden, Cheliceraten und Insekten) nicht homolog sind und sich daher polyphyletisch entwickelt haben müssen. Und damit kommt er ohne Annahme hypothetischer Zwischenformen oder Vorfahren auf Beispiele aus der rezenten Arthropodenfauna, die deutlich machen, daß sich — der 2. Theorie entsprechend — alle luftatmenden Arthropoden aus zunächst feuchtluftatmenden Bodentieren entwickelt haben (GILJAROV 1967, MERRITT u. CUMMINS 1978, ROSS 1965, WOOTEN 1972).

So kommen sehr kleine bodenbewohnende Myriapoden — (Pauropoden) bzw. Insektengruppen (2 von 3 Familien der Proturen, fast alle Collembolen) mit der einfachen Hautatmung und viele bodenbewohnende Crustaceen (Isopoden) (*Ligia*, *Ligidiun*, *Trichoniscus*, *Philoscia*, *Oniscus*) mit der Kiemenatmung aus. Viele feuchtluftatmende Diplopoden (Colobagnothae, Lysiopetaloidae) (RIPPER 1938) sowie einige Insektengruppen haben zusätzlich einziehbare oder dauernde Hautausstülpungen ausgebildet, denen eine Atemfunktion zugeschrieben wird. Bei besser angepaßten Trockenluftatmern bleiben die lokalisierten Hautatmungsflächen eingestülpt oder eingezogen und es bilden sich daraus die Fächerlungen der Cheliceraten als Blutkiemen. Ebenfalls als blutumflossene Hohlräume entstehen durch ectodermale Einstülpungen in 2 bis 5 Exopoditenpaaren der Pleopoden sogenannte Trachealfelder (WÄCHTLER 1937) oder Lungen (SIEWING 1985) bei vielen terrestrischen Asseln (*Porcellio*, *Cylisticus*, *Protracheoniscus* und *Armadillidium*). Hierbei ist beachtenswert, daß diese Trachealsysteme unter Beibehaltung der ursprünglichen Kiemen, die durch ein raffiniertes Wasserleitungssystem selbst noch bei Wüstenbewohnern feucht gehalten werden, erst bei Assel-Arten entstehen, die schon lange vom ursprünglichen Wasserleben der übrigen Crustaceen getrennt sind, und nicht schon an der Wasser-Luft-Grenze (HANDLIRSCH 1926/27, RIPPER 1938). Für die Entstehung von Tracheen als röhrenförmige, mit Chitin ausgekleidete ectodermale Einstülpungen gibt es nach SIEWING (1985) zwei Möglichkeiten:

I) Durch Reduktion der Atemlamellen in den Fächerlungen entsteht bei einigen labidognathen Araneen ein einheitlicher Lungenvorhof, aus dem in das Körperinnere zahlreiche unverzweigte Tracheolen auswachsen (sogen. Sieb- oder Büscheltracheen).

II) Durch Auswachsen von Apodemen (= eingestülpte Muskelansatzstellen) entstehen oft verzweigte Röhrentracheen.

Diese Bildungsform der Röhrentracheen erfolgt bei den echten Webespinnen paralell

| **a) Hautatmung** | | **b) Hauttracheen atmung** | | **c) Hautatmung über Ionenschleusen** | **d) Plastron atmung** | |
|---|---|---|---|---|---|---|
| | | | | | permanent | periodisch |
| Kutikula | | Kutikula | | | Wasser | Luft |
| | hämoglobinh. Hämolymphe | | hämoglobinh. Trachealzellen | Tracheolen | Plastron | Luftvorrat |
| | | | | Tracheen | | |
| Hämolymphe | | Tracheolen | | | Tracheen | Tracheen |
| Organ | Organ | Tracheen | Tracheolen | Organ | Organ | Organ |
| (einige Erstlarven) | (*Chironomus*-Larven) | | Tracheen* | (Grundwanze u. a. Larven mit Hauttracheen-atmung) (MESSNER u. a. 1986) | (vorwiegend Imagines u Puppen aus 6 Insekten-Ordn.) | (Imagines u. Larven von Wanzen und Käfern) |
| | | Organ | Organ | | | |
| | | (Eintagsf Steinfl. u. v a.) | (Gastrophilus-Larven und Wasserwanzen *Anisops*) (WELLS u. a. 1981) | | | |

zur Fächerlunge und bei den anderen Cheliceratengruppen, sowie bei den Diplopoden, Chilopoden und Insekten als alleinige luftversorgende Struktureinheit. Interessanterweise entdeckte HARMS (1929) bei der terrestrisch lebenden Polychaetengattung *Lycastis*, daß in dem durch Eigenmuskeln beweglichen seitlichen Atemplatten „Dorsalepithelsprosse in das lockere Bindegewbe hineinführen, die mit einer hohen und sehr dünnen Cuticula ausgekleidet sind. Oft verzweigen sich diese Einstülpungen auch in zwei bis drei Äste. Sie machen durchaus den Eindruck von ganz primitiven Tracheen". (HARMS 1929, RIPPER 1938).

Da Apodeme nicht nur in Beziehung mit segmental angeordneten Nephromixien, Hautdrüsen oder Extremitäten auftreten müssen (RIPPER 1938), wird auch verständlich, daß bei der Symphylen-Gattung *Scutigerella* seitlich im Kopf und bei der Collembolen-Gattung *Sminthurus* zwischen Kopf und Prothorax nur ein Stigmenpaar entsteht, so daß neben der noch funktionierenden Hautatmung ein gewisser Teil durch Tracheenatmung gedeckt wird. Bei den Dipluren (3 thorakale) und Thysanuren-Archaeognatha (thorakale und abdominale) vergrößert sich die Stigmenzahl und auch das Tracheensystem allmählich, wobei die versorgenden Tracheenäste der beiden Körperhälften ebenso wie bei den Symphylen und Collembolen noch getrennt bleiben, was nach SIEWING (1985) als ursprünglich und nicht abgeleitet (HANDLIRSCH 1926/27) gelten darf. Erst bei den Zygentoma und Pterygota bilden die Tracheen viele Längs- und Queranastomosen aus, was dann sekundär eine Reduktion der Sigmenzahl möglich macht (SIEWING 1985).

## Zusammenfassung

An Hand morphologisch-anatomischer, physiologischer und ethologischer Besonderheiten einiger Wasserinsekten wird wahrscheinlich gemacht, daß sich die Insekten, ebenso wie die anderen luftatmenden Arthropoden, aus zunächst feuchtluftatmenden Bodentieren entwickelt haben. Die Anpassung an die Luftatmung führte dabei polyphyletisch über eine Hautatmung oder eine Blutkiemenatmung zu eingestülpten Blutkiemen (Fächerlungen und Trachealorgane) bzw eingestülpte Muskelansätze (=Apodeme) zu hoch entwickelten Tracheensystemen.

Die Besiedlung des Süßwassers durch Insekten erfolgte sekundär

## Literatur

CHENG, L. (Edit.) (1976) Marine Insects. Amsterdam, Oxford, New York 1976.

CLAUS, A. (1937): Vergleichend-physiologische Untersuchungen zur Ökologie der Wasserwanzen mit besonderer Berücksichtigung der Brackwasserwanze *Sigara lugubris* FIEB. Zool. Jb. Physiol **58**, 365—432.

DIECKMANN, L. (1972): Beiträge zur Insektenfauna der DDR Coleoptera, Curculionidae. Beitr Entomol. **22**, 3—128.

EDWARDS (1926) zit nach CHENG 1976.

FOSTER, W A. and J E TREHERNE (1976) Insects of marine salt marshes Problems and Adaptations. In CHENG, L. (Edit.) Marine Insects.

GILJAROV, M. S. (1967) Principle trends of phylogenetic changes in terrestrial arthropods. Isw Acad Nauk CCCR, Ser. Biol. **5**, 730—741

HANDLIRSCH, A. (1919) Phylogenie. In SCHRÖDER, Hand d. Entomologie Bd. 3, 307—349

— (1926—1927). Phylogenie der Arthropoden. In KÜKENTHAL, Handb. d. Zool. Bd. 3, 243—261

HARMS, J. W (1929). Die Realisation von Genen und die consekutive Adaptation. I Phasen in der Differenzierung der Anlagenkomplexe und die Frage nach der Landtierwerdung. Z. wiss. Zool. **133**, 211—397. Taf III—VI.

HOLDGATE, M W. (1955) The wetting of insect cuticles by water. J exp. Biol. **32**, 591—617

JEWETT, S. G. jr (1963) A stonefly aquatic in the adult stage. Science **139**, 484—485.

LANGER, C und B. MESSNER (1984): Rasterelektronenmikroskopische Untersuchungen des Plastrons submers lebender Rüsselkäfer der Gattungen *Eubrychius* und *Bagous* (Coleoptera, Curculionidae). Zool. Jb. Anat. **111**, 155—174.

MAMAJEV, B. M. (1971): The significans of dead wood as an environment in insect evolution. Proc. XIII. Intern. Congress Entomol. I, 269.

MERRITT, R. W., K. W. CUMMINS (Edit.) (1978): An Introduction to the aquatic insects of North America. Dubuque, Iowa, 1978.

MESSNER, B. (1982): Die Plastronatmung bei den Käfern *Macroplea mutica* (Col., Chrysomelidae) und *Elmis aenea* (Col., Dryopidae). Zool. Jb. Anat. **107**, 458—464.

— (1985): Die Plastronstrukturen kurzzeitig oder permanent submers lebender Blattläuse (Insecta, (Aphidina). Ibid. **113**, 187—199.

— (1986): Die Plastronatmung bei Insekten. Wiss. Z. E.-M.-ARNDT-Univ. Greifswald, Math.-nat. wiss. Reihe **35**, 30—34.

— und L. DIECKMANN (1987): Die Plastronstrukturen des submers an Schilf lebenden Rüsselkäfers *Dicranthus elegans* (FABRICIUS, 1801) (Coleoptera, Curculionidae). Ibid. **115**, 115—125.

— und W. JOOST (1984): Die Plastronatmung von *Hydroscapha granulum*-Imagines (Coleoptera, Hydroscaphidae). Ibid. **112**, 269—278.

— und C. LANGER (1984): Atmungsfähige Deckflügel als Anpassung an die submerse Lebensweise bei Käfern. Ibid. **111**, 469—484.

—, M. HEGEMANN, M. SCHMIDT (1986): Die Chloridzellen der Grundwanze *Aphelocheirus aestivalis* (Heteroptera, Corixidae) und ihre mögliche Atemhilfsfunktion bei den Larven. Zool. Jb. Physiol. **90**, 13—30.

—, I. GROTH, U. MESSNER und T. GEISEL (1987): Die Plastronstrukturen der Larve, der Puppe und des submers lebenden Weibchens von *Acentria nivea* (OLIVIER, 1791) (Lepidoptera, Pyralidae). Ibid. **115**, 163—180.

—, A. LUNK, I. GROTH, H.-J. SUBKLEW und D. TASCHENBERGER (1981): Neue Befunde zum Atmungssystem der Grundwanze *Aphelocheirus aestivalis* (Heteroptera, Hydrocorisae). I. Imagines. Zool. Jb. Anat. **105**, 474—496.

NEMENZ, H. (1960): Experimente zur Ionenregulation der Larve von *Ephydra cinerea* JONES (Dipt.). Sitzber. Öst. Akad. Wiss. Math.-nat. Kl. Abt. I, **169**, 17—41.

OMODEO, P., A. MINELLI, B. BACCETTI (1980): On the phylogeny of pterygote insects. Boll. Zool. **47** (suppl.) 49—63.

PENNAK, R. W. (1978): Fresh water Invertebrates of the United States. (2. Ed.) New York.

RIEK, E. F. (1971): The origin of insects. Proc. XIII. Intern. Congress Entomol. I, 292—293.

RIPPER, W. (1931): Versuch zur Kritik der Homologiefrage der Arthropodentracheen. Z. wiss. Zool. **138**, 303—369.

ROOS, H. H. (1965): A textbook of Entomology (3rd Ed.) New York, 1965.

SCHERF, H. (1963): Ein Beitrag zur Kenntnis zweier Pinnipedierläuse (*Antarctophthirus trichechi* BOH und *Echinophthirus horridus* OLF.). Z. Parasitkd. **23**, 16—44.

SIEWING, R. (Hrsg.) (1985): Lehrbuch der Zoologie. Bd. 2 Systematik (3. Aufl.) Stuttgart, New York 1985.

TOKUNAGA (1932): zit. nach CHENG 1976.

WÄCHTLER, W. (1937) Ordnung: Isopoda, Asseln. In: Die Tierwelt Mitteleuropas (Hrsg.: P. BROHMER, P. EHRMANN, G. ULMER) II. Bd., Lief. 2b, Leipzig 1937.

WELLS, R. M. G., M. J. HUDSON, T. BRITHAIN (1981): Function of the hemoglobin and the gas bubble in the backswimmer *Anisops assimilis* (Hemiptera: Notonectidae). J. comp. Physiol. B. **142**, 515—522.

WOOTEN, R. J. (1972): The evolution of insects in freshwater ecosystems. S. 69—82. In: CLARK, R. B. and R. J. WOOTEN (Eds.) "Essays in Hydrobiology" Exeter, 1972.

Anschrift des Verfassers:
Doz. Dr. BENJAMIN MESSNER
Sektion Biologie, Wiss. Bereich Zoologie der
ERNST-MORITZ-ARNDT-Universität Greifswald
J.-S.-Bach-Str. 11/12
DDR-2200 Greifswald

Dtsch. ent. Z., N. F. **35** (1988) 4—5, 361—367

# Achaearanea tabulata, eine für Europa neue Kugelspinne
(Araneae, Theridiidae)

Von

M. Moritz, H. W. Levi u. R. Pfüller

Mit 4 Abbildungen im Text

## Abstract

*Achaearanea tabulata* Levi, 1980 is discribed as a species new for Europe. It has been collected mainly in urban area of Berlin. Since the species has been found on comparable places in New York and Japan it is likely to has been introduced. Adult animals are detectable from May to August, adult femals from May to October, with a main activity period of males in May.

Die Gattung *Achaearanea* Strand, 1929 war in Europa bisher mit 4 Arten vertreten (vgl. auch Martin 1974), nämlich *A. saxatile* (C. L. Koch), *A. lunata* (Olivier), *A. tepidariorum* (C. L. Koch) und *A. simulans* (Thorell). Hinzu kommt nunmehr *Achaearanea tabulata* Levi, eine Art, die erst in jüngster Zeit aus New York (Levi 1980) und Japan (sub *A. nipponica* Yoshida, 1983) beschrieben wurde. Inzwischen ist die Spinne auch aus Korea (2 Männchen von der Insel Ulreung-do) gemeldet worden (Paik 1986). — Seit 1984 werden im Rahmen faunistischer Untersuchungen (R. Pfüller) nunmehr auch zahlreiche ♂♂ und ♀♀ dieser Art regelmäßig im Neubaugebiet von Berlin-Marzahn und in der Berliner Schorfheide im Norden von Berlin beobachtet. Zumindest in Berlin-Marzahn existiert offenbar bereits über Jahre hinaus eine stabile Population.

Die Beschreibung von *A. tabulata* gründet sich auf einem einzigen ♀, das 1976 im Gebiet von New York (Richmond Hill. Jamaica County, „from under outside table") erbeutet wurde (Levi 1980). In Japan ist die Art ebenfalls 1976 entdeckt und unter dem Namen *A. nipponica* Yoshida, 1983 beschrieben worden. Sie ist hier weit verbreitet (briefl. Mitteilung T. Yaginuma). *A. nipponica* ist jüngeres Synonym zu *A. tabulata*, wie der Vergleich der Typusexemplare und dieser mit den Berliner Tieren ergeben hat (H. W. Levi). — Auffallend ist, daß alle bisherigen Funde eine mehr oder weniger ausgeprägte urbane Bindung erkennen lassen. Auch das derzeitig bekannte disjunkte Vorkommen an 3 geographisch weit voneinander entfernten Orten ist bemerkenswert, so daß insgesamt gesehen ein anthropogener Verbreitungsmechanismus nicht ausgeschlossen werden kann. Über das natürliche Verbreitungsareal der Art läßt sich daher zur Zeit keine konkrete Aussage machen, dürfte aber den Japanischen Raum zu einem Teil mit einbeziehen.

## Material und Fundorte

Berlin-Marzahn, Neubau, unter Außenbalkon der 1. Etage: 3 ♂♂ (Pfüller leg. 8. 6. 1985, ZMB 29361 bis 29363). — Derselbe Fundort: 2 ♂♂ (Pfüller leg. 17. 6. 1986, ZMB 29364—29365). — Derselbe Fundort: 2 ♀♀ (Pfüller leg. 17. 6. 1986, ZMB 29367—29368). — Derselbe Fundort: 1 ♀ (Pfüller leg. 29. 8. 1986, ZMB 29374). — Derselbe Fundort: 1 ♀, 1 ♀ mit Kokon (Pfüller leg. 29. 9. 1986, ZMB 29375—29376). —

Derselbe Fundort: 1 ♀ mit Kokon (PFÜLLER leg. 15. 11. 1986, ZMB 29366). — Derselbe Fundort, überdachter Hauseingang: 1 ♀ (PFÜLLER leg. 30. 6. 1986, ZMB 29369). — Derselbe Fundort, Zimmerdecke der 6. Etage: 1 ♂ (PFÜLLER leg. 2. 7. 1984, Coll. Museum of Comparative Zoology). — Derselbe Fundort, unter einem Außenbalkon der 1. Etage: 1 ♀ (PFÜLLER leg. 17. 6. 1986, Coll. Museum of Comparative Zoology). Gross Väter, Schorfheide nordöstlich von Berlin, Zimmerdecke im Bungalow: 1 ♂, 2 ♀♀ (PFÜLLER leg. 20. 6. 1986, ZMB 29371—29373). — Derselbe Fundort, überdachter Kellereingang außen am Haus: 1 ♀ (PFÜLLER leg. 29. 6. 1986, ZMB 29370).

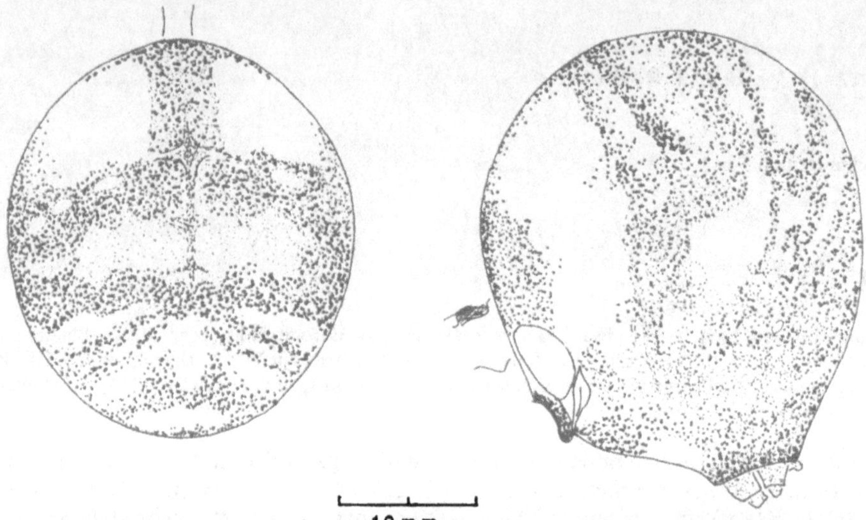


Abb. 1
*Achaearanea tabulata* LEVI. — Opisthosoma eines Weibchens von dorsal und lateral (Orig. M. MORITZ).

Diagnose: Das ♂ ist durch den langen und breiten, dunkel gefärbten Konduktor am Tasterbulbus gekennzeichnet. Er trägt auf der Außenseite eine Reihe grober Zähne (Abb. 2d) und ragt ventrodistal weit über Bulbus und Cymbium hinaus (Abb. 2a). Beim ♀ ist die Vulva durch die stark sklerotisierten dunklen Einführungsgänge zu den Rezeptakula charakterisiert. Sie täuschen sekundäre Rezeptakula vor (Abb. 3b,c). Die Körperfärbung erinnert an *A. saxatile*.

Beschreibung: Die Körpermaße (in mm) sind Durchschnittswerte von 7 ♂♂ und 12 ♀♀ des Berliner Raumes.

| Gesamtlänge | Prosoma Länge | Prosoma Breite |
|---|---|---|
| ♂ 3,24 (2,78—3,55) | 1,41 (1,29—1,55) | 1,24 (1,11—1,40) |
| ♀ 4,59 (3,65—4,99) | 1,69 (1,52—1,87) | 1,48 (1,23—1,78) |

Laufbeinlänge ♂

| Lfb | I | II | III | IV |
|---|---|---|---|---|
| Fem | 2,82 | 1,79 | 1,43 | 1,79 |
| Pat + Tib | 2,75 | 1,83 | 1,28 | 1,71 |
| Met | 2,75 | 1,65 | 1,11 | 1,48 |
| Tars | 0,97 | 0,75 | 0,64 | 0,70 |
| Ges.-Länge | 9,29 | 6,02 | 4,46 | 5,67 |

Laufbeinlänge ♀

| Lfb | I | II | III | IV |
|---|---|---|---|---|
| Fem | 2,94 | 1,88 | 1,41 | 2,33 |
| Pat + Tib | 2,71 | 1,87 | 1,34 | 2,16 |
| Met | 2,77 | 1,69 | 1,16 | 1,87 |
| Tars | 0,99 | 0,77 | 0,66 | 0,81 |
| Ges.-Länge | 9,41 | 6,21 | 5,01 | 7,17 |

Prosoma: ♀. Grundfarbe des Rückens gelb- bis olivschwarzbraun. Mit flacher dunkler Querfurche, von der ein dunkles Medianband und jederseits ein feiner dunkler Seitenstreifen zu den Augen ziehen. Die übrige Rückenfläche mit dunklem Netzwert und angedeuteten feinen Radiärstreifen. Das Augenfeld ist rötlichbraun. Alle Augen von annähernd gleicher Größe. Vordere und hintere Mittelaugen um ihren Durchmesser voneinander entfernt. Die Seitenaugen aneinanderstoßend. Beim ♂ sind die vorderen Mittelaugen etwas größer als die übrigen und um weniger als ihren Durchmesser voneinander entfernt. Sternum mehr oder weniger dreieckig, dunkelbraun, von der Mitte bis zur verdunkelten Unterlippe mit hellem Fleck.

Cheliceren hellbraun, median auf der Vorderseite und am Lateralrand mit schwarzbraunen Längsstreifen. Taster mit hellen Grundgliedern, nur die Tibia und die basalen 2 Drittel des Tarsus dunkelbraun, seine Spitze hell.

Laufbeine beim ♀ deutlich geringelt. Beim ♂ das 1. und 2. Laufbein meist einfarbig. Grundfarbe hellgelbbraun. Coxa und Trochanter hell, zum dunklen Sternum kontrastierend. Alle Femura am distalen Ende verdunkelt. Zusätzlich ist das 3. und 4. Femur meist auch basal verdunkelt (in einzelnen Fällen aber auch noch das 2.). 1. und 2. Femur auf der Oberseite zusätzlich mit 2 dunklen Längsstreifen. Alle Tibien distal dunkelbraun, 1. bis 3. Tibia außerdem in der proximalen Hälfte mit braunem, dorsal unterbrochenem Ring. Das Ende der Metatarsen dunkelbraun, gelegentlich mit undeutlichem Pigmentring in der proximalen Hälfte. Tarsen hell, nur in Klauennähe ganz leicht verdunkelt.

Opisthosoma: ♀. Höher als lang. Grundfarbe weißgrau (Guaninfärbung). Auf der höchsten Rückenfläche ein breites dunkles Querband, das bei helleren Tieren in 2 mehr oder weniger zusammenfließende Querbinden aufgelöst sein kann (Abb. 1). Von dieser Querbinde verläuft ein breiter dunkler Medianstreifen, er ist bei weniger pigmentierten Tieren nur angedeutet, bis zum Petiolus. Auf diese Weise entsteht auf der vorderen Abdachung des Opisthosoma jederseits ein großer heller, für die Art charakteristischer Schulterfleck (Abb. 1a). Nur bei sehr stark pigmentierten Exemplaren können diese hellenFlächen so eingeengt sein, daß das Opisthosoma in der vorderen Rückenhälfte insgesamt dunkler als in der hinteren erscheint. Auf der hinteren Rückenhälfte folgen weitere, aber schmale dunkle Querbänder, von denen die 2 ersten deutlich, die folgenden aber zunehmend verschwommen sind und eine mehr oder weniger dunkle Fläche oberhalb der Spinnwarzen bilden.

Unterseite und Seitenflächen des Opisthosoma verdunkelt. Vor dem Spinnwarzenfeld ein leuchtend weißer Querfleck. Seitlich neben dem Spinnwarzenfeld ein weiterer kleiner weißer Fleck. Gelegentlich ist auch die dunkle Bauchseite unmittelbar hinter der Genitalspalte durch einen weißlichen Fleck aufgehellt.

Spinnwarzen bräunlich. Das Spinnwarzenfeld von einem schwarzbraunen Pigmentring umrandet. Lungendeckel hell in dunkler Umgebung.

Das ♂ ist bis auf die oben genannten Unterschiede wie das ♀ gefärbt.

Genitalorgane: ♂-Pedipalpus Abb. 2a bis d. Konduktor dunkel sklerotisiert. Zusammen mit dem Embolus ragt er auffallend weit über das distale Bulbus- und Cymbiumende hinaus (Abb. 2a). Distale Hälfte des Konduktor gebogen. Auf seiner konvexen Seite

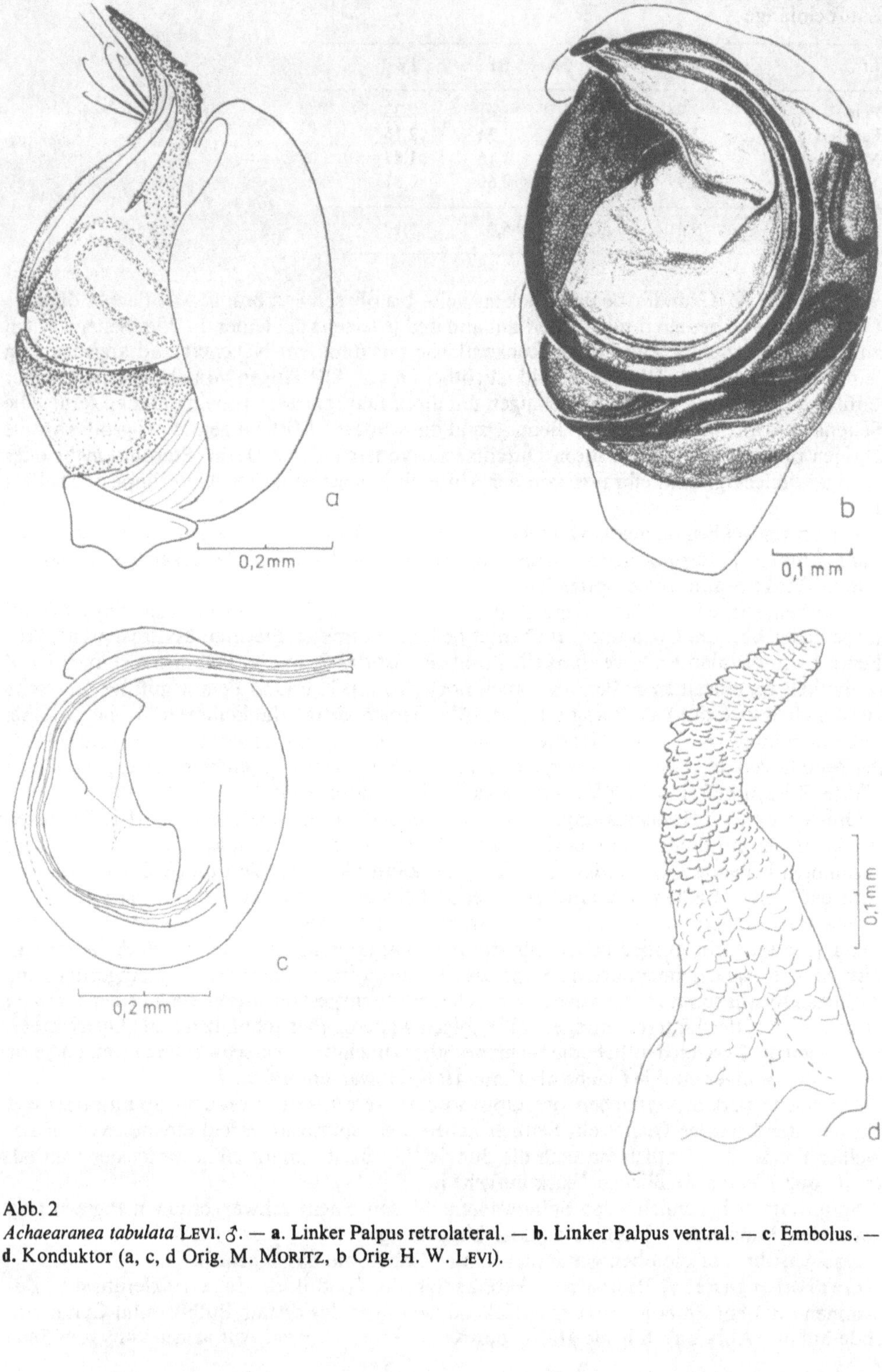


Abb. 2
*Achaearanea tabulata* LEVI. ♂. — **a.** Linker Palpus retrolateral. — **b.** Linker Palpus ventral. — **c.** Embolus. — **d.** Konduktor (a, c, d Orig. M. MORITZ, b Orig. H. W. LEVI).

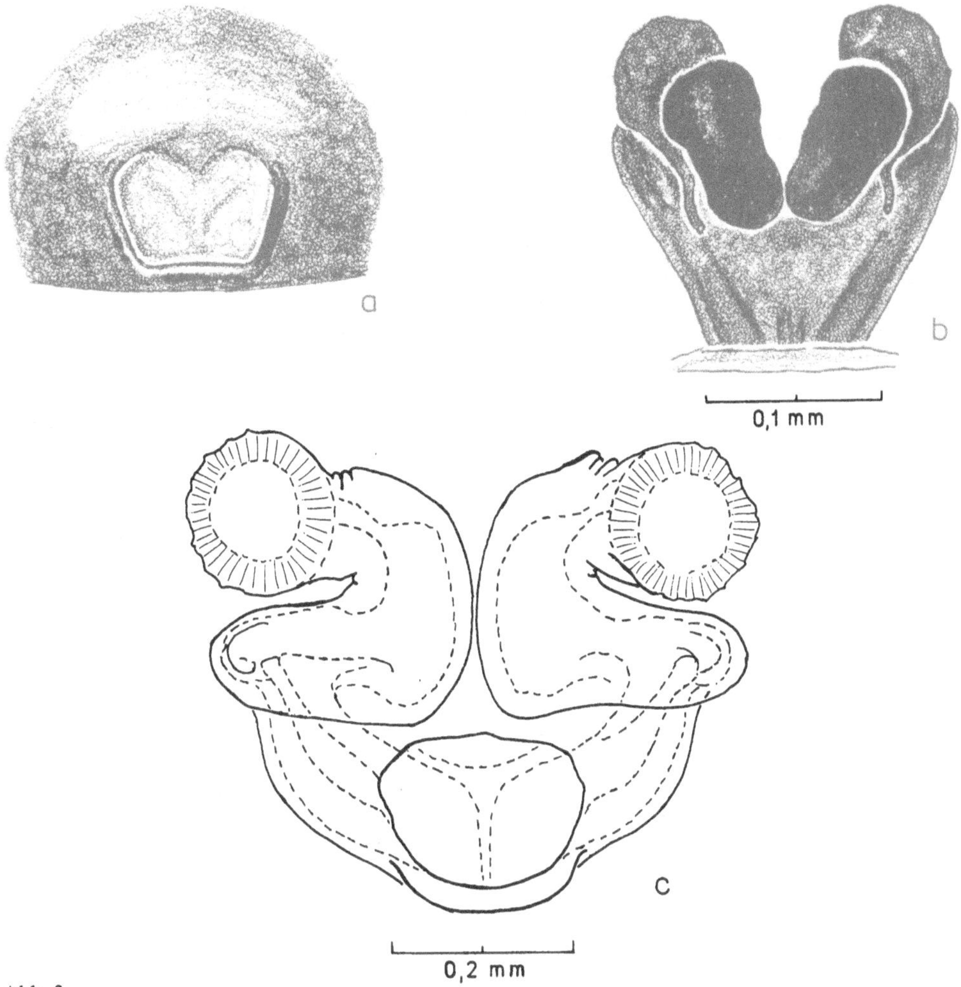


Abb. 3
*Achaearanea tabulata* LEVI. ♀. — **a**. Epigyne. — **b**. Vulva von dorsal, Aufsicht. — **c**. Vulva von ventral (a, b Orig. H. W. LEVI, c Orig. M. MORITZ).

mit zahlreichen groben, nach rückwärts gerichteten Zähnen (ähnlich *A. lunata*), die auf den Seitenflächen in ein niedriges Leistennetzwerk übergehen (ähnlich wie bei *A. tepidariorum* und *A. simulans*). — Embolus länger als bei den Vergleichsarten. Sein freies Ende bildet in weitem Bogen nahezu einen Halbkreis (Abb. 2b und 2c). Der Embolus von *A. tepidariorum* und *A. simulans* ist wesentlich kürzer und sein freies Ende erreicht keinen Halbkreis. *A. lunata* besitzt dagegen einen geraden distalen Embolusabschnitt.

Epigyne Abb. 3a. Die Grube ist breiter als lang und seitlich und hinten durch einen rötlichbraunen Kutikularrand scharf begrenzt. Der Vorderrand verläuft herzgrubenförmig und geht ohne scharfe Umrandung in das dunkle Epigynealfeld über. — Vulva Abb. 3b und 3c. Die Rezeptakula um ihren 1 1/2fachen Durchmesser voneinander entfernt. Die für die Art charakteristischen langen und engen Einführungsgänge biegen unterhalb der Rezeptakula scharf mediad um und bilden hier 2 sich berührende stark erweiterte und sklerotisierte dunkle Abschnitte, die von dorsal gesehen sekundäre Rezeptakula vortäuschen können (Abb. 3b).

## Zur Phänologie und Ökologie

Das Vorkommen von *Achaearanea tabulata* wurde bisher an zwei Fundorten in der DDR festgestellt. Der erste Nachweis gelang Anfang Juli 1984 in der Wohnung eines sechsgeschossigen Wohnblockes im dritten Wohngebiet in Berlin-Marzahn. Während dieser Fund in der Wohnung bisher der einzige blieb, wurden in der Folgezeit zahlreiche ♂♂ und ♀♀ an den Hauswänden des Wohnblockes in den unteren nach vorne offenen Räumen der Loggiafront beobachtet oder erbeutet.

Der zweite Fundort befindet sich in Groß Väter, einem Ort in der Schorfheide nordöstlich von Berlin. Dort wurden Ende Juni 1986 1 ♂ und 2 ♀♀ in einem beheizbaren Bungalow sowie 1 ♀ an der Hauswand eines festen Gebäudes unterhalb der Überdachung eines Kellereinganges nachgewiesen. Beide Gebäude befinden sich am Rande eines lichten hohen Kiefernforstes.

In beiden Fällen wurden die Spinnen ausschließlich an geschützten, warmen und relativ trockenen Stellen gefunden. Besonders häufig ist *A. tabulata* dort anzutreffen, wo der Aufenthaltsort in Südlage einer stärkeren Insolation ausgesetzt ist. Insbesondere trifft dies für die Loggiafront des Wohnblockes in Berlin-Marzahn zu. Dort bringt die Spinne ihre Netze zumeist im oberen Winkel des Loggiaunterraumes in ähnlicher Weise an, wie die dort ebenfalls in einer starken Population vorkommende Art *A. tepidariorum*. Das Netz von *A. tabulata* ist kleiner als das von *A. tepidariorum*. Während *A. tepidariorum* an diesem Fundort keine Retraite baut und frei im Netz hängt, ist bei *A. tabulata* der Bau einer Retraite in unterschiedlichem Maße zu beobachten. YOSHIDA (1983) beschreibt für die Art eine röhrenförmige lange Retraite, welche mit Stückchen von kleinen Zweigen, Gras, Steinen oder Erde versetzt ist. Eine solche Retraite konnte nicht nachgewiesen werden. Nur in einem einzigen Fall wurde ein ähnlich geformter Schlupfwinkel beobachtet. Dieser hatte einen Durchmesser von 1 cm und eine Länge von 1,5 cm und war mit kleinen Steinchen besetzt. Im Zentrum hielt sich die Spinne auf. Die meisten Individuen versehen ihre Retraite mit einer unregelmäßigen, oft mehr oder weniger deutlichen haubenartigen Maskierung aus Beuteresten (vorzugsweise von Chironomiden) und kleinen Steinchen. In einigen Fällen wurde keine Retraite beobachtet. Dann hing die Spinne frei im Netz.

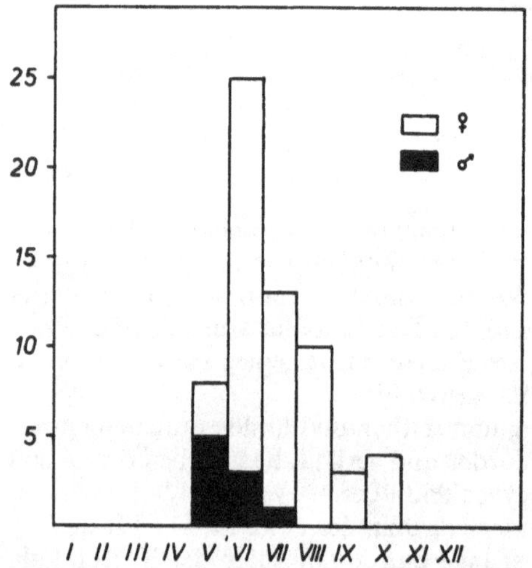


Abb. 4
*Achaearanea tabulata* LEVI. — Phänologie nach Beobachtungen in 10 Räumen unter der Loggia der 1. Etage eines Wohnblockes in Berlin-Marzahn (Orig. R. PFÜLLER).

*Achaearanea tabulata* ist nach den bisherigen Beobachtungsdaten sommer-stenochron. Adulte ♂♂ wurden von Mitte Mai bis Anfang August, adulte ♀♀ von Mitte Mai bis Ende Oktober gefunden (Abb. 4). Wie die Art überwintert, ist noch unklar. Anzunehmen ist, daß sie dies als Jungtier tut, obwohl bisher noch keine juvenile Spinne weder im noch am Haus gefunden wurde. Bemerkenswert erscheint in diesem Zusammenhang, daß *A. tepidariorum* an diesem Ort als Jungtier zu überwintern scheint. Der Nachweis lebender Spinnen Mitte Januar nach einer längeren Frostperiode weist darauf hin.

Erste Kokons wurden ab Anfang Juli festgestellt, aus denen nach etwa 14 Tagen Jungspinnen schlüpften. Bis zum August bauen die meisten ♀♀ 2, einige wenige 3 Kokons. Der Kokon selbst ist von birnen- oder eiförmiger Gestalt mit einem Durchmesser von 4—5 mm. Er ist eierschalenfarben und enthält 30 bis 50 weißlichgelbe Eier, die nicht agglutiniert sind. — In Gefangenschaft baut *A. tabulata* deutlich mehr Kokons als im Freiland. Ein ♀, das Mitte Mai gefangen und dann durch ein ♂ befruchtet wurde, fertigte von Ende Mai bis Mitte September in einem zeitlichen Abstand von 8 bis 18 Tagen 9 Kokons an. Alle wurden in räumlicher Nähe zueinander im Netz aufgehängt. Aus 4 dieser Kokons schlüpften nach 14 bis 16 Tagen etwa 30 bis 50 Jungspinnen. Die Jungtiere halten sich etwa 2 Tage bei ihrem Kokon auf um sich dann zu zerstreuen.

## Literatur

LEVI, H W Two new spiders of the genera *Theridion* and *Achaearanea* from North America (Araneae · Theridiidae). — Trans. Amer. Micros. Soc. **99** (3) (1980), 334—337

MARTIN, D Morphologie und Biologie der Kugelspinne *Achaearanea simulans* (THORELL, 1875) (Araneae Theridiidae). — Mitt. Zool. Mus. Berlin **50** (2) (1974), 251—261, Taf I u. II.

PAIK, K. Y A new record spider of the genus *Achaearanea*.(Araneae: Theridiidae) from Korea. — Korean Arachnol. **2** (2) (1986), 3—6.

YOSHIDA, H A new species of the genus *Achaearanea* (Araneae Theridiidae) from Japan. — Acta arachnol. **32** (1983), 37—43.

Anschrift der Verfasser

Dr MANFRED MORITZ
Museum für Naturkunde
Zoologisches Museum DDR-1040 Berlin
Invalidenstraße 43

Prof. Dr HERBERT W LEVI
Museum of Comparative Zoology
Harvard University
Cambridge, Massachusetts 02138

# Buchbesprechungen

WEBER, H.: **Grundriß der Insektenkunde.** Studienausgabe. 5., völlig neubearbeitete Aufl. 1974. XVI, 640 S., 287 Abb., kt. DM 48.— GUSTAV FISCHER Verlag Stuttgart. ISBN 3-437-20210-3

Von diesem jedem Entomologen bekannten Standardwerk liegt nunmehr eine sehr preisgünstige Studienausgabe vor. (Die 5. Auflage wurde in der Dtsch. Ent. Z. N. F. **21** (1974), 448/449 rezensiert.) —

1938 erschien die 1. Auflage dieses Buches, das, in den folgenden Jahren mehrmals aufgelegt, nicht nur für Studenten, sondern für viele Entomologen ein unentbehrliches Handbuch bildet. Viele neue Erkenntnisse auf allen Gebieten der Entomologie machten es notwendig, die 5. Aufl. des Werkes völlig neu zu bearbeiten. Diese schwierige Aufgabe übernahm H. WEIDNER.

Gegenüber den vorigen Auflagen wurden der Text und die Bebilderung wesentlich erweitert. Neue Ergebnisse der Morphologie, Physiologie, Ökologie und die aktuellen Methoden der Systematik fanden Berücksichtigung. Neu hinzu kam das Kapitel „Studienhilfen", in dem Literaturhinweise, eine Übersicht über die Insektenkunde, eine Bestimmungstabelle der Insektenordnungen sowie ein Verzeichnis deutscher und wissenschaftlicher Insektennamen enthalten ist.

Alle Entomologen werden es begrüßen, daß dieses grundlegende Lehrbuch für Studierende wieder aufgelegt wurde und zu einem angemessenen Preis erhältlich ist.

HANNEMANN

JACOBS, W. und RENNER, M.: **Biologie und Ökologie der Insekten.** 2. überarb. Aufl. 1988. X, 690 S., 1201 Abb., 12×19 cm, geb. DM 68—. ISBN 3-437-20352-5

Nach 14 Jahren liegt nun die überarbeitete 2. Auflage dieses vorzüglichen Taschenlexikons unter dem neuen Titel „Biologie und Ökologie der Insekten" vor. Gegenüber der 1. Auflage (vergl. Dtsch. Ent. Z. N. F. **23** (1976), 230) wurde der Text um über 50 Seiten erweitert und die Zahl der Abbildungen von 1145 auf 1201 erhöht. Neue Erkenntnisse auf dem Gebiet der Morphologie, Ökologie, Physiologie und Systematik fanden Berücksichtigung, weitere (nordmediterrane) Arten kamen neu hinzu.

Nach wie vor bereitet es zweifellos Schwierigkeiten, die wissenschaftlichen Namen der Familien, Gattungen und Arten auf den aktuellen Stand zu bringen, da sie sich leider immer wieder ändern und eine Stabilität nur in einigen wenigen Gruppen zu verzeichnen ist. Dies gilt aber nicht für den Gebrauch diakritischer Zeichen. So sollten bei einer sicherlich zu erwartenden 3. Aufl. einige Korrekturen vorgenommen werden wie z. B. Baetidae und Cloeon statt Baëtidae und Cloëon p. 60; Sedina buettneri und Aethia statt Sedina büttneri und Aëthia p. 423.

Durch die Fülle der Information und die vorbildlichen Abbildungen gibt dieses handliche Buch eine großartige Übersicht über die unvorstellbare Vielfalt der Formen und Lebensweisen der Insekten. Auch diese Auflage wird wieder von Lehrenden, Studierenden und naturwissenschaftlich Interessierten sehr begrüßt werden.

HANNEMANN

Dtsch. ent Z., N F 35 (1988) 4—5, 369—378

# Scrobipalpa nitentella (FUCHS, 1902) species revocata und S. indignella (STAUDINGER, 1879) species bona sowie sonstige irrtümliche Urteile über die Gattung Scrobipalpa

(Lepidoptera, Gelechiidae)

Von

DALIBOR POVOLNÝ

Mit 8 Abbildungen im Text

## Abstract

Unnecessary synonymization of *Scrobipalpa nitentella* (FUCHS) and *S. indignella* (STGR.) with *Scrobipalpa obseletela* (F v R) is rejected and evidence is brought that these three species differ in many manifestations (morphology, ecology, distribution). Polemic discussion on the genus *Scrobipalpa* is refused, because a monograph of this genus is prepared.

## Scrobipalpa nitentella (FUCHS, 1902) species revocata

*Lita nitentella* FUCHS, 1902, Ent. Ztg. Stett **63** 324.
**Syn**. *Phthorimaea seminella* PIERCE & METCALFE, 1935, Entom. **68** 97

Die Syntypen von *Lita nitentella* FUCHS, 1902 befinden sich in den Sammlungen des ehem. Deutschen Entomologischen Institutes, Berlin (heute in Eberswalde) und SATTLER (1961) hat eines der zwei rote Typenzettel tragenden Weibchen zum Lectotypus dieser Art ausgewählt. POVOLNÝ (1966) bildete die Genitalien dieses Lectotypus ab (p. 138, Abb. 29), und auf Grund eigener Untersuchung eines Syntypus von *Phthorimaea seminella* PIERCE & METCALFE, 1935, (siehe untersuchtes Material) synonymisierte er die zuletztgenannte Art mit *S. nitentella*.

Während dieser und anderer Untersuchungen mit der Zielsetzung, die verwandtschaftlichen Beziehungen von *S. nitentella* näher zu charakterisieren, stellte sich heraus, daß SATTLER (1961) die Art *Scrobipalpa nitentella* mit *Scrobipalpa obsoletella* (FISCHER VON ROESLERSTAMM, 1841) (nicht 1840, wie er auf p. 40 seines Beitrages angibt) synonymisierte. Bei dieser Synonymisierung stellte der Autor ausdrücklich fest: „Die Genitaluntersuchung des Lectotypus sowie zahlreicher weiterer Exemplare von *nitentella* und *obsoletella* (coll. OSTHELDER, Zoolog. Staatsamml., München) bewies eindeutig die Identität beider.“

Hierzu ist Folgendes zu sagen: Die Arten *S. nitentella* und *S. obsoletella* sind zwar entfernt verwandt, aber sonst morphologisch in jeder Hinsicht unterschiedlich. Selbst die von SATTLER (1961) untersuchten weiblichen Genitalien der beiden Arten weisen recht auffallende spezifische Unterschiede auf: Die Subgenitalplatten der beiden Arten sind proportional recht ähnlich, aber bei *S. nitentella* fällt ihre leicht aber deutlich reichlichere schaumförmige Skulptur auf, so daß die Subgenitalplatte von *S. obsoletella* fast skulpturlos zu sein scheint. Völlig unverwechselbar sind aber die Signa des Corpus bursae von beiden Arten (siehe dazu POVOLNY, 1966, Abb. 28, 29, 31), als auch die Abb. 4, 8 in diesem Beitrag, da dasjenige von

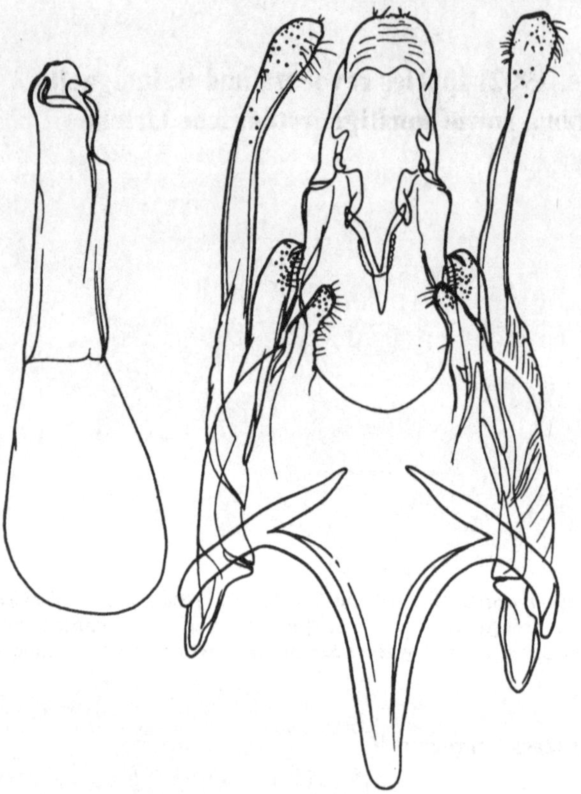

Abb. 1
*Scrobipalpa nitentella* (FUCHS) — männliche Genitalien. „*Phthorimaea seminella*" F.N.P., gen. no. 2368, Liverpool, 19311.

*S. nitentella* weniger gebogen, mehr parallelseitig und auf der Innenseite reichlicher bedornt ist. *S. obsoletella* hat ein schlankeres, deutlich gebogenes Signum mit breiterer Basis, das allerdings nur bei dieser einige Dörnchen aufweist. In fast jeder Hinsicht unterschiedlich sind aber die männlichen Genitalien der beiden Taxa, da bei *S. nitentella* der Medialausschnitt der Sacculusfalte beträchtlich breiter und weniger tief ist, wobei die beiden paarigen Fortsätze (der Sacculusfalte und der Valvenbasis) sowohl in Größe und in Form unverwechselbar sind (POVOLNÝ, 1966, Abb. 30 und 32), wie auch die beigefügten Abbildungen (1—3, 7—8) deutlich zeigen.

Ökologisch und bionomisch sind die beiden Arten ebenfalls unverwechselbar. Während *S. obsoletella* in verschiedenen, vor allem ruderalen Arten der Gattungen Atriplex und Chenopodium miniert, wurde *S. nitentella* stets aus vorwiegend halophilen Chenopodiaceae verschiedener Gattungen und Arten erzogen (POVOLNÝ, 1980). Auch die geographische Verbreitung der beiden Arten ist entsprechend unterschiedlich. *S. atriplicella*, eine ursprünglich wohl vorwiegend (west)palaearktische Art, wurde in die U. S. A. eingeschleppt (POVOLNÝ, 1976b) und dort als „*Gnorimoschema miscitalella* CLARKE, 1932" beschrieben. Sie kommt aber auch in der afrotropischen Region vor. Allerdings ist ihr ursprüngliches Areal heutzutage kaum rekonstruierbar, da sie [ähnlich wie *S. atriplicella* (F. v. R.)] gemeinsam mit ihren ruderalen Futterpflanzen, die als Unkräuter gelten, zu einer sekundären Verbreitung neigt. Diese riesige Verbreitung und das relativ (im Rahmen dieser Oligophagie) breite Futterpflanzenspektrum widerspiegeln sich auch in einer beträchtlichen Variabilität von Faltern, die zwar meist blaßgrau sind und oft nur eine undeutliche Punktzeichnung (charakteristisch für diese Gattung) aufweisen, sonst aber verschiedene Grundtönungen haben können. Besonders diesem Umstand verdankt es *S. obsoletella*, daß sie so oft falsch

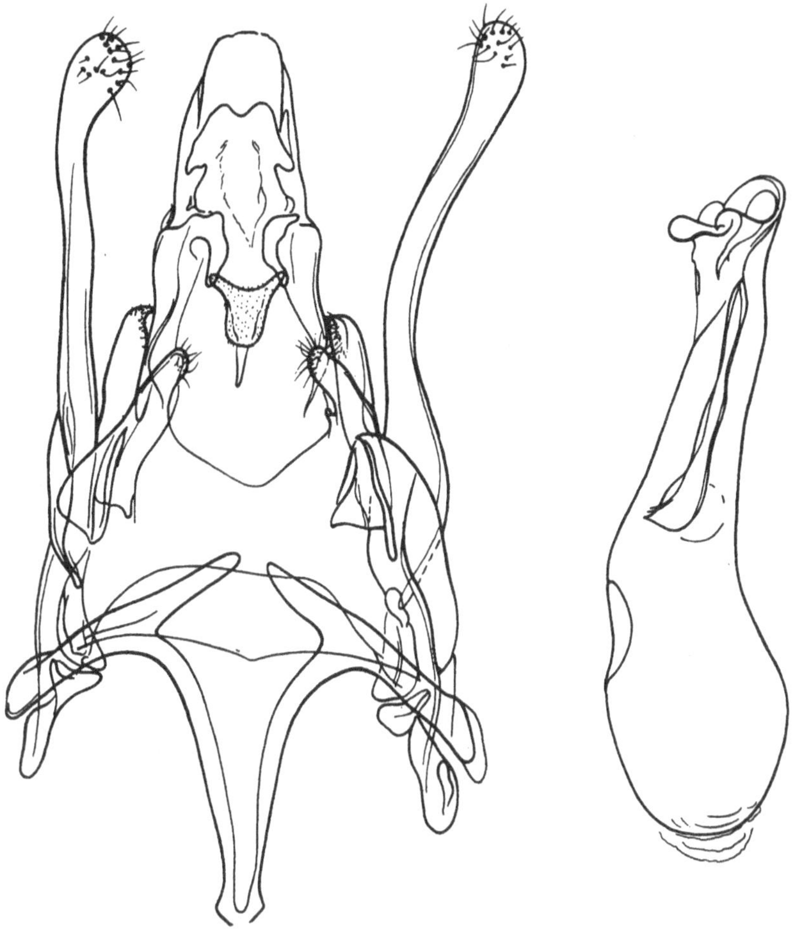

Abb. 2
*Scrobipalpa nitentella* (FUCHS) — männliche Genitalien. „*Lita nitentella*, FCHS., Schl.-Holst., Amrum, Z. 2. 6. 37, Atrip., Ra 9.36", präp. K. SATTLER 103.

identifiziert wird. Eine echte Subspeziation ist bei dieser Art allerdings kaum merkbar, offenbar auch wegen dieses Trends zum Kosmopolitismus, der etlichen Isolationsmechanismen von Einzelpopulationen entgegenwirkt.

*S. nitentella* kommt dagegen eher inselartig und vorwiegend in echten Salinen vor, und zwar von England, Dänemark (Sjaelland), Schleswig-Holstein und Norddeutschland (Amrum Artern, Lübeck), weiter von Südspanien (Granada, Murcia) und Südfrankreich (Salinen in der Rhône-Mündung, Camargue) über Südmähren und Niederösterreich (Salinen bei Sedlec und Neusiedlersee) bis weiter östlich über inneranatolische und innerasiatische Salinen [Mongolei (POVOLNÝ, 1969, 1973)]. Zusammenhängend kommt sie dabei nur entlang der Meeresküsten vor, während sie kontinental stets isoliert verbreitet ist. Habituell wirken die Falter von *S. nitentella* stets zarter, ihre Grundfärbung ist trotz beträchtlicher Uniformität, unterschiedlich getönt aschgrau, teilweise ganz zeichnungslos. Allerdings bezeugen Einzelfunde von ganz abweichend verfärbten ,nämlich bräunlichen, und auch größeren, vor allem breitflügeligeren Faltern, deren Genitalien abgesehen von ihrer deutlicheren Größe mit denjenigen von *S. nitentella* aus Salinen gänzlich konform sind und die durchaus

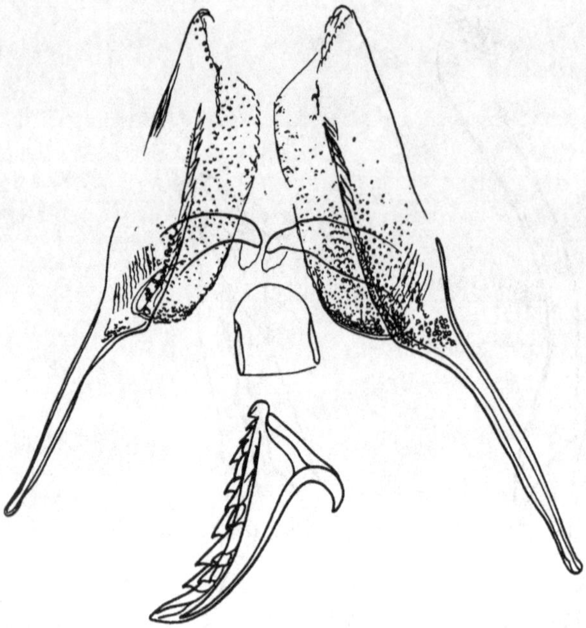

Abb 3
*Scrobipalpa nitentella* (FUCHS) — weibliche Genitalien. „*Phthorimaea seminella*, F.N.P“, gen. no. 2368, Liverpool, 19311

von nicht-salinen Biotopen stammen, daß diese Art wohl selten und als eine andere Ökomorphe auch außerhalb von Salinen vorkommen kann. Derart habituell abweichende Individuen sammelte z. B. Dr. med. H. STEUER in den Muschelkalkgebieten bei Bad Blankenburg in Thüringen und sie wurden auch von Ing. W. GLASER in Anatolien am Licht gefangen. Somit dürfte sich für *S. nitentella* eine ähnliche Situation ergeben, wie etwa für die Art *Scrobipalpa samadensis* (PFAFFENZELLER, 1870), deren große Nominatform außerhalb von Salinen und oft hoch im Gebirge (Alpen) stets einzeln vorkommt, während die halophile, etwas kleinere, aber offenbar konspezifische Form (beschrieben als *plantaginella* STAINTON, 1883) von vielen Salinen durch ihr häufiges Vorkommen bekannt ist. Die Futterpflanzen von *plantaginella* sind dabei bekannt (meist halophile Plantago-Arten), während die der größeren Nominatform unbekannt bleibt.

Untersuchtes Material: 1 ♀, „Z. 15. 6. 01, Atriplex, Artern, Lectotypus ♀, *Lita nitentella* FUCHS, Präp. K. SATTLER 462 a; 1 ♂, „*Lita seminella*, Genitalia No. 2368, ex F. N. P., F. N. PIERCE, Liverpool, 19311“; weitere 54 genitaliter untersuchte Falter beider Geschlechter aus dem ganzen Verbreitungsareal der Art (siehe das beigefügte Literaturverzeichnis), sowie große Serien von Zuchtfaltern (leg. GLASER, KASY usw.). *Scrobipalpa obsoletella*: 96 genitaliter untersuchte Falter aus dem ganzen Verbreitungsareal der Art, und etwa 250 weitere Falter, z. T. Zuchtserien (leg. et coll. GLASER, AMSEL, GOZMÁNY, KASY etc.).

## Scrobipalpa indignella (STAUDINGER, 1879) comb. n. — species bona

*Bryotropha indignella* STAUDINGER 1879, Horae Soc. ent. ross., 15 308.
**Syn:** *Scrobipalpa grossa* POVOLNÝ 1966, Acta ent. bohemoslov., 63 400, syn.n.

Dies ist ein derart charakteristischer Vertreter dieser Gattung, daß ich diese Art später (POVOLNÝ, 1967a) zum Typus der palaearktischen Untergattung *Euscrobipalpa* des Genus *Scrobipalpa* auswählte. Die Wiederholung einer Beschreibung dieser Art scheint mir an dieser Stelle unnötig zu sein, da ihre Beschreibung als *Scrobipalpa grossa* POV. völlig ausreicht, wobei auch die Genitalien der beiden Geschlechter und die Vorderflügelzeichnung von POVOLNÝ (1966b) abgebildet wurden. Es ist eine mittelgroße bis große, etwas plump wirkende *Scrobipalpa*-Art der Untergattung *Euscrobipalpa* mit ganz charakteristischer Vorderflügelzeichnung (siehe dazu POVOLNÝ, 1966b, Ab. 8 — Vorderflügel, und Abb. 18, 19, 20 — Genitalien). Diese etwas plumpe Gestalt und die bräunliche Grundfärbung dürften STAUDINGER veranlaßt haben, diese Art in der Sammelgattung *Bryotropha* zu beschreiben.

Mir war diese Art vor ihrer Beschreibung als *Scrobipalpa grossa* POV. jahrelang bekannt und bei dieser Beschreibung standen mir bereits mehr als 20 Falter beider Geschlechter zur Verfügung. Im übrigen stellte ich als Holotypus das mir von SATTLER zugeschickte Weibchen aus Akschehir auf (Prep. K. SATTLER, 241a — siehe POVOLNÝ, 1966b, p. 401, Abb. 20 und p. 402, wo irrtümlich die abgebildeten Genitalien des Weibchens durch einen Druckfehler als „♂" bezeichnet waren). Auch die Verbreitung dieser Art zeichnete sich damals bereits ab (Nord-Kaukasus — Stavropol, Türkei — Akschehir und Amasia, Syrien und Irak bis Afghanistan — siehe dazu die Funddaten der Typenserie in der Originalbeschreibung von *S. grossa*, p. 402). In dieser Typenserie befand sich auch ein Weibchen aus Amasia (Amasya) (Locus typicus von *Bryotropha indignella* STAUDINGER, 1878), das ebenfalls bereits von SATTLER untersucht wurde — Prep. K. SATTLER 337b, ohne daß er diese beiden von ihm

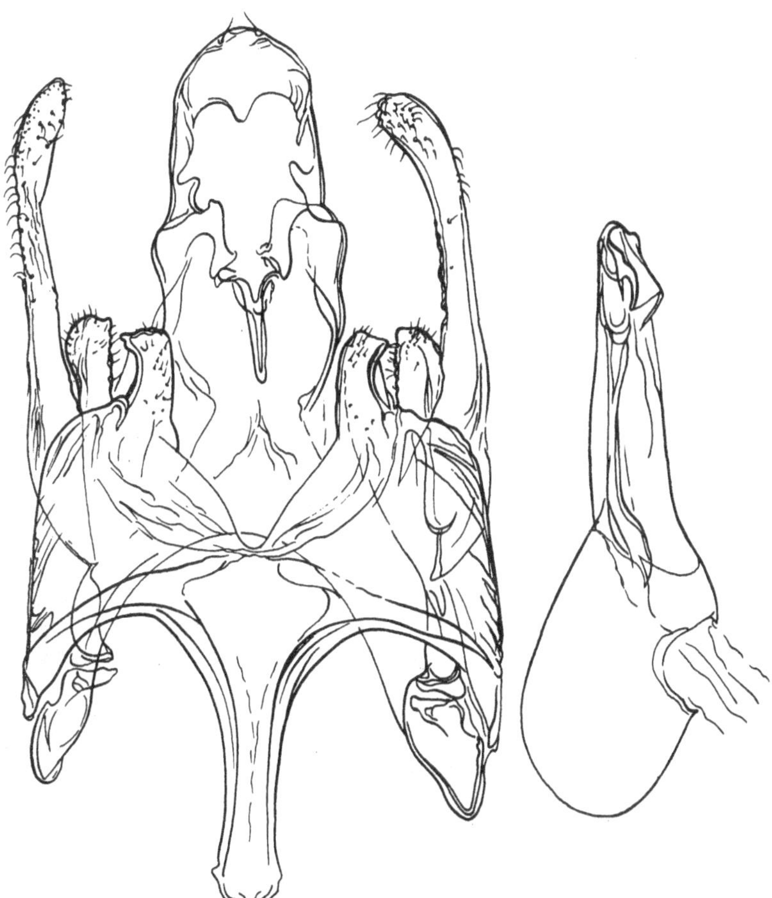

Abb. 4
*Scrobipalpa indignella* STAUDINGER, Amasia, 27. VI., — männliche Genitalien, Lectotypus teste SATTLER, Präp. K. SATTLER, 757.

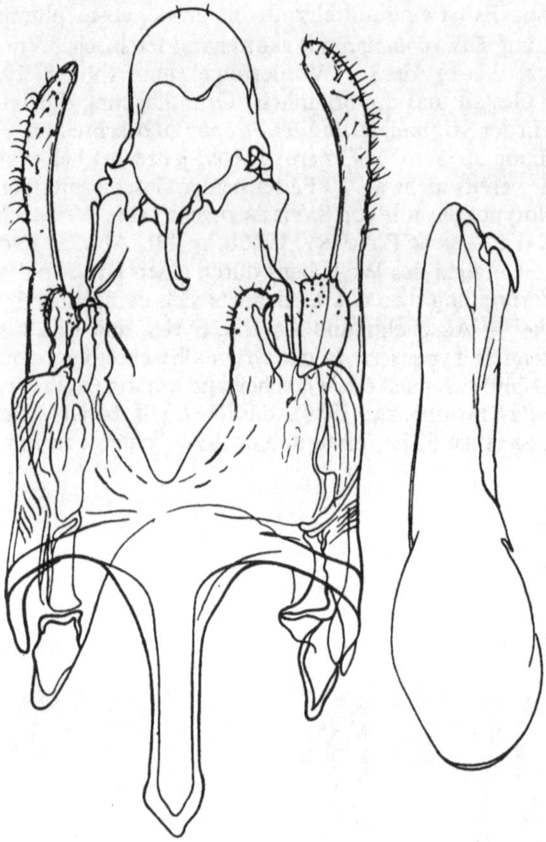

Abb. 5
*Scrobipalpa indignella* Staudinger, — männliche Genitalien. Ks. 3103, 8.—10.6. 1965, Dasht-i-Nawar, NW v. Ghazni, 3000 m, leg. Kasy & Vartian.

untersuchten Weibchen als *Scrobipalpa obsoletella* (F. v. R.) damals bestimmt hätte. Die weiteren Untersuchungen, die ich unternahm, bezeugen, daß die Art von Südrußland (Sarepta) über die Trockenhänge des Kaukasus und über anatolische Trockensteppen über Syrien und Irak im Süden bis Afghanistan im Osten verbreitet ist. Dabei steigt sie von den Niederungen (Sarepta) bis über 3000 m hoch (z. B. Dasht-i-Nawar bei Ghazni in Ost-Afghanistan) und ist z. T. deutlich polytypisch, da die Hochgebirgsfalter, besonders aus Afghanistan (Umgebung von Kabul und Ghazni) besonders stattlich sind, und ihre Grundfärbung wird z. T. tiefgrau (statt bräunlich wie bei den meisten westlichen Populationen). *Scrobipalpa indignella* (Stgr.) ist eine nah- bis mittelöstliche *Scrobipalpa*-Art, deren Schwerpunkt in den Trockengebieten liegt.

Untersuchtes Material: 1 ♂, bezeichnet als „Lectotypus, Amasia m, Origin., *Indignella* Stgr., Lectotype ♂, *Bryotropha indignella* Stgr., teste Sattler, 1984, Präp. Zool. Mus. Berlin, I. N. K., Sattler 757, Mercurochrom, Euparal, VI. 1984“; 1 ♀, „Paralectotypus, 27. 6., Origin., Zool. Mus. Berlin, Paralectotype ♀, *Bryotropha indignella* Stgr., teste Sattler, 1984“; weiteres Material — eine Typusserie von *Scrobipalpa grossa* Povolný, 1966 — siehe in der Originalbeschreibung auf p. 402, sowie weitere 21 genitaliter untersuchte Männchen und Weibchen dieser Art, weitere größere Serien aus Anatolien (Eregli, Salzsteppe, 4. 9.—14. 9. 1967, leg. M. u. W. Glaser), Syrien (Karjeten, NO v. Damaskus, 21. 5. 1951, leg. Kasy & Vartian), Afghanistan (Kabul-Schlucht, 1650 m, 5.—12. 6. 1966, leg. Amsel), die wegen der Eindeutigkeit des Materials nicht alle genitaliter untersucht wurden. Insgesamt wurden über 60 Falter dieser Art bisher von mir determiniert. (Abb. 4—6)

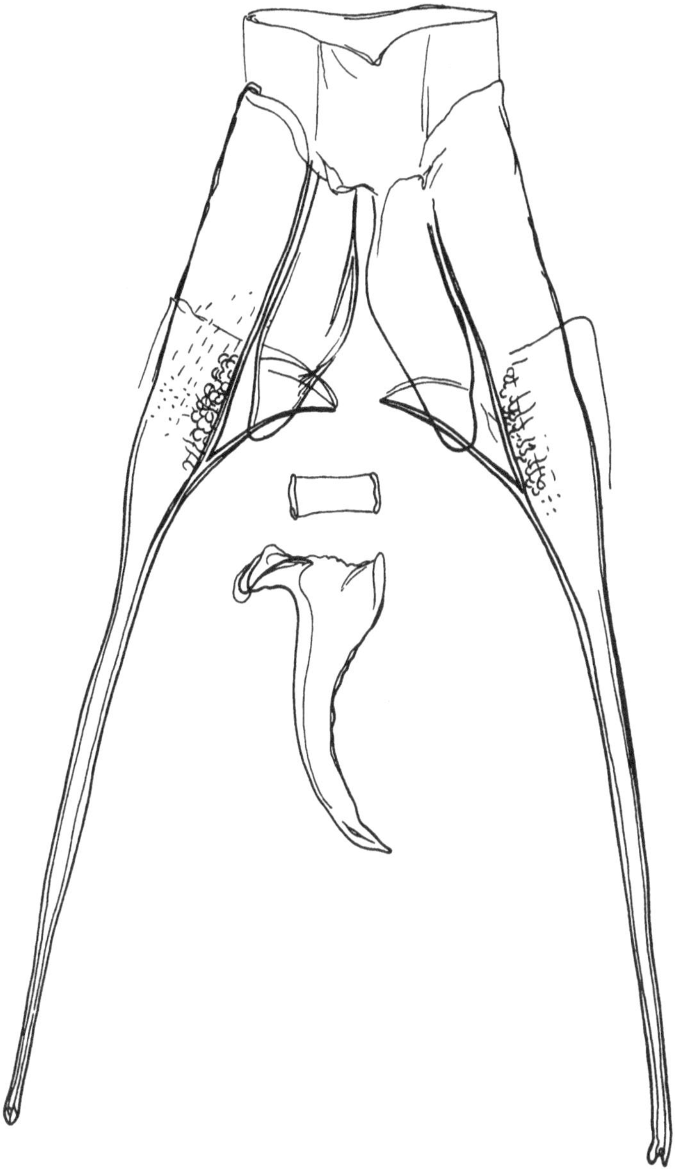

Abb. 6
*Scrobipalpa indignella* STAUDINGER — weibliche Genitalien. "*Scrobipalpa grossa* POVOLNÝ, 1966, Holotypus, Akschehir, Asia min., 16.—31. 8. 1929", Präp. K. SATTLER 241a.

## Kommentar

Die Arten *Scrobipalpa nitentella*, *S. indignella* und *S. obsoletella* sind valente Taxa der Gattung *Scrobipalpa* (Abb. 1—8). Ihre Synonymisierung ist auf mangelnde Sachkenntnis der taxonomischen Problematik der Gattung *Scrobipalpa* und auf methodisch unzulängliche Untersuchung ihrer Genitalien zurückzuführen (die Synonymisierung von *S. nitentella* erfolgte ohne die unvermeidlichen Untersuchungen von männlichen Genitalien von *S. nitentella* und *S. obsoletella*). Die Äußerungen von SATTLER (1986) zum heutigen Wissenstand der Gattung *Scrobipalpa* entsprechen auch insofern dem Tatbestand nicht, als den Neubeschreibungen von Arten dieser Gattung einige Revisionen der Typenfalter oder zumindest von authentischen Falterexemplaren der meisten bis dahin erkannten *Scrobipalpa*-Arten bevorstanden (z. B. POVOLNÝ, 1966a, 1966b, 1967a, 1968). Ich schickte Dr. SATTLER stets meine Veröffentlichungen (so auch die Arbeit mit der Beschreibung von *Scrobipalpa grossa*) und war jahrzehntelang zum Gedankenaustausch bereit. Seit den letzten fünf Jahren ist in den Fachkreisen allgemein bekannt, daß eine monographische Bearbeitung der Tribus Gnorimoschemini intensivst vorbereitet wird, in deren Rahmen auch die Gattung *Scrobipalpa* entsprechend und mit farbigen Falterabbildungen aus der Meisterhand von Dr. GREGOR, die bereits größtenteils fertig sind, behandelt wird. Daß viele Neubeschreibungen der *Scrobipalpa*-Arten getrennt erschienen, ist verständlich, weil sie meist im Rahmen der Bearbeitungen großer Ausbeuten aus verschiedenen Erdteilen erfolgten, die allerdings meist biogeographisch gut definierbar waren (Spanien, Nordafrika, Arabien, Iran, Afghanistan, Mongolei, Japan, Australien, Patagonien). Außerdem waren für den Umfang solcher Veröffentlichungen die Redaktionen und die bestehenden ökonomischen Möglichkeiten der Herausgeber maßgebend, deren Richtlinien sich ein Autor stets anpassen muß. Daß die Taxonomie der Gattung keinesfalls konfus ist, bezeugt übrigens ein frisches Beispiel, nämlich die Entdeckung der von POVOLNÝ (1984) aus der Slowakei beschriebenen *Scrobipalpa reiprichi* in Norwegen (KARSHOLT et al. 1986). Die Bestimmung der Falter von *S. reiprichi* aus Norwegen erfolgte dabei ausschließlich auf Grund der von mir veröffentlichten Arbeiten über diese Gattung, und erst nachher wurden auch einige Typenfalter aus der Slowakei ebenfalls untersucht.

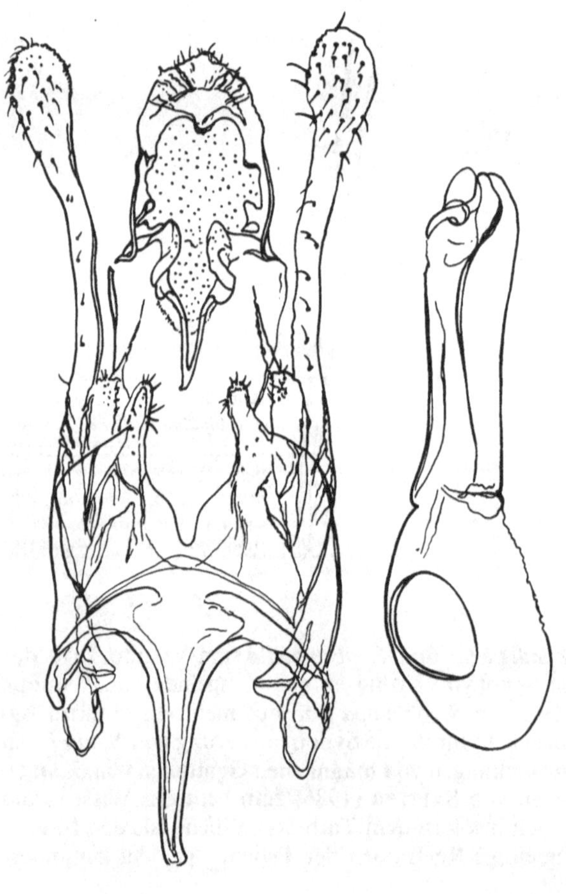

Abb. 7
*Scrobipalpa obsoletella* (FISCHER VON ROESLERSTAMM) — männliche Genitalien. „Tulare, Tulare 6, California, 29. 3. 1957, leg. POWELL, präp. K. 1169".

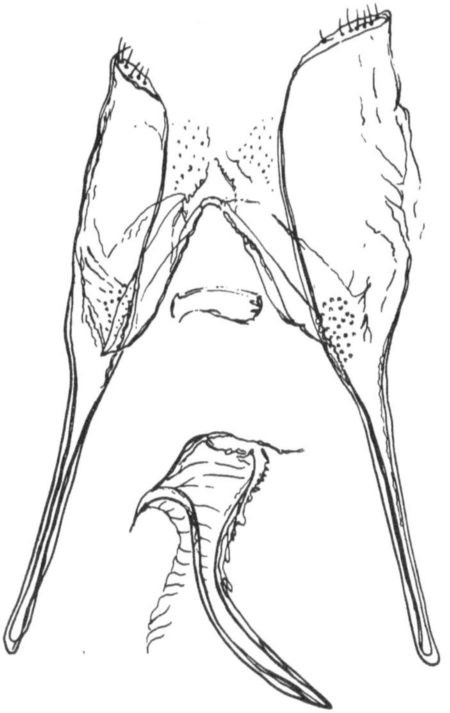

Abb. 8
*Scrobipalpa obsoletella* (FISCHER VON ROESLERSTAMM) — weibliche Genitalien, „Volgograd, Süd-Russland, 21. 7. 64, leg. Ing. ZOUHAR", Präp. Pv. 5461.

Die angeblichen Irrtümer und sonstige Verbesserungen sind noch in den unvermeidlichen Fällen zu erwarten, wenn die später beschriebenen Arten der Tribus Gnorimoschemini nachträglich in mehreren alten Sammelgattungen der Gelechiidae entdeckt werden, die bisher nicht entsprechend bearbeitet wurden. Auch sonstige sogenannte Fehler ergeben sich, wie leicht nachzuweisen ist, aus der üblichen wissenschaftlichen Betätigung, und sie stellen jedenfalls kein Spezifikum der Untersuchungen der Gattung *Scrobipalpa* dar (siehe dazu z. B. NIEUKERKEN, 1986). Sollte dies der Hauptgrund sein, die Aufarbeitung dieser monophyletischen Gruppe der Gelechiinae aufzugeben (wie es mir und anderen Dr. SATTLER des öfteren vorschlug) so hieße es, jeden objektiven Fortschritt in dieser Richtung willkürlich zum Stehen zu bringen. So sehr man Verständnis zu zeigen versucht, die Ansichten des anderen zu respektieren, ist der wissenschaftliche Fortschritt stets von konkreten Leistungen und kaum von unnötig hochgespielten Stellungnahmen oder gar von Lösung formeller Pseudoproblemen zu erwarten.

## Literatur

KARSHOLT, O., LARSEN, K., AARVIK, L. (1986): A remarkable disjunction: *Scrobipalpa reiprichi* POVOLNÝ, 1984 discovered in Norway, with remarks on the characteristics of the species (Lepidoptera, Gelechiidae). — Nota lepid. 9:191—199.

NIEUKERKEN. E. J. v. (1986): A provisional phylogenetic check-list of the western palaearctic Nepiculidae, with data on hostplants (Lepidoptera). — Ent. scand. 17: 1—27.

POVOLNÝ, D. (1966a): A type revision of some Old-World species of the tribe Gnorimoschemini with a special regard to pests (Lepidoptera). — Acta ent. bohemoslov. 63: 128—148.

— (1966b): Neubeschreibungen von palaearktischen *Scrobipalpa*-Arten (Lep., Gelechiidae). — Acta ent. bohemoslov. 63: 394—408.

— (1967a): Ein kritischer Beitrag zur taxonomischen Klärung einiger palaearktischen Arten der Gattung *Scrobipalpa* (Lep., Gelechiidae). — Acta Sc. Nat. Brno. 1: 209—250.

— (1967b): Genitalia of some nearctic and neotropic members of the tribe Gnorimoschemini (Lep., Gelechiidae). — Acta ent. Mus. natn. Pragae. 37: 51—127.

— (1968): Neue und wenig bekannte Taxa aus der Tribus Gnorimoschemini Povolný, 1964 (Lep., Gelechiidae). — Acta Sc. Nat. Brno, 2: 1—44.

Sattler, K. (1961): Neue Synonyme europäischer Gelechiidae. — Ztschr. Wien. ent. Ges. 46: 30—31.

— (1986): The systematic position of *Bryotropha indignella* Staudinger, 1879 (Lep., Gelechiidae). — Dtsch. ent. Z., N.F. **33**: 233—234.

Anschrift des Verfassers:
Prof. Dr. D. Povolný
Konevova 66
63900 Brno
CSSR

Dtsch. ent. Z., N. F. **35** (1988) 4—5, 379—381

# Vorschlag für die Neufassung des Begriffes „Plastron" bei den Arthropoden

Von

BENJAMIN MESSNER

## Abstract

It is necessary to renew the definition of the term "Plastron".

Plastron ist die französische Bezeichnung für einen Brustharnisch oder ein Vorhemd aus Leder. BROCHER (1912) benutzte diesen Begriff als „plastron d'air", um den Luftmantel zu beschreiben, der einen kleinen abtauchenden Hydrophiliden umgibt und ihm einen starken Auftrieb verleiht. Erst spätere Autoren (zusammenfass. HINTON 1968 und THORPE 1950) haben den Begriff einschränkend für den feinen Luftfilm verwandt, der durch verschiedene hydrophobe Strukturen so auf dem Körper oder Teilen des Körpers gehalten wird, daß seine Träger sich ohne Auftrieb und ohne großen Energieaufwand unter Wasser bewegen können.

Nach der bisher gültigen Definition von KAESTNER (1972), SCHAEFER und TISCHLER (1983) werden als plastronhaltende Strukturen nur winzige Haare — die exakter Trichome heißen müßten — genannt, obwohl HINTON (1968) bereits zahlreiche filigrane Kutikularstrukturen auf Insekteneiern und Puppenkiemen als plastronhaltend beschrieben hatte.

Eine weitere Schwierigkeit bestand bisher darin, den Gasaustausch zwischen Plastron und dem umgebenden Wasser zu verstehen. Man stand ganz offenbar unter dem Eindruck der physikalischen Berechnungen von CRISP und THORPE (1948) und THORPE und CRISP (1947a, b), um die hydrostatische Stabilität eines Plastrons zu belegen. Dabei übersah man gänzlich die Arbeiten von STRIDE (1953, 1955 und 1958), in denen er an dem angeströmten Elimitiden *Potamodytes tuberosus* experimentell zeigen konnte, wie nach der BERNOULLI-SCHEN Gleichung im entstehenden Unterdruckbereich der Luftvorrat eines Plastrons durch erleichterte Diffusion und Luftblasenfang (MESSNER u. a. 1981) ständig erneuert werden kann.

Trotz der Erwähnung der STRIDE'schen Untersuchungen in einigen zusammenfassenden Darstellungen von MILL (1974) und STEEN (1971) hat sich an der überholten Definition eines Plastrons inzwischen nichts geändert. Da in den letzten 7 Jahren eine ganze Reihe von weiteren Plastronatmern unter den Insekten funktionsmorphologisch beschrieben wurden (zusammenfass. MESSNER 1986), scheint es an der Zeit, den Plastron-Begriff neu zu überdenken und zu fomulieren.

Nachstehend wird eine Neufassung des Begriffs „Plastron" bei Arthropoden vorgestellt und der alten gegenübergestellt:

1) Alte Fassung (SCHAEFER und TISCHLER 1983)

Plastron: ein dünner, filmartiger Luftüberzug von wenigen µm am Körper einiger im Wasser lebender Käfer (*Haemonia, Elmis*) und Wanzen (*Aphelocheirus*), der durch winzige Haare festgehalten wird. Diese Luftschicht fungiert nicht wie eine „physikalische Kieme", sondern folgt den Gesetzmäßigkeiten des geschlossenen Tracheensystems, wobei ein Verlust von Stickstoff aus dem P. und damit Schrumpfung des Gasvorrats vermieden wird. Tiere mit P.-atmung brauchen daher nicht an die Wasseroberfläche zu kommen".

2) Neue Fassung

Plastron: ein dünner, filmartiger Luftraum von wenigen µm am Körper oder an und in Körperanhängen submers lebender und atmosphärische Luft atmender Spinnen-, Doppelfüßler-. und Insektenarten, sowie einiger ihrer Entwicklungsstadien. Diese Luftschicht steht in funktionstüchtigem Zustand über Stigmen mit dem Tracheensystem in Verbindung und kann durch hydrophobe Trichome (*Argyroneta*, *Aphelocheirus*), verklebte oder dichtstehende Borsten und Schuppen (*Haemonia*, *Bagous*, *Elmis*, *Hydroscapha* und *Acentria*), Papillen (*Aspidaphium*), filigran durchbrochene Kutikularstrukturen (Tracheenkiemen von Dipterenpuppen), poröse Sekretauflagen (*Gonographis**) und selbstgefertigte Gespinste (*Agriotypus*, *Acentria*) festgehalten werden.

In dem Maße, wie der Sauerstoff veratmet wird, erfolgt ein Nachschub aus der im Wasser gelösten Luft über eine einfache Diffusion, eine erleichterte Diffusion und Luftblasenfang durch Ventilationsbewegungen (*Bagous*, *Eubrychius*) oder nach der BERNOULLIschen Gleichung im Unterdruckbereich des angeströmten Plastronträgers. Der Luftblasenfang im Unterdruckbereich ist dabei so effektiv, daß die Tiere höheren Fließgeschwindigkeiten ausweichen (*Aphelocheirus*) oder die Plastronfläche verkleinern (*Elmis*) oder gar abschalten können (*Hydroscapha*, einige Simuliiden-Puppen).

Plastronhaltende Trichomere, Borsten und filigrane Kutikularstrukturen tragen aber auch viele amphibiocorise Wanzen, Rüsselkäfer und viele terrestrisch lebende Insekten zum Schutz vor Benetzung, sowie alle Waserinsekten, die regelmäßig ihren Luftvorrat durch Auftauchen erneuern müssen (hydrocorise Wanzen, Wasserkäfer und *Palustra*-Larven).

## Literatur


BROCHER, F. (1912): Recherches sur la respiration des insectes aquatiques adultes. Les *Haemonia*. — Ann. Biol. Lac. V, 1—26.

CRISP, D. J. and W. H. THORPE (1948): The water-protecting properties of insect hairs. — Discuss. Faraday Soc. **3**, 210—220.

HINTON, H. E. (1968): Spiracular gills. — Adv. Insect Physiol. **5**, 65—162.

KAESTNER, A. (1972): Lehrbuch der Speziellen Zoologie. Bd. I. Wirbellose. 3. T., Insecta: Allgemeiner Teil, Jena, VEB G. FISCHER Verlag, 1972.

MESSNER, B. (1986): Die Plastronatmung bei Insekten. — Wiss. Z. ERNST-MORITZ-ARNDT-Univ. Greifswald, Math.-nat. wiss. Reihe **35**, 30—34.

— und J. ADIS: Die Plastronstrukturen der bisher einzigen submers lebenden Diplopodenart *Gonographis adisi* HOFFMANN 1985 (Pyrogodesmidae, Diplopoda). — Zool. Jb., Anat. (im Druck).

—, A. LUNK, I. GROTH, H.-J. SUBKLEW u. D. TASCHENBERGER: Neue Befunde zum Atmungssystem der Grundwanze *Aphelocheirus aestivalis* (Heteroptera, Hydrocorisae). I. Imagines. — Zool. Jb. Anat. **105**, 474—496.

MILL, P. J. (1974): Respiration: Aquatic insects. — In: ROCKSTEIN, M. The Physiology of Insecta (2. Edit.) Vol. VI, S. 403—467.

SCHAEFER, M. und W. TISCHLER (1983): Wörterbücher der Biologie. Ökologie (2. Aufl.) Jena, VEB G. FISCHER Verlag, 1983.

STEEN, J. B. (1971): Comparative physiology of respiratory mechanisms. — Academic Press, London, New York.

STRIDE, G. O. (1983): The respiratory bubble of the aquatic beetle *Potamodytes tuberosus* HINTON. — Nature (London) **171**, 885—886.


---

* (vergl. MESSNER, B. u. J. ADIS)

– (1955) On the respiration of an African beetle, *Potamodytes tuberosus* HINTON – Ann ent Soc Amer **48**, 344–351
– (1958) The application of a Bernoulli equation to problems of insect respiration. – Proc. 10th Internat Congr Entomol. **2**, 335–336.
THORPE, W H (1950) Plastron respiration in aquatic insects. – Biol. Rev **25**, 344–390
– and D J CRISP (1947a) Studies on plastron respiration. I The biology of *Aphelocheirus* (Hemiptera, Aphelocheiridae (Naucoridae) and the mechanism of plastron retention. – J exp. Biol. **24**, 227–269
– and D J CRISP (1947b) Studies on plastron respiration. II The respiration efficiency of the plastron in *Aphelocheirus*. – J exp. Biol. **24**, 270–303

Anschrift des Verfassers
Doz. Dr BENJAMIN MESSNER
Sektion Biologie, Wiss. Bereich Zoologie der
ERNST-MORITZ-ARNDT-Universität Greifswald
J.-S.-Bach-Str 11/12
DDR-2200 Greifswald

Dtsch. ent. Z., N. F. **35** (1988) 4—5, 383—385

# **Clarification of the Synonymy of** Cylindrothorax ruficollis (OLIVIER)
(Col., Meloidae)

By

RICHARD B. SELANDER

## Abstract

The nomenclatural history of *Cylindrothorax ruficollis* (OLIVIER), new status, in the period 1781—1808 is traced to establish the correct synonymy of the species. The traditional attribution of the name *ruficollis* to FABRICIUS is incorrect.

This study was undertaken to clarify the synonymy of the meloid species currently but incorrectly designated as *Cylindrothorax ruficollis* (FABRICIUS) by reviewing the species' nomenclatural history in the late 18th century. This species was one of the first exotic meloids known to Europeans. It is easily recognized by its color (metallic green with reddish yellow pronotum and tibiae). It ranges from India west to Iran and then south through Saudi Arabia at least as far as Somalia (KASZAB, 1983) and is apparently quite common throughout its range. For clarity, I will use the acronym *CR* to designate the species itself, as distinguished from the names that have been applied to it. My discussion involves, necessarily, the meloid species currently (and correctly) known as *Alosimus syriacus* (LINNAEUS). This species, which I will designate as *AS*, was described initially as *Meloe syriacus* in the 10th edition of the *Systema Naturae* of LINNAEUS (1758), but subsequent authors have consistently erred in citing a later work by LINNAEUS (1764) as the source of the name. *AS* resembles *CR* superfically but is easily distinguished by having the pronotum broadly ovoid in outline (rather than narrowly campanuliform) and the tibae black. There are, of course, other differences between the two species, as suggested by their assignment to separate genera. The differences that I have mentioned are the important ones in the present context, however, since they permit the species to be recognized from superficial diagnoses or from colored figures in the taxonomic works that I will cite. Distributional information is also informative. *AS* ranges from Mediterranean Europe and north Africa east to southwestern Russia, Turkey, Syria, and Iran (ESCHERICH, 1896) but is not known from the Oriental Region.

The first reference to *CR* in the literature was made by FABRICIUS (1781), who misidentified it as *Lytta syriaca* (LINNAEUS). The misidentification is evident from FABRICIUS' description of the pronotum ("antice attenuatus") and tibiae ("pallide testaceae") as well as the provenance of his material ("Oriente"). A year later, PALLAS (1782, pl. E, fig. 35) published a figure of an adult of *CR*, but his description, in which he proposed the name *Meloe tenuicollis*, did not appear until 16 years later (PALLAS, 1798, p. 102), by which time *CR* had already received a valid name.[1])

[1]) On the assumption that PALLAS' description of *Meloe tenuicollis* appeared in 1782, some authors (e.g., GEMMINGER and HAROLD, 1870, and BORCHMANN, 1917) have accepted *tenuicollis* PALLAS as the first available name for *CR*.

Meanwhile, HERBST [1784 (1783—1784)] followed FABRICIUS (1781) (cited as "FABR. sp. 3") in misidentifying *CR* as *Lytta syriaca*, based on specimens from "Ostindien," and then proceeded (HERBST, 1876) to describe as representing a new species, *Lytta ruficollis*, material of *AS* purportedly from "Indien." In both instances the diagnosis and figure are sufficient to reveal the identity of the species involved. The specification of "Indien" by HERBST (1786) is not consistent with the contention that his *Lytta ruficollis* applies to *AS*, but HERBST's distributional information has proved to be unreliable in other cases, e.g., his description of two species of *Mylabris* (as *Lytta*) from "Amerika" in the 1786 article.

A few years later, OLIVIER (1790) described *CR* as *Cantharis ruficollis*, from the "Indies orientales." OLIVIER cited PALLAS' (1782) figure of *CR* but did not specify a binomen, which is consistent with SHERBORN'S (1891) conclusion that part 2 of PALLAS', work containing the description of *Meloe tenuicollis*, had not yet been published. There is nothing to indicate that OLIVIER did not coin the name *ruficollis* independently; in particular, he did not mention the work of HERBST. Therefore, the correct designation of *CR* in our current classification is *Cylindrothorax ruficollis* (OLIVIER, 1790).

In the *Mantissa Insectorum* of FABRICIUS (1787) the diagnosis and the habitat specification ("Europa australiori frequens") of *Litta* [*sic*] *syriaca* show that he had by that time correctly identified *AS*. FURTHER, in 1792 he clearly distinguished between *AS* and *CR* in separate treatments of these species.

In his treatment of *AS* (as *Lytta syriaca*), FABRICIUS (1792), in addition to citing LINNAEUS (1764) and the 12th edition of LINNAEUS' *Systema Naturae* in association with the name *Meloe syriacus*, referred to OLIVIER's (1808) figure of *AS* ("OLIV. Ins. 46. tab. I, fig. 5")[2]) in association with the name *Cantharis syriaca* and to HERBST'S [1784 (1783—1784)] figure of *CR* ("HERBST Arch. tab. 30, fig. I") without specifying the binomen used (*Lytta syriaca*). This last citation is an unexpected error. FABRICIUS should have recognized that HERBST's (1786) use of the *Lytta syriaca* was based on a misidentification of *CR* since, as we have seen, FABRICIUS himself had committed the same error in 1781.

FABRICIUS' (1792) treatment of *CR* deserves special attention because of its misrepresentation by subsequent authors as the original description of *CR*. FABRICIUS (1792) used the name *Lytta ruficollis*. In the synonymy he referred to OLIVIER's (1808) figure of *CR* ("OLIV. Ins. 46, tab. I, fig. 6") in association with the name *Cantharis ruficollis*, to PALLAS' (1782) figure of *CR* ("Pall. Ins. 3. tab. E, fig. 35"), without an associated binomen, and to HERBST's (1876) figure of *AS* ("HERBST Arch. tab. 48, fig. 4"), again without specifying the binomen used (*Lytta ruficollis*). FABRICIUS indicated that his material was from "India orientali" and that he had obtained it from OLIVIER. The reversal the citations of HERBST's works of 1784 and 1786 by FABRICIUS was first recognized by PANZER (1795).

For the purpose of synonymy, *ruficollis* of FABRICIUS' (1792) can be interpreted either as a misidentification of *CR* as *Lytta ruficollis* HERBST or, by ignoring FABRICIUS' error in citing HERBST (1786), as a subsequent use of *ruficollis* OLIVIER (1790), even though FABRICIUS did not cite that work. I prefer the latter interpretation, but in any event, it is clearly wrong to attribute the name *ruficollis* to FABRICIUS (1792). Moreover, even if FABRICIUS (1792) could somehow be credited with having proposed *Lytta ruficollis* as a new name, it would fall as a junior homonym of *Lytta ruficollis* HERBST (1786) and as a secondary junior synonym of *Cantharis ruficollis* OLIVIER (1790).

OLIVIER published a second description of his *Cantharis ruficollis* in 1795 without citing his original description of 1790. To argue that he thereby created a junior homonymic synonym is an unnecessary refinement. No confusion will result from regarding the second reference merely as a subsequent use of the original name.

In 1798 PALLAS' description of *Meloe tenuicollis*, from "Orae Cis-Gangeticae Indiae"

---

[2]) FABRICIUS evidently examined at least the plates of OLIVIER's *Entomologie* before publication.

and the "Oriente", was published. In 1801 FABRICIUS republished his 1792 treatments of *AS* and *CR* virtually without change. And in 1808 OLIVIER's figures of *AS* and *CR* appeared.

The early nomenclatural history of *CR*, as I have interpreted it, is summarized in the following synonymy:

**Cylindrothorax ruficollis (OLIVIER), new status**

*Lytta syriaca* FABRICIUS, 1781: 329. HERBST, 1784 (1783—1784): 145, pl. 30, fig. 1. *Missidentifications.*
[*Meloe tenuicollis*] PALLAS, 1782, pl. E, fig. 35
*Cantharis ruficollis* OLIVIER, 1790: 278; 1795, no. 46: 11; 1808, no 46, pl. I, fig. 6.
*Lytta ruficollis* FABRICIUS, 1792: 85; 1801: 78.
*Meloe tenuicollis* PALLAS, 1798 (1781—98): 102.

## Literature Cited


BORCHMANN, F. (1917): Meloidae, Cephaloidae. In W. JUNK and S. SCHENKLING, Coleopterorum catalogus. Part 69. W. JUNK, Berlin, 208 pp.

ESCHERICH, K. (1896): Revision der Meloiden-Gattung *Lydus* LATR. Deutsch. Ent. Z.: 193—236.

FABRICIUS, J. C. (1781): Species Insectorum. Vol. 1. C. E. BOMNII, Hamburgi et Kilonii, 552 pp.

—, (1787): Mantissa insectorum. Vol. 1. C. G. Proft, Hafniae, 348 pp.

—, (1792): Entomologia systematica emendata et aucta. Vol. 1. Part 2. C. G. Proft, Hafniae, 538 pp.

—, (1801): Systema Eleutheratorum. Vol. 2. Bibliopolii Academici Novi, Kiliae, 687 pp.

GEMMINGER, [M.], and Baron DE HAROLD. (1870): Catalogus Coleopterorum. Vol. 7. Familia LX. Canthari-dae. E. H. GUMMI, Monachii, pp. 2124—2164.

HERBST, J. F. W. (1783—1784): Kritisches Verzeichniss meiner Insektensammlung. Arch. Insectengesch. (FÜESSLY) 4: 1—72 (1783); 5: 73—151, pls. 19a, 19b, 20—27, 28a, 28b, 29—30 (1784).

—, (1786): Erste Mantisse zum Verzeichnis der ersten Klasse meiner Insektensammlung. Arch. Insecten-gesch. (FÜESSLY) 7—8: 153—182. pls. 43—48.

KASZAB, Z. (1983): Insects of Saudi Arabia. Coleoptera: Fam. Meloidae. A synopsis of the Arabian Meloidae. Fauna Saudi Arabia 5: 144—204.

LINNAEUS, C. (1758): Systema naturae. Ed. 10. Vol. 1. L. SALVII, Holmiae, 823 pp.

—, (1764): Museum S:ae R:ae M:tis Ludovicae Ulricae Reginae Svecorum, Gothorum, Vandalorumque. L. SALVII Holmiae [6] + 720 + [2] pp.

OLIVIER, A. G. (1790): Encyclopedie méthodique. Histoire naturelle. Insectes. Vol. 5. Part 1. PANCKOUCKE, Paris, pp. 1—368.

—, (1795): Entomologie, ou histoire naturelle des Insectes. Coléoptères. Vol. 3. LANNEAU, Paris (genera paged separately).

—, (1808): Entomologie, ou histoire naturelle des Insectes. Coléoptères. Vol. 7. Planches-Genres 1 à 65. DESRAY, Paris.

PALLAS, P. S. (1782): Icones Insectorum praesertim Rossiae Sibiriaeque. Part 2. W. WALTHERI, Erlangae, pp. 57—96, pls. D—F.

—, (1798): Icones Insectorum praesertim Rossiae Sibiriaeque. Part 3. W. WALTHERI, Erlangae, pp. 97—104, pls. G, H.

PANZER, G. W. F. (1795): Entomologia Germanica exhibens Insecta per Germaniam indigena. Vol. 1. Eleuterata. FELSSECKER, Nürnberg, 32 + 370 + 2 pp., 12 pls.

SHERBORN, C. D. (1891): Dates of the parts of P. S. PALLAS's [*sic*] 'Icones Insect. p. Ross. Sibir.' and 'Nov. spec. Quadr. Glirium.' Ann. Mag. Natur. Hist. (6)7: 236.



Address of the author:
Prof. RICHARD B. SELANDER
School of Life Sciences
University of Illinois at Urbana-Champaign
505 South Goodwin
Urbana, Illinois 61801, U.S.A.

Dtsch. ent. Z., N F 35 (1988) 4—5, 387—394

# Five new species of Tenthredo LINNAEUS from the Eastern Himalaya
(Hymenoptera, Tenthredinidae)

By

DEVINDER SINGH & MALKIAT S. SAINI

With 18 figs. in the text

## Abstract

Five new species of *Tenthredo* are reported from India i.e. *T gangtoki*, *T nigrobandata*, *T lacheni*, *T santokhi* and *T smitensis*. Apart from illustrating the genitalia, the new species have been separated from already reported related taxa. The population variations, if any, has also been discussed.

## Introduction

Though the taxonomic work on Indian *Tenthredo* is quite scattered, still MALAISE's (1945) paper is such an exhaustive study that, in addition to compiling almost all the earlier works for southeast Asia, adds 18 new species of this genus from India. MUCHE's (1982, 1983) are the only works after MALAISE (1945), which make an addition of 3 new species to the earlier census of *Tenthredo* from this country. In the present study, which is one of the series of papers dealing with new records of *Tenthredo* from India, five new species are reported from the eastern Himalayas.

The terminology used by ROSS (1937, 1945) and MALAISE (1945) has been followed.

The holotypes and paratypes are presently lying in the collection of authors and will be submitted to IARI, Pusa National Collection, New Delhi (India), after this paper is published.

### Tenthredo gangtoki sp. nov.

Figs. 1, 10, 11, 13, 17

Female: Average length, 15.1 mm. Antenna black except following pale: distal half of segment 3; 4 and 5 except stripe along outerside; underside of 1, 2 and basal half of 3. Head pale yellow, black are: extreme mandible tip; frontal spot anteriorly covering median fovea leaving extreme tip of supraantennal tubercle, laterally not touching eye margin and posteriorly reaching upto middle of postocellar area; postocellar area; two spots in middle of hind orbit; small medial and large lateral spot on posterior side of head. Thorax and abdomen black, pale yellow are: large anterolateral spot on pronotum; tegula; V-shaped apex of mesonotal middle lobe and spot adjoining it on lateral lobe; meso- and metascutelli and ridges lateral to them; appendage; medial spot on metapostnotum; broad spot on mesepisternum; metepisternum; basal two abdominal terga except narrow proximal margins; narrow distal margins of terga 3—5 and dim spots on deflexed sides of 4—9. Legs citrine yellow, black are: proximal angle of procoxa and basal halves of meso- and metacoxae; stripe along distal halves of pro- and mesofemora posteriorly; narrow stripe on pro- and mesotibiae and protarsus. Pro- and mesotarsal joints infumated towards tips. Apex of forewing distinctly infuscated upto proximal end of stigma, hindwing infumated towards apex, stigma yellowish brown with pale proximal end, venation dark brown to black.

Antenna compressed in apical half, 3.0X head width, segments 3 and 4 in ratio 9:8; clypeus (Fig. 1) roundly incised upto 1/4 of its medial length; labrum almost as long as broad with roundly pointed anterior margin; malar space 1.1X diameter of lateral ocellus; LID:IDMO:EL = 2.0:2.9:2.5; OOL:POL:OCL = 3.1:1.0:2.5; frontal area below level of eyes; supraantennal tubercle strongly raised, sloping back and confluent with frontal ridge; median fovea deep with longitudinal carina; circum-, inter- and postocellar furrows deep; lateral furrow sharp and slightly excurved; postocellar area subconvex with faint longitudinal carina, broader than long in ratio 5:4; head indistinctly narrowing behind eyes; ITD:ICD = 3.0:1.0; mesoscutellum roundly raised; appendage carinate; mesepisternum obtusely raised without carina or acute apex; mesosternum lacking thorns; apical tooth of claw (Fig. 10) longer than subapical; metabasitarsus slightly shorter than following 3 joints combined; metafemur as long as tibia.

Head subshining, minutely and shallowly punctured; mesonotum and scutellum opaque, densely microsculptured without large punctures; appendage and metanotum finely punctured; metascutellum with few distinct punctures; mesepisternum finely punctured with sebaceous lustre; mesosternum distinctly punctulate; basal 2 abdominal terga impunctate, remainings faintly microsculptured.

Lancet (Fig. 13) with 26 serrulae, each serrula is almost flat having 2 anterior and upto 13 posterior subbasal teeth.

Male: Average length, 11.9 mm. Similar to female except: basal 2/3 of antennal segment 3 black; pale spot lateral to meso- and metascutelli; spot on mesepimeron and mesosternum pale; abdominal terga 3—6 and all sterna dirty yellow; trochanters with small black spot; pro- and mesofemora with complete black stripe posteriorly; basal 1/4 of metatibia with narrow black stripe. Penis valve (Fig. 11) and gonoforceps (Fig. 17).

Holotype: Female, Sikkim, Gangtok-1770M, 8. 5. 1985.

Paratypes: 2 ♀♀, with same data as holotype. 1 ♀, 2 ♂♂, West Bengal, Darjeeling-2300M, 18. 5. 1985.

Population variation: Hind orbit without black; posterior margin of pronotum pale yellow; pale spots lateral to meso- and meta-scutelli in female also; terga 3—6 dirty yellow in female too; legs entirely pale yellow except proximal angles of coxae; abdomen without black.

Remarks: This new species is a representative of the group of species having ringed antenna and shows some similarity with *T. gressitti* MALAISE, 1945 and *T. compressicornis* CAMERON, 1899. However, it can be differentiated from both of them on account of having yellowish antennal segments with complete black outer stripe, hind orbit without brown, appendage pale, mesepisternum with one pale spot, metafemur without black, supraantennal tubercle and frontal ridge confluent, mesonotum opaque and mesepisternum finely and uniformly punctured.

In *T. gressitti* upper part of hind orbit is brown, appendage is black, base of metafemur is black and supraantennal tubercle is abruptly cut off from frontal ridge.

In *T. compressicornis* yellowish antennal segments lack black outer stripe, mesepisternum has two pale spots, mesonotum is opaque and mesepisternum is with large, deep and widely separated punctures.

Etymology: The species name has been taken from its type locality.

**Tenthredo nigrobandata sp. nov.**
Figs. 3, 9, 16

Female: Length, 14.1 mm. Body reddish yellow, black are: antennal segments 2, 3 and basal 1/2 of 4; mandible tip; small spot along anterior margin of mesonotal middle lobe and large spot on lateral lobe; metapleuron; sawsheath. Mandible except apex, face below antenna, narrow inner and lower hind orbits, pale. Wings yellowish hyaline, apex of fore one distinctly infuscated upto distal end of stigma, hindwing faintly infumated towards apex, costa and stigma reddish with infuscated spot on latter, venation dark brown to black.

Antenna slightly compressed in apical half, 3.0X head width, segments 3 and 4 subequal; clypeus (Fig. 3) roundly incised upto 2/7 of its medial length with truncate lateral teeth; labrum broader than long in ratio 5:4 with rounded anterior margin; malar space equal to diameter of lateral ocellus; LID:IDMO:EL = 2.0:3.2:2.9; OOL:POL:OCL = 3.3:1.0: 2.7; frontal area below level of eyes; supraantennal tubercle moderately raised and almost confluent with low frontal ridge; median fovea narrow and shallow having longitudinal carina in anterior half; circum-, inter- and postocellar furrows clear; lateral furrow fine and sharp, slightly excurved; postocellar area subconvex with faint indication of longitudinal carina, broader than long in ratio 6:5 at maximum width; head narrowing behind eyes; ITD:ICD = 3.3:1.0; mesoscutellum roundly raised; appendage bluntly carinate; mesepisternum roundly raised; mesosternum lacking thorns; apical tooth of claw (Fig. 9) indistinctly shorter than subapical; metabasitarsus longer than following 3, but distinctly shorter than remaining 4 joints combined; metafemur as long as tibia.

Head and mesonotum polished; mesoscutellum with few distinct punctures on posterior slope only; appendage finely wrinkled; metanotum and scutellum impunctate; mesepisternum shining with shallow, scattered punctures; mesosternum minutely punctured; propodeum shining, remaining terga faintly microsculptured.

Lancet (Fig. 16) sturdy with 25 serrulae, each serrula having single strong anterior and 5—6 distinct posterior subbasal teeth.

Male: Unknown.

Holotype: Female, Sikkim, Mangan-1200M, 14. 5. 1985.

Paratype: No.

Remarks: This species shows remarkable similarity with *T. ferruginosa* KONOW, 1898 and *T. fulva* KLUG, 1814. However, it can be distinguished from both of them on account of having antennal segments 2, 3 and basal 1/2 of 4 black, frontal area without black spot, mesopleuron and sternum reddish yellow, metaleg and abdomen without black and lancet with 25 serrulae, each serrula having single strong anterior and 5—6 distinct posterior subbasal teeth.

In *T. ferruginosa* antenna is entirely reddish yellow, metatibia and tarsus and tip of abdomen are yellowish brown and lancet has 22 serrulae, each serrula flat, having single anterior and many posterior subbasal teeth.

In *T. fulva* antenna is entirely reddish yellow, large black spot covers frontal area and most of mesopleuron and sternum is black.

Etymology: The species name is based on a characteristic black band on antenna.

**Tenthredo lacheni sp.nov.**
Figs. 5, 7, 15

Female: Length, 12.1 mm. Body sordid yellow to pale green, black are: antenna; mandible tip; narrow stripe along supraclypeal furrow; upperside of head covering entire area lateral to antenna and median fovea leaving supraantennal tubercle; posterior side of head; medial transverse stripe on pronotum; mesonotum; meso- and metascutelli; anteromedial spot on appendage; metanotum; metapostnotum except small lateromedial spot; narrow stripe along each pleural suture; oblique broad band along convexity of mesepisternum; all terga except deflexed sides and very narrow hind margins; broad stripe along posterior side of each leg; outer stripe on meso- and metacoxae. Wings yellowish hyaline, fore one faintly infumated towards apex, stigma and venation dark brown to black.

Antenna aequiform, 1.7X head width, segments 3 and 4 in ratio 3:2; clypeus (Fig. 5) roundly incised upto 2/9 of its medial length; labrum broader than long in ratio 5:3 with rounded anterior margin; malar space 1.4X diameter of lateral ocellus; LID:IDMO:EL = 2.0:3.6:2.2; OOL:POL:OCL = 3.8:1.0:2.4; frontal area below level of eyes; supra-antennal tubercle strongly raised and abruptly cut off from low frontal ridge; median fovea broad and deep with pit adjascent to each supraantennal tubercle; acute thorn present lateral to base of supraantennal tubercle; circum-, inter- and postocellar furrows distinct; lateral furrow clear, diverging posteriorly; postocellar area subconvex, broader than long in ratio 7:4 at maximum width; head distinctly dilated behind eyes; ITD:ICD = 2.5:1.0; mesoscutellum pulvinate; appendage carinate; mesepisternum raised to pointed apex; mesosternum lacking thorns; apical tooth of claw (Fig. 7) longer than subapical; metabasitarsus shorter than following 3 joints combined; metafemur as long as tibia.

Head distinctly wrinkled with scattered, minute and irregular punctures; mesonotum strongly microsculptured with some distinct punctures along border of middle lobe; mesoscutellum faintly microsculptured with few shallow punctures; appendage having larger punctures; metanotum and scutellum finely punctured; mesepisternum rugose, more strongly towards convexity; mesosternum microsculptured without distinct punctures; abdomen uniformly microstriated. Head, along with scape and pedicel and thorax with long brown setae.

Lancet (Fig. 15) narrow with 14 serrulae, each serrula having no anterior and about 10 posterior subbasal teeth.

Male: Unknown.

Holotype: Female, Sikkim, Lachen-3000 M, 11. 5. 1985.

Paratype: No.

Remarks: This new species is somewhat related to *T. nimbata* KONOW, 1906 and *T. parcepilosa* MALAISE, 1945. However, it can be separated from both of them on account of having antenna, postocellar area, mesonotum, meso- and metascutelli entirely black, costa and stigma dark brown and acute thorn present lateral to supraantennal tubercle.

In *T. nimbata* underside of antenna is pale, anterior slope of mesoscutellum and entire metascutellum are pale and costa and stigma are pale green.

In *T. parcepilosa* hind corner of postocellar area and anterior slopes of scutelli are pale, mesonotal middle lobe has V-shaped pale spot and no thorn is present lateral to supra-antennal tubercle.

Etymology: The species name has been taken from its type locality.

**Tenthredo santokhi sp. nov.**

Figs. 4, 6, 12, 18

Female: Unknown.

Male: Length, 9.1 mm. Body black, pale green are: mandible except tip; labrum and clypeus; triangular spot on supraclypeal area; spot on lower hind orbit; extreme tip of supraantennal tubercle; anterolateral spot and posterior margin of pronotum; tegula; spot along convexity of mesepisternum; most of metepisternum; large medial spot on mesosternum; abdominal segment 3 except spot along anterior margin, and 4 entirely; deflexed sides of terga 2 and 5 and corresponding sterna. Legs pale green with following black: proximal angles of coxae, more pronounced on metaleg; spot on posterior side of metatrochanter; stripe along femora posteriorly; posterior side of pro- and mesotibiae and tarsi; metatibia and tarsus entirely. Tips of pro- and mesotarsal joints infuscated. Wings hyaline, fore one with distinctly infuscated crossband over stigma, stigma and venation brown to black.

Antenna faintly compressed in apical half, 2.0 × head width, segments 3 and 4 in ratio 7:5; clypeus (Fig. 6) roundly incised upto 1/4 of its medial length with truncate lateral teeth; labrum broader than long in ratio 5:4 with rounded anterior margin; malar space 0.3 × diameter of lateral ocellus; LID:IDMO:EL = 2.0:3.8:3.5; OOL:POL:OCL = 3.1:1.0:2.3; frontal area below level of eyes; supraantennal tubercle distinctly raised, sloping back and confluent with low frontal ridge; median fovea ditch-like; circum-, inter- and postocellar and lateral furrows deep; postocellar area convex, broader than long in ratio 3:2; head narrowing behind eyes; ITD:ICD = 3.2:1.0; mesoscutellum slightly raised; appendage without carina; mesepisternum roundly raised; mesosternum lacking thorns; apical tooth of claw (Fig. 6) longer than subapical; metabasitarsus shorter than following 3 joints combined; metafemur shorter than tibia.

Head covered with large, shallow and almost confluent punctures, hind orbit minutely and densely punctured; mesonotum and scutellum densely and distinctly punctured; appendage having few punctures on lateral aspect only; metanotum and scutellum almost impunctate; mesepisternum densely punctured with sebaceous lustré; mesosternum minutely and distinctly punctured; basal 2 abdominal terga microstriated, remainings minutely and densely punctured. Penis valve (Fig. 12) and gonoforceps (Fig. 18).

Holotype: Male, Sikkim, Gangtok-1650 M, 23. 9. 1985.

Paratype: No.

Remarks: This species is a member of the small group of two species having forewing with distinctly infuscated crossband over stigma i.e. *T. pompilina* MALAISE, 1945 and *T. frontatus* MALAISE, 1945. However, it can be set aside from both of them on account of having abdominal segment 3 except spot along anterior margin and 4 entirely pale green, antenna 2.0 × head width and segments 3 and 4 in ratio 7:5, postocellar furrow deep and apical tooth of claw longer than subapical.

In *T. pompilina* abdomen is without pale green, antenna is 2.6 × head width and segment 3 shorter than 4, postocellar furrow is absent and apical and subapical teeth of claw are equal.

In *T. frontatus* abdomen is without pale green and has distinct bluish tinge, antenna is 3.2 × head width and segment 3 shorter than 4 and apical tooth of claw shorter than subapical.

Etymology: This species has been named in honour of Dr. SANTOKH Singh of ST. JOHN's College, Agra (India), known for his contribution in the field of taxonomy and bionomics of Indian Agromyzidae and high altitude entomology.

**Tenthredo smitensis sp. nov.**

Figs. 2, 8, 14

Female: Length 10.4 mm. Body black, pale yellow are: mandible except apex; face below antenna; small spot touching upper eye corner; lower 3/4 of hind orbit; dorsal and ventral angles and narrow posterior margin of pronotum; tegula except distal spot; anterior slope of mesoscutellum; ridges lateral to meso- and metascutelli; appendage; broad anterior margin of metapostnotum; mesopleuron and sternum except oblique band parallel to pleural suture; metapleuron; deflexed sides of terga; very narrow hind margins of terga 1, 4 and 8; tergum 9 entirely; all sterna; pro- and mesolegs except small spot on trochanters and narrow posterior stripe along femora, tibiae and tarsi; coxa, trochanter and frontside of femur and tibia in metaleg. Wings hyaline, fore one with indistinctly infumated apex, stigma and venation dark brown to black.

Antenna slightly compressed in apical half, 1.4 × head width, segments 3 and 4 in ratio 3:2; clypeus (Fig. 2) roundly incised upto 1/6 of its medial length; labrum broader than long in ratio 6:5 with roundly pointed anterior margin; malar space 1.5 × diameter of lateral ocellus; LID.:IDMO:EL = 2.0:3.4:2.6; OOL:POL:OCL = 3.4:1.0:2.1; frontal area slightly below level of eyes; supraantennal tubercle raised and confluent with similar frontal ridge; median fovea with pit in middle and longitudinal carina in anterior half; circum-, inter- and postocellar furrows distinct; lateral furrow sharp; postocellar area subconvex, broader than long in ratio 3:2; head slightly narrowing behind eyes; ITD:ICD = 3.0:1.0; mesoscutellum distinctly raised with acute apex and faint carina on posterior slope; appendage bluntly carinate; mesepisternum obtusely raised with short carina at apex; mesosternum lacking thorns; apical tooth of claw (Fig. 8) longer than subapical; metabasitarsus slightly longer than following 3, but distinctly shorter than remaining 4 joints combined; metafemur shorter than tibia.

Frontal area distinctly punctured and areas lateral to it minutely wrinkled with shallow punctures; mesonotum shallowly punctured with shining intervening spaces; mesoscutellum having shallow and well isolated punctures on posterior slope only; appendage having few distinct punctures; metanotum and scutellum impunctate; mesepisternum shallowly punctured along convexity only and with sebaceous lustre; mesosternum minutely punctured; propodeum impunctate and shining, remaining terga minutely striated with scattered fine punctures.

Lancet (Fig. 14) with 22 serrulae, each serrula having single anterior and 12—13 posterior subbasal teeth.

Male: Unknown.

Holotype: Female, Meghalaya, Smit-1500 M, 2. 5. 1985.

Paratype: No.

Remarks: While running in MALAISE's (1945) key this new species comes near *T. coloripleuris* MALAISE, 1945 and *T. contraria* (MALAISE, 1934). However, it can be differentiated from both of them on account of having frontal spot touching eyes, scape and pedicel black, mesopleuron and sternum pale yellow except black band, abdomen without red and terga 1,3 and 4 with pale hind margins, wings clear with black costa and stigma and postocellar area wider than long in ratio 3:2.

In *T. coloripleuris* frontal spot does not touch eyes, mesopleuron and sternum are reddish brown surrounded by yellow and abdominal terga 4—9 are red with some black markings.

In *T. contrarià* scape and underside of pedicel is yellow, terga 1, 3 and 4 have pale hind margins, wings are clear with black costa and stigma and postocellar area is broader than long in ratio 2:1.

Etymology: The species name has been taken from its type locality.

## Acknowledgements

The authors are deeply thankful to Dr. D. R. SMITH of Systematic Entomology Laboratory, USDA, for his perseverant and helpful suggestions. The financial assistance rendered by ICAR and DST, New Delhi, for the research projects under which this work has been completed, is gratefully acknowledged.

## Abbreviations

EL — eye length; ICD — intercencheri distance; IDMO — interocular distance at level of median ocellus; ITD — intertegular distance; LID — lower interocular distance; OCL — ocello-occipital line; OOL — oculo-ocellar line; POL — postocellar line.

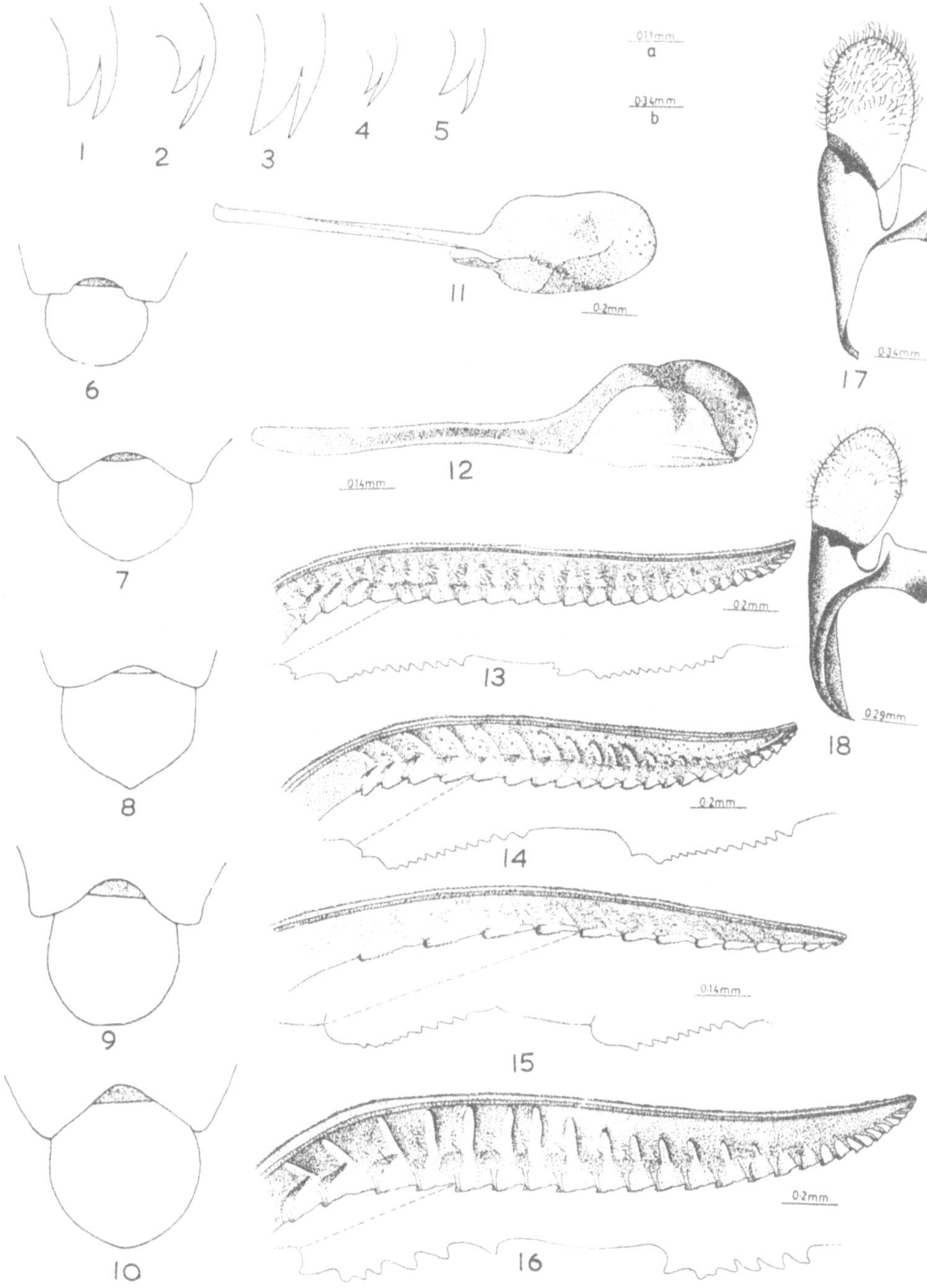
1
2
3
4
5
0.11mm
a
0.34mm
b
6
7
8
9
10
11
0.2mm
12
0.14mm
13
0.2mm
14
0.2mm
15
0.14mm
16
0.2mm
17
0.34mm
18
0.29mm

## Explanation to diagrams

Figs. 1—18. Tarsal claw — 1. *T. gangtoki* 2. *T. smitensis* 3. *T. nigrobandata* 4. *T. santokhi* 5. *T. lacheni*; *Clypeus* — 6. *T. santokhi* 7. *T. lacheni* 8. *T. smitensis* 9. *nigrobandata* 10. *T. gangtoki*; Penis Valve — 11. *T. gangtoki* 12. *T. santokhi*; Lancet — 13. *T. gangtoki* 14. *T. smitensis* 15. *T. lacheni* 16. *T. nigrobandata*; Gonoforceps — 17. *T. gangtoki* 18. *T. santokhi*.

Figs. 1—5 at magnification **a**

Figs. 6—10 at magnification **b**

## References

CAMERON, P. (1899): Hymenoptera Orientalia, or a knowledge of the Hymenoptera of the Oriental Zoological Region. Part VIII. The Hymenoptera of Khasia hills, First paper. — Mem. Proc. Manch. Lit. Phil. Soc., **43** (3): 220 pp.

KLUG, J. C. F. (1814): Die Blattwespen nach ihren Gattungen und Arten zusammengestellt. — Mag. Ges. Naturf. Fr. Berlin, **6**.

KONOW, F. W. (1898): Neue asiatische Tenthrediniden (Hymenoptera). — Ent. Nachr., **24**: 86—93 and 105—109.

— (1906): Einige neue paläarktische und orientalische Tenthredinidae. — Zeit. Hymen. Dipt., **6**: 122—127, 254—256 and 329—331.

MALAISE, R. (1934): On some sawflies (Hym.: Tenthred.) from Indian Museum, Calcutta. — Rec. Ind. Mus. Calcutta, **36**: 453—474.

MUCHE, W. H. (1982): Beitrag zur Blattwespenfauna von Indien und Pakistan, mit Beschreibung einer neuen Art sowie Unterart (Hymenoptera: Symphyta: Tenthredinidae). — Reichenbachia Mus. Tierkde. Dresden, **20** (15): 113—117.

— (1983): Die von Herrn Dr. W. WITTMER in Indien und Bhutan gesammelten Blattwespen, mit Beschreibung von sechs neuen Arten der Tenthredinidae (Hymenoptera: Symphyta). — Reichenbachia Mus. Tierkde. Dresden, **21** (29): 167—180.

ROSS, H. H. (1937): A generic classification of the Nearctic sawflies (Hymenoptera: Symphyta). — Ill. Biol. Mono., **34**: 173 pp.

— (1945): Sawfly genitalia: Terminology and Study techniques. — Ent. News., **56**: 261—268.

Address of the authors:
DEVINDER SINGH & Dr. MALKIAT S. SAINI
Department of Zoology,
Punjabi University,
Patiala-147002
India

Dtsch. ent. Z., N. F. 35 (1988) 4—5, 395—404

# Über himalayische Bembidien
(Col. Carabidae)

Von

GERD MÜLLER-MOTZFELD

Mit 4 Abbildungen im Text

## Abstract

A few number of ground beetles of the tribe Bembidiini, collected by HOLZSCHUH, QUEINNEC, DEUVE, LASALLE and RICHTER in Northern Pakistan and Nepal contained any rare and new species. The new species *kirschenhoferi* is described in a new genus *Hoquedela*, which occuring to PERRAULTS "primary series of genus-differentiation" in the Bembidiini s. str.

Some types of the ANDREWES-collection are studied, the genitals of males are figured and Lectotypes are designated. Taxonomical remarks to the classification of Bembidiini are given from the viewpoint of phylogenetic systematics.

Durch die freundliche Unterstützung von Herrn E. KIRSCHENHOFER (Wien) erhielt Verfasser eine Reihe Bembidien aus Nord-Pakistan und Nepal zur Bearbeitung, die von den Herren HOLZSCHUH, QUEINNEC, DEUVE, LASALLE und RICHTER gesammelt wurden und zum Teil neue bzw. wenig bekannte Formen repräsentieren. Gleichzeitig war es möglich, die Typenserien einiger asiatischer Bembidien zu studieren, wofür ich den Herren STORK (London), DIECKMANN (Eberswalde), HIEKE (Berlin), NÜSSLER (Dresden), SCHÖNMANN (Wien), sowie dem leider früh verstorbenen, unvergessenen Wissenschaftlichen Oberrat Dr. FRIEDRICH JANCZYK (Wien) großen Dank schulde.

Das Studium der ANDREWES-Typen der *radians*-Gruppe zeigte, daß die Typenserie des *B. radians* uneinheitlich ist. Der überwiegende Anteil der Typenserie gehört zu *B. charon* ANDR., so auch das von MÜLLER-M. (1985) nach Vergleich mit einem Paratypus abgebildete Genital. Die sehr umfangreiche Typenserie enthielt außerdem noch 8 Exemplare des *B. kempi* ANDR., 1 Exemplar des *B. fuscicrum* ssp. *thibeticum* FASS. sowie 1 weiteres noch undeterminiertes *Bembidion*.

Da die Trennung von *radians* und *charon* nach äußeren Merkmalen sehr schwer ist, wird eine genaue an der nun korrigierten Typenserie orientierte Beschreibung beider Arten gegeben. Die angegebenen Körpermaße wurden mikroskopisch gemessen, die Gesamtgröße vom Vorderrand der Oberlippe (Labrum) bis zur Flügeldeckenspitze, die Elytrenlänge (FldL) von der Querdepression des Scutellum bis zur Elytrenspitze, die Breite beider Elytren (FldBr) an der breitesten Stelle, die Länge des Pronotum (HsL) entlang der Mittellinie, die Breite (HsBr) an der breitesten Stelle und die Basisbreite (HsBBr) in gerader Linie zwischen den Hinterecken.

### B. radians ANDREWES, 1922

Ent. Month. Mag. p. 177

Locus typicus: Gopaldhara, Br. Sikkim, H. STEVENS

Holotypus ♂ (Penis-Präp. Nr. 1902) in British Museum London.

Paratypen: Gopaldhara, Br. Sikkim (1 Ex. in British Museum, 2 Ex. in D.E.I.), in British Museum

Sikkim, Lachung (1 Ex.); Sikkim, Tonglo, 10000 ft. H. S., (3 Ex.); Sikkim, Tangu, 11500 ft. 26. IV. 1924 R. W. G. Hingston, (3 Ex.); Sikkim, Gnatong, 12000 ft. 31. III. 1924 R. W. G. Hingston, (1 Ex.); Tibet, Yatung, 10000 ft. 15. VI. 1924 R. W. G. Hingston, (4 Ex.); Tibet, Gautsa, 13000 ft. 5. IV. 1924 R. W. G. Hingston, (1 Ex.); Tibet, Phari, 14500 ft. 5. IV. 1924 R. W. G. Hingston, (1 Ex.); Jelap La, Tibetan side 12000 ft. R. W. G. Hingston, (1 Ex.).

Beschreibung

Färbung: Oberseite dunkelpechbraun, ohne Metallglanz; Beine gelbbraun, Taster und Fühler ab 3. Glied dunkler (zur Spitze schwarzbraun), Basis des 3. und 4. Fühlergliedes heller.

Kopf: relativ gestreckt, Augen etwas gewölbter als bei *charon* Andr., am Hinterrand der Stirnfurchen mit einigen gröberen meist undeutlich verrunzelten Punkten.

Pronotum: im Durchschnitt etwas breiter als bei *charon* und weniger gewölbt, Basis mit sehr tiefen Basalgruben, die spärlich punktierte Basis-Mitte fast mit der Halsschildfläche in einer Ebene liegend. Mittellinie deutlich, aber nicht stärker und verbreitert. Hinterwinkel-Fältchen scharf, lang und gerade, dem Seitenrand angeschmiegt. Seitenrand zu den Hinterwinkeln stark eingezogen verjüngt, die Seitenschenkel der Hinterwinkel lang und gerade, fast etwas nach außen zugespitzt, Hinterecken daher weniger als 90°. Basis gerade.

Elytren: mit verrundeten Schultern, 7 stark punktierte Streifen, diese nach hinten schwächer werdend, Spitzenstreif zieht in den vereinigten 5. und 6., der 2. Punktstreif auch an der Spitze noch mit sichtbaren Pünktchen. An der Spitze der Elytren mit undeutlicher und unregelmäßig quermaschiger Mikroskulptur, auf den Intervallen eine unregelmäßige Reihe feinster Pünktchen (Penis-Präp. Nr. 1388 in D. E. I.), diese ist beim Holotypus nicht sichtbar, da dieser auf den ganzen Elytren eine feine quermaschige Mikroskulptur besitzt! Die diskalen Porenpunkte stehen im 3. Streifen.

Metasternalfortsatz an der Spitze nicht gerandet, Penis (s. Abb. 1).

Durchschnittswerte der Länge/Breite/Basisbreite des Pronotum (0,81/1,09/0,81 mm). Größe: 3,6—4 mm.

Weitere Funde: Ost-Nepal, Mumbug b. Makalu, 3500 m leg. Holzschuh (2 Ex.); O-Nepal, Jaljale Himal., 2500—3000 m, 18. VII. 1983 leg. Deuve/Queinnec (2 Ex.); Sikkim, Dlonigolid Pass (Uttare) 2800 m, 25. III. 1978 leg. Maio (1 Ex.).

## B. charon Andrewes, 1926

Ent. Month. Mag. p. 67 und 74

Locus typicus: Gori River Gorge, N-Kumaon, India, 5—9000 ft. H. G. Champion.
Typen: Aus der im British Museum (London) befindlichen Serie von 5 Syntypen und 1 „Cotypus“ wurde ein ♂ (Penis-Präp. Nr. 1903) als Lectotypus festgelegt.
Para-Lectotypen: 4 Ex. vom gleichen Fundort wie der Lectotypus sowie 1 ♀: Burphu, Gori V., 11500 ft., India H. G. C. (det. Andrewes: Cotype).

Beschreibung

Färbung: dunkel rötlichbraun bis pechbraun; 2 Basalglieder und die Basen der Fühlerglieder 3 und 4 heller braun, Beine ebenfalls heller braun, vorletztes Tasterglied geschwärzt.

Kopf: schmaler und mit flacheren Augen als bei *radians*, ohne deutliche Punktierung am Ende der Stirnfurchen, oft undeutlich runzelig.

Pronotum: gewölbter und schlanker als bei *radians*, vor den Hinterwinkeln weniger stark verjüngt, sonst ähnlich dem des *radians*, aber weniger stark punktiert. Mikroskulptur völlig unterdrückt, oft an den Seiten etwas runzelig.

Elytren: gewölbter, mit stärker verrundeten Seiten, Seitenrandkehle im Durchschnitt schmaler; Punktierung in der Regel schwächer als bei *radians*. Spitzenstreif deutlich, alle anderen (außer dem Nahtstreif) nach hinten stärker abgeschwächt. Mikroskulptur nur an

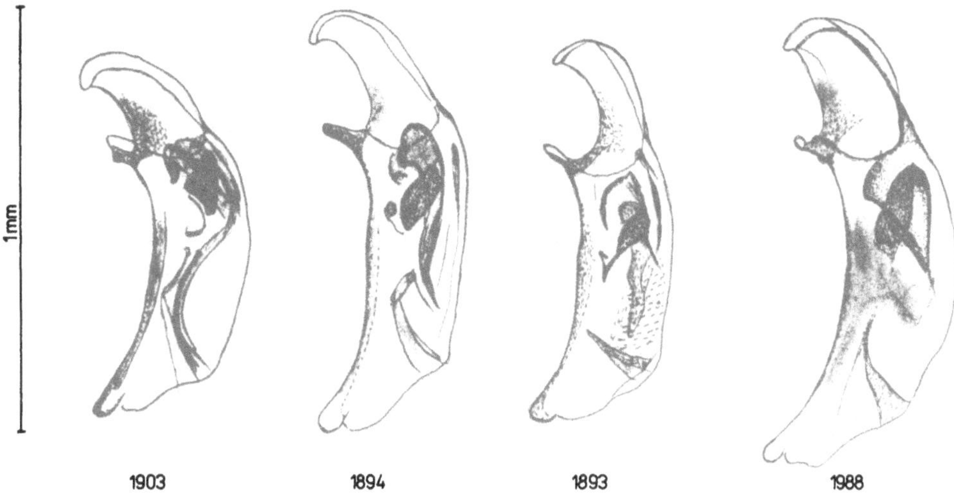


Abb. 1
Penis von *Bembidion charon* ANDR. (Holo-Lectotypus, Penis-Präp. Nr. 1903); *B. radians* ANDR. (Paratypus, Penis-Präp. Nr. 1894); *B. kempi* ANDR. (Paratypus des *B. radians* ANDR., Penis-Präp. Nr. 1893); *B. manicatum* ANDR. (Typus, Penis-Präp. Nr. 1988).

der äußersten Spitze erkennbar (quere Maschen). Die beiden Porenpunkte stehen im 3. Punktstreifen.

Metasternalfortsatz an der Spitze ungerandet, Penis (a. Abb. 1).

Größe: 3,5—4,0 mm; Durchschnittswerte der Länge/Breite/Basisbreite des Pronotum (0,79/1,02/0,76 mm). Eine sichere Trennung des offenbar viel häufigeren *charon* von *radians* gelingt nur nach Genital-Präparation. Beide Arten wurden auch zusammen am gleichen Fundort nachgewiesen!

Weitere Funde

Paratypen des *B. radians*: Gopaldhara, Br. Sikkim, H. STEVENS (5 Ex.); Kumaon, W. Almora, India, H.G.C. (10 Ex.); Sunderdhungha, W-Almora Dirn. 8—12000 ft. VI. 19 H. G. C. (8 Ex.); Kumaon, U. P., Nainital Divn. IX. 1918 H. G. C. (4 Ex.); Tonglo, Sikkim 10000 ft. H. S. (7 Ex.); Bhatkot, Ranikhet, H. G. C. (1 Ex.); weitere Exemplare (det. ANDREWES: *radians*): Huttoo, Simla Hills 1000 ft. H. G. C. (3 Ex.); Tibet, Rongshar Valley 11000 ft. 27. IV. 1924 R. W. G. HINGSTON (1 Ex.); Darjeeling, N-India, 7000 ft. 11.—20. III. 1924 R. W. G. HINGSTON (1 Ex.); Sikkim, Phadam Chen 7000 ft. 30. III. 1924 R. W. G. HINGSTON 1 Ex.); neuere Funde: Ralha Kulu Valley (1 Ex.); W.-Nepal: Chitre (Char Khola), 2400 m, 26.—31. V. 1984. leg. HOLZSCHUH (1 Ex.); Jajaskat, Umgeb., 15. III. 1967 leg. KÖNIG (1 Ex.); Modi Khola, Banthanti-Landrang, 2. VI. 1984 leg. HOLZSCHUH (1 Ex.); Banthanti-Ghorepani 2500—2800 m, 10. V. 1984 leg. HOLZSCHUH (3 Ex.); C.-Nepal: nord de Gorkha, 2000 m, VIII. 1980 leg. QUEINNEC/DEUVE; östl. Barahbise, Mt. Kalingchok 3000 m, 15. IX. 1980 leg. DEUVE/LASALLE (6 Ex.); Ganesh-Mass., Pangsang-Pass VII. 1982 leg. QUEINNEC/DEUVE (34 Ex.); Kathmandu-Tal, Phoe-Koki, IV. 1984 leg. LASALLE (6 Ex.); S-Himal. Chuli, Dudh Pokhari 3000 m, IX. 1980 leg. DEUVE/LASALLE (4 Ex.); Kathmandu, 2000 m, 11. V. 1977 leg. GOBETTI (1 Ex.); Syabru-Sing gomba, 1500—3300 m, 28. 4. 78, leg. HOLZSCHUH (1 Ex.); Makalo Everest, Salpa-Pass, 25. VI. 1983 leg. DEUVE/QUEINNEC (1 Ex.); Sikkim: Bahkimeta Chugha, 22. VIII. 1980 leg. HOLZSCHUH (1 Ex.).

## B. kempi ANDREWES, 1922

Ent. Month. Mag. p. 178

Locus typicus: Mohna Chakrata, U. P. 5000 ft. 2. V. 1921 CAMERON.

Holotypus: ♂ (Penis-Präp. Nr. 1987) in British Museum London.

Beschreibung

Färbung: Oberseite einfarbig schwarzbraun mit leichtem Metallglanz, Spitze der Elytren oft etwas aufgehellt. Basalglied der Fühler und Basis der Glieder 2—4 gelb, Beine ganz gelb, Taster mit getrübtem vorletzten Glied.

Kopf: relativ schmal, mit normalen kleinen Augen (wie *manicatum*!) ohne Punkte am Ende der Stirnfurchen; nur am äußersten Hinterrand mit Netzmaschen.

Pronotum: mit breiter Seitenrandkehle, tieferen Basalgruben und deutlicher abgesetzter Basis (im Vergleich zu *manicatum*), Seitenrand stärker ausgeschweift, Seitenschenkel der Hinterwinkel länger, Basis gleichmäßig und sehr deutlich punktiert, ohne Mikroskulptur, aber mit vereinzelten gröberen Pünktchen. Fältchen in den Hinterwinkeln gerade, Basalrand leicht konvex (wie bei *manicatum*!).

Elytren: mehr parallel, weniger bauchig, mit stärkerem Metallglanz, Spitzenstreif vollkommen erloschen, selten ist er leicht angedeutet, apikaler Porenpunkt steht frei. Streifen der Elytren etwas deutlicher, der 7. ebenso grob punktiert wie der 6., diskale Porenpunkte im 3. Streifen; auch an der Elytrenspitze ohne erkennbare Mikroskulptur (Typus), bei den Exemplaren aus Kumaon ist eine aus gröberen Quermaschen bestehende Mikroskulptur an den Seiten und der Spitze der Elytren (ähnlich wie bei *nitidulum*) vorhanden.

Metasternalfortsatz gerandet und vor der Spitze bogig eingedrückt; Penis (s. Abb. 1).

Größe: 3,5—4,2 mm.

Weitere Funde: Kumaon, W-Almora, India H. G. C. (6 Paratypen des *B. radians* AND.); N.-Kumaon, Gori River Gorge, 5900 ft. H. G. C. (1 Ex.); Kumaon, Nainital U. P., H. G. C. (1 Paratypus des *radians* ANDR.); Nepal, nad Shabru, IV. 1978 1 Ex. in Coll. KIRSCHENHOFER; Zentral-Nepal, IV. 1982 leg. BAUM (1 Ex.).

**B. manicatum** ANDREWES, **1937**

Fn. Brit. Ind. Ceyl. Burma Col. Carab. II, 1, p. 152.

Locus typicus: Gulmarg, 8500 ft. Jhelum Valley Kashmir, 4. VI. 1928 C. F. C. BEESON.

ANDREWES (1935) gibt in seiner Beschreibung aber irrtümlich andere Daten als die des von ihm selbst handschriftlich als Type ausgeschilderten o. g. Exemplares an: Kashmir: Lidar Valley, Lidarwat 9000 feet, 12. VI. 1928 (B. M. BHARIA).

Typus: ♂ (Penis-Präp. Nr. 1988) in British Museum (Nat. Hist.) London.

Beschreibung: am Typus fehlen: 4 Endglieder des rechten Fühlers, der rechte Kiefertaster, 3 Glieder des rechten Mittelfußes und 4 Glieder des linken Hinterfußes.

Färbung: dunkelbraun; Elytren etwas mehr rötlichbraun mit leichtem Bronzeglanz, an Basis und Schulter etwas heller; 2 Basalglieder der Fühler und die Basen des 3. und 4. Gliedes gelb, vorletztes Tasterglied deutlich getrübt, Beine gelbbraun mit deutlich scharf abgesetzt geschwärzten Schenkelbasen, Spitzendrittel der Schenkel gelb, Vorderschienenspitze und Vordertarsen ebenfalls getrübt.

Kopf: relativ schmal, am Ende der Stirnfurchen mit 3 gröberen Punkten; Augen klein, wenig vorstehend, aber ohne Schläfenbildung. Mikroskulptur auf der Mitte unterdrückt,

Kopf: relativ schmal, am Ende der Stirnfurchen mit 3 gröberen Punkten; Augen klein, wenig vorstehend, aber ohne Schläfenbildung. Mikroskulptur auf der Mitte unterdrückt,
an den Seiten quergestreckte Maschen, am Hinterende isodiametrisch genetzt.

Pronotum: stark gewölbt, mit gleichmäßig schmalem Seitenrand, Basismitte weniger stark abgesetzt als bei *B. kempi* ANDR., mit starker Punktierung, tiefen Basalgruben und etwas undeutlich abgesetztem aber erhabenem Fältchen; Seiten zu den Hinterwinkeln weniger stark eingezogen und weniger ausgeschweift als bei *kempi*, d. h. Seitenschenkel kürzer, Basis leicht konvex, Hinterecken aber rechtwinklig; Mikroskulptur praktisch völlig erloschen.

Elytren: Seiten gerundet erweitert, hinten gemeinsam zugespitzt, relativ stark gewölbt; Punktstreifen grob, auch der 7. deutlich, am Spitzenabfall aber alle Streifen erloschen, aber der Spitzenstreif deutlich, Porenpunkt steht nicht frei! Die beiden Porenpunkte stehen im 3. Streifen; Mikroskulptur praktisch völlig erloschen. (Penis s. Abb. 1).

Größe des Typus: 3,9 mm.

Bisher sind keine weiteren Tiere dieser Art bekannt geworden.

Im folgenden sollen einige neue Taxa vorgestellt werden:

### Bembidion (Ocydromus) ladakense Andrewes, ssp. naltarense nov.

Locus: typicus: N-Pakistan, Gilgit-Naltar 26. VII. 1982 leg. Richter, 3000 m.
Holotypus: ♂ (Penis-Präp. Nr. 1948) in Zool. Museum E.-Moritz-Arndt-Universität Greifswald und 4♂-Paratypen vom gleichen Fundort (davon 3 Ex. in Coll. Kirschenhofer, Wien).

Beschreibung: vom typischen *ladakense* Andr. durch kleineren Halsschild, dessen Basis teilweise punktiert ist, stärker punktierte Elytrenstreifen, stärker gewölbte Zwischenräume, etwas geringere Größe und auffallende Elytrenzeichnung verschieden. Die Zentralmakel steht isoliert, die Seitenäste sind vollkommen reduziert, so daß die Färbung fast an *notatum* bzw. *concinnum* erinnert, aber der Seitenrand ist zumindest vor der Mitte der Elytren und die Umgebung des Scutellum mehr oder weniger ausgedehnter verdunkelt. Der 7. Streifen der Elytren ist deutlicher ausgeprägt. Die Basis der Fühler ist ausgedehnt aufgehellt, erst die Spitze des 4. Fühlergliedes ist getrübt, Taster ebenfalls nur leicht getrübt, Beine ganz rötlichgelb.

Die Mikrostruktur der Elytren ist unregelmäßiger als bei der Stammform und weniger erhaben.

Die Tiere ähneln teilweise sehr dem *insidiosum*, besitzen aber den typischen *ladakense*-Penis (s. Abb. 2).

Größe: 4,9—5,4 mm, ∅ 5,25 mm.

Vom gleichen Fundort stammen auch einige Tiere, die der Nominat-Subspecies in der Ausbildung der flacheren Elytren, des größeren Halsschildes und der Kreuzzeichnung der Elytren entsprechen, aber sie besitzen ebenfalls ganz helle Beine (∅ Größe dieser Tiere: 5,4 mm), während die der Nominat-ssp. eine leicht getrübte Schenkelbasis besitzen.

### B. ladakense ssp. hazara Andrewes, 1935

Fn. Brit. Ind. Ceyl. Burma Col. Carab. II., 1, p. 168.

Nordpakistan, Kaghan-Tal, Naran (2400—3200 m). 6.—8. VIII. 1975 leg. Richter 2 Ex.; Nordpakistan, Kaghan-Tal, Naran (2400 m) 1. VIII. 1982 leg. Richter 3 Ex.

Die ssp. *hazara* Andr. unterscheidet sich vor allem durch die stark geschwärzte Schenkelbasis und die stärker verdunkelte Kreuzzeichnung, deren helle Flecken auch fast völlig verschwinden können, wodurch die Tiere der ssp. *baumi* Müller-M. 1985 ähneln, die aber durchschnittlich kleiner ist und helle Beine besitzt. Ein Tier aus Swat, Kalam (2200 bis 2600 m 1. 8. 79 leg. Richter) erinnert sehr an die ssp. *baumi* Müller-M., ist aber schlanker. Die Abgrenzung der Areale und die Vertikalverteilung der einzelnen Rassen des *B. ladakense* Andr. weist derzeit noch eine Reihe von Problemen auf.

Die himalayischen Vertreter des *Bembidion*-Subgenus *Bembidionetolitzkya* Strand sind bei Andrewes (1935) in den Gruppen des *B. kaschmirense*, *B. eutherum* und *B. bracculatum* zu suchen (Netolitzky 1942/43).

Der Name *kaschmirense*-Gruppe ist unglücklich gewählt, da *kaschmirense* Net. in die Gruppe des *terminale-bucharicum* gehört, ebenso *B. dux* Andr. und das von Andrewes (1935) in die *eutherum*-Gruppe gestellte *B. ochropus* Andr.; *B. regale* Andr. gehört zum Subgenus *Euperyphus* (Müller-M. 1980), *ajamonis* Net. zu *Thaumatoperyphus*, *B. hasurada*

ANDR. zur *decorum*-Gruppe (MÜLLER-M. 1986). Nach dem Genital sicher zu *Bembidionetolitzkya* zählen: *B. satanus* ANDR., *cimmerium* ANDR., *orinum* ANDR. und *atrox* ANDR.; von *aquilum* ANDR., *leander* ANDR. und *livens* ANDR. sind bisher keine männlichen Tiere bekannt geworden, aber die Zugehörigkeit zu *Bembidionetolitzkya* ist sehr wahrscheinlich.

Im folgenden soll eine neue *Bembidionetolitzkya*-Art beschrieben werden, die in die *coeruleum*-Gruppe gehört und sich von allen bisher bekannten himalayischen Arten durch stark aufgehellte Beine und helles erstes Fühlerglied auszeichnet:

**Bembidion (Bembidionetolitzkya) richterianum nov. spec.**

Locus typicus: Nordpakistan, Kaghan-Tal, Naran 2400 m, 1. VIII. 1982 leg. RICHTER.
Holotypus: ♂ (Penis-Präp. Nr. 1919) in Zool. Museum E.-MORITZ-ARNDT-Universität Greifwald.
Paratypen vom gleichen Fundort: 1 ♂ und 2 ♀ (leg. RICHTER 1979), 2 Paratypen in Coll. KIRSCHENHOFER (Wien).

Beschreibung: Art der *coeruleum*-Gruppe, von allen himalayischen *Bembidionetolitzkya*-Arten durch helle Beine, helles 1. Fühlerglied und aufgehellte Basis des 2.—4. Gliedes verschieden, typischer *coeruleum-astrabadense*-Penis (s. Abb. 2), Taster schwarz (1 ♂ mit angedunkelten Schenkeln).

Färbung: Oberseite schwarzbraun mit deutlichem blauen Metallschimmer.

Kopf: ohne Scheitelpunkte, mit relativ tiefen etwas unregelmäßigen Stirnfurchen, Augen normal, etwas gestielt, d. h. nicht scharf vom Kopf abgesetzt. Mikroskulptur auf dem Kopf nur an den Seiten und am Hinterende deutlich (dort isodiametrisch).

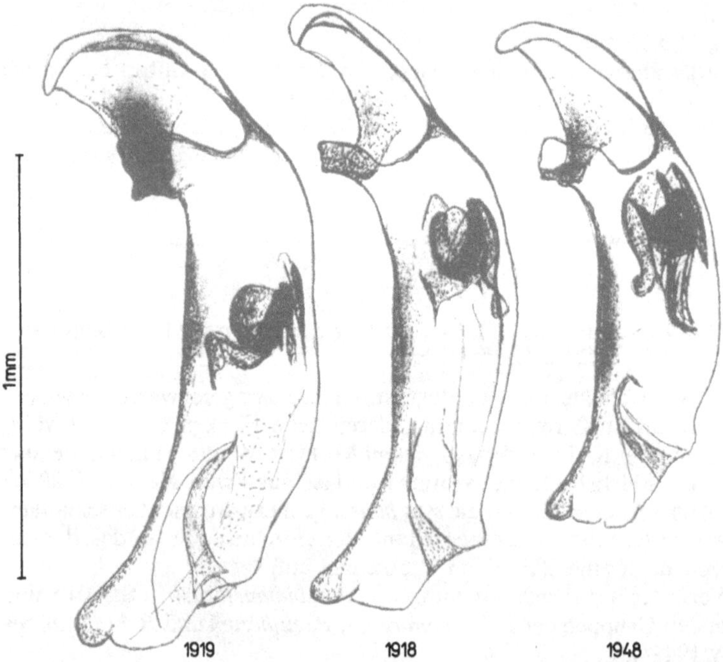


Abb. 2
Penis von *Bembidion* (*Bembidionetolitzkya*) *richterianum* nov. spec. (Holotypus, Penis-Präp. Nr. 1919); *B. satanas* ANDR. (aus N-Pakistan: Kaghan, Naran; Penis-Präp. Nr. 1918); *B. ladakense* ANDR. ssp. *naltarense* nov. (Holotypus, Penis-Präp. Nr. 1948).

Pronotum: mit mehr oder weniger gleichmäßig gebogener Basis, zu den Hinterecken stärker abgeschrägt, diese dadurch einen stumpfen Winkel bildend, Seitenrandkehle gleichmäßig schmal, Seitenrand vor den Hinterwinkeln etwas ausgeschweift und verengt, Hinterwinkel-Fältchen scharf und gerade; Basis nicht runzelig, fast glatt und ohne Punkte, Basalgruben flach.

Elytren: mit deutlichen Schultern, Seiten nach hinten leicht erweitert und zum Ende zugespitzt, relativ flach, alle Intervalle gleichmäßig wenig erhaben; 2 Porenpunkte im 3. Streifen. Der 7. Streifen unterdrückt, Spitzenstreif in den 5. mündend.
Mikroskulptur aus unregelmäßigen queren Maschen, diese bei den ♀ gröber.
Größe: 6,4—7,1 mm.

Größe: ∅: 5,92 mm; FldL: 3,89 mm; FldBr: 2,47 mm; HsL: 1,09 mm; HsBr: 1,51 mm; HsBBr: 1,36 mm.

Sehr dem *horioni* ähnelnd, aber Halsschild schmaler, kürzer und mit abgeschrägten Ecken, kleiner als *bactrianum*, von *astrabadense/chotjai* durch helle Beine verschieden und etwas breiteren Halsschild.

Hierzu ist eventuell auch 1 Ex. aus Kaschmir, Sonamårg (2600 m, VIII. 1974 leg. RICHTER) zu stellen, das den gleichen Penisfeinbau besitzt, aber stärker verdunkelte Anhangsorgane hat.

Weitere Funde von *Bembidionetolitzkya*-Arten:

### B. satanas ANDREWES, 1924

N-Pakistan: Kaghan-Tal, Naran, 2400—2700 m (22.—26. VII. 1981 leg. HEINZ 1 Ex.; 1. VIII. 1982 leg. RICHTER 6 Ex.).

### B. cimmerium ANDREWES, 1922

W-Nepal: Modi-Khola, Gandrung Banthanti, 2000—2500 m (9. V. 1984 leg. HOLZSCHUH 4 Ex.); Kalopani, Kali Gandaki Khola, 2400 m (m V. 1984 leg. HOLZSCHUH 1 Ex.);

C-Nepal; Anapurna (in Coll. MARGGI 15 Ex.); Nawakot, Lantang Khola, Sherpagaon-Ghora Takela, 2800—3200 m (1.—9. X. 1982 leg. HOLZSCHUH 2 Ex.); Uttar Pradesch: Kumaon, Nauda Devi, Nationalpark Dibrugueta 3450 m (17. IX. 1981 leg. TAGLIAFERRI 4 Ex.).

### Hoquedela Genus nov.

Genus-Typus: *kirschenhoferi* nov. spec. (Beschreibung s. unten).

Beschreibung der Gattung

Kopf: typischer *Bembidion*-Kiefertaster, Kinnzahn einfach mit stumpfer Spitze und 2 Borsten; Mentum und Submentum durch Naht getrennt, mit jederseits 3 Gularborsten; Stirnfurchen relativ stark, bogig (s. Abb. 4), am hinteren Supraorbitalpunkt zur Augenbasis ziehend und dort in diese mündend, nach vorn leicht divergierend, in Höhe des vorderen Porenpunktes an der Clypealnaht endend, nicht auf dem Clypeus fortgesetzt. Augen relativ groß und vorstehend, der hintere Supraorbitalpunkt im Niveau des Augenhinterrandes. Mandibeln und Taster von normaler Länge.

Pronotum: stark gewölbt mit scharfer, aber schmaler Seitenrandkehle und deutlichem geraden Hinterwinkelfältchen, das die sehr tiefen Basalgruben außen begrenzt. Die Seiten vor den Hinterwinkeln stark verschmälert und leicht konkav geschwungen. Basis mehr oder weniger gerade, Hinterwinkel scharf rechteckig, Basalteil unpunktiert, aber runzelig.

Elytren: Seitenrand stößt im scharfen Winkel (s. Abb. 4) auf den bis zum 4. Streifen deutlichen Basalrandrest. Der fast erloschene Scutellarstreif mit grobem Porenpunkt an der

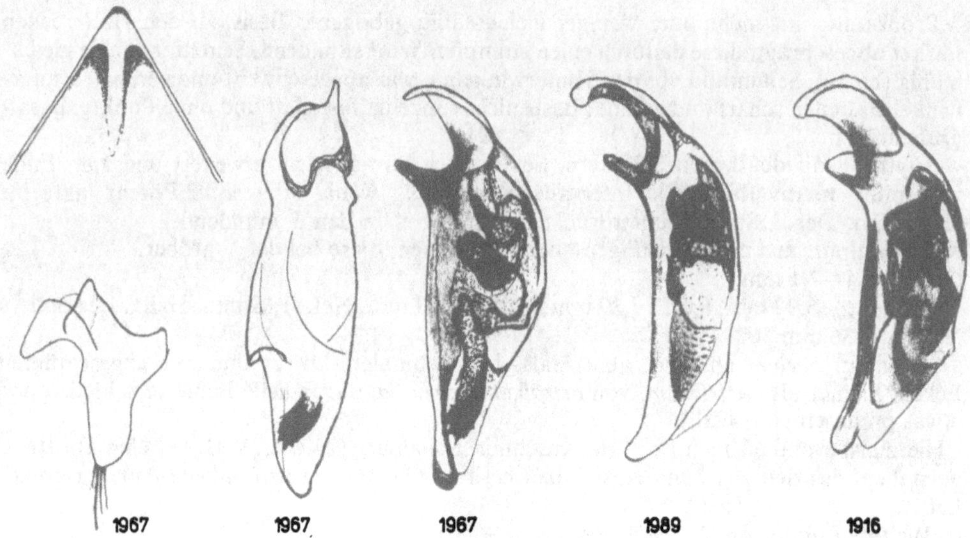


Abb. 3
Metasternalfortsatz und linke Paramere von *Hoquedela* nov. gen. *kirschenhoferi* nov. spec.; Penis von *H. kirschenhoferi* in definierter Normallage (Blick auf die Dorsalseite), daneben der Innensackfeinbau des gleichen Penis (Paratypus, Penis-Präp. Nr. 1967), Längsachse um 90° gedreht, der Lage im Körperinneren entsprechend; Penis von *Bembidion* (*Andrewesa*) *incisum* ANDR. (Typus, Penis-Präp. Nr. 1989) und *B.* (*Chlorodium*) *luridicorne* SOLSKY (aus Afghanistan: Quaila, Penis-Präp. Nr. 1916).

Basis. In der Mitte der Elytren sind fast alle Streifen erloschen, bzw. nur schwach angedeutet, dafür sind die äußeren Streifen an der Schulter stark eingegraben und die Zwischenräume auf $^1/_3$ ihrer Länge fast kielig erhaben. Im 3. Intervall mit 2 sehr groben Porenpunkten (s. Abb. 4), die in ihrer Ausdehnung das 2.—4. Intervall beeinflussen. Nahtstreif im letzten Drittel stärker vertieft und an der Spitze umbiegend, dort durch den ebenfalls (aber nur an der Spitze) vertieften 2. Streifen unterbrochen, dann in den Spitzenstreif ziehend, dieser außen durch eine sehr starke Falte begrenzt und in den 5. Streifen mündend. Die Falte stärker und länger als bei *Ocys* und in ihrer Mitte (d. h. ab dem apikalen Porenpunkt) nochmals leicht bogig nach außen erweitert, so daß kein einheitlicher *Trechus*bogen entsteht (s. Abb. 4).

Schultergruppe der Umbilikalserie mit 4 Borsten. 8. Punktstreifen stark eingedrückt, hinten den Trechusbogen außen begrenzend, vorn bis zur Schultergruppe der Umbilikalserie ziehend.

Metasternalfortsatz an der Spitze ungerandet, etwas kielig erhaben (s. Abb. 3). Penis mit sehr auffälliger Innensackausrüstung. Der Hinterrand der aktuellen Oberseite mit Randversteifung, wie sie sonst vor allem im Subgenus *Chlorodium* MOTSCH. bekannt ist (s. Abb. 3).

Nach den Tabellen von ANDREWES (1935), NETOLITZKY (1942/43) und JEDLIČKA (1965) würde man zu *Andrewesa* NETOLITZKY, 1931 gelangen, mit dem die o. g. neue Gattung nur einige konvergente Bildungen gemeinsam hat (Porenpunkte im 3. Streifen sind sehr groß, Schulter ähnlich gebildet). Im Penisfeinbau, der Ausbildung der Stirnfurchen, der Mikroskulptur der Oberseite und vor allem in der eigenwilligen Bildung der Flügeldeckenspitze weicht *Hoquedela* vollkommen von *Andrewesa* ab. Von *Ocys* läßt sich die neue Gattung durch die Trennung von Mentum und Submentum, die deutlich abweichende Schulterbildung und die Kopfbildung unterscheiden.

Leider ist der Bau der Spermathek, dem PERRAULT (1981) große Bedeutung für die supraspezifische Gruppenbildung einräumt, nicht bekannt, da bisher nur 2 ♂ vorliegen. Nach der

Tabelle PERRAULTS gelangt man aufgrund des *Trechus*bogens zu *Ocys* oder *Lymneops*, dann wird es unklar, denn die Zahl der Gularborsten wird für *Ocys* mit 2 angegeben, wogegen JEANNEL (1941) jederseits die normalen 3 Borsten abbildet, diese hat auch *Hoquedela*, *Lymneops* dagegen 4 (nach PERRAULT 1981).

Die amerikanische Gattung *Lymneops* besitzt aber nach der genauen Beschreibung HAYWARDS (1897) außer den o. g. Unterschieden reduzierte Augen und eine abweichende Stellung der diskalen Porenpunkte der Elytren (im 3. Streifen), dagegen erinnert die Bildung des Kopfes von *Hoquedela* mit den großen Augen und den starken, gebogenen Stirnfurchen eher an die Perileptini-Gattung *Apoplotrechus* ALLUAUD, 1915.

Nach den Vorstellungen PERRAULTS (1981) zum System der Bembidiini s. str. müßte *Hoquedela* zur ersten Differenzierungsebene mit *Lymneops*, *Ocys*, *Cillenus*, *Bembidion* und *Asaphidion* gerechnet werden, wobei die Vereinigung von *Synechostictus* und *Amerizus* durch PERRAULT (1981) nur auf Synplesiomorphien begründet wird. Selbst für die wirklich große habituelle Übereinstimmung von *Tiruka* und *Amerizus* lassen sich kaum eindeutig abgeleitete Merkmalsausprägungen als Beweis anführen. Der Grundgedanke PERRAULTS, die Ähnlichkeit und nicht das Trennende im System stärker zu berücksichtigen ist nur dann tragfähig, wenn anstelle der „Ähnlichkeit“ die „Synapomorphien konstitutiver Merkmale“ gesetzt werden.

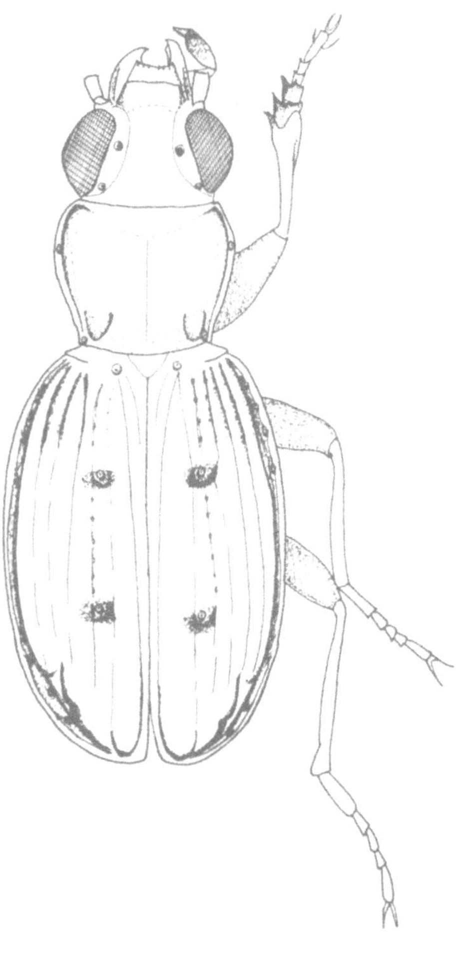

Abb. 4
*Hoquedela kirschenhoferi* nov. spec.

**Hoquedela kirschenhoferi nov. spec.**

Locus typicus: Ostnepal, Mumbug, Makalu 9. VI. 1980 3500 m, leg. HOLZSCHUH.
Holotypus: ♂ im Zoologischen Museum der E.-MORITZ-ARNDT-Universität Greifswald. 1 Paratypus (Penis-Präp. Nr. 1967) in Coll. KIRSCHENHOFER (Wien).

Beschreibung: Genustypus der Gattung *Hoquedela*; außer den dort genannten allgemeinen Merkmalen wird die Art durch folgende Merkmalsausprägung charakterisiert:

Färbung: ganze Oberseite schwarz-metallisch mit Erzglanz, vorletztes Tasterglied, Fühler ab Ende des 4. Gliedes und Schenkel pechbraun, Schienen und Fühlerbasis heller braun.

Kopf: mit großen schrägstehenden Augen (ähnlich *Metallina*) ohne Schläfenbildung, Mikroskulptur unterdrückt.

Pronotum: mit deutlicher Mittelrinne, diese an der Basis undeutlicher und etwas verbreitert, Basis gerunzelt, mit sehr tiefen Basalgruben, die Absetzung der Basis in der Mitte undeutlich, Hinterecken nach außen regelrecht zugespitzt, Fältchen vorn leicht nach innen, hinten zu den Außenwinkeln hin gebogen (s. Abb. 4). Mikroskulptur fast völlig erloschen, zu den Seiten einige sehr quergestreckte, wellenartige Maschen erkennbar.

Elytren: mit fast vollständigem (nur im Bereich des 3. Intervalls vollkommen unterbrochen) Basalrand; Punktstreifen nur wenig eingedrückt und die Punkte fast nicht erkennbar; 5., 6., 7. an der Schulter stärker eingegraben und die Zwischenräume erhaben, 7. Intervall fast kielartig ausgebildet, der 7. Streifen hinten wieder etwas eingegraben, der 6. verlöschend; Mikroskulptur auf den ganzen Elytren aus sehr unregelmäßigen quergestreckten Maschen bestehend.

Größe: 4,0 mm.

Größe der FldL: 2,36 mm; FldBr: 1,64 mm; HsL: 0,82 mm; HsBr: 1,08 mm; HsBBr: 0,76 mm.

Die Art wurde zu Ehren des bekannten Carabiden-Spezialisten E. KIRSCHENHOFER (Wien) benannt.

## Literatur


ANDREWES, H. E. (1935): The fauna of British India, including Ceylon and Burma. — Coll. Carab. vol. II, Harpalinae I, London.

HAYWARD, R. (1897): On the species of *Bembidium* of America north of Mexico. — Trans. Am. Ent. Soc. **24**, p. 32—143.

JEDLIČKA, A. (1965): Monographie der Tribus Bembidiini aus Ostasien (Col. Carab.). — Entomol. Abhdlg. (Dresden) **32**, p. 79—199.

MÜLLER-MOTZFELD, G. (1980): Zur Taxonomie der Gattung *Bembidion* (Col. Carab.). — Ent. Blätter (Krefeld) **76**, p. 52—54.

— (1985): Bemerkungen zu einigen himalayischen Bembidien (Col. Carab.). — Dtsch. Ent. Z., N.F. **32**, p. 171—181.

— (1986): Die Gruppe des Bembidion (Subgenus: *Ocydromus* CLAIRV.) *decorum* ZENKER (Col. Carab. Bembidiini). — Dtsch. Ent. Z., N. F. **33**, 137—175

NETOLITZKY, F. (1942/43): Bestimmungstabellen der *Bembidion*-Arten des paläarktischen Gebietes. — Koleopterol. Rdsch. **28**, p. 28—124; **29**, p. 1—70.

PERRAULT, G. G. (1981): Études sur la tribu des Bembidiini (Col. Carab.), I. — Notes sur la classification supraspecifique. — Nouv. Rev. Ent. **11**, p. 237—250.



Anschrift des Verfassers:
Dr. G. MÜLLER-MOTZFELD
WB Zoologie/Zoologisches Museum
Sektion Biologie
der E.-M.-ARNDT-Universität Greifswald
DDR-2200 Greifswald
Bachstr. 11/12

Dtsch. ent. Z., N. F. 35 (1988) 4—5, 405—416

# Two new eriococcids from Baltic amber
(Homoptera, Coccinea)

By

JAN KOTEJA

With 25 figures in the text and one plate

## Abstract

*Kuenowicoccus pietrzeniukae* gen. et sp. n., represented by two Baltic amber winged males, shares some characteristics with the recent *Eriococcus araucariae* MASKELL. *Cancerococcus apterus* gen. et sp. n., a larviform male, is externally similar to *Pseudochermes fraxini* (KALTENBACH), but this may be a result of convergence.

## Introduction

The existence of fossil Eriococcidae has already been mentioned (KOTEJA, 1987), but descriptions have not been provided. Among the Baltic amber specimens dealt with in the present paper, two winged males belong to the same species, and certainly are eriococcids. The third one, a larviform male, shows several eriococcid features, but its proper relationships could not been established. In addition to these male specimens, some crawlers are available, which represent at least five species (in preparation); thus the Baltic amber eriococcid fauna appears to be abundant and diversiform.

The inclusion bearing amber pieces were polished to thin plates and embedded in Canada balsam between two cover glasses. „Cocc" followed by a number refers to numerals of fossils in the "Catalogue of fossil scale insects" being prepared by the author.

### Kuenowicoccus gen. n., adult male

Etymology: Dr. G. KÜNOW, a famous entomologist who founded a large and valuable collection of Baltic amber insect inclusions in the second half of the XIXth century.

Type species: *Kuenowicoccus pietrzeniukae* sp. n.

Diagnosis: Winged male, distinct from all other eriococcids by the number of setae on scape (4 in Eriococcidae, 10 in the new genus) and shape of penial sheath, which evenly tapers to a broad, truncate tip (divided into a broad "capsule" and a narrow "style" in eriococcids); shares some features (shape of body, antennae and wings, length of penial sheath setae, etc.) with *Eriococcus araucariae* MASKELL (as described by AFIFI, 1968). Baltic amber. Presumably extinct.

**Kuenowicoccus pietrzeniukae sp. n., alate male**

Etymology: The species is named in honour of Dr. Erika Pietrzeniuk, curator of the amber collection at the Paläontologisches Museum of the Humboldt Universität, Berlin.

Holotype: Cocc 84, alate male; Paläontologisches Museum (Humboldt Universität, Berlin), Künow coll. No. 393; Baltic amber, presumably collected on Samland. When received for study amber 11 × 9 × 1 $mm^3$, yellowish, transparent; embedded in Canada balsam between a basic and cover glasses; 10. XI. 1986 removed mechanically from the balsam, which still appeared soft (!), and immediately embedded in fresh balsam between two cover glasses, to enable examination from both sides. Specimen very well preserved. Stellate hairs and mites, and an internal fissure injected with syderite crystals near the inclusion.

Paratype: data below.

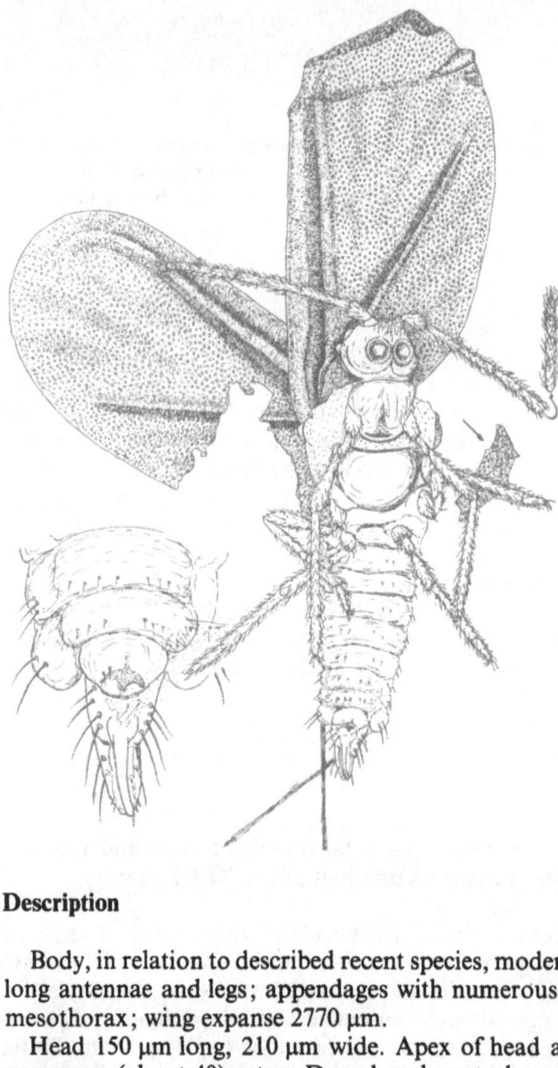

Figs 1, 2
*Kuenowicoccus pietrzeniukae* gen. et sp. n., Cocc 84, holotype; 1 — ventral aspect; a portion of the right wing membrane has been torn off on first touch with the resin, it may be seen near the left legs (arrow); 2 — apex of abdomen from venter.

**Description**

Body, in relation to described recent species, moderately large and robust, with large eyes, long antennae and legs; appendages with numerous setae; 1200 µm long, 370 µm wide at mesothorax; wing expanse 2770 µm.

Head 150 µm long, 210 µm wide. Apex of head and ventral preocular depression with numerous (about 40) setae. Dorsal and ventral eyes subequal, about 40 µm in diameter.

Dorsal eyes projecting beyond head margin; ventral eyes close to each other. Diameter of ocellus about 20 μm. Dorsal face of head hidden by right wing.

Antennae proximally filiform, distally moniliform, 10-segmented, 790 μm long, i.e., longer than half body length (1.2:1) and about 2/3 the wing length (1:1.5). Scape about 35 μm long, 55 μm wide, with 11 setae. Pedicel club-shaped, 61 μm long, 42 μm wide, with 25 setae. First flagellar segment slightly club-shaped, the next cylindrical and the three terminal ones barrel-shaped; 24—35 μm wide; lengths of segments in μm: III 132, IV 108, V 96, VI 96 VII 84, VIII 60, IX 54, X 50; first flagellar segment 2.6 times as long as the apical one. Setae numerous, 1 to 1.5 times as long as the segment width; capitate setae noted on 3 terminal segments; approximate number of setae: III 30, IV—VII 30—36, VIII-X about 20.

Prothorax ventrally membraneous, except the triangular sternal sclerite and the prosternal ridge. Mesosternum 157 μm long, 240 μm wide, without a medial longitudinal ridge; setae not observed. Dorsum of mesothorax covered with wings.

Wings 1200 μm long, 570 μm wide, width-length ratio 1:2.1. Subcostal and diagonal (cubital) ridges almost subequal in length beyond their forking. Anal lobe protruding, circular. All wing membrane in tubercular sculpture which tends to form diagonal rows; proximal parts of ridges sculptured in the form of minute transverse ripples. Minute microtricha cover all wing disc. Alar setae and campaniform sensilla not observed. Left wing with a large piece torn from the anal region just in the moment when entrapped in the resin; this

Figs 3, 4
The same as on Fig. 1; 3 — dorsal aspect; 4 — apex of abdomen from dorsum.

Figs 5—10
The same as on Fig. 1; 5 — head from venter; 6 — part of thorax, base of left wing (artificially folded), haltere, posterior margin of scutellum (black), mesopostnotum and fragments of metanotum; 7 — left antenna; 8 — right anterior leg; 9 — right middle leg; 10 — right posterior leg.

piece may be seen on left body side above the legs. Haltere spindle-shaped, 100 μm long, 30 μm wide, with one hooked seta longer than the haltere.

Legs 612—696 μm long; middle ones the shortest; covered with numerous setae longer than the segment width. Coxa 90 μm long, 42 μm wide, with about 25 setae. Trochanter + femur 222—240 μm long, 36 μm wide; trochanter with 2 needle-like basal setae and about 14 long hair-like setae; femur with 40—50 setae. Tibia 258—270 μm long, about 30 μm wide, with 60—70 setae, including 2 large and some smaller apical spurs. Tarsus 66—78 μm long, 24 μm wide, with about 25 setae and 2 knobbed digitules 27 μm long. Claw 24 μm long, 12 μm wide, with 2 knobbed digitules about as long as the claw.

Abdomen clearly segmented; from posterior margin of hind coxae to apex of penial sheath 600 μm long, 225 μm wide, with relatively long pleural setae (dorsal and ventral setae are not evident), on segment VIII about 60 μm long. Glandular pouch large, with 2 setae; waxy tail rods longer than body. Penial sheath 180 μm long, about 80 μm wide, slightly bent downwards, tapering from base to rounded or truncate apex, i.e., style not clearly differentiated from the capsule, with 2 pairs of dorsal setae 42—55 μm long, 4 (or 6?) ventral setae up to 55 μm long, and 3 pairs of apical setae about 12 μm long.

Paratype: Cocc 114, alate male; Muzeum Ziemi PAN (Museum of Earth, Warszawa),. No. 4921; Baltic amber, collected on the Baltic shore near Gdańsk. When received for study amber 12 × 10 × 3 mm$^3$, yellow, transparent, without impurities; 6. II. 1986 dissected into five pieces; that containing the male polished to 6 × 5 × 0.8 mm$^3$ (now almost colourless) and embedded in Canada balsam between two cover glasses. The specimen had not undergone any visible changes through 13 months after embedding. Stellate hairs and a ceratopogonid fly present in the other amber pieces.

**Description**

General appearance similar to the holotype; 1170 µm long, presumably 300 µm wide; wing expanse about 2900 µm.

Head small, subtriangular in dorsal view, from venter covered with a large air bubble that extends to the apex of abdomen; 195 µm long, 225 µm wide. Postocular ridges distinct; midcranial ridge slightly indicated on dorsomedial plate; postoccipital ridge strong. Dorsomedial plate large, with about 14 setae, 25 µm long. Apex of head and ventral preocular depression with numerous setae (about 30) slightly shorter than on dorsal surface. Genae without setae. Dorsal and ventral simple eyes subequal, cornea 42 µm in diameter. Dorsal eyes projecting beyond head margin, separated by about a 100 µm distance. Ocellus 18 µm in diameter.

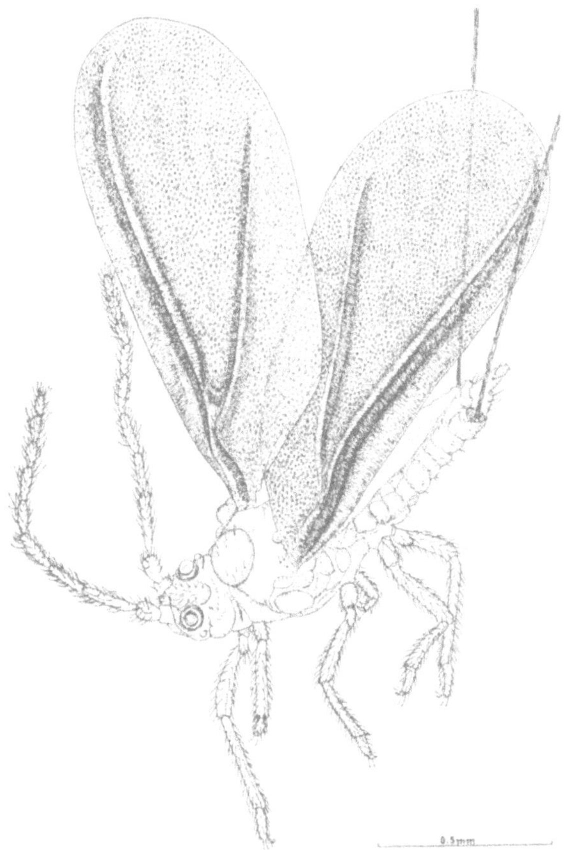

Fig. 11
*Kuenowicoccus pietrzeniukae* gen. et sp. n., Cocc 114, paratype; latero-dorsal aspect.

Antennae 10-segmented, 950 µm long, i.e., much longer than half body length (1.4:1) and about 2/3 the wing length (1:1.6). Scape 41 µm long, 60 µm wide, with about 8 setae. Pedicel club-shaped, 72 µm long, 56 µm wide, with about 20 setae. Proximal flagellar segments cylindrical slightly expanded apically; distal ones barrel-shaped, 24—30 µm wide. Lengths of segments in µm: III 162, IV 108, V 102, VI 96, VII 84, VIII 66, IX 66, X 54; first flagellar segment 3 times as long as the apical one. Setae numerous, 1—1.5 times as long as the segment width; antennal bristles, capitate setae, fleshy and hair-like setae may well be distinguished, but their exact number cannot be counted; 1—3 capitate setae occur

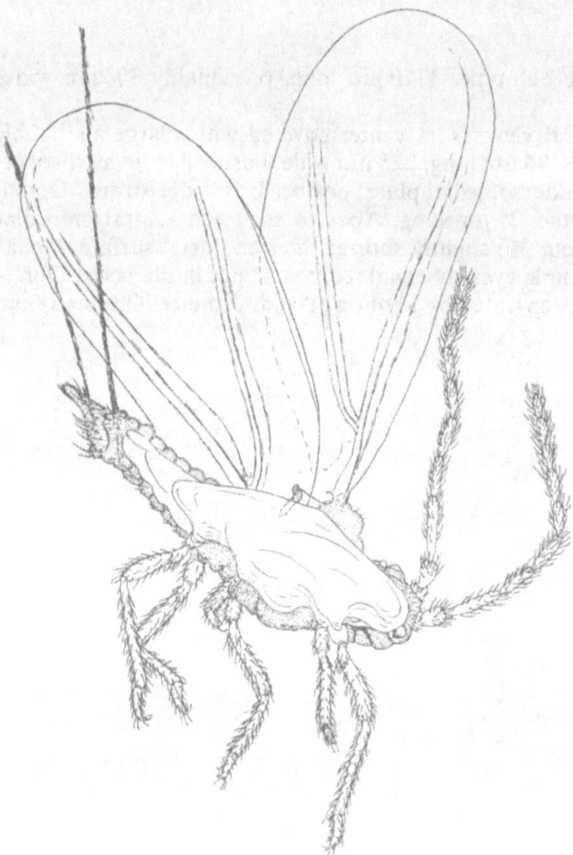

Fig. 12
The same as on Fig. 11, latero-ventral aspect (a large air bubble covers almost all body).

on segments V–IX, and 7 on segment X; approximate total number of setae: III and IV about 30, V–VII 30–35, VIII–X about 20.

Pronotal ridge distinct. Prosternal + cervical sclerite seems to be fused with the post-ocular ridge (Fig. 14). Prescutum about 130 µm long, with 2 lateral groups of small setae (5–6 in each group). Scutum evenly sclerozized, with similar setae at wing base (at least 3 setae on each side). Tegula with 3 or 5 setae. Other setae not noted. Scutellum not visible.

Wings 1320 µm long, 570 µm wide; width-length ratio 1:2.3. One alar seta noted on left wing. Other wing features and haltere as in the holotype.

Legs subequal, about 670 µm long, covered with numerous setae longer than the segment width. Coxa 84–90 µm long, 48–54 µm wide, with at least 10 setae. Trochanter + femur 210–240 µm long, 42 µm wide; trochanter with 2 needle-like basal setae and 7–10 long hair-like setae; femur with 28–38 setae. Tibia 275–290 µm long, 35 µm wide, with about 60 setae, including apical spurs. Tarsus 90–96 µm long, about 24 µm wide, with 20–30 setae and 2 knobbed tarsal digitules 35 µm long. Claw 30 µm long, 18 µm wide, with 2 knobbed digitules 30 µm long.

Abdomen with well defined segments, but neither sclerites nor setae can be recognized, except 3–4 relatively large pleural setae, on segment VIII up to 65 µm long. Glandular pouch very large, with 2 setae about 200 µm long and numerous pores. Waxy tail rods much longer than body. Penial sheath 180 µm long; style straight, with truncate tip, occupying about half length of sheath. Two pairs of dorsal genital setae about 60 µm long; 7 or 8 pairs of ventral setae 24–42 µm long, and 2 or 3 pairs of apical setae 18–24 µm long.

Figs 13, 14
The same as on Fig. 11; 13 — head and thorax from dorsum; 14 — head from venter; right ventral eye, postocular and cervical ridges can be seen.

Figs 15—20
The same as on Fig. 11; 15 — left antenna; 16 — right anterior leg; 17 — right posterior leg; 18 — left posterior coxa, trochanter and femur; 19 — apex of abdomen in latero-ventral aspect (glandular-pouch setae deprived of wax secretion on drawing); 20 — apex of abdomen in latero-dorsal aspect.

## Note

The paratype designation in fossil insects is always controversial. The two specimens dealt with in the present study have been included in one species rather on negative criteria — there are no features evidently different to which a species value could be ascribed. However, one is accessible from side view, the other from venter; dorsal head structures can be examined in one specimen, whereas the ventral ones in the other, etc. Despite these troubles it seems reasonable to design the other available specimen as a paratype because it is better to have more "type" specimens for practical reasons. In fact, the main goal, in scale insects, is providing descriptive information on the fossils and on their diversity, without serious consideration of the question whether two similar fossils actually belonged to the same species in the contemporary meaning.

## Cancerococcus gen. n., larviform male

Etymology: Cancer (Latin) = crayfish, crab (the specimen reminds some crustaceans).
Type species: *Cancerococcus apterus* sp. n.
Diagnosis: Only apterous male known; presumably an eriococcid s. l., similar to the recent *Pseudochermes fraxini* (KALTENBACH); i. e., with a spindle-shaped body, club-shaped, 8-segmented antennae and a conical, relatively large genital segment. It differs from *P. fraxini*, the only object available for comparison (AFIFI, 1968) in having more than one pair of eyes, much more abundant setae on appendages, thin-walled pegs (antennal bristles) on numerous antennal segments, much greater size of body and appendages. Baltic amber; Jutland. Presumably extinct.

## Cancerococcus apterus sp. n.

Etymology: Apterus (Greek) = wingless.
Holotype: Cocc 43, larviform male; Zoological Museum, Copenhagen, C. V. HENNINGSEN, 1. 1. 1966; Baltic amber, presumably collected on Jutland. When received for study amber $6 \times 6 \times 2$ mm$^3$, brownish, transparent, without impurities, with milky resin on venter of inclusion and numerous subradially arranged fissures. Specimen embedded on the convex outer surface, with part of head and thorax and one antenna lacking. 5. II. 1986 amber polished to $6 \times 6 \times 0.6$ mm$^3$ and embedded in Canada balsam between two cover glasses. The balsam penetrated the inclusion, except the antennal flagellum. It appeared that the large bubbles at some legs did not surround them (a phenomenon often observed), but were within the legs, i.e., they were expanded by putrefaction gas. Presumably also the genital organs were affected with this process.

## Description

Body spindle-shaped, larviform, 900 µm long, 240 µm wide at mesothorax. Head fused with thorax. Because of lack of large part of the head and various artefacts, it is not possible to determine the actual number of simple eyes; judging from the remnants, it is possible that even 3 pairs and a pair of ocelli might have been present; diameter of lense about 13 µm.

Antennae 8-segmented; flagellum club-shaped; i.e., segments VI and VII are the broadest; 360 µm long. Scape presumably 25 µm long, 30 µm wide, with no setae noted. Pedical 42 µm long, 39 µm wide, with about 8 hair-like setae and 4 or 5 short thin-walled pegs on ventral

Fig. 21
*Cancerococcus apterus* gen. et sp. n., Cocc 43, Holotype; dorsal aspect; left antenna and a large proportion of head and thorax removed (dotted area); ventral eyes drawn with an interrupted line; anterior left leg and all right ones are swollen as a result of putrefaction (remnants of tissues may be seen).

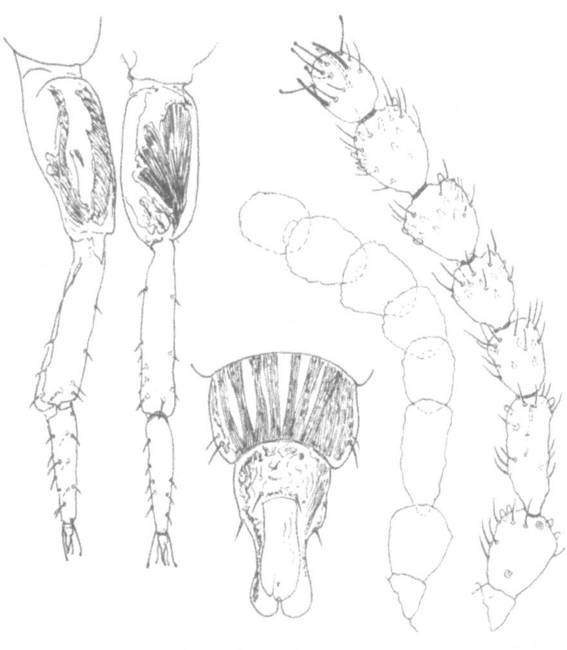

Figs 22—25
The same as on Fig. 21; 22 — right antenna, optical projection; 23 — its reconstruction; 24 — middle and posterior legs; 25 — apex of abdomen from dorsum (aedeagus drawn with an interrupted line).

face. First flagellar segment (III) cylindrical, with narrowed base, 72 µm long, 30 µm wide, with about 12 setae and 2 thin-walled pegs near apex. Segments IV—VII club-shaped, almost as broad as long; IV 42 µm long, 39 µm wide, with 10 setae and a few pegs on ventral face; V 42 µm long, 39 µm wide, with 7 setae and 6 pegs; VI and VII 48 µm long, 42 µm wide, with 8—10 setae and about 10 pegs; VIII ovoid, 42 µm long, 33 µm wide, with 5 capitate setae, 3 bristles and 4 fleshy and/or hair-like setae.

Thoracic segments simple, ring-shaped; setae not observed. Anterior left leg and all right legs vesicular, expanded by putrefaction gas. Mid-and posterior legs subequal, about 370 µm long. Coxa 60 µm long; no setae noted. Trochanter + femur 100 µm long, 42 µm wide, with a few small setae. Tibia 100 µm long, 24 µm wide, with 2 apical spurs and about 10 small setae. Tarsus 72 µm long, 18 µm wide, with about 8 setae; tarsal digitules 25 µm long, knobbed. Claw 24 µm long, 7 µm wide; digitules present, their structure uncertain.

Abdomen clearly segmented, with a few minute setae (lateral ones the largest). Genital capsule cylindrical; style expanded and bivalved apically; 90 µm long, 55 µm wide at base; with at least 2 pairs of setae. Structure of aedeagus unclear.

**Note**

This species is externally similar to *Pseudochermes fraxini* as described by Afifi (1968); however, in the case of a very simplified body structure this similarity may be a result of convergence. See also "Discussion".

**Discussion**

Among the numerous and diverse Eriococcidae, males were thoroughly examined only in 7 species (Afifi, 1968). Incomplete and superficial descriptions were provided for a few other species; thus our information covers slightly more than 10 species. As a result, not only the knowledge on the diversity of male morphology in various eriococcid groups is greatly limited, but also the characteristics on family level are uncertain.

The two winged specimens under study show a general pseudococcid-eriococcid appearance. Among the 11 characters listed by Afifi (1968, Tab. A) which distinctly separate the Eriococcidae from the Pseudococcidae several are inaccessible (e.g. the puparium), others are invisible on the available specimens (scutellar ridge) and three — structure of terminal antennal segments, trochanter and ungual digitules — are of eriococcid type; none is definitely pseudococcid.

Within the 6 "additional" characters (l.c., Tab. B) one could not been examined, 4 are eriococcid and one is uncertain. The eriococcid features found in *Kuenowicoccus* are: claw stout, broad at base and abruptly tapering to a pointed end; abdominal segment VIII with a pair of conspicuous dorsal setae at margins; glandular pouch with only 2 setae; genital segment with 2 pairs of large dorsal setae.

*Kuenowicoccus* differs from all other described eriococcids by the following features:

— Scape with about 10 setae distributed on dorsum and venter; 5 setae occur in the Pseudococcidae, 4 in the Eriococcidae (Afifi, 1968), 3 in the Coccidae (Giliomee, 1967). Since the number of setae on scape is constant at family level also in the females, the conditions in *Kuenowicoccus* would be exceptional among the neococcids. However, although two specimens (4 antennae) were available, it cannot be precluded that there was a mistake in the observations of the antennal sensilla, or an artefact.

— The genital segment, although deformed in the resin, is similar in both specimens, but different from that described in the Eriococcidae (Afifi, 1968). Viewed from dorsum, the penial sheath uniformly tapers to a broad, truncate tip; i.e., the sheath cannot be divided into a "capsule" and "style". To some extent it reminds of the conditions in *Eriococcus buxi*, but the apex is acute in the latter. In lateral view, the genital segment corresponds with the eriococcid structure, the apical part being slightly bent downwards (conditions intermediate between *Eriococcus buxi* and *E. orariensis*).

— The apex of penial sheath bears 2 or 3 pairs of minute setae, quite well visible in the amber. In the Eriococcidae these sensilla are absent; there occur only a few campaniform sensilla (not mentioned by Afifi, l.c.).

Among the eriococcids already described, *Kuenowicoccus* is similar to *Eriococcus araucariae*: the body is rather slender; eyes large; wings broad; antennal segments slender, with numerous setae; legs long, with abundant setae; tibia markedly longer than trochanter + femur; very long dorsal genital setae. In addition, *E. araucariae* lives on gymnosperms, and it seems likely that scale insects caught in the resin had infested the mother plants of the ambers, i.e., some conifers with respect to the Baltic amber (see also Koteja, 1984). However, the two species are distinct in many characteristics, particularly the shape of the penial sheath is different (with a large capsule and a minute style in *E. araucariae*).

Wingless males presumably occur in all scale insect groups including Orthezioidea and Coccoidea, and in some of them they have been described. The wingless forms may coexist with brachypterous and macropterous forms in the same species, or may be the only ones, e.g., in *Stomacoccus platani* (close to *Steingelia*) or *Pseudochermes fraxini* (Eriococcidae). The degree of simplification and reduction of various structures associated with the reduction of the wing apparatus varies significantly. In extreme instances the males are larviform and only the lack of mouthparts and presence of external genitalia make them different from the larvae. On the other hand, such simple forms, devoid of adult male characteristics of given groups, become similar (convergent). For instance, orthezioid males have compound eyes, but apterous forms may be provided with simple "eye spots". Thus the assignment of such forms may be a problem sometimes.

*Cancerococcus* has antennal capitate setae. As far as it is now known, such setae occur only in the Coccoidea (neococcids) and among the Orthezioidea (archeococcids) in the Matsucoccidae. However, the latter have compound eyes even in apterous forms; thus the new genus may be only a member of the neococcids. Apterous males of Aclerdidae, Diaspididae, etc., have a slender and long penial sheath, whereas the wingless males in Pseudococcidae have dermal pores, usually also ostioles, long body setae, apical antennal segment the longest, and others, all absent in *Cancerococcus*.

The brachypterous and apterous males in the Eriococcidae generally resemble the winged forms (head and thorax are separated by a neck constriction), but the larviform *Pseudochermes* is similar to the fossil in question. In addition, the spindle-shaped body with the abdomen evenly tapered to a narrow genital segment has not been observed in any other scale insect. Also the structure of antennae and legs are similar in these two genera. They differ in the size of the body and appendages and number of sensilla (all greater in *Cancerococcus*); e.g., 5 capitate setae on apical antennal segment in *Cancerococcus*, 2 in *Pseudochermes*; about 10 setae on tarsi in the former, only 2 or 3 in the latter. All these differences may be considered as having a generic value. However, the numerous simple eyes, if they actually are in *Cancerococcus*, would represent a unique feature among the eriococcids. Such a condition occurs in the related Kermesidae, but larviform males are unknown in the recent representatives of this family, and the penial sheath is long and narrow here.

Quite unusual are the finger-like sensilla (thin-walled pegs) on the antennae in *Cancerococcus*. First, it is not definitely certain whether these structures have been correctly interpreted. Some of them, by means of the available equipment, could be considered as artefacts, others as sculpture or some scales; remarkable, they do not occur on apical segment (this bears 3 normal thin-walled pegs). Nevertheless, such finger-like thin-walled pegs do occur in the scale insects; e.g., in the larvae and females Conchaspididae (Koteja, 1980), male *Symonicoccus*, Coccidae (Koteja and Brookes, 1981) and apterous male Halimococcidae (Stickney, 1934, in Borchsenius, 1956). It is thus likely that *Cancerococcus* represents another group, and that its similarity to *Pseudochermes* is only due to a convergence.

## Acknowledgement

Materials for this study were provided by the Paläontologisches Museum (HUMBOLDT Universität, Berlin), Museum of Earth (Muzeum Ziemi PAN, Warszawa) and Zoological Museum (Copenhagen). I am very grateful to Dr E. PIETRZENIUK, Mrs. R. KULICKA and the late Dr SV. LARSSON, from the above institutions, who made the specimens available and helped in many other ways. The Institute of Systematic and Experimental Zoology of the Polish Academy of Sciences, Cracow, provided financial support (Res. Program CPBP 04. 06. 01—3. 2.).

## References

AFIFI, S. A. (1968): Morphology and taxonomy of the adult males of the families Pseudococcidae and Eriococcidae (Homoptera: Coccoidea). — Bull. Brit. Mus. (Nat. Hist.), Ent., London, Suppl. 13: 1—210.

BORCHSENIUS, N. S. (1956): K voprosu o putjach évolucii Coccoidea (Insecta, Homoptera). — Zool. Ž., Moskva, 35: 546—553.

GILIOMEE, J. H. (1967): Morphology and taxonomy of adult males of the family Coccidae (Homoptera: Coccoidea). — Bull. Brit. Mus. (Nat. Hist.), Ent., London, Suppl. 7: 1—168.

KOTEJA, J. (1980): Campaniform, basionic, coeloconic and intersegmental sensilla on the antenna in the Coccinea (Homoptera). — Acta Biol. Cracov., Kraków, 22: 73—88.

— (1984): The Baltic amber Matsucoccidae (Homoptera, Coccinea). — Ann. Zool., Warszawa, 37: 437—496.

— (1986): Current state of coccid paleontology. — Boll. Lab. Ent. agr. Filippo Silvestri, Portici, **43** (1986), Suppl.: 29—34.

KOTEJA, J. and H. M. BROOKES (1981): *Symonicoccus* gen. n., with five new Australian species (Homoptera, Coccidae). — Pol. Pismo Ent., Wrocław, 51: 377—392.

Author's address:
Prof. Dr. hab. JAN KOTEJA
Institute of Applied Zoology
Academy of Agriculture
al. Mieckiewicza 24
30-059 Kraków, Poland

Dtsch. ent. Z., N. F. 35 (1988) 4—5, 417—425

# Zur Stridulation der Bockkäfer

(Cerambycidae, Coleoptera)

Von

OLAF BREIDBACH

Mit 3 Abbild. u. 2 Tab. im Text u. 2 Tafeln

## Abstract

The stridulation of various Cerambycidae is analyzed with respect to the diversification of the functional morphology of the sound producing organs and the structure of the signal. In Cerambycidae the time structure of stridulation and the structure of the sound producing organs are species specific. The signal components that are important for communication through support vibration are highly diversified. The comparative analysis outlined that stridulation is a monophyletic unit in Cerambycids. Stridulation proves usefull in a phylogenetic analysis of Cerambycidae where it might give the opportunity to study the diversification of a single behavioural pattern throughout evolution.

## Zusammenfassung

Das Lautäußerungsverhalten wie auch die Morphologie der Stridulationsorgane verschiedener Cerambycidae wurde vergleichend dargestellt. Die Zeitparameter der Stridulationslaute zeigen innerhalb der einzelnen Arten nur geringe Schwankungen. Die Stridulationslaute lassen sich in ihrer Zeitcharakteristik über ihre Grundfrequenz sowie ihre Silben- und Verslänge charakterisieren. Die Zeitstruktur der Stridulationslaute der Cerambyciden ist artspezifisch. Die Stridulationsorgane sind von mesoscuto-pronotalen Typ. Die relative Dimensionierung des Stridulationsorganes — die Größe des Organs bezogen auf die absolute Größe des Individuums — ist artspezifisch. Stridulation ist innerhalb der Cerambycidae monophyletisch entstanden. Das Studium der Stridulation eröffnet die Möglichkeit die Diversifizierung eines Verhaltensteilelementes innerhalb einer größeren systematischen Einheit darzustellen.

## Einleitung

Eine eingehende Analyse des Verhaltens des Cerambyciden *Hylotrupes bajulus* L. zeigte, daß die in der innerartlichen Kommunikation effektive Reizkomponente des Stridulationslautes sich im vibratorischen Reizanteil findet (BREIDBACH 1986a, 1989). Die im Zusammenhang zwischenartlichen Aggressionsverhaltens diskutierte akustische Reizkomponente des Stridulationslautes tritt damit in ihrer ethologischen Bedeutung zurück. Damit ist auch eine auf entsprechenden Interpretationen des Verhaltensaufbaues fußende Sicht der Evolution der Stridulation der Cerambycidae (ALEXANDER et al. 1963; MICHELSEN 1966) zu revidieren.

In Ergänzung der an *Hylotrupes bajulus* gewonnenen Ergebnisse (BREIDBACH 1986a) interessiert ferner der Diversifikationsgrad dieses Verhaltensteilelementes innerhalb der Cerambycidae. Der einfache Verhaltensaufbau der Stridulation erlaubt hierbei den Bezug zwischen der Radiation funktionsmorphologischer Merkmale und der Verhaltensdiversifikation innerhalb dieser Familie aufzuzeigen. Die Darstellung des Feinbaus der Pars stridens ermöglicht systematisch, evolutionsbiologisch verwertbare Aussagen (BREIDBACH 1986b). Inwieweit sind Verhaltensentwicklung und Diversifikation des lauterzeugenden Organs hierbei aufeinander bezogen?

Das Stridulationsverhalten ist nur lose in das Gesamtverhalten der Bockkäfer eingebunden. Zeigt sich ein entsprechender Freiheitsgrad auch in der Zuordnung der Entwicklungstrends im Verhalten und der diesem zugrundeliegenden Struktur? Die Zeitstruktur des Lautbildes ist eine Abbildung der Bewegung der lauterzeugenden Skleriten gegeneinander. Seine Impulsabfolge ist eine Funktion der Feinstrukturierung der Pars stridens (BREIDBACH 1986a).

Die Stridulation der Cerambyciden war schon mehrfach Objekt phylogenetisch/systematischer Studien (KASZAB 1936/37; MARCU 1930), die sich allerdings auf eine Beschreibung von Teilstrukturen des lauterzeugenden Organs beschränkten. Ausgehend von seiner Analyse des Paarungsverhaltens der Cerymbycidae interpretierte MICHELSEN die Stridulation 1966 schließlich als eine mehrfach unabhängig voneinander entstandene, konvergente Entwicklung. Damit war den bis dahin vorliegenden vergleichenden Untersuchungen der Stridulation der Boden entzogen. Diese Interpretation des Stridulationsverhaltens ist allerdings nicht aufrecht zu halten (BREIDBACH 1986a). Stridulation ist synapomorphes Merkmal der Cerambycidae.

## Material und Methoden

The Arbeit wurde mit Imagines der folgenden Arten unternommen: *Prionus coriarius* (L.); *Anoplodera sexguttata* F., *A. rufipes* SCHALL., *Alosterna tabacicolor* (DEGEER), *Desmocerus palliatus* FORST, *Gaurotes virginea* (L.), *Judolia cerambyciformis* (SCHRANK), *Leptura dubia* SCOPOLI, *L. sanguniolenta* L., *L. hybrida* REY, *L. sexguttata* L., *L. fulva* DEGEER, *L. livida* F., *L. rubra* L., *L. erythroptera* HAGENBACH, *L. scutellata* F., *Neovadonia steveni* SPERK., *S. maculata* (PODA), *S. melanura* (L.), *S. quadrifasciata* (L.), *S. thoracia* (CREUTZER), *Strangalina attenuata* (L.), *Stenocorus meridianus* (L.), *Rhamnusium bicolor* (SCHRANK), *Rhagium inquisitor* L., *R. mordax* DEGEER, *R. bifasciatum* F., *R. sycophanta* (SCHRANK), *Stenocorus meridianus* L.; *Anaglypus mysticus* (L.). *Cerambyx cerdo* L., *Chlorophanus annularis* FABR., *C. pilosus* FORSTER, *Clytris arietis* (L.), *Hylotrupes bajulus* (L.). *Obrium brunneum* (F.), *Aromia moschata* (L.), *Rhopalopus macropus* (GERM.), *Plagionotus arcuatus* (L.), *Purpuriscens kaehleri* (L.), *Stenopterus rufus* (L.), *Hespherophanes cinereus* VILL., *Chlorida costata* SERVILLE; *Criocephalus rusticus* (L.), *Tetropium castaneum* (L.); *Spondylus bupestroides* (L.); *Agaphantia villoviridescens* (DEGEER), *Saperda populnea* (L.), *Anaerea carcharias* (L.), *A. similis* LAICHARTING, *Lamia textor* (L.) und *Oberea oculata* (L.). Die Käfer wurden im Bergischen Land, dem Odenwald, in Tirol und in den Vogesen gesammelt. Einzelne Exemplare wurden mit vom Senckenberg Institut, Frankfurt, sowie vom Museum Alexander König, Bonn zur Verfügung gestellt.

Die Morphologie der lauterzeugenden Organe wurde im Rasterelektronenmikroskop (LEITZ/AMR) nach Standardverfahren analysiert.

Stridulation wurde über ein Kondensormikrophon bei einer Temperatur zwischen 20 °C und 25 °C aufgenommen. Die Zeitstruktur der Cerambycidenlaute wurde mittels einer an ein Oscilloscope gekoppelten Hochfrequenzkamera (RECORDINE N) aufgezeichnet. Die relative Verteilung für die Werte der einzelnen Zeitparameter wurde errechnet. Energiespektren der akustischen Lautkomponente wurden an einem Ubiquitious Spektrumanalysator gewonnen.

## Ergebnisse

### 1. Morphologie der lauterzeugenden Organe

Die Stridulation der Cerambyciden ist vom mesoscuto/pronotalen Typ (Tafel 8, Abb. 1). Ein Plectrum mit einem Durchmesser von einigen μm findet sich an der caudalen Unterseite des Pronotums. Dies Plectrum gleitet über eine mesoscutale Pars stridens. Die Pars stridens besteht aus parallel ausgerichteten Querrippen, die im rechten Winkel zur Längsachse des Mesoscutums ausgerichtet sind (Tafel 9).

Tab. 1
Relative Dimension der Pars stridens verschiedener Cerambycidae, $q_r$: Quotient der Amplitude einer Einzelrippe und der absoluten Länge der Pars stridens

| Art | $q_r$ |
|---|---|
| Cerambycinae | |
| *Rhopalopus macropes* | 0.0046 |
| *Anaglypus mysticus* | 0.0045 |
| *Clytris arietis* | 0.0039 |
| *Plagionotus arcuatus* | 0.005 |
| *Stenopterus rufus* | 0.0032 |
| *Aromia moschata* | 0.0027 |
| *Hylotrupes bajulus* | 0.0033 |
| *Chlorophorus pilosus* | 0.003 |
| *C. annularis* | 0.0033 |
| *Cerambyx cerdo* | 0.0032 |
| *Obrium brunneum* | 0.0031 |
| *Purpusiscens kaehleri* | 0.0043 |
| *Chlorida costata* | 0.0045 |
| *Hesperophanes cinereus* | 0.0029 |
| Lamiinae | |
| *Oberea oculata* | 0.0032 |
| *Anaerea similis* | 0.0037 |
| *A. carcharis* | 0.0032 |
| *Saperda populnea* | 0.005 |
| *Lamia textor* | 0.0023 |
| Aseminae | |
| *Criocephalus rusticus* | 0.0061 |
| *Tetropium castaneum* | 0.00705 |
| Lepturinae | |
| *Anoplodera rufipes* | 0.0072 |
| *A. sexguttata* | 0.009 |
| *Desmocerus palliatus* | 0.0046 |
| *Leptura fulva* | 0.0066 |
| *L. livida* | 0.0055 |
| *L. rubra* | 0.0065 |
| *L. scutellata* | 0.0066 |
| *L. erythroptera* | 0.0073 |
| *L. dubia* | 0.0069 |
| *L. sanguinolenta* | 0.0082 |
| *L. hybrida* | 0.0065 |
| *Neovadonia steveni* | 0.0067 |
| *Strangalia nigra* | 0.0065 |
| *S. attenuata* | 0.0064 |
| *S. maculata* | 0.0056 |
| *S. melanura* | 0.0047 |
| *S. quadrifasciata* | 0.0062 |
| *S. thoracica* | 0.0069 |
| *Judolia cerambycidormis* | 0.0057 |
| *Alosterna tabacicolor* | 0.008 |
| *Gaurotes virginea* | 0.008 |
| *Stenocorus meridianus* | 0.0091 |
| *Rhamnusium bicolor* | 0.0066 |
| *Rhagium mordax* | 0.0049 |
| *R. sycophanta* | 0.0062 |

Fortsetzung Tab. 1

| Art | $q_r$ |
|---|---|
| *R. inquisitor* | 0.0055 |
| *R. bifasciatum* | 0.0057 |
| Prioninae | |
| *Stenodontus spinibarbus* | 0 |
| *Prionus coriarius* | 0 |

Die Anzahl der Querrippen ist nicht artkonstant vielmehr variiert sie mit der Gesamtgröße des Tieres. Artkonstant ist allein das relative Maß ($q_r$): Anzahl der Längsrippen/Gesamtgröße des Käfers (Tab. 1). Für *Hylotropes bajulus* hat $q_r$ einen Durchschnittswert von 0.0033 ($s^2$: 0.00026); $q_r$ schwankt bei *Judolia cerambyciformis* um 5% und bei *Strangalia melanura* 6% um den entsprechenden Mittelwert. Abgesehen von mit den Größenunterschieden einhergehenden Verschiebungen der absoluten Maßzahlen (Die Weibchen sind im Schnitt etwa 1/4 größer als die Männchen) findet sich kein Sexualdimorphismus in der Ausgestaltung des Stridulationsorgans der untersuchten Cerambycidae (Breidbach 1986a).

Weder die absoluten noch die relativen Maßzahlen zur Charakterisierung der Stridulationsorgane lassen es zu, systematische Einheiten oberhalb des Artniveaus abzugrenzen. Wie an verschiedenen Gruppen der Lepturinae im Detail aufgewiesen, lassen sich schon auf Gattungsniveau verschiedene auch gegeneinanderlaufende Entwicklungslinien in der Ausprägung der Stridulationsorgane aufzeigen (Breidbach 1986b).

Die Stridulationsorgane lassen innerhalb der Cerambycidae nur grobe gruppenspezifische Grundcharakteristika erkennen (Tafel 9).

Die Cerambycidae besitzen entweder eine median geteilte Pars stridens oder ein durchziehend ungeteiltes Rippenfeld. Die Rippen können nahezu gerade (*Stenopterus rufus*) oder auch leicht geschwunden sein (*Criocephalus rusticus*). Die geteilte Pars stridens findet sich bei der primitiveren Gruppe, den Lepturinae sowie bei einigen Aseminae (*Criocephalus rusticus*). Schon innerhalb der Leturinae haben einzelne Vertreter (*Gaurotes virginea*) allerdings eine ungeteilte Pars stridens entwickelt.

Die Prioninae, die keine Pars stridens besitzen, zeigen eine mediane Teilung des Mesoscutums. Ihre mesoscutale Kutikula ist skulpturiert. Es findet sich ein Netzwerk einer schon in Querbanden orientierten Schollentextur, die etwa dem Bild der Kutikula am Rand der Pars stridens der Cerambycidae entspricht, die ein lauterzeugendes Organ besitzen. Cerambycinae und Lamiinae besitzen eine ungeteilte Pars stridens.

## 2. Das Stridulationssignal

### 2.1. Mechanik der Stridulation

Stridulationssignale produziert der Käfer, indem er das Plectrum über die Pars stridens gleiten läßt. Der Käfer vollzieht hierzu eine Nickbewegung. Vor- und Rückbewegung des Prothorax/Kopfes gegen das Mesoscutum können hierbei jeweils unterschiedliche Geschwindigkeiten haben (Breidbach 1986a). Drückt der Käfer während einer dieser Schwingphasen Pronotum und Mesosctum gegeneinander, erzeugen sich Schwingungen im Pronotum, das den überwiegenden Schallanteil abstrahlt (Masters 1980). Verschiedene Cerambycidae produzieren ein Stridulationssignal nur in der Rückzugsbewegung des Prothorax (*Hylotrupes bajulus*) andere, wie die Arten von *Leptura*, erzeugen Stridulationslaute sowohl im Vor- wie im Rückziehen des Prothorax. Die Zeitstruktur des Stridulationslautes läßt sich hierbei direkt auf die Morphologie des lauterzeugenden Organs rückbeziehen; die

Bewegung des Plectrum über **eine** Rippe des Pars stridens korrespondiert mit **einem** Impuls (der Trägerfrequenz) des Stridulationslautes (BREIDBACH 1986a).

## 2.2. Die Struktur der Stridulationssignale

Die Stridulationssignale der Cerambycidae zeigen feste Zeitparameter. Die Laute bestehen aus Silben definierter Länge, die in einer gleichförmigen Abfolge erscheinen (Abb. 1).

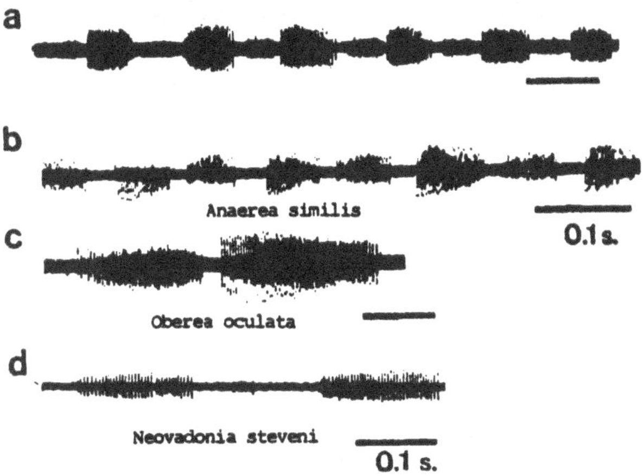


Abb. 1. a.b.c.d
Stridulationslaut verschiedener Cerambycidae, Maßstab: 0.1 s.; a: *Leptura rubra*

Tab. 2
Trägerfrequenz des Stridulationslautes verschiedener Cerambycidae

| | I/Hz | II/Hz | °C |
|---|---|---|---|
| Lepturinae | | | |
| *Anoplodera sexguttata* | 1266 | 935 | 25 |
| *Neovadonia steveni* | 870 | 446 | 20 |
| *Judolia cerambyciformis* | 1271 | 979 | 22 |
| *Strangalia quadrifasciata* | 1370 | 1130 | 25 |
| *S. melanura* | 1138 | 704 | 20 |
| *S. maculata* | 910 | ? | 30 |
| *Stenocorus meridianus* | 900 | 877 | 25 |
| *Leptura rubra* | 1230 | 1000 | 25 |
| *L. erythroptera* | 1452 | 1151 | 27 |
| *L. fulva* | 1785 | 1315 | 25 |
| Lamiinae | | | |
| *Anerea similis* | 851 | 552 | 20 |
| *Oberea oculata* | | | |
| männl. | 1030 | 871 | 20 |
| weibl. | 874 | 871 | 20 |
| Cerambycinae | | | |
| *Clytris arietis* | 735 | — | 20 |
| *Anaglypus mysticus* | 1020 | — | 22 |
| *Stenopterus rufus* | 1420 | — | 25 |
| *Hylotrupes bajulus* | 550 | — | 20 |

Die Silbenlänge läßt — bei nur leichter Streuung — artspezifische Maxima erkennen (0.266 s. (22 °C) bei *Anaglypus mysticus*; 0.048 beziehungsweise (für die Lautkomponente, die der Abkippbewegung des Prothorax entspricht) 0.077 s. (25 °C) bei *Anoplodera sexguttata*; 0.139 beziehungsweise 0.133 s. (20 °C) bei *Oberea oculata* und 0.052 s. (22 °C) bei *Judolia cerambyciformes*).

Die Trägerfrequenz der Silben ist artspezifisch (Tab. 2). Ihre Varianz innerhalb einer Art ist gering (Abb. 2). Allerdings ist die Grundfrequenz temperaturabhängig (BREIDBACH 1986a).

Die Impulse des Stridulationslautes sind frequenzmoduliert. Ein Impuls entspricht einer gedämpften hochfrequenten Resonanzschwingung von etwa 10000 Hz. Das Energiespektrum der akustischen Komponente des Stridulationslautes überdeckt einen Bereich von wenigen 100 bis etwa 30000 Hz (Abb. 3). Ein definitives Maximum im Energiespektrum

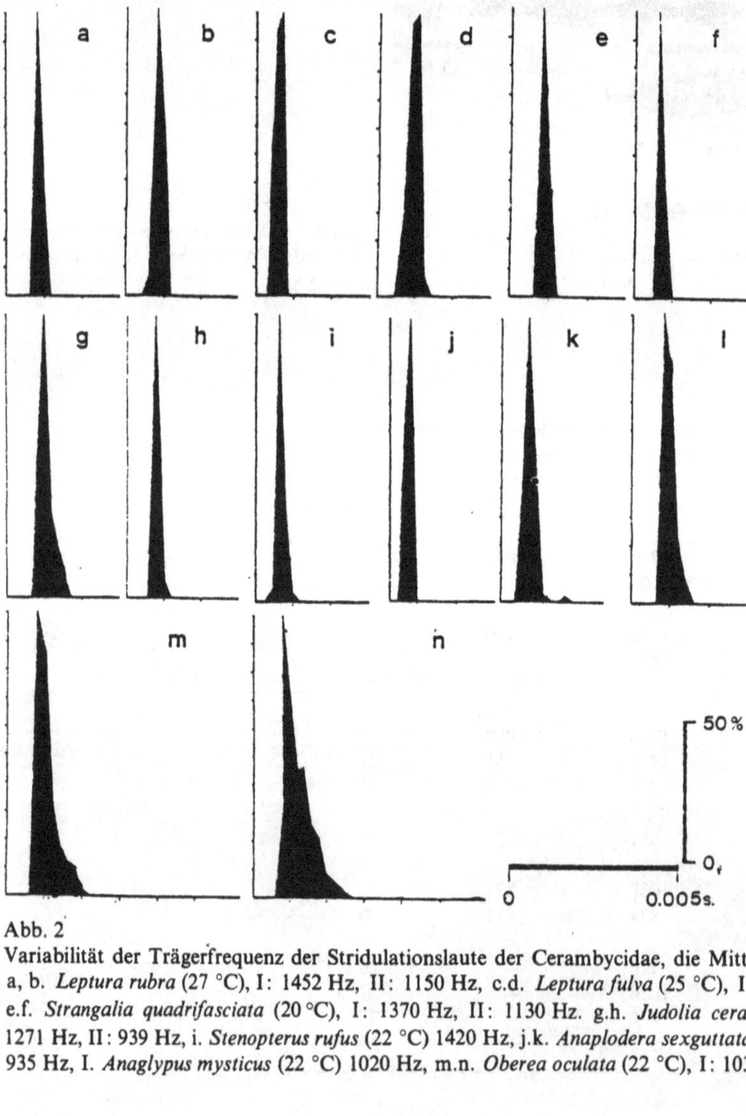


Abb. 2
Variabilität der Trägerfrequenz der Stridulationslaute der Cerambycidae, die Mittelwerte sind angegeben: a, b. *Leptura rubra* (27 °C), I: 1452 Hz, II: 1150 Hz, c.d. *Leptura fulva* (25 °C), I: 1785 Hz, II: 1315 Hz, e.f. *Strangalia quadrifasciata* (20 °C), I: 1370 Hz, II: 1130 Hz. g.h. *Judolia cerambyciformes* (22 °C), I: 1271 Hz, II: 939 Hz, i. *Stenopterus rufus* (22 °C) 1420 Hz, j.k. *Anaplodera sexguttata* (25 °C), I: 1266 Hz, II: 935 Hz, I. *Anaglypus mysticus* (22 °C) 1020 Hz, m.n. *Oberea oculata* (22 °C), I: 1030 Hz, II: 833 Hz

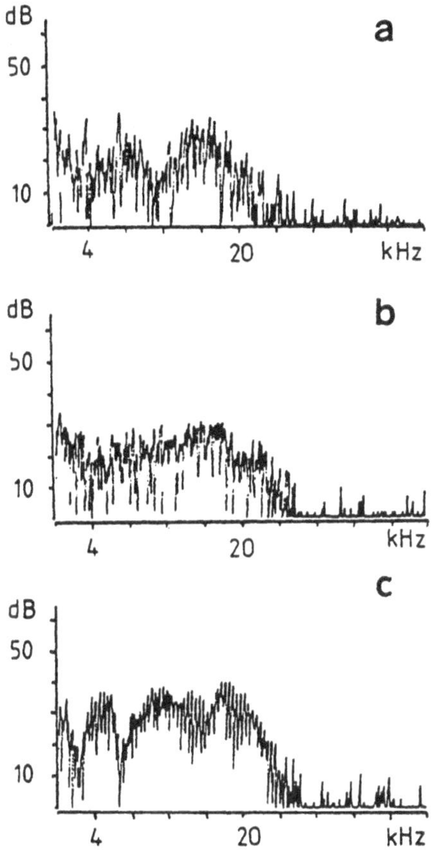


Abb 3 a b.c
Energiespektren der Schallkomponente des Cerambycidenlautes, a *Judolia cerambyciformes*, b. *Anaglypus mysticus*, c *Anaerea similis*

der Cerambycidenlaute ist nicht zu erkennen. Die Energiespektren der Stridulationslaute der einzelnen Arten überlagern sich.

## Diskussion

Bis auf die Prioninae besitzen alle Cerambycidae eine Pars stridens. Die Prioninae entsprechen damit auch hierin ihrer Sonderstellung innerhalb der Cerymbycidae, die sie insgesamt als eine relativ früh von der Hauptentwicklung der betrachteten Familie abgespaltene Gruppe ansehen läßt (Crowson 1967). Ihr Mesoscutum besitzt eine der des Randbereiches der Pars stridens anderer Cerambycidae vergleichbare Grundtextur. Das Mesoscutum ist zudem jeweils von lateral nach median eingewölbt. Mit der entsprechend in der Medianen gebildeten Naht ist das Mesoscutum längsgeteilt. Die Teilung der Pars stridens – und damit des Mesoscutums – der basalen Cerambycidengruppe der Lepturini scheint für beide Gruppen synapomorph. Die Teilung der Pars stridens ist demzufolge ein primitives Merkmal dieser Gruppe.

Allerdings gilt eine entsprechend allgemeine Charakterisierung der Teilgruppen nicht uneingeschränkt (*Gaurotes virginea*), vielmehr lassen sich auch innerhalb der einzelnen Unterfamilien differente Entwicklungslinien in der Organausprägung charakterisieren. Dies verbietet es, eine über dem Gattungsniveau liegenden Typik für die Ausgestaltung des lauterzeugenden Organs der Einzelgruppen zu charakterisieren. Es ist allerdings möglich, über die Rekonstruktion der verschiedenen Entwicklungstendenzen innerhalb einer systematischen Einheit Aussagen über reale Verwandtschaftsverhältnisse der beteiligten Arten zu erlangen (BREIDBACH 1986b).

Ein mesoscuto/pronotales Stridulationsorgan ist — mit Ausnahme der basalen Gruppen wie der Prioninae — bei allen Cerambycidae zu finden. Eine eingehendere Verhaltensanalyse (BREIDBACH 1986a) zeigte, daß die Stridulation Moment der innerartlichen Kommunikation dieser Arten darstellt. Somit ist der Einwand MICHELSENS (1966) gegen eine monophyletische Entstehung der Stridulation der Cerambycidae entkräftet. Ein dem der Cerambycidae entsprechendes Stridulationsorgan besitzen auch die Zeugophorinae, eine basale Gruppe der Chrysomelidae (SCHMITT 1982). Es wäre aber verfrüht, hierauf aufbauend die Stridulation mesoscuto/pronotalen Typs als kennzeichnend für die basalen Chrysomeloidea überhaupt anzusehen (SCHMITT 1985). Die Verhältnisse bei den Prioninae geben den primitiven Zustand des Cerambycidenmesoscutums wieder. Entsprechend ist das mesothorakale Stridulationsorgan in den Cerambycidae und Chrysomelidae convergent entstanden.

Wie angedeutet, läßt es das Studium der Feinvariationen im Bau der lauterzeugenden Organe zu, evolutionsbiologische Folgerungen über die Verwandtschaftsbeziehungen der Cerambycidae zu untermauern (BREIDBACH 1986b). Die Einzelmerkmale sind jedoch — wie dargelegt — nicht zu einer Gruppentypisierung geeignet, da sie in einer Vielzahl von Entwicklungsrichtungen radiieren (KASZAB 1936/37). Erklärt sich diese Radiation des vorliegenden Merkmalskomplexes aus einem hohen, auf das Verhalten wirkenden Selektionsdruck?

Die Beschreibung der Stridulationssignale gibt für eine Beantwortung dieser Frage erste Kriterien:

1. Ähnlich wie für die Stridulationsorgane lassen sich auch für die Stridulationslaute keine Gruppencharakteristika oberhalb des Gattungsniveaus erarbeiten.

2. Parallel laufende Strukturänderungen im Lautbild und in der Feinstruktur der Pars stridens sind nicht zu erkennen.

3. Die komplexesten Silbenfolgen finden sich im Muster der Stridulationslaute der Lepturinae (der primitiveren Unterfamilie) wie der Lamiinae.

Damit zeigt sich, daß die Selektion von Strukturkomponenten im Stridulationsorgan und die Selektion der Zeitstruktur des Cerambycidenlautes nicht unmittelbar miteinander verkoppelt sind. Die aufgezeigte Diversifikation des Lautmusters schlägt sich demzufolge nicht direkt in der Variation der Skleritenfeinstruktur nieder. Vielmehr variiert sich die Zeitstruktur des Lautes primär bedingt durch Veränderungen in der Steuerung der Nickbewegung (die Impulsfolge des Lautes ist ein direktes Abbild der Bewegung des Plectrums über das Rippenfeld der Pars stridens). Damit ist die Skleritenstruktur gegenüber einem etwaigen Evolutionsdruck auf die Zeitstruktur des Lautmusters zumindest in Grenzen entbunden. Punkt 3 zeigt zudem, daß sich die höhere Diversifizierung des Silbenmusters keineswegs unbedingt auch in einer Neustrukturierung der Skleritenfeinstruktur niederschlägt.

Insofern bleibt es sinnvoll, den Merkmalskomplex ‚Stridulationsorgan‘ für eine systematische Betrachtung entkoppelt von der Funktion — lauterzeugendes Organ zu sein — zu betrachten.

Die hochgradige Variation der Stridulationslaute speziell innerhalb der Lamiinae und Lepturinae zeigt an, daß die Situation bei *Hylotrupes bajulus* keinesfalls ein Extrem ethologischer Diversifikation eines Teilverhaltens darstellt (BREIDBACH 1986a). Verhaltensstudien an Lepturinae und Lamiinae deuten zudem an, daß deren Stridulationsverhalten gegenüber den Cerambycinae größere Bedeutung zuzumessen ist (FUNKE 1957; TEMBROCK 1960; BREIDBACH 1986a).

Was ist aber nun der Motor der Verhaltensdiversifizierung, die wir innerhalb der Cerambycidae finden? Das lautabstrahlende Organ variiert in seinen Strukturen nicht direkt mit Bezug auf eine ethologisch/ökologisch geforderte Diversifikation des Lautmusters. Es variiert in gewissen Grenzen frei gegenüber Variationen in der Zeitstruktur des Lautmusters. Deutet sich damit an, daß sich das neurale Programm der Bewegungssteuerung in der Entwicklung dieser Arten geändert hat? Die hier vergleichend dargestellte Systemeinheit ‚Stridulation' verspricht, in einer entsprechend fundierten weiteren Analyse grundsätzliche Einsichten in die Verhaltensevolution der Cerambycidae.

## Danksagung

Ich habe für die Förderung meiner Arbeit durch Herrn Prof. Dr. W. J. KLOFT und die freundliche, insbesondere auch apparative Unterstützung von Herrn Prof. Dr. U. SCHMIDT zu danken.

## Literatur

ALEXANDER, R. D., MOORE, T. E. & WOODRUFF, R. E. (1963): The evolutionary differentiation of stridulatory signals in beetles (Insecta: Coleoptera) — Anim. Behav. **11**: 111—115.

BREIDBACH, O. (1986a): Studies on the stridulation of *Hylotrupes bajulus* (L.) (Cerambycidae, Coleoptera): Communication through support vibration — morphology and mechanics of the signal. — Behav. Processes **12**: 169—186.

— (1986b): Die Bedeutung der Pars stridens in einer Rekonstruktion der Verwandtschaftsverhältnisse der Lepturinae (Col., Cerambycidae). — Dtsch. ent. Z., N.F. **33**: 27—43.

— (198): Das Aggressionsverhalten von *Hylotrupes bajulus* (Col., Cerambycidae). — Dtsch. ent. Z., N. F., im Druck.

CROWSON, R. A. (1967): The natural classification of the families of Coleoptera, Hampton: E. W. CLASSEY.

FUNKE, W. (1957): Zur Biologie und Ethologie einheimischer Lamiinen (Cerambycidae, Coleoptera). — Zool. Jb. Syst. **85**: 73—176.

KASZAB, Z. (1936/37): Morphologische und systematische Untersuchungen über das Stridulationsorgan der Blumenbockkäfer (Lepturina). — Festschrift EMBRIK STRAND **4**, Riga: 149—163.

MARCU, O. (1930): Vergleichende Untersuchungen an den Stridulationsorganen der Cerambyciden. — Bull. Sec. Scient. Acad. Roumaine **13**: 234—244.

MASTERS, W. M. (1980): Insect disturbance stridulation: Characterization of airborne and vibrational components of the sound. — J. comp. Physiol. **150**: 239—249.

MICHELSEN, A. (1966): On the evolution of tactile stimulatory actions in longhorned beetles (Cerambycidae, Coleoptera). — Z. Tierpsychol. **23**: 257—266.

SCHMITT, M. (1982): Über die Evolution der Zirpkäfer. — Diss. Berlin.

— (1985): Versuch einer phylogenetischen Analyse der Criocerinae (Coleoptera, Chrysomelidae). — Zool. Beitr., N.F. **29**: 35—85.

TEMBROCK, G. (1960): Stridulation und Tagesperiodik bei *Cerambyx cerdo* L. — Zool. Beitr., N.F. **5**: 419 bis 441.

Anschrift des Verfassers:
Dr. Dr. OLAF BREIDBACH
Inst. f. Angew. Zoologie
An der Immenburg
D-5300 Bonn 1
BRD

Dtsch. ent. Z., N F. **35** (1988) 4—5, 427

# **In memoriam** WERNER HEINZ MUCHE

Welcher inländische Entomologe kannte ihn nicht, entweder von Tagungen, als Fachkollege oder hatte zumindest von seinen abenteuerlichen Sammelreisen gehört. Wer zu ihm engeren Kontakt pflegte, konnte sich auch von seiner großen internationalen Wertschätzung, als Spezialist für Symphyten, Alleculiden und Scoliiden, überzeugen, denn zahlreiche Korrespondenzen und Bestimmungssendungen erreichten ihn täglich.

Am 10. September 1987 verstarb W. HEINZ MUCHE, im 76. Lebensjahr, ein Entomologe, der diese Wissenschaft nicht nur um viele Erkenntnisse reicher machte, sondern auch von ihr lebte. Letzteres brachte ihm nicht nur Freunde, sondern ließ ihn auch zu einer „wissenschaftlich umstrittenen" Person werden. Dieses war auch ein Grund, weshalb ihm verdiente inländische Ehrungen versagt blieben.

Unumstritten gehörte er weltweit zu den besten Blattwespenkennern und es gibt wohl keine entsprechende Publikation, in der ein Literaturhinweis auf ihn fehlt. Allein mit seinen „Blattwespen von Deutschland" und den Arbeiten über die Argidae und Cephidae legte er ein rund 480 Seiten umfassendes Werk vor. Die Liste seiner Publikationen und ihre Bedeutung für die Fauna aller Kontinente ließ sich noch lange fortsetzen. Das verwundert umso mehr, wenn man bedenkt, daß W. H. MUCHE Autodidakt war.

Jene, die ihn näher kannten, wissen, daß er unermüdlich arbeitete und ebenso sammelte. Noch über 70jährig führten ihn mehrere Sammelreisen nach Mittelasien, und noch zweimal durchstreifte er Australien. Seine Heimatstadt Radeberg erreichte er immer mit reicher Ausbeute; mußte dafür aber auch ständig Tribut an seine Gesundheit zahlen. Von seiner letzten Sammeltour nach Mittelasien, wenige Wochen vor seinem Tode, kehrte er gesundheitlich schwer angegriffen zurück. Ungeachtet dessen, stellte er sich neue Aufgaben und war voller Pläne und Hoffnung bis in die letzte Woche seines Lebens.

Die Wissenschaft verliert in ihm einen engagierten, kenntnisreichen Entomologen, und seine Freunde erinnern sich an einen liebenswerten, streitbaren Partner.

F. KOCH

Tafel 2

Oben. Teilansicht des Karsttümpels bei El Beral auf der Halbinsel Guanahacabibes (W-Cuba). Gelegegürtel aus Typha domingensis (Foto R PIECHOCKI)

Unten Weibchen von *Macrothemis inequiunguis*

cm 1 2 3 4 5

Oben: Karsttümpel an den Hängen des Yunque de Baracoa (E-Cuba: Oriente)
Unten: Teilansicht dieses Tümpels. Der Pfeil in der linken unteren Ecke zeigt auf einen Krautstengel, an dem 3 *Anax*-Exuvien hängen

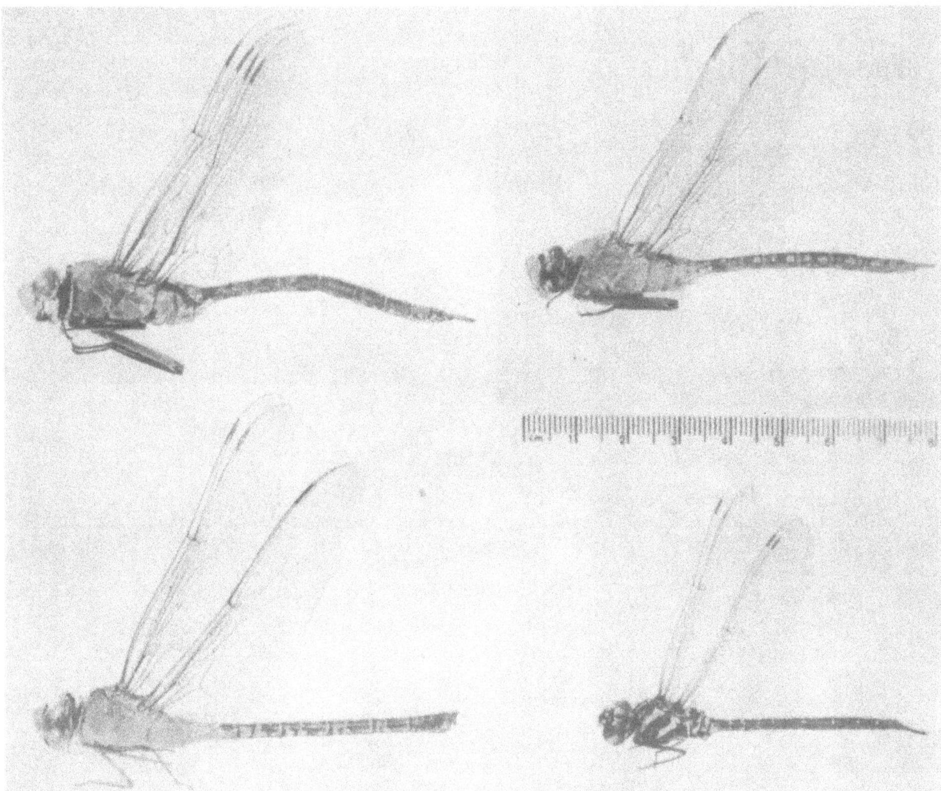

Männchen von *Anax longipes* aus Florida (Alachua County; S. W. DUNKLE leg.)
Rechts oben: Männchen von *Anax concolor* (Yunque de Baracoa, Cuba)
Links unten: *Coryphaeschna secreta* (♀) von Guane, Prov. Pinar del Rio/Cuba
Rechts unten: *Aeshna psilus*; reifes Männchen von El Beral (W-Cuba)

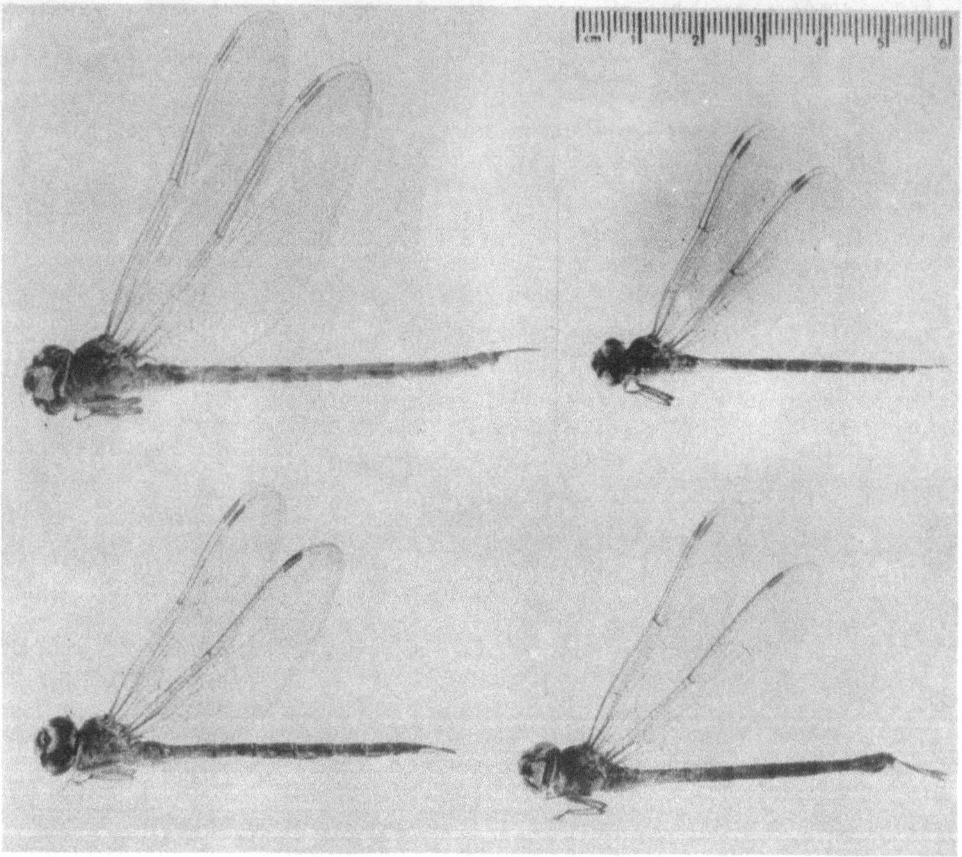

Tafel 5

Links oben: *Gynacantha nervosa* (unreifes ♂) von El Beral/Cuba
Rechts oben: *Triacanthagyna septima* (♂) von El Beral/Cuba
Links unten: *Gynacantha ereagris* (♂) von El Beral/Cuba
Rechts unten: *Triacanthagyna trifida* (♀) von El Beral; auffallend die artcharakteristischen, extrem langen Appendices

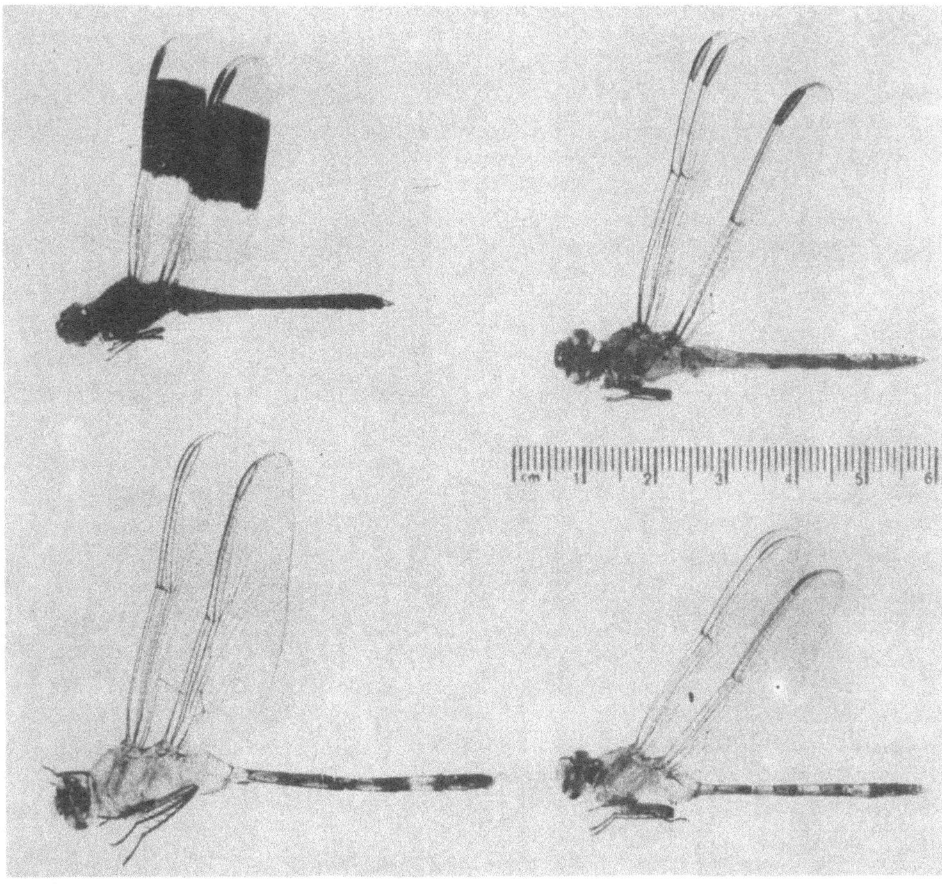


Links oben: *Erythrodiplax umbrata* (reifes ♂) von Vera Cruz/Mexico
Rechts oben: *Orthemis ferruginea*, reifes Männchen von El Beral/Cuba
Links unten: *Lepthemis vesiculosa* (immatures ♂) aus der Umgebung von Tampico/Mexico
Rechts unten: *Lepthemis vesiculosa* (fast reifes ♂) von El Beral auf Cuba; man beachte die Größendifferenz gegenüber dem mexikanischen Exemplar der Art

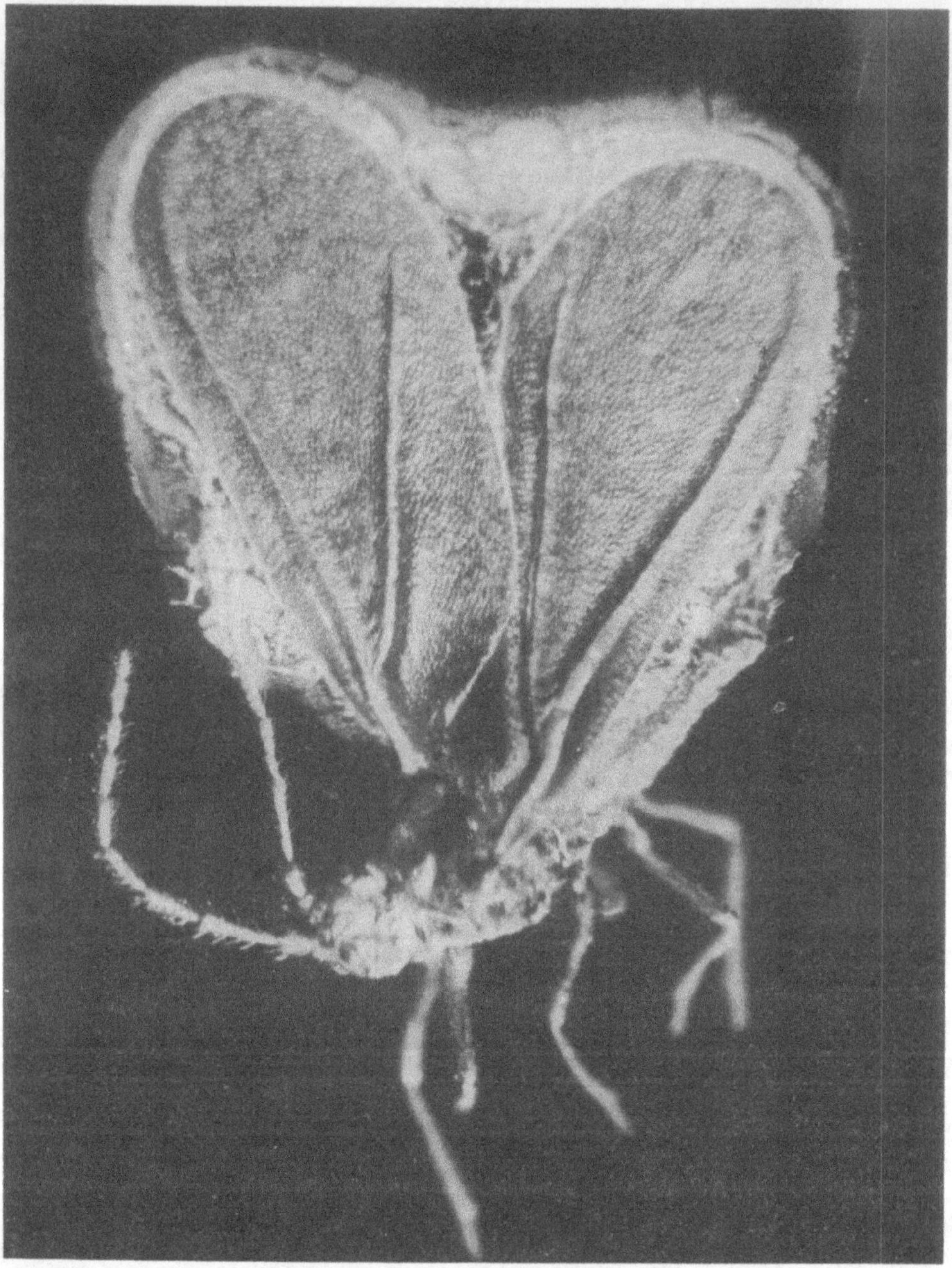

*Kuenowicoccus pietrzeniukae*, gen. et sp. n., Cocc 114, paratype; latero-dorsal aspect in direct light.

Abb. 1. a.b.c.d
Struktur des lauterzeugenden Organs der Cerambycidae, a. Skizze des Thorax, von dorsal, e: Elytre, m: Metathorax, p: Prothorax, s: Mesoscutum, b. Pars stridens und Plectrum von *Hylotrupes bajulus*, REM, c. Plectrum von *Strangalia maculata*, Pronotum längs gebrochen, REM, d. Pars stridens von *H. bajulus*, REM, Maßstab: b, d: 100 µm, c: 10 µm

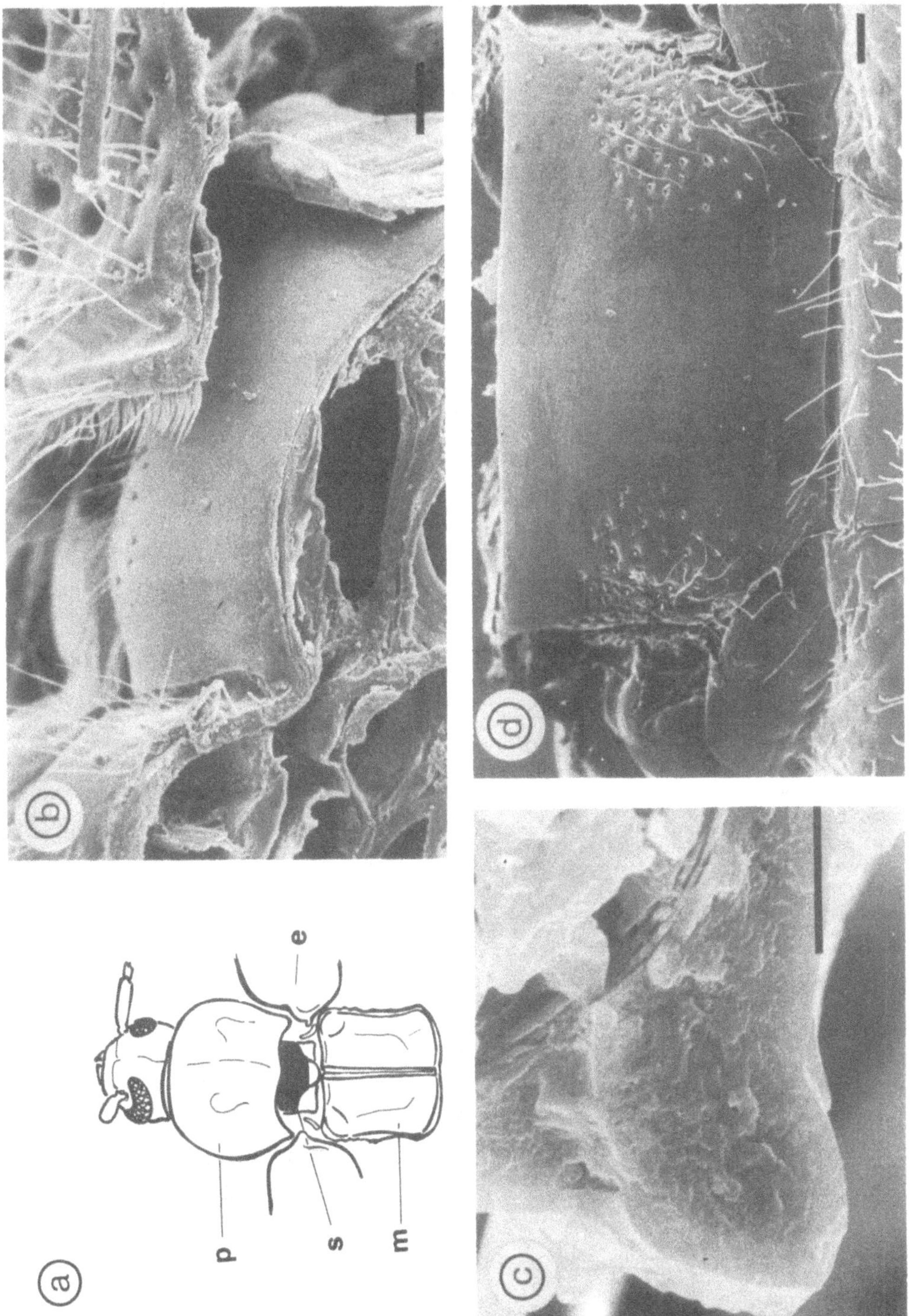
a
b
c
d
p
s
m
e

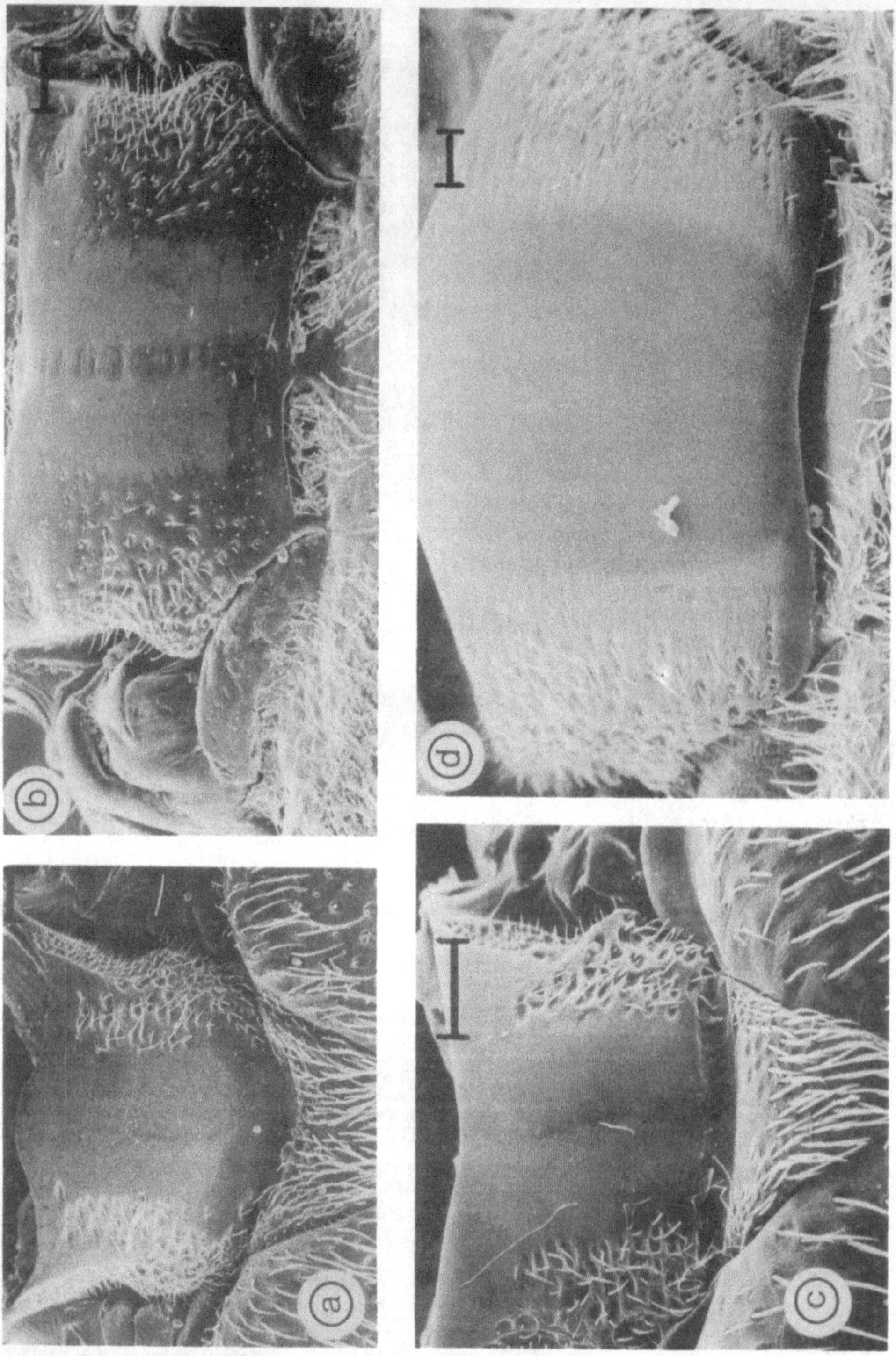

Abb. 2. a.b.c.d

Pars stridens verschiedener Cerambycidae, a. *Judolia cerambyciformes*, b. *Criocephalus rusticus*, c. *Strangalia dubia*, d. *Anaerea similis*, REM, Maßstab: 100 μm

# Inhalt

**DEUTSCHE ENTOMOLOGISCHE ZEITSCHRIFT**

Volume 35 1988 Number 4–5

## Contents



This papers published in this journal are selectively abstracted and indexed in the Review of Applied Entomology compiled by the Commonwealth Institute of Entomology, London and published by the Commonwealth Agricultural Bureaux.

MIX
Papier | Fördert
gute Waldnutzung
FSC® C083411

Zeitfracht Medien GmbH
Ferdinand-Jühlke-Straße 7
99095 Erfurt, Deutschland
produktsicherheit@kolibri360.de